智能制造专业“十三五”系列教材
西门子（中国）有限公司官方指定培训教材
机械工业出版社精品教材

SINUMERIK 828D
车削操作与编程轻松进阶

主　编　昝　华　陈伟华
参　编　杨铁峰　曹彦生　薄向东　郝永刚　冀晓渊
　　　　石惠文　肖媛媛

机械工业出版社

本书主要介绍了SINUMERIK 828D数控系统车削加工的基本操作、编程基本指令以及部分高级指令的运用方法，并针对具体实例给出了完整的加工程序及其说明。本书针对不同的编程思路和方法，介绍了不同指令的应用范围、实际效果对比，容易出现的问题、错误以及解决方法等。本书主要内容包括：SINUMERIK 828D数控系统介绍、机床系统面板操作、数控车削编程基础、程序运行控制、变量与数学函数、标准工艺循环指令、车削工艺循环编程实例。

本书可供大中专院校和各类职业学校的数控专业师生以及数控技能大赛的选手使用，还可供使用西门子SINUMERIK 828D数控系统的工程技术人员及操作人员使用。

图书在版编目（CIP）数据

SINUMERIK 828D 车削操作与编程轻松进阶 / 昝华，陈伟华主编 .
—北京：机械工业出版社，2021.3（2024. 8 重印）
智能制造专业“十三五”系列教材
ISBN 978-7-111-67862-5

Ⅰ. ① S… Ⅱ. ①昝… ②陈… Ⅲ. ①数控机床 – 车床 – 车削 – 操作 – 高等学校 – 教材 ②数控机床 – 车床 – 车削 – 程序设计 – 高等学校 – 教材 Ⅳ. ① TG519.1

中国版本图书馆 CIP 数据核字（2021）第 055368 号

机械工业出版社（北京市百万庄大街 22 号　邮政编码 100037）
策划编辑：赵磊磊　王晓洁　责任编辑：王晓洁
责任校对：潘　蕊　责任印制：常天培
固安县铭成印刷有限公司印刷
2024 年 8 月第 1 版第 2 次印刷
184mm × 260mm · 18.25 印张 · 484 千字
标准书号：ISBN 978-7-111-67862-5
定价：49.80 元

电话服务　网络服务
客服电话：010-88361066　机 工 官 网：www.cmpbook.com
010-88379833　机 工 官 博：weibo.com/cmp1952
010-68326294　金 书 网：www.golden-book.com
封底无防伪标均为盗版　机工教育服务网：www.cmpedu.com

序 PREFACE

第一代SINUMERIK数控系统的一台样机，今天还静静地陈列在德意志博物馆里，仿佛在诉说着历史的变迁和技术的发展。SINUMERIK 作为德国近现代工业发展历史重要的一部分，被来自世界各地的广大用户信任、依赖，并且成为制造业现代化和大国崛起的重要支撑力量。

零件加工过程，本质上是一个工程任务。作为完成这样一个工程任务的载体，SINUMERIK系统本身也凝结了很多严谨的工程思维和近乎苛刻的工程实施方法。所以说，SINUMERIK完美地展示了德国式工程思维逻辑和过程方法论。

在数字化浪潮席卷各个行业、诸多领域的今天，工业领域比以往任何时候都更需要具有工匠精神，受过良好的操作训练，掌握扎实的基础理论知识，拥有敏感的互联网思维，深谙严谨的工程思维和方法论的工程师和技工。

全新一代的 SINUMERIK数控系统平台采用统一的模块化结构、统一的人机界面和统一的指令集，使用者可以高效率地学习、掌握。我们希望广大读者通过学习本书，可快速掌握SINUMERIK 828D系统的相关知识。

我们相信并希望，本书和其他西门子公司支持的书籍一样，能够为中国制造领域的创新型人才培养尽一份力，同时也为广大在职的工程技术人员提供更多技术支持。

西门子（中国）有限公司

数字化工厂集团运动控制部

机床数控系统总经理

杨大汉

前言
FOREWORD

西门子公司自1960年推出第一款SINUMERIK数控产品至今已有60年了。SINUMERIK系列数控产品（SINUMERIK 808D、828D、840D sl）在机械制造领域占有很大的市场份额，获得了业内人士的肯定和青睐。其中，SINUMERIK 828D系统以其卓越的性能和独创、便捷的用户界面（SINUMERIK Operate），受到广大职业院校的认可，并在第五届全国数控技能大赛中正式在数控铣工和数控车工赛项中使用，为我国数控技术应用人才的培养起到积极的作用。随着该产品在各行业应用范围的扩大，业界对学习SINUMERIK数控操作和编程加工技术的需求日益增多。

本书以SINUMERIK 828D（数控车削）系统为例，深入浅出地介绍了其便捷的操作和丰富的编程方法，旨在帮助读者快速掌握并提升SINUMERIK 828D数控系统的操作技术。本书围绕SINUMERIK 828D数控系统车削加工操作和编程指令，结合实例给出了完整的加工程序清单，并进行了较为细致的说明、解释；采用专家指点、专家讲评等形式，就不同的编程思路、手段，指令的应用范围、实际效果对比、注意事项，容易出现的问题、错误和解决方法等进行讲解。

本书由昝华、陈伟华任主编，杨轶峰、曹彦生、薄向东、郝永刚、冀晓渊、石惠文、肖媛媛参加编写。北京联合大学的昝华、西门子公司的陈伟华和杨轶峰编写了第1章、第2章，北京航天新风机械设备有限责任公司的曹彦生、冀晓渊编写了第3、4、5章，北京市工业技师学院的郝永刚、肖媛媛编写了第6章，唐山工业职业技术学院的薄向东、石惠文编写了第7章。北京南口SKF铁路轴承有限公司的周维泉高工对本书第2章、第3章的编写提出了宝贵建议，西门子公司的刘鹏、窦赛军、胡毅、武坤、刘睿、李展对相关章节的编写提供了帮助，在此表示感谢。在本书编写过程中，参考或引用了相关文献资料，在此对这些文献资料的作者表示诚挚的感谢！

由于编者水平有限，本书虽经反复推敲，但仍难免存在不足和疏漏之处，恳请广大读者批评指正。

编　者

目录
CONTENTS

第1章

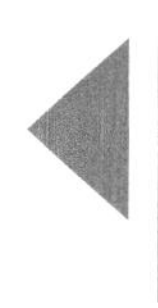

SINUMERIK 828D 数控系统介绍

SINUMERIK 828 系列数控系统是西门子数控系统中面向标准型车削、铣削和磨削机床的紧凑型数控系统。凭借支持不同加工工艺的系统软件，其应用范围广泛多样，适用于加工中心和基本型卧式加工中心、平面及内外圆磨床，以及带有副主轴、动力刀头和 Y 轴的双通道车床。其坚固耐用的硬件架构和智能的控制算法，以及出色的驱动和电动机技术，确保了极高的动态响应性能和加工精度。直观的 SINUMERIK Operate 用户界面成就了高效的机床操作。SINUMERIK 828 系列控制系统的卓越性能使其能够满足标准车床、铣床和磨床的各种要求。除此之外，它还配套了众多的 IT 集成解决方案。凭借卓越的数控性能，SINUMERIK 828 系列数控系统无论在标准车 / 铣机床上，还是在功能相对单一的磨削机床上，都成为高效加工的典范。

基于面板的 SINUMERIK 828D 是一款紧凑型数控系统，可根据需要选择水平布局面板、垂直布局面板和各种性能系统软件，满足机床不同的安装形式和性能的需要。完全独立的车削、铣削和磨削应用系统软件，可以尽可能多地预先设定机床工艺功能，从而最大限度地减少机床调试所需时间。

SINUMERIK 828D 集 CNC、PLC、操作界面以及轴控制功能于一体，通过 Drive-CLiQ 总线与全数字驱动 SINAMICS S120 实现高速可靠通信，PLC I/O 模块通过 PROFINET 连接，可自动识别，无须额外配置。大量高档的数控功能和丰富、灵活的编程方法使它可以自如地应用于世界各地的各种加工场合。

SINUMERIK Operate 人机界面具有丰富的图形化在线帮助功能，以及创新的动画支持来引导操作者进行参数输入，这些功能给用户带来极大的便利。USB、CF 卡和以太网接口使数据的传输和车间局域网的集成变得简便快捷。

SINUMERIK 828D 支持铣削、车削和磨削应用。由于其车床版本为相应的机床类型量身定做，因此与通用型系统相比，该系统软件绝对简单。系统参数尽量预置，从而大大减轻了机床厂的调试工作。通过 Easy Extend 机床选项管理功能，机床制造商可以轻松管理转台或上料装置等机床选项，无须专业知识就可在用户现场添加这些选项。

SINUMERIK 828D 既适用于单件和小批量的加工，又适用于大批量工件的生产。小批量生产时，使用 ShopMill 或 ShopTurn 图形化工步式编程可以大大缩短编程时间。而大批量加工时，通过高级语言编程和参数化工艺循环编程向导的配合使用，也可以有效减少编程时间。除此之外，SINUMERIK 828D 也支持在亚洲和美国比较流行的 ISO 编程语言。

1.1 SINUMERIK 828D 系统的特点

1.紧凑

1）10.4in（1in=0.0254m）或 15.6in TFT 彩色显示器和全尺寸 CNC 键盘，让用户拥有最佳的操作体验。

2）丰富且便捷的通信端口：前置 USB 3.0、CF 卡和以太网接口。

3）前面板采用压铸镁合金制造，精致耐用。

2.强大

1）80 位浮点数纳米计算精度（NANOFP），达到了紧凑型系统新的巅峰。

2）组织有序、直观的刀具管理功能和强大的刀具寿命监控及替换刀具管理功能，满足高级数控功能的需要。

3）可直接在机床上查看保存在项目目录、子目录、外部存储器或网盘上的多种类型的文件（如零件程序、DXF 图和图片）。

4）支持高效的双通道平衡车削，完美适用于细长轴类零件的加工。

5）在线读取零件图（DXF）并生成加工程序，有效缩短了轮廓加工编程时间。

6）基于 OPC UA 的联网解决方案灵活实现智能 IT 集成。

3.简单

1）SINUMERIK Operate：集成的图形化人机界面集方便的操作、编程功能于一身，确保用户可以高效快捷地操作机床。

2）ShopTurn 工步编程：加工单个零件和小批量生产加工时可将编程时间控制到最短。

3）programGUIDE 编程向导：大批量生产加工时可实现最短的加工时间和最大的灵活性。

4）独特的工艺循环：覆盖从带剩余材料检测的任意轮廓车削加工，到在线测量的各类加工工艺。

5）动画功能：带有独特的带动画支持操作和编程功能。生动的动画提示，使工艺参数的设置更加方便、直观。

6）加工程序仿真：不仅可以确保从最佳视角观察到加工细节，还可以计算出加工时间，保证生产率。

7）Easy Archive：备份管理功能，调试和维护准备充分、执行迅速。

8）Easy Extend：机床选项管理，轻触一个按键即可完成机床选件的安装。

9）摒弃了电池、硬盘和风扇这些易损部件，真正做到免维护。

1.2 数控编程特点

1）带有高级语言指令的 SINUMERIK G 代码编程，适用于中大批量生产的编程。

2）programGUIDE 编程向导：用于 SINUMERIK G 代码编程的工艺循环支持。

3）ShopTurn 工步编程：适用于单个零件和小批量加工的高效编程。

4）集成 ISO 代码编译器。

5）采用可读程序名的程序管理器。

6）自由访问所有存储介质的程序管理器工艺循环。

7）适用于 programGUIDE 编程向导和 ShopTurn 工步编程的工艺循环。

8）标准工艺循环：

① 标准几何形状的中心孔加工循环。

② 标准车削及轮廓路径车削循环。

③ 螺纹车削循环。

9）高级工艺循环：

① 带毛坯分段的扩展轮廓车削。

② 槽式车削和往复车削。

10）用于钻铣加工的多种位置模型。

11）用于自由轮廓输入的几何计算器。

12）剩余材料的自动检测和加工。

13）自动测量循环，带记录功能和图形功能。

14）动画功能：动画形式的加工参数输入帮助系统。

15）上下文关联的图形在线帮助系统。

16）二维图形加工模拟。

17）三维图形加工模拟。

1.3 最终用户相关的系统选项功能

1）高级扩展工艺循环：6FC5800-0AP58-0YB0。

2）扩展的操作功能：6FC5800-0AP16-0YB0。

3）工步编程 ShopTurn/ShopMill：6FC5800-0AP17-0YB0。

4）双通道同步编程 programSYNC：6FC5800-0AP05-0YB0。

5）轮廓加工的剩余材料检测和去除：6FC5800-0AP13-0YB0。

6）3D 成品模拟：6FC5800-0AP25-0YB0。

7）加工实时模拟：6FC5800-0AP22-0YB0。

8）钻削 / 铣削及车削的测量循环：6FC5800-0AP28-0YB0。

9）网络驱动器管理：6FC5800-0AP01-0YB0。

10）替换刀具管理：6FC5800-0AM78-0YB0。

11）RCS Host 远程诊断功能：6FC5800-0AP30-0YB0。

12）轮廓手轮：6FC5800-0AM08-0YB0。

13）臻优曲面 Top Surface：6FC5800-0AS17-0YB0。

14）样条插补 (A、B 和 C 样条)：6FC5800-0AS16-0YB0。

15）旋转轴运动测量循环：6FC5800-0AP18-0YB0。

16）SINUMERIK Integrate Access MyMachine /OPC UA：6FC5800-0AP67-0YB0。

17）DXF-Reader：6FC5800-0AP56-0YB0。

18）扩展 CNC 用户存储器：6FC5800-0AP77-0YB0。

19）从外部存储器 EES 上执行：6FC5800-0AP75-0YB0。

第2章 机床系统面板操作

了解 SINUMERIK 828D 用户操作界面（SINUMERIK Operate）是学习和使用该系统的基本环节。其操作界面以独特的方式展示了系统的强大功能，并引导操作者轻松地完成对机床的控制和加工程序的编辑工作。

2.1 操作组件

SINUMERIK 828D 数控系统采用 TFT 彩色显示屏，有 10.4in（PPU 24x.3/28x.3）或 15.6in（PPU 29x.3，触摸屏）两种。屏幕软键的布局方式为 8 个水平软键和 8 个垂直软键，目录菜单级数少，操作简单方便。SINUMERIK 828D 键盘是“QWERTY 全键盘”，可以直接输入零件程序文本、刀具名称以及文本语言指令，无须按下【Shift】⊖ 键输入双档键的第二行字符。在操作面板上方的两侧配有标准的 3/8in 螺孔，可以安装常用的辅助装置，如图纸架等。

2.1.1 操作面板

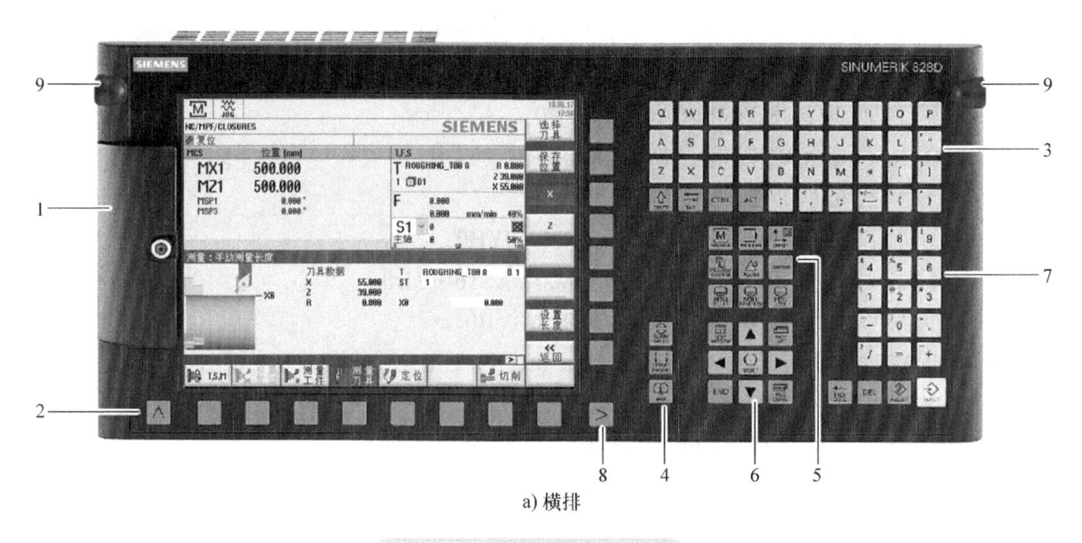

a) 横排

图 2-1 面板处理单元外形

⊖ 本书为了叙述方便，使用图形符号或【 】表示键盘按钮（硬键），如 或【选择】键。使用图形符号或〖 〗表示屏幕按钮（软键），如 G功能 或〖G 功能〗。

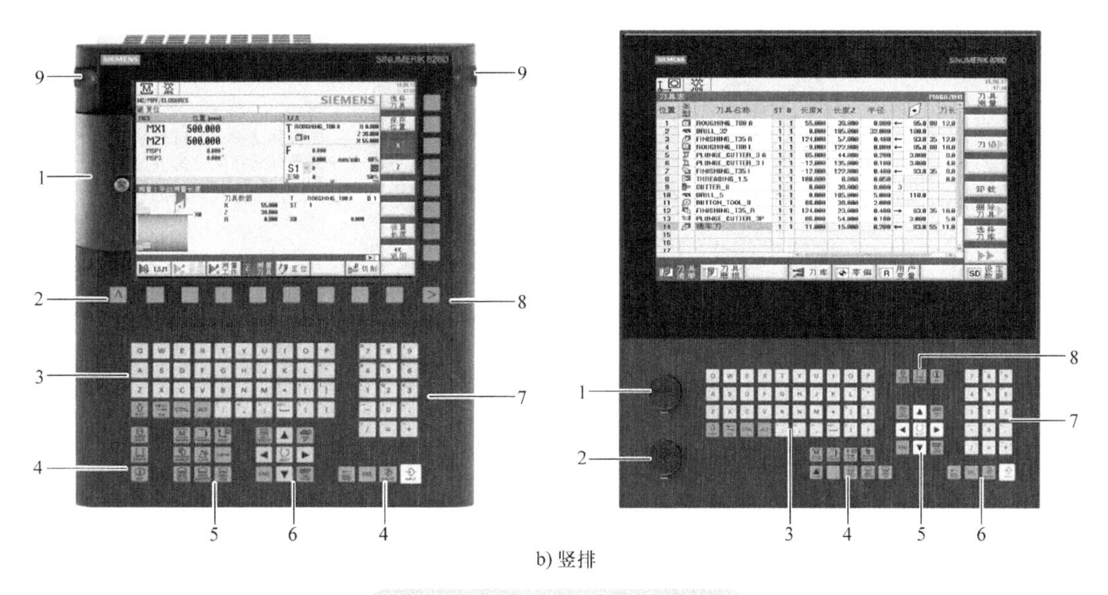

b) 竖排

图 2-1　面板处理单元外形（续）

1—用户接口的保护盖　2—菜单回调键　3—字母键区　4—控制键区　5—热键区
6—光标键区　7—数字键区　8—菜单扩展键　9—3/8in 螺孔（用于安装辅助装置）

在操作面板上可对 SINUMERIK Operate 操作界面进行显示和操作（包括硬键和软键）。面板处理单元 PPU 是用于操作控制系统和运行加工机床的典型组件。

（1）面板处理单元　SINUMERIK 828D 数控系统面板操作单元的布局方式有横排和竖排两种，如图 2-1 所示。在面板的左侧配有用户接口，如图 2-2 所式。

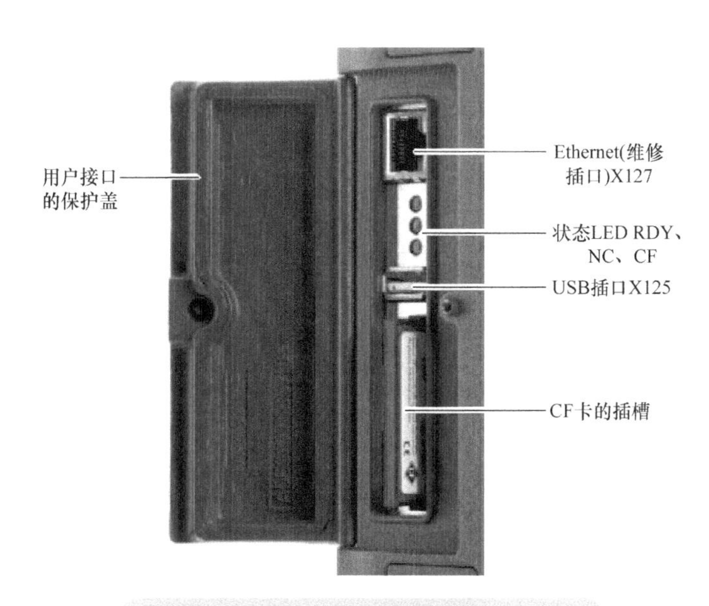

图 2-2　用户接口保护盖后的接口布置示意

图 2-3 和表 2-1 说明了面板处理单元 5 区、6 区功能按键的功能。

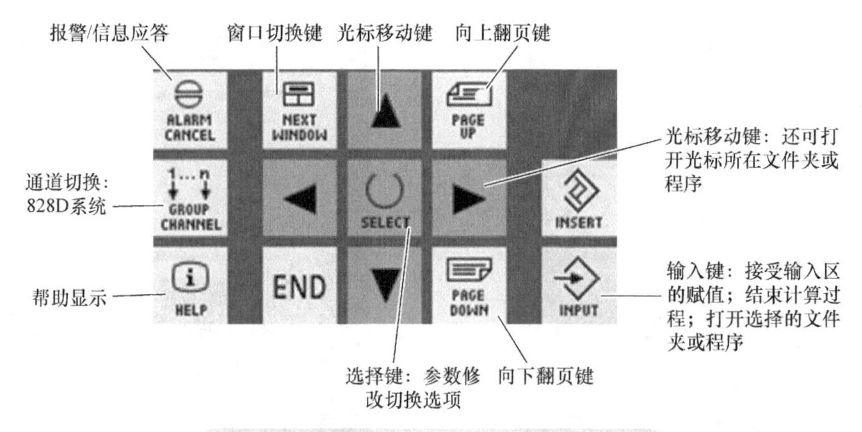

图 2-3　面板处理单元 6 区功能按键说明

表 2-1　面板处理单元 5 区、6 区功能按键说明

按键	功能	按键	功能
MENU SELECT	调用基本菜单来选择操作区域	ALARM CANCEL	删除带此符号的报警和显示信息
GROUP CHANNEL	存在多个通道时，在通道间进行切换	HELP	调用所选窗口中和上下文相关的在线帮助
PAGE UP　PAGE DOWN	在窗口中向上 / 向下翻一页	▲ ▶ ▼ ◀	控制光标移动
SELECT	存在多个选项时，在选择列表和选择区域中进行选择 激活复选框：在程序编辑器和程序管理器中选择一个程序段或一个程序	NEXT WINDOW	在窗口间进行切换 使用多通道视图或多通道功能时，在通道列内部的上下窗口之间进行切换
END	在窗口或表格中将光标移至最后一个输入栏	INSERT 插入键	在插入模式下打开编辑区域。再次按下此键，退出区域并取消输入 打开选择区域并显示可进行的选择
INPUT	完成输入栏中值的输入 打开目录或程序	菜单扩展键	切换至扩展的水平菜单
菜单返回键	返回至上一级菜单		

（2）机床控制面板　一般情况下可以为数控机床配备西门子机床标配型控制面板或者机床制造商提供的专用机床控制面板。通过机床控制面板可以向机床执行控制操作，例如，运行轴或者开始加工工件等。

本书以 MCP 483C PN（见图 2-4）和 MCP 310 PN（见图 2-5）为例，介绍机床控制面板操作和显示单元。图 2-4 所示键盘功能区示意说明（按分区号）见表 2-2。

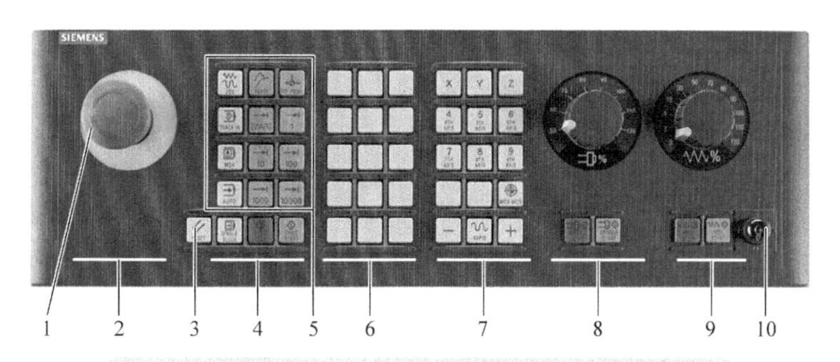

图 2-4　MCP 483C PN 机床控制面板功能分区说明

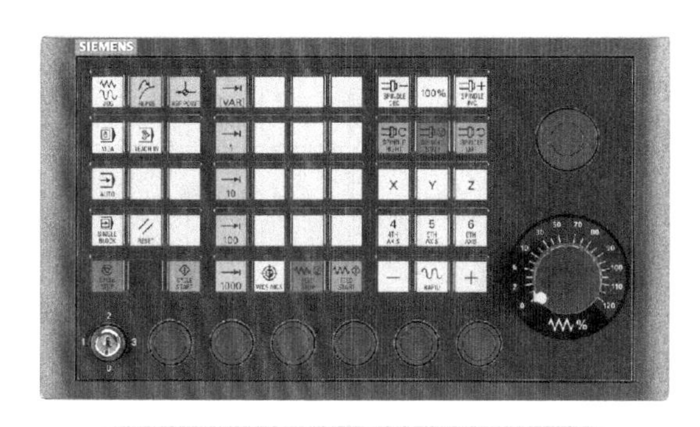

图 2-5　MCP 310 PN 机床控制面板

表 2-2　MCP 483C PN 机床控制面板键盘功能区示意说明（按分区号）

分区	按键	功能	分区	按键	功能
1	急停键	在下列情况下按下此键：有生命危险时，存在机床或者工件受损的危险时	5	JOG	选择运行方式“JOG”
2		指令设备的安装位置（d = 16 mm）		TEACH IN	选择子运行方式“示教”
3	RESET 复位键	中断当前程序的处理。NCK 控制系统保持与机床同步。系统恢复了初始设置，准备好再次运行程序。删除报警		MDA	选择运行方式“MDA”
4	SINGLE BLOCK 单段方式选择键	程序控制打开 / 关闭单程序段模式		AUTO	选择运行方式“AUTO”
	CYCLE START 启动键	程序控制开始执行程序		REPOS	再定位、重新逼近轮廓
	CYCLE STOP 停止键	程序控制停止执行程序		REF.POINT	返回参考点

（续）

分区	按键	功能	分区	按键	功能
5	1… …10000 Inc（增量进给）键	用于设定的增量值1…，10000运行	7	WCS MCS	在工件坐标系（WCS）和机床坐标系（MCS）之间切换
	[VAR] 可变增量进给键	以可变增量运行，增量值取决于机床数据	8	SPINDLE STOP	主轴停止。主轴控制，带倍率开关
6		用户自定义：T1~T15，例如刀库转动、冷却启停、工作灯选择键等		SPINDLE START	启动主轴
7	X… …Z	运行轴。带快速移动倍率和坐标转换轴按键。选择轴	9	FEED STOP	进给轴控制，带倍率开关。停止正在执行的程序，停止进给轴驱动
	+… …- 方向键	选择运行方向		FEED START	启动当前程序段的运行，进给轴加速到程序指定的进给率
	RAPID	同时按下方向键时快速移动轴	10		钥匙开关（四个位置）

2.1.2 基本操作界面和按键

按图2-1所示的面板处理单元热键区的功能按键“基本菜单选择”即〖MENU SELECT〗，进入如图2-6所示的系统功能界面，再按水平软键或垂直软键，使用软键可以显示一个新的窗口或者执行相应功能。操作软键分为6个操作区域（〖加工〗、〖参数〗、〖程序〗、〖程序管理器〗、〖诊断〗、〖调试〗）以及5种运行方式或子运行方式（〖JOG〗、〖MDA〗、〖AUTO〗、〖REF. POINT〗、〖REPOS〗）。

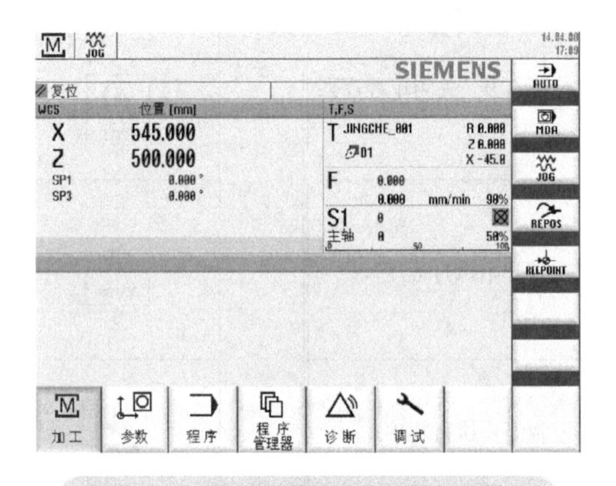

图2-6 828D数控车削系统功能界面

基本操作的功能按键与对应显示的水平功能软键的关系如图 2-7 所示。

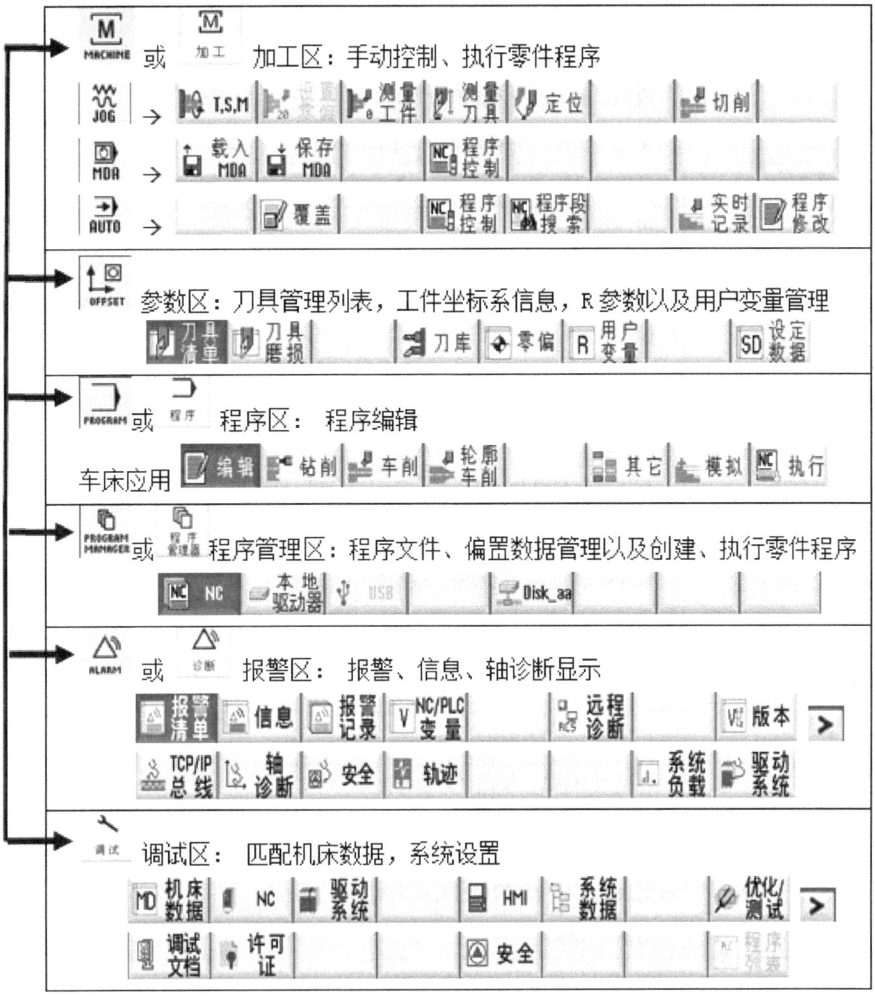

MACHINE 或 加工　加工区：手动控制、执行零件程序

JOG → T,S,M　设置零偏　测量工件　测量刀具　定位　切削

MDA → 载入MDA　保存MDA　程序控制

AUTO → 覆盖　程序控制　程序段搜索　实时记录　程序修改

OFFSET　参数区：刀具管理列表，工件坐标系信息，R 参数以及用户变量管理

刀具清单　刀具磨损　刀库　零偏　用户变量　设定数据

PROGRAM 或 程序　程序区：　程序编辑

车床应用　编辑　钻削　车削　轮廓车削　其它　模拟　执行

PROGRAM MANAGER 或 程序管理器　程序管理区：程序文件、偏置数据管理以及创建、执行零件程序

NC　本地驱动器　USB　Disk_aa

ALARM 或 诊断　报警区：　报警、信息、轴诊断显示

报警清单　信息　报警记录　NC/PLC变量　远程诊断　版本　>

TCP/IP总线　轴诊断　安全　轨迹　系统负载　驱动系统

调试　调试区：　匹配机床数据，系统设置

机床数据　NC　驱动系统　HMI　系统数据　优化/测试　>

调试文档　许可证　安全　程序列表

图 2-7　基本菜单选择界面功能键及水平软键的关系

2.1.3　系统快捷键

为提高信息输入速度，SINUMERIK 828D 数控系统还允许使用快捷键方式对系统进行操作，见表 2-3。

表 2-3　系统操作快捷键

操作键	操作结果说明
Ctrl + P	屏幕截屏，并将它保存为文件。截屏文件目录如下： 〖调试〗→〖系统数据〗: system data/HMI data/logs/screenshots
Ctrl + L	依次切换操作界面上所有已安装语言
Ctrl + C	复制选中的内容
Ctrl + X	剪切选中的文本
Ctrl + V	粘贴：将文本从剪贴板中粘贴至当前的光标位置，或将文本从剪贴板中粘贴至选中的文本位置

（续）

操作键	操作结果说明
Ctrl + Y	重复插入（编辑功能）（最多可撤销 10 次修改）
Ctrl + Z	取消，最大 5 行（编辑功能）
Ctrl + A	全选（仅在程序编辑器和程序管理器中）
Ctrl + NEXT WINDOW	返回程序头
Ctrl +END	返回程序尾
Ctrl + Alt + S	保存完整备份数据 NCK / PLC / 驱动 / HMI 在 828D 系统的外部数据存储器（USB 闪存驱动器）上创建完整的 Easy Archive 存档（.ARC）
Ctrl + Alt + D	保存记录文件至 U 盘或 CF 卡 将日志文件保存到 USB 闪存驱动器上。如果没有插入 USB 闪存驱动器，则文件会被保存到 CF 卡的制造商区域中
Shift +INSERT	直接编辑编程向导 Program Guide 工艺循环语句
“=”	激活口袋计算器
▲ ▶ ▼ ◀	程序模拟或实时记录中，移动视图
Shift + ▲ / ▼	旋转 3D 视图（程序模拟 / 实时记录）
▲ ▼	程序模拟或实时记录中，移动窗口
Ctrl + ▲ / ▼	倍率 + / −（程序模拟）
Ctrl + S	在模拟中启用 / 关闭“单程序段”
Ctrl + F	激活查找功能 在 MDA 编辑器与程序管理器中载入和保存数据时，该快捷键打开机床数据表和设定数据表，在系统数据中打开搜索对话框
Alt + S	激活中文输入
Ctrl + E	Control Energy 打开节能界面
Ctrl + G	程序模拟画面激活栅格显示
Ctrl + M	最大程序模拟速度
Shift +END	标记到本程序段结尾
Shift+NEXT WINDOW	标记到本程序段头
Alt+NEXT WINDOW	返回本程序段头
END	返回本程序段结尾

2.1.4 屏幕界面信息的区域划分

SINUMERIK 828D 数控系统显示屏幕的信息内容是按照区域划分的方式将数控程序指令、运行参数或报警信息等内容显示给操作者，如图 2-8 所示。

图 2-8 中的各个分区功能说明如下：

（1）有效操作区域和操作模式

1）操作区域：M ⊥ ⊐ ⧉ △ 🔧。

2）操作模式：JOG AUTO MDA Teach In REPOS REF POINT。

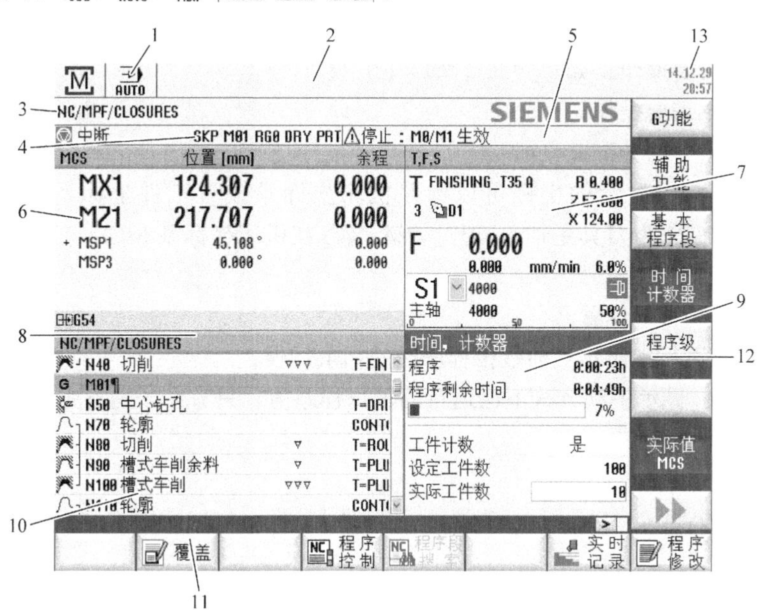

图 2-8　屏幕界面信息显示分区

1—有效操作区域和运行方式　2—报警 / 信息行　3—程序名　4—通道状态和程序控制　5—通道运行信息　6—实际值窗口中的轴位置显示　7—T、F、S 信息　8—加工窗口，带程序段显示　9—辅助信息窗口　10—用于传输其他用户说明的对话行　11—水平软键栏　12—垂直软键栏　13—系统时间显示

（2）报警 / 信息行

1）NC 或 PLC 信息：700001 PLC 没有OFF1 。信息编号和文本都以黑色字体显示。箭头表示存在多个有效的信息。

2）报警显示：8080 已经设置了7个选项，并且没有输入许可证密码 ，会在红色背景下以白色字体显示报警编号。相应的报警文本则以红色字体显示。箭头表示存在多个有效的报警。确认符号表示可以确认报警或者删除报警。

3）来自数控程序的信息：SINUMERIK Operate 测试程序，没有编号，以绿色字体显示。

（3）当前选择执行的程序名和程序路径　如 NC/MPF/EXAMPLE。

（4）通道状态和程序控制

1）复位 ：使用“Reset”中断程序。

2）有效 ：正在执行程序。

3）中断 ：用“Stop”中断程序。

4）SB1 SKP M01 RG0 DRY PRT：显示有效的程序控制。

① PRT：没有轴运行，程序测试模式。

② DRY：空运行进给。

③ RG0：快速移动减速。

④ M01：编程停止 1。

⑤ M101：编程停止 2（名称可变）。

⑥ SB1：单程序段粗（仅在结束执行加工功能的程序段后程序停止）。

⑦ SB2：运算程序段（结束每个程序段后程序停止）。

⑧ SB3：单程序段精（在循环中，仅在结束执行加工功能的程序段后程序停止）。

（5）通道运行信息

1）⚠停止：需要操作，如⚠停止：M0/M1 生效。

2）等待：不需要操作。

（6）实际值窗口中的轴位置显示

1）WCS 或 MCS：所显示的坐标可以参照机床坐标系或者工件坐标系（X、Z 为几何轴，MSP1 为主主轴，MSP3 为刀具主轴）。通过软键 实际值 MCS 在机床坐标系 MCS 与工件坐标系 WCS 之间进行显示切换。

2）位置：所显示轴的位置。

3）余程：程序运行中显示当前数控程序段的剩余行程。

4）Repos 偏移：显示手动方式下已运行的轴行程差值。只有在子运行方式“Repos”下可以显示此信息。

5）：夹紧回转轴。

6）G54 XYZ X X ：显示当前激活的工件坐标系以及转换功能。

（7）T、F、S 窗口显示以下内容

1）有效刀具 T。

① FINISHING_T35 A：当前激活刀具的名称。

② D1：当前激活刀具的刀沿号 D。

③：相应刀沿位置显示的刀具类型符号。在 ISO 模式下会显示 H 编号而不是刀沿号。

④ R 0.400：R 当前激活刀具刀尖半径。

⑤ Z 57.000 X 124.00：当前激活刀具在 X、Z 向的长度。

2）当前进给率 F。

①：禁止进给。

② 100.000：进给率实际值。

③ 100.000 mm/min：若有多个轴运行，则在“JOG”模式中显示运行轴的轴进给率。在“MDA”和“AUTO”模式中显示编程的轴进给率。

④ 快速移动：G0 有效。

⑤ 0.000：没有进给被激活。

⑥ 30%：倍率，以百分数显示。

3）当前状态的生效主轴 S。

① S1 主轴：S1 主轴选择，以主轴编号和主轴标识。

② 900：转速实际值（主轴旋转时，显示字体较大）。

③ 1000：转速设定值（始终显示，定位时也显示）。

④ 90%：倍率，以百分数显示。

⑤：主轴未释放。

⑥：主轴顺时针旋转。

⑦：主轴逆时针旋转。

⑧：主轴静止。

（8）加工窗口带程序段显示　在当前程序段显示的窗口中可以看到目前正在执行的程序段。

在运行的程序中，操作者可以获得以下信息：标题行中为工件或者程序名；正在执行的程序段显示为彩色。

（9）辅助信息窗口〖G 功能〗显示有效 G 功能、〖辅助功能〗当前激活的辅助功能，以及用于不同功能的输入窗口。例如，〖程序段搜索〗激活从指定程序段搜索、〖程序控制〗进行程序控制。

（10）用于显示其他用户说明或提示信息　如“待生成程序的名称尚未输入”。

（11）水平软键栏

（12）垂直软键栏

（13）系统时间显示　如 14.12.29 20:57，如果当前有报警或信息显示，系统时间会被覆盖。

2.2　机床设置和手动功能

2.2.1　手动方式功能

在手动方式（JOG）下，借助各种水平软键提供的功能可以轻松实现机床加工前的辅助工艺条件设置（准备）工作。例如，更换所选刀具、主轴旋转、激活指定零偏、设置零偏、对刀、毛坯正式加工前表面预车削等。只需要设定简单的数据，按下【循环启动】键即可快速便捷地完成各项功能，缩短辅助工艺准备所需时间。

2.2.2　T，S，M 窗口

在手动方式下按软键〖T，S，M〗，在弹出的 T，S，M 界面（见图 2-9）中，通过对话框的参数选择或输入即可轻松完成加工准备工作。例如，进行刀具更换、主轴旋转、激活工件坐标系等。

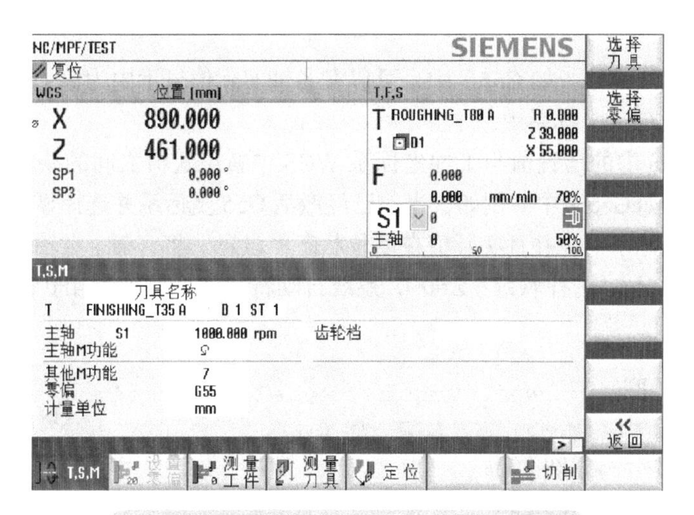

图 2-9　JOG 操作方式下的 T，S，M 界面

T，S，M 窗口中的输入栏或选择项目的内容说明见表 2-4。

可以在手动方式下通过输入刀具名称或位置编号选择刀具，也可以利用〖选择刀具〗软键进入刀具表中直接选择已经输入的刀具。如果输入一个数字，会先搜索名称，然后再搜索位置编号。例如，如果输入“5”并且不存在以“5”为名称的刀具，就会选择位置编号为“5”的刀具。使用调用位置编号方式，也可以将刀库中的空闲位置转到加工位置，便于安装新刀具。

表 2-4　T，S，M 窗体内容说明

T：用于输入刀具的名称或刀位号，也可以通过软键〖选择刀具〗从刀具表中选择刀具	零偏：零点偏移基准（G54~ G57，G505~G549）。通过软键〖选择零偏〗可以从可调零点偏移列表中选择编程的零点偏移编号
D：用于输入所选刀具的刀沿号（1~9）	其他 M 功能：用于输入其他机床控制功能，如切削液的开、关
主轴：用于输入主轴转速；	齿轮档：用于齿轮级的确定（AUTO，Ⅰ~Ⅴ）
主轴 M 功能：用于选择主轴的旋转方向，顺时针转动 M3，逆时针转动 M4	计量单位：尺寸单位的选择（in 或 mm）。此处所做的设置会影响到编程。通过机床数据 MD52210 BIT0=0 显示

更换刀具操作步骤如下：

1）选择加工区。

2）选择“JOG”运行方式。

3）按软键〖T，S，M〗。

4）直接输入刀具的名称或刀位号。或者按软键〖选择刀具〗打开刀具列表，移动光标键▲、▼定位至所需刀具，如图 2-10 所示。

1	粗加工刀具_1
2	切入刀具_2
3	精加工刀具_2

图 2-10　选择刀具

5）按软键〖选定刀具〗，该刀具名称将自动输入在“T,S,M 窗口”中的刀具参数“T”一栏中，如 T　粗加工刀具_1　D 1 ST 1。

6）选择刀沿 D 或直接在“D”栏中输入编号。

7）按【循环启动】键，执行换刀操作。

2.2.3　设置零点偏移

在当前有效的零点偏移（如 G55）中，可以在各轴实际值显示中为单个轴输入一个新的位置值，偏置值直接输入 G55 坐标系中。

机床坐标系 MCS 中的位置值与工件坐标系 WCS 中新位置值之间的差值会被永久保存在当前有效的零点偏移（如 G55）中。例如，当前已经激活 G55 坐标系并选择显示 WCS 工件坐标系，控制系统处于工件坐标系中，并且实际值在复位状态中设置。将 *X* 轴、*Z* 轴分别移动到工件零点处，按软键〖设置零偏〗，选择软键〖Z=0〗，系统自动将当前 *Z* 轴位置 450 设置为 G55 坐标系的零点，如图 2-11 所示。

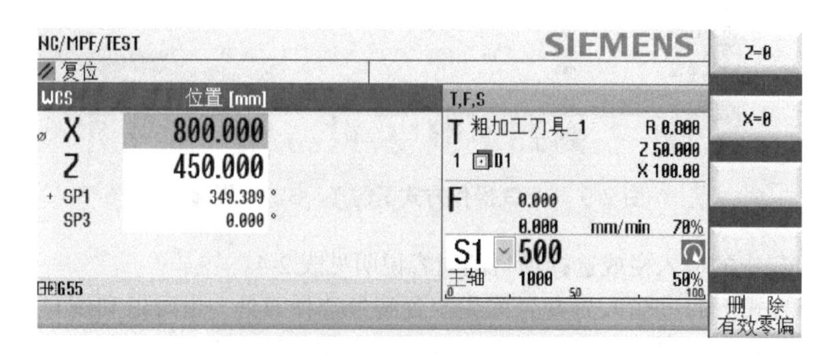

图 2-11　设置零偏的操作设置

说明：如果在系统中断状态下，当前激活的工件坐标系 ZO 偏置值输入了新的实际值，那么这一修改只有在程序继续运行后才会显示并生效。

2.2.4　轴定位

轴定位是指能够快速精准地完成各轴的定位。可以同时将一个或多个轴按照定义的进给率或快速移动运行到当前激活工件坐标系下的指定目标位置，来进行简单的加工。进给修调或快进修调在移动过程中有效。

例如，手动方式下选择软键〖定位〗，输入 F=0.1，X=100，Z=1，按【循环启动】键，各轴以 0.1mm/r 的速度运行到当前激活坐标系的 X100 Z1 位置，如图 2-12 所示。

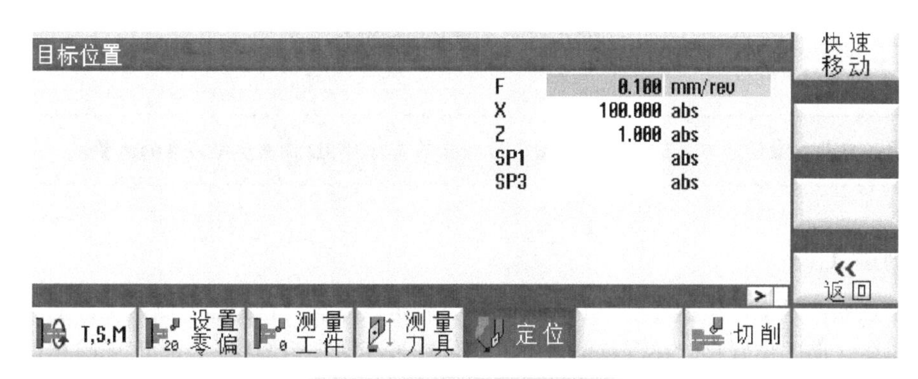

图 2-12　轴定位的操作设置

2.2.5　测量刀具

手动测量刀具的过程如下：按功能按键〖基本菜单选择〗键，再选择按键 加工 → JOG → 测量刀具 → 手动 →〖X〗或〖Z〗。

在手动测量时，手动将刀具移动到工件边沿，测量刀具在 X 或 Z 方向的长度。然后，控制系统通过刀架参考点的位置以及参考点的位置计算刀具补偿数据。测量结果将被直接输入到所选择的刀具、刀沿号 D 和备用刀具 ST 号的补偿数据中。

测量刀具长度时，既可以使用工件边沿，也可以使用主轴卡盘来作为参考点进行测量。

手动测量刀具长度步骤说明：

1）更换需要测量的刀具到当前刀位。

2）按功能按键〖基本菜单选择〗。

3）选择按键 加工 → JOG → 测量刀具 → 手动 →〖X〗或〖Z〗。

4）选择刀沿号 D 和备用刀具编号 ST。

5）选择参考点类型（工件边沿或主轴卡盘），并输入参考点（工件直径）的坐标值 X0（例如当前位置为 X=2）。

6）移动刀具并逼近已知的工件边沿，如工件的外上沿 X100 的位置。

7）按〖设置长度〗软键，刀具长度将自动计算并输入到刀具列表中对应的刀具补偿值中，如图 2-13 所示。

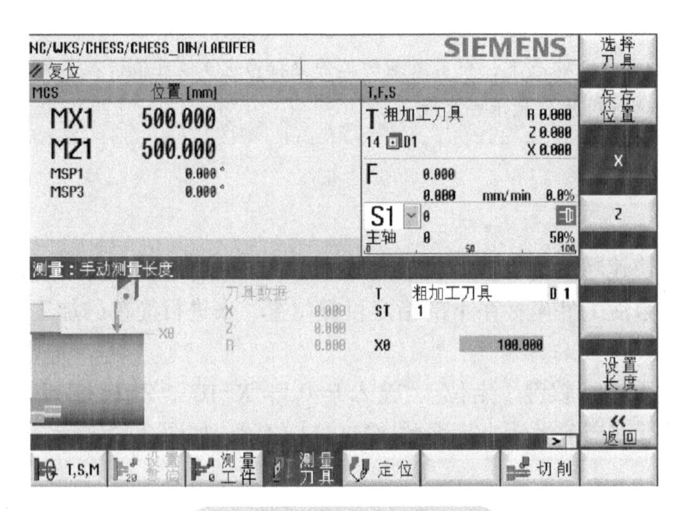

图 2-13　刀具长度的测量

> **说明**：只能对激活的刀具进行刀具测量。该功能不支持对3D侧头类型刀具的测量。

2.2.6　测量工件

工件零点始终是工件编程过程中的参考点。要确定该零点，首先需要测量工件的长度，并将圆柱体端面在 Z 向的位置存储在零点偏移中，即位置被存储在粗偏移中，同时删除精偏移中的现有值。手动工件的测量步骤如下：选择按键 MENU SELECT → 加工 → JOG → 测量工件，如图 2-14 所示。

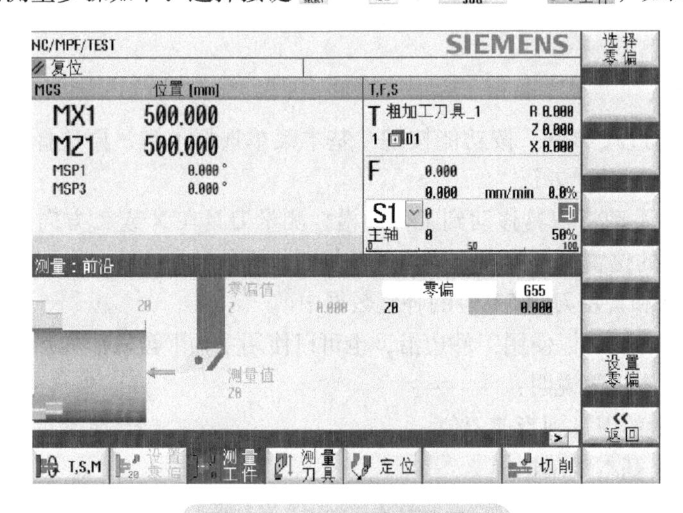

图 2-14　手动测量工件界面

2.2.7　计算器功能

在编辑或输入参数时，操作者可以使用计算器功能，完成简单的参数值计算工作。例如，如果在加工图上没有直接标注工件的直径，即直径必须加上其他尺寸得出，使用计算器，可以直接在该参数的输入栏中计算直径。

计算器的计算方式指令有加法、减法、乘法、除法、带括弧的运算、开方、平方。

计算器界面如图 2-15 所示，输入栏中最多可以输入 256 个字符。

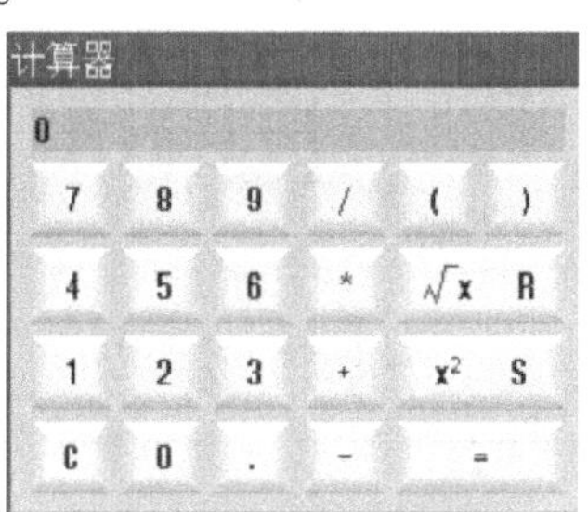

图 2-15　计算器界面

基本操作步骤如下：

1）将光标移到需要计算的输入栏上。

2）按〖=〗键，屏幕即弹出计算器界面。

3）输入算术表达式，可以使用四个算术符号、数字和小数点。

函数的输入顺序：如果要使用开方或平方函数，请注意在输入数值之前要先按“R”或“S”键。

4）按计算器的等号，或者按软键〖计算〗，或者按【INPUT】键。计算器会计算数值，结果显示在输入栏中。

5）按软键〖接收〗，计算结果被传送并显示到窗口的输入栏中。

2.2.8　直接编辑程序

在复位状态下可以直接编辑当前程序（在加工界面下）。操作步骤如下：

1）按【INSERT】键。

2）将光标置于所需位置并编辑程序段。直接编辑功能只适用于数控存储器中的 G 代码段，而不适用于外部执行。

3）再次按【INSERT】键，退出程序和编辑器模式。

2.2.9　保护等级

在某些关键操作中，向控制系统输入数据或修改数据会受到系统“密码”的保护。可通过设定保护等级实现对数控系统访问的保护。

使用下列功能时，输入或者修改数据的权限取决于所设定的保护等级：

1）刀具补偿。

2）零点偏移。

3）设定数据。

4）程序创建或程序修改。

说明：可以为软键设置保护等级，或者使软键完全隐藏，见表 2-5 。

表 2-5　软键设置的保护等级说明

操作区	图标	保护等级
加工	SYNC 同步	最终用户（保护等级 3）
参数	刀具管理列表 详细资料	钥匙开关 3（保护等级 4）
诊断	机床识别	钥匙开关 3（保护等级 4）
	编辑	最终用户（保护等级 3）

（续）

操作区	图标	保护等级
诊断	新项	最终用户（保护等级 3）
	调试1	制造商（保护等级 1）
	调试2	最终用户（保护等级 3）
	添　加	维修（保护等级 2）
调试	系 统	最终用户（保护等级 3）
	批 量	钥匙开关 3（保护等级 4）
	通　用 控制单元	钥匙开关 3（保护等级 4）
	许可证	钥匙开关 3（保护等级 4）
	设 MD	钥匙开关 3（保护等级 4）
	NCK	维修（保护等级 2）
	修 改	最终用户（保护等级 3）
	删 除	最终用户（保护等级 3）

2.3　加工工件

2.3.1　控制程序运行

在运行方式“AUTO”和“MDA”中，可以通过选择和取消选择相应的复选框，按所需的方式和方法进行程序控制，或改变程序运行。图 2-16 所示为程序控制（运行）方法。

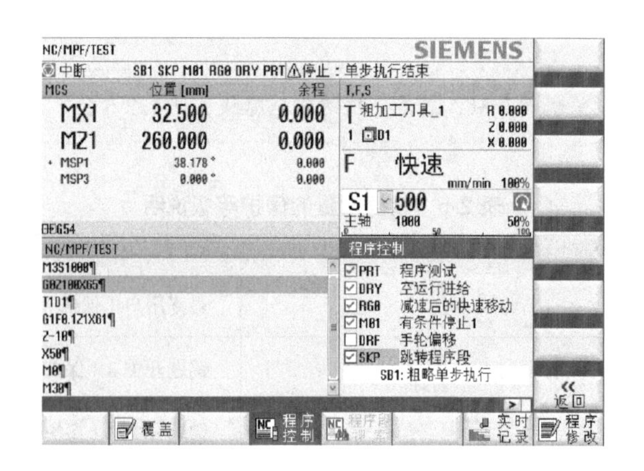

图 2-16　程序控制（运行）方法

如果激活了某类程序控制，则在状态显示栏中显示相应功能的符号，见表 2-6。

表 2-6　程序控制（运行）方法说明

PRT	没有轴运行。程序开始，处理程序时带辅助功能输出和停留时间。轴在此过程中不运行。如此便可以控制程序内编程的轴位置和辅助功能输出 提示：不带轴运行的程序处理也可以与“空运行进给”功能一起激活
DRY	编程的和 G1、G2、G3、CIP 以及 CT 相联系的运行速度可以通过确定的空运行进给替代。空运行进给也可替代编程的旋转进给 提示：在“空运行进给”有效的情况下不得进行工件的加工，因为进给率的变化可能会超出刀具的切削速度而导致工件或机床受损
RG0	快速倍率有效。在快速移动模式下，轴的运行速度将降低至 RG0 中输入的百分比值 提示：在自动运行设置中定义“快速倍率有效”
M01	1）有条件停止 1。程序处理总是在包含辅助功能 M01 的程序段处停止，如此便可以在加工工件期间检查得到的结果 提示：再次按【循环启动】键，继续处理程序。 2）有条件停止 2（例如：M101）。程序处理总是在包含“循环终点”（例如：M 101）的程序段处停止 提示：再次按【循环启动】键，继续执行程序。 提示：显示可能已经改变。请注意机床制造商的说明
DRF	手轮偏移。在自动运行方式下、带电子手轮加工时，可能会产生另外的增量零点偏移，从而可以在某个程序段内补偿刀具磨损 提示：SINUMERIK 828D 系统的手轮偏移功能需要选件“扩展操作功能”
SB1	单步执行。可以用下列方式配置单步执行方式 1）粗略单步执行。仅在结束执行机床功能的程序段后程序停止 2）运算程序段。结束每个程序段后程序停止 3）精准单步执行。在循环中，也仅在结束执行机床功能的程序段后程序停止 按 SELECT 键选择所需设置
SKP	跳转程序段。可以跳过各程序运行时未执行的程序段。 加工时将跳过程序段。在程序段号码之前用符号“/”（斜线）或“/x”（x 为跳过级编号）”标记所要跳过的程序段，也可以连续跳过多个程序段。跳过的程序段中的指令不执行，即程序从其后的程序段继续执行。可以使用多少个跳过级取决于机床数据 激活跳过级：勾选对应的复选框，激活所需程序段级别的跳过 说明：仅当设置了多个跳过级时，窗口“程序控制 - 跳过程序段”才能使用

2.3.2　在特定位置开始运行程序

如果加工程序被意外中断，或是希望在机床上执行特定程序段，则没有必要在开始处执行程序。可以利用程序段搜索功能找到并从特定程序段处开始加工。

（1）应用情况

1）处理程序时中断或停止。

2）给出特定的目标位置，例如再加工时确定搜索目标。

3）便捷的搜索目标设定（搜索位置）。

① 在选定的程序（主程序）中通过光标定位直接设定搜索目标。

② 通过文本搜索查找目标。

③ 搜索目标为中断点（主程序和子程序）。只有当存在中断点时，才提供该功能。在程序中断后（循环停止或复位），控制系统保存中断点的坐标值。

④ 搜索目标是中断点的上一级程序（主程序和子程序）。只有当之前选择了子程序中的中断

点时，才可以切换程序级。可以从子程序级切换到主程序级，然后再次返回到中断点的程序级。

4）搜索指针，直接输入程序路径。

说明：使用搜索指针，可以在没有中断点的情况下，有目的地查找子程序中的位置。

（2）程序段搜索功能的查找模式（见图 2-17）

1）带计算。

① 无返回（不逼近）方式，这样可以在任何状态下逼近目标位置（如换刀位置）。各轴从当前位置，使用目标程序段中有效的插补类型到达目标程序段的终点或者下一个编程位置。只移动目标程序段中编程的坐标轴即可。

② 带返回（逼近）方式，这样可以在任何状态下逼近轮廓。各轴从当前位置，首先逼近目标程序段之前程序段的终点位置，然后才开始执行目标程序段。程序会同样退回到正常程序处理。

2）不计算。用于在主程序中快速搜索。在搜索程序段期间不进行任何计算，即不考虑目标程序段之前的任何辅助动作，操作者必须考虑编程所有用于处理的指令（例如进给率、转速、刀具、冷却液开启等）。

3）带程序测试。用于在程序测试运行方式下带计算的程序段搜索。在程序段搜索过程中计算所有程序段。该模式不会执行任何轴运行，但是会输出全部辅助功能。

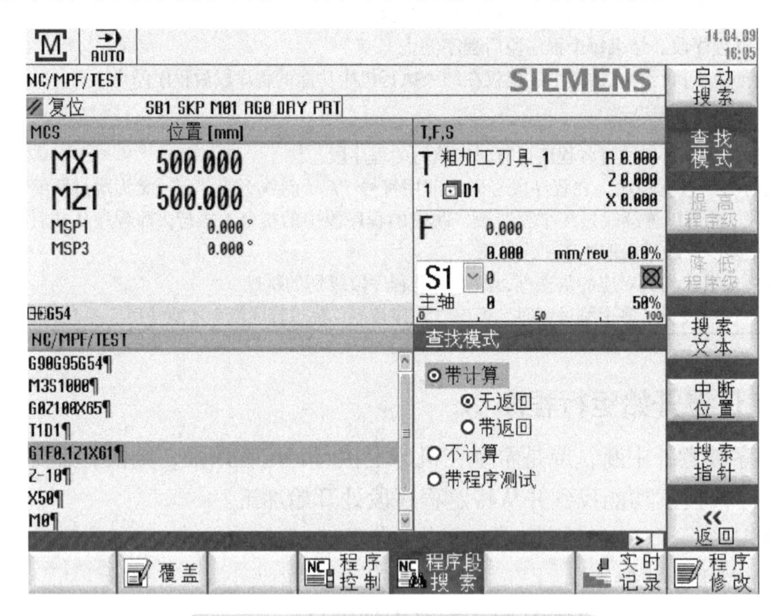

图 2-17　程序段搜索功能的查找模式

（3）程序段搜索示例　在【AUTO】运行方式中已选择程序，在处理程序时通过【CYCLE STOP】或【RESET】中断程序及重新执行操作步骤：

1）按软键〖程序段搜索〗→〖中断位置〗，系统自动搜索并载入中断点。

2）当软键〖提高程序级〗或〖降低程序级〗可用时，可通过这两个软键切换程序级。

3）按软键〖启动搜索〗。此过程取决于预先设定的程序段搜索模式，如图 2-18 所示。

如果程序较大，会出现提示 等待：程序段搜索在进行 ，同时开始预选断点所用刀具。

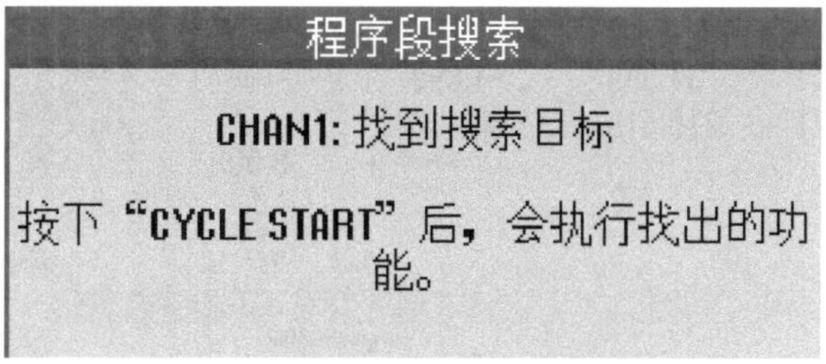

程序段搜索

CHAN1: 找到搜索目标

按下“CYCLE START”后，会执行找出的功能。

图 2-18　程序段搜索完成后的提示信息

搜索结束后，光标定在中断程序段处并激活 CYCLE STOP，出现提示信息后按软键〖确认〗。

4）按【循环启动】键，按照所选择的查找模式执行相应的断点处辅助功能，例如换刀、主轴旋转、切削液启动、工件坐标系等。

5）再次出现提示信息 10208 带NC启动连续程序 和“CHAN1：用 CYCLE START（循环启动）来继续程序”，按〖确认〗软键，再按【循环启动】键开始从中断点继续加工。

该操作的前提条件如下：

1）已经选择了所需的程序。

2）控制系统处于复位状态。

3）选择了所需的搜索模式。

> **注意**：必须确保起始位置无碰撞，并达到相应的技术值以及相应的刀具已经使能。如需要，可以手动返回到无碰撞的起始位置。选择目标程序段时需考虑程序段的搜索类型。

2.3.3　当前程序段和程序级

（1）当前程序段显示　在当前程序段显示的窗口中可以看到目前正在处理的程序段。对于正在运行的程序，可以获得以下信息：标题行中为工件或者程序名；正在处理的程序段显示为彩色。

（2）直接编辑当前程序　在复位状态下可以直接编辑当前程序。只需在操作面板上按【INSERT】键，将光标置于所需位置并编辑程序段。直接编辑功能只适用于数控存储器中的 G 代码段，而不适用于外部执行。再次按【INSERT】键，重新退出程序和编辑器模式。

（3）显示基本程序段　程序试运行或程序执行过程中关于进给轴位置和关键 G 功能的准确情况，可以通过基本程序段显示获得。例如，在使用循环指令时就可以检查机床的实际运行状态。

基本程序段显示中删除了通过变量或 R 参数编程的位置，用变量值代替。在测试模式以及在机床实际加工工件的过程中都可以使用基本显示。为当前有效的程序段启动某项机床功能的所有 G 代码指令，会显示在“基本程序段”窗口中，如图 2-19 所示。

1）绝对坐标轴位置。

2）第一个 G 组中的 G 功能。

3）其他模态 G 功能。

4）其他编程地址。

5）M 功能。

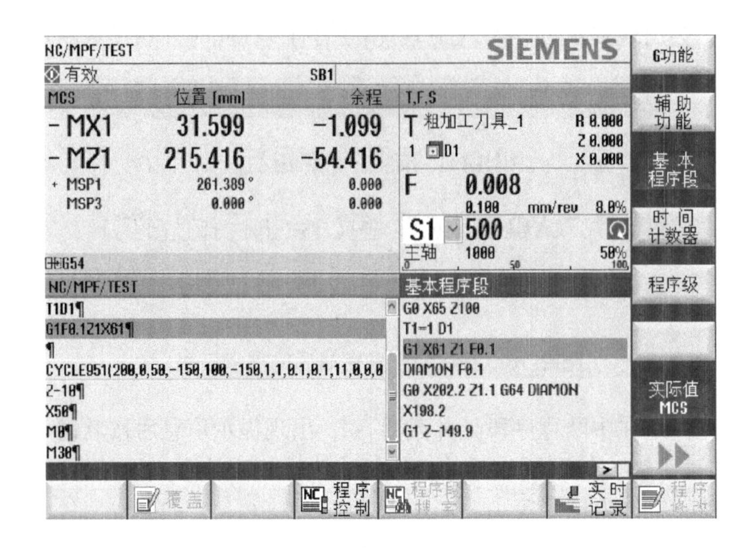

图 2-19　基本程序段显示

2.4　刀具管理

SINUMERIK 828D 数控系统标配有机床刀具管理功能，包含〖刀具清单〗、〖刀具磨损〗、〖刀库〗三个列表。

推荐采用具有机床刀具管理功能的“管理型”数控系统，可对刀具参数和使用寿命等情况进行实时控制。这是因为“管理型”功能更强调机床操作者将所选择的刀具信息数据输入到数控系统的刀具补偿存储器中，在执行数控程序时供数控系统内部计算刀具运行轨迹和对刀具运行状况进行监控。例如，在控制系统的刀具补偿存储器中必须保存刀具类型、刀沿位置、刀具几何尺寸（长度、半径）和刀具磨损尺寸（长度、半径）。一旦在刀具补偿存储器中填入数值，每次调用刀具时数控系统就会自动进行计算。刀具磨损或重新安装刀具引起的刀具位置变化，在建立、执行刀具位置补偿后，其加工程序不需要重新编制。

2.4.1　车削加工刀具类型

（1）刀具类型的常用信息　SINUMERIK 828D 车削数控系统的加工刀具被分为几种类型。每种刀具类型都被分配了一个 3 位的编号，在系统的刀具参数界面上都有一个图符表示其外形特征。表 2-7 列出了组别所用的工艺特征，为刀具类型分配第一个数字。

表 2-7　刀具组类型

刀具类型	刀具组
5xy	车刀
2xy	钻头
3xy	备用
6xy	备用
7xy	专用刀具，例如探头、切槽锯片

（2）预置的刀具类型与名称　在创建新刀具时，数控系统会提供多个刀具类型选项。刀具类型决定了需要哪些几何数据，以及如何计算这些数据。SINUMERIK 828D 系统预置了一些刀具类型供操作者选择，如图 2-20~ 图 2-23 所示。

新建刀具 - 收藏

类型	标识符	刀具位置
500	粗加工刀具	
510	精加工刀具	
520	切入刀具	
540	螺纹车刀	
550	钮扣刀具	
560	旋转钻头	
580	3D探头（车削）	
730	挡块	
120	立铣刀	
140	面铣刀	
150	盘形铣刀	
200	麻花钻	
240	螺纹丝锥	

图 2-20 “收藏”窗口提供的刀具类型

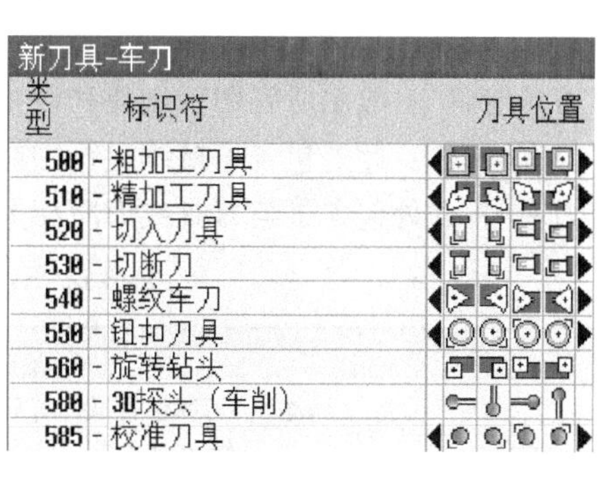

新刀具-车刀

类型	标识符	刀具位置
500	粗加工刀具	
510	精加工刀具	
520	切入刀具	
530	切断刀	
540	螺纹车刀	
550	钮扣刀具	
560	旋转钻头	
580	3D探头（车削）	
585	校准刀具	

图 2-21 “车刀”窗口提供的刀具类型

新刀具-钻头

类型	标识符	刀具位置
200	麻花钻	
205	整体钻	
210	钻杆	
220	中心钻	
230	沉头钻	
231	扩孔	
240	螺纹攻	
241	精螺纹丝锥	
242	英制螺纹丝锥	
250	铰刀	

图 2-22 “钻头”窗口提供的刀具类型

新刀具-特种刀具

类型	标识符	刀具位置
700	槽锯	
710	3D探头（铣削）	
711	寻边探头	
712	单向探头	
713	L形探头	
714	星形探头	
725	校准刀具	
730	挡块	
731	顶尖套筒	
732	中心架	
900	辅助刀具	

图 2-23 “特种刀具”窗口提供的刀具类型

2.4.2　刀具清单

刀具清单列表（简称刀具表）中显示了创建、设置刀具时必需的所有工艺参数和功能。每把刀具可以通过刀具名称和备用刀具编号进行识别，如图 2-24 所示，刀具表中各符号含义说明见表 2-8。

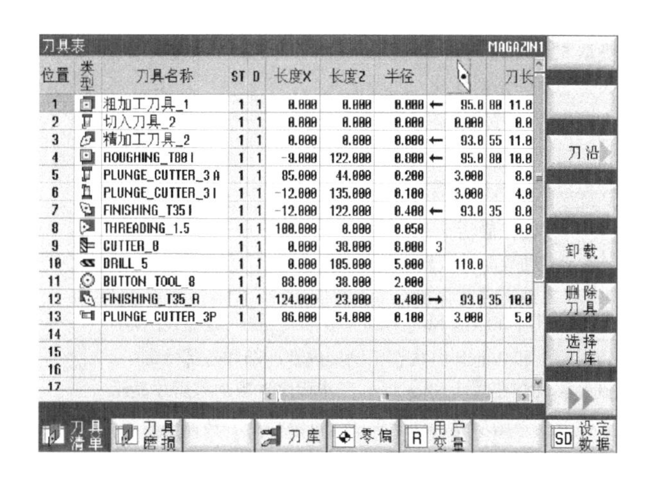

刀具表　MAGAZIN1

位置	类型	刀具名称	ST	D	长度X	长度Z	半径				刀长
1		粗加工刀具_1	1	1	0.000	0.000	0.000	←	95.0	80	11.0
2		切入刀具_2	1	1	0.000	0.000	0.000		0.000		0.0
3		精加工刀具_2	1	1	0.000	0.000	0.000	←	93.0	55	11.0
4		ROUGHING_T80 I	1	1	-9.000	122.000	0.800	←	95.0	80	10.0
5		PLUNGE_CUTTER_3 A	1	1	85.000	44.000	0.200		3.000		8.0
6		PLUNGE_CUTTER_3 I	1	1	-12.000	135.000	0.100		3.000		4.0
7		FINISHING_T35 I	1	1	-12.000	122.000	0.400	←	93.0	35	8.0
8		THREADING_1.5	1	1	100.000	0.000	0.050				0.0
9		CUTTER_8	1	1	0.000	30.000	0.000	3			
10		DRILL_5	1	1	0.000	105.000	5.000		118.0		
11		BUTTON_TOOL_8	1	1	80.000	30.000	2.000				
12		FINISHING_T35_A	1	1	124.000	23.000	0.400	→	93.0	35	10.0
13		PLUNGE_CUTTER_3P	1	1	86.000	54.000	0.100		3.000		5.0
14											
15											
16											
17											

图 2-24 刀具表界面显示的刀具参数情况

刀具列表中显示了在系统中创建或配置的所有刀具和刀库位置（刀位）。所有列表都按照同样的顺序排列相同刀具。因此，在列表间切换时，光标将停留在同一个刀具上。列表之间的区别在于显示的参数和软键的布局。可以根据需要，从一个主题（水平软键）切换到下一个主题。各软键的含义如下：

〖刀具清单〗：显示所有用于创建和设置刀具的参数和功能。

〖刀具磨损〗：此处包含了持续运行中必需的所有参数和功能，如磨损和监控功能。

〖刀库〗：此处包含了与刀具或刀库相关的参数以及刀具或刀库位置的功能。

表 2-8　刀具表中各符号含义说明

符号	含义
位置	1：刀库位置号，若只有一个刀库则只显示刀位号 ：绿色双箭头，当前刀具位置或刀具处于换刀位 ：灰色双箭头，刀库位置位于加载位置上 ：红色叉，当前刀具位置被禁用
类型	根据刀具类型（表示为符号）显示确定的刀补数据 可通过〖SELECT〗键更改刀具类型。 ：绿色方框，该刀具为预选刀具 ：红色叉形，刀具被禁用 ：黄色三角形，尖端向下，刀具达到预警极限 ：黄色三角形，尖端向上，刀具处于特殊状态中 将光标置于该标记处，工具栏提供简短说明
刀具名称	刀具通过其名称和替换刀具号加以标识，名称可以为文字或编号 注：刀具名称的最大长度为 31 个 ASCII 字符。当使用亚洲字符或 Unicode 时字符数要相应减少。不允许使用下列特殊字符："|" "#" """ 和 "."
ST	ST 为备用刀具编号，用于备用刀具方案
D	每把刀最多可创建 9 个刀沿
长度 X，长度 Z	刀具几何数据：刀具 X 向长度和 Z 向长度
半径或直径	刀具半径或直径，可以通过机床数据 MD 设置为直径或半径
刀具夹持方向 →，←，↑，↓	刀沿图形再次定位由夹持角、切削方向和刀片角度确定位置 夹持角的参考方向给定了切削方向
刀具主偏角	类型 500- 粗加工车刀和类型 510- 精加工车刀的夹角 类型 520- 切槽刀和类型 530- 切断刀具的刀片宽度 类型 560 的钻削半径（回转钻头）
刀尖夹度	在夹角旁边另外给定刀片角度
刀片长度	切割刀具或切断刀具的刀片长度 在模拟程序执行中需要刀片长度用于显示刀具
主轴旋转方向	：主轴未激活 ：主轴顺时针旋转 ：主轴逆时针旋转 该参数只有在激活 ShopTurn 工步程序选项功能后才显示
切削液	切削液 1 和 2 的开启状态（例如内部冷却和外部冷却） 该参数只有在激活 ShopTurn 工步程序选项功能后才显示
M1~M4	其他刀具专用功能，如附加的切削液供给、转速监控、刀具损坏等 该参数只有在激活 ShopTurn 工步程序选项功能后才显示

主要刀具外形尺寸如图 2-25~ 图 2-29 所示。

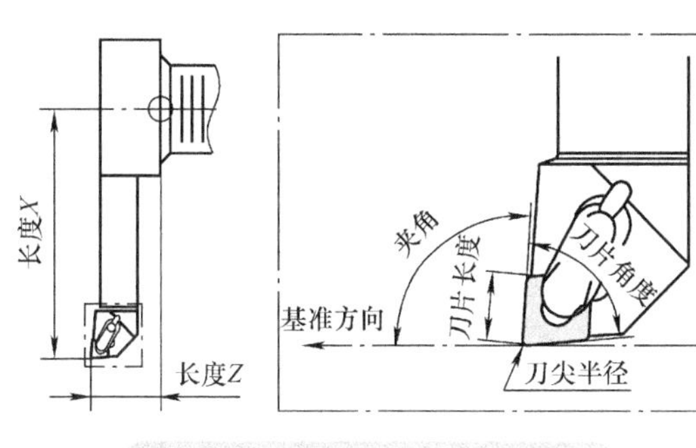

图 2-25　粗加工刀具（500 型）

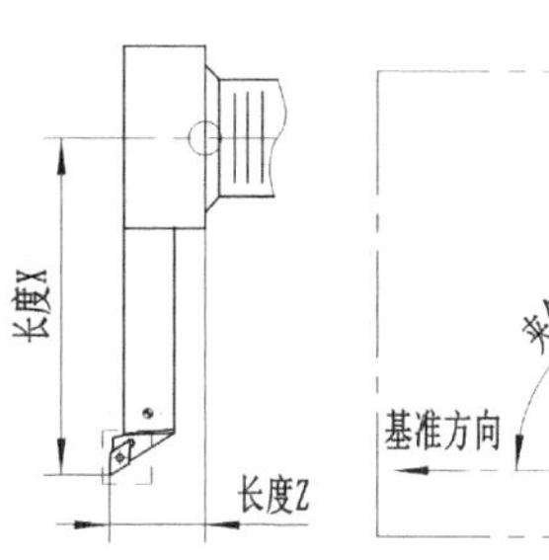

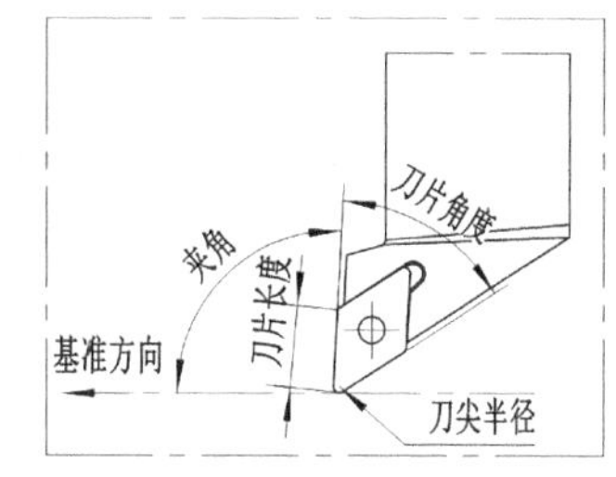

图 2-26　精加工刀具（510 型）

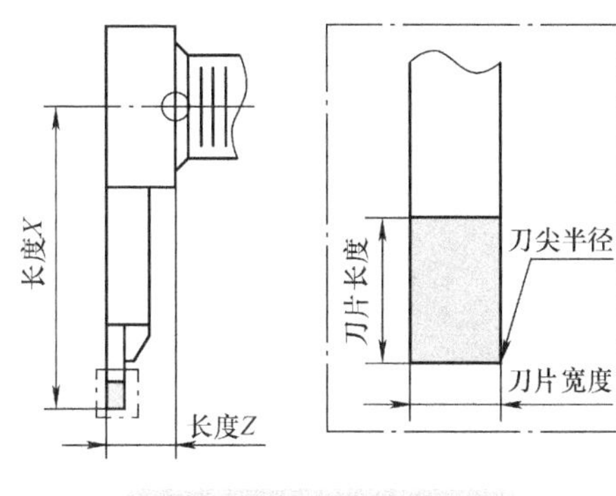

图 2-27　槽刀（520 型）

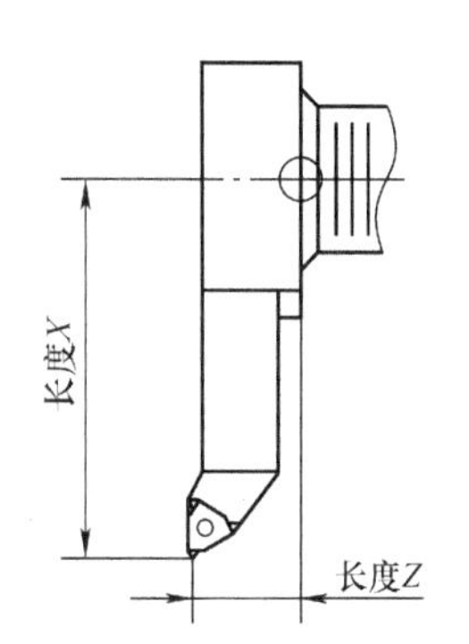

图 2-28　螺纹车刀（540 型）

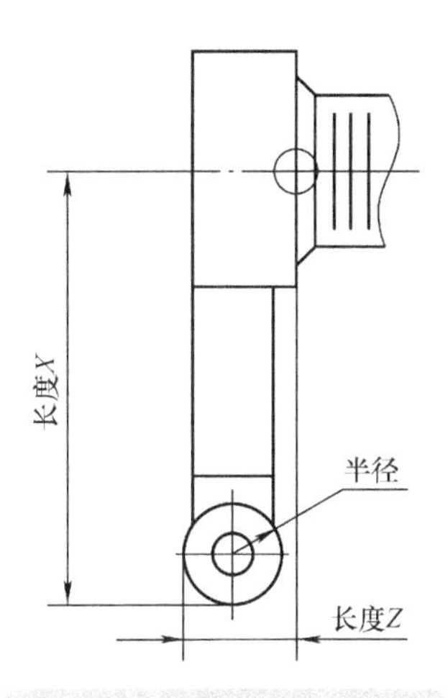

图 2-29　纽扣刀（550 型）

在设置车刀时，除了刀沿半径和长度补偿以外，还需要根据实际刀具装夹的位置设定正确的刀沿位置，图 2-30~ 图 2-32 分别显示了 9 种不同的刀沿位置。

一般情况下，对于外轮廓的车削，通常采用 3 号刀沿位置；对于内轮廓的车削，通常采用 2 号刀沿位置。

此外，还需注意车削类刀具的刀沿位置和切削方向关系：车刀通过主刀沿和副刀沿进行限制。通过主刀沿和副刀沿相对于坐标轴的位置来定义刀沿的位置。每个刀沿位置可以分配两个不同的切削方向，如图 2-33 所示。

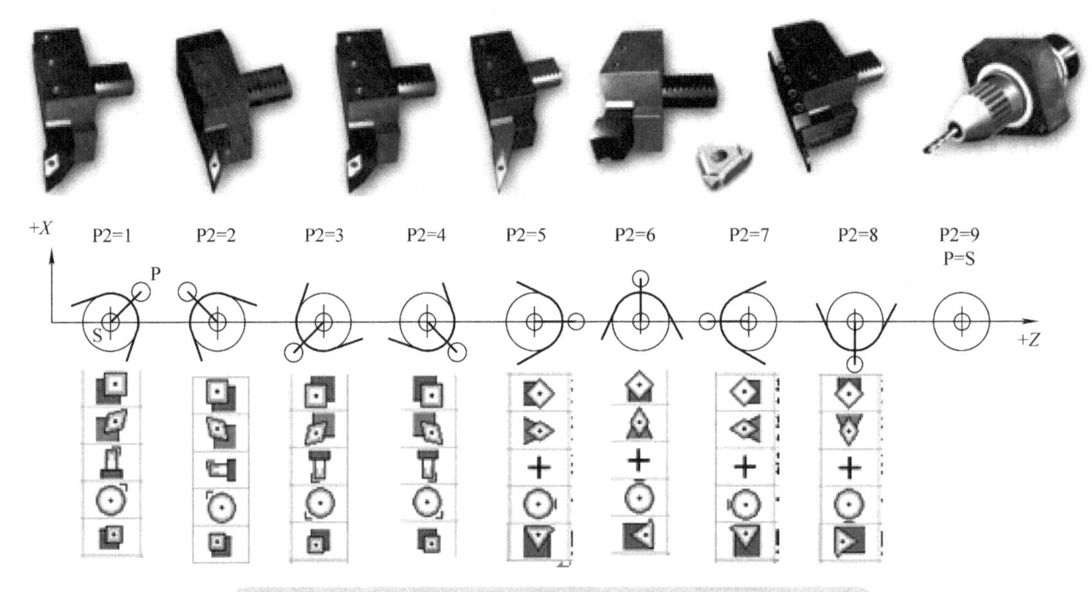

图 2-30　刀沿位置示意图（斜床身、平床身车床后置刀架）

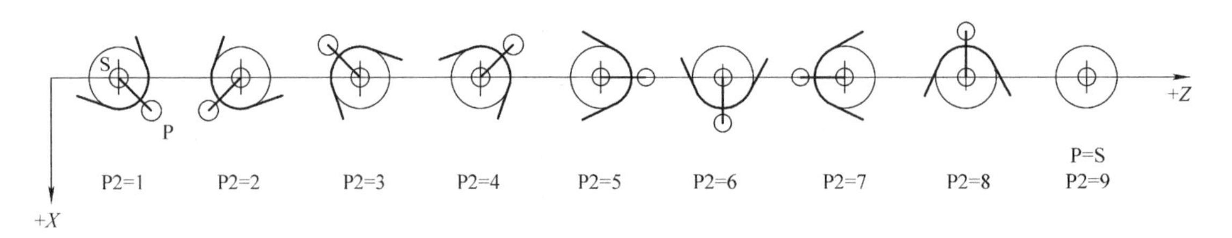

图 2-31　刀沿位置示意图（平床身车床前置刀架）

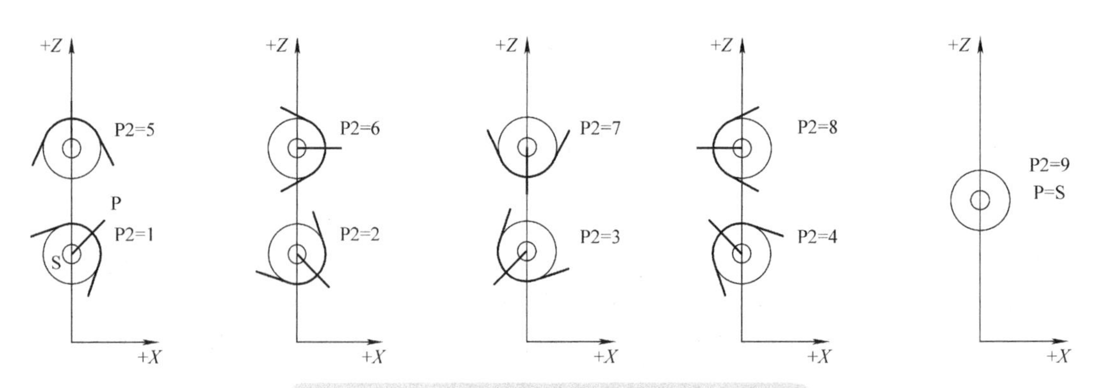

图 2-32　刀沿位置示意图（立式车床右置刀架）

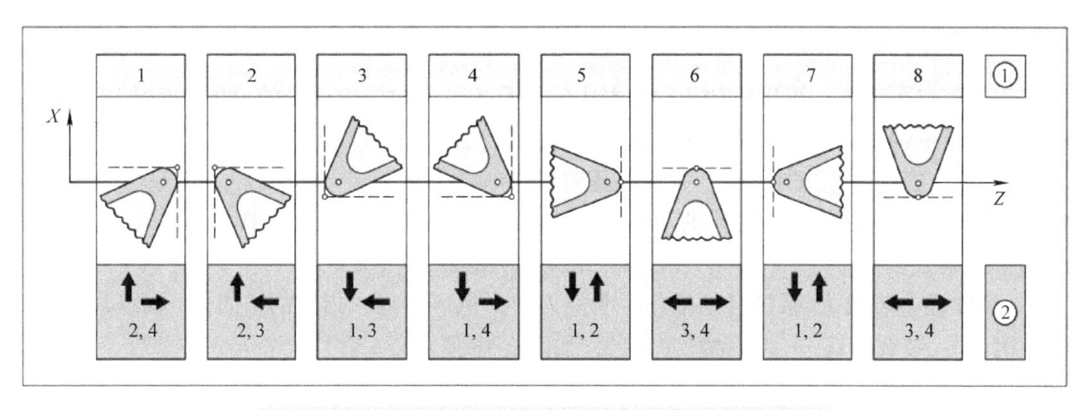

图 2-33　每个刀沿位置可以分配两个不同的切削方向

2.4.3　创建新的刀具

创建新刀具的步骤如下：

1）按【MENU SELECT】键，打开刀具列表：→ 刀具清单。

2）将光标移动到期望的空刀位或装载空刀位→。

3）按〖新刀具〗软键，自动进入“收藏”刀具类型列表，如果“收藏”中没有要创建的刀具类型，根据需要按软键 车刀 500-599、钻头 200-299 或者 特种刀具 700-900 显示更多类型，如图 2-34 所示。

4）移动光标键▼▲，选择对应的刀具类型，如 510 类表示精加工刀具。

5）按〖确认〗软键，根据所选刀具类型自动生成预定名称，按【INPUT】键，将该刀具收入刀具列表中。

刀具表　MAGAZIN1

位置	类型	刀具名称
1		粗加工刀具_1
2		切入刀具_2
3		精加工刀具_2
4		ROUGHING_T80 I
5		PLUNGE_CUTTER_3 A
6		PLUNGE_CUTTER_3 I
7		FINISHING_T35 I
8		THREADING_1.5
9		CUTTER_8
10		DRILL_5
11		BUTTON_TOOL_8
12		FINISHING_T35_R
13		PLUNGE_CUTTER_3P
14		麻花钻
15		螺纹丝锥
16		
17		

新建刀具 - 收藏

类型	标识符	刀具位置
500	粗加工刀具	
510	精加工刀具	
520	切入刀具	
540	螺纹车刀	
550	钮扣刀具	
560	旋转钻头	
580	3D探头（车削）	
730	挡块	
120	立铣刀	
140	面铣刀	
150	盘形铣刀	
200	麻花钻	
240	螺纹丝锥	

收藏
铣刀 100-199
钻头 200-299
车刀 500-599
特种刀具 700-900
取消
确认

图 2-34　创建新刀具

2.4.4 装载刀具

在刀具清单列表中，可以将数控存储器中的刀具（没有对应位置号的刀具）装载到刀库中指定的空刀位或主轴上。装载刀具的操作步骤如下：

1）按【MENU SELECT】键，打开刀具表 → 刀具清单。

2）将光标移动到需要装载的刀具（位置参数栏没有数字的刀具）处，如精车刀 → 精车刀 1 1 11.000 15.000 0.200 ← 93.0。

3）按软键〖装载〗，系统自动推荐一个空刀位，也可以输入指定的空刀位，如 14，然后按软键〖确认〗，装载刀具 → 13 PLUNGE_CUTTER_3P 1 1 14 精车刀 1 1，如图 2-35 所示。

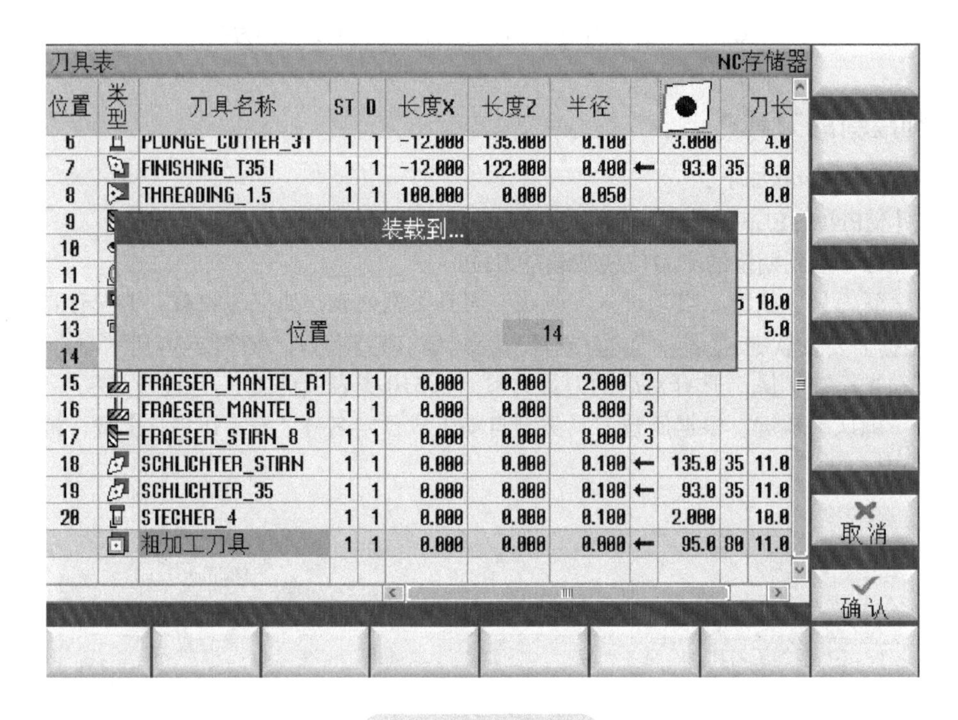

图 2-35 装载刀具

2.4.5 卸载或删除刀具

在刀具清单列表中，按〖卸载〗软键可从刀库中卸载目前暂不需要的刀具，刀具数据存储在数控系统中。若想重新使用该刀具，只需再次将该刀具装载到相应的刀位，避免了多次输入同一刀具数据。通过〖删除刀具〗软键将指定刀具直接从刀库以及数据系统中彻底删除，系统不再存储该刀具的任何信息，如图 2-36 所示。通过〖刀沿〗软键，实现对多个刀沿的管理。可以新建多个刀沿或删除某个指定的刀沿数据，但是第一刀沿无法删除。创建一把新刀具时，默认新建第一刀沿（D1）。对于带有多个刀沿的刀具，每个刀沿都有各自的补偿数据。

2.4.6 刀具磨损列表

在刀具磨损表中包含了持续运行中必需的所有参数和功能。长期使用的刀具可能会出现磨损。可对此磨损进行测量，并将磨损值输入至刀具磨损列表。随后，在计算刀具长度或者半径补偿时，控制系统会考虑这些数据。可以通过工件数量、刀具寿命或磨损自动监控刀具的使用寿命。此外，当不再需要使用该刀具时，还可以将此刀具禁用。

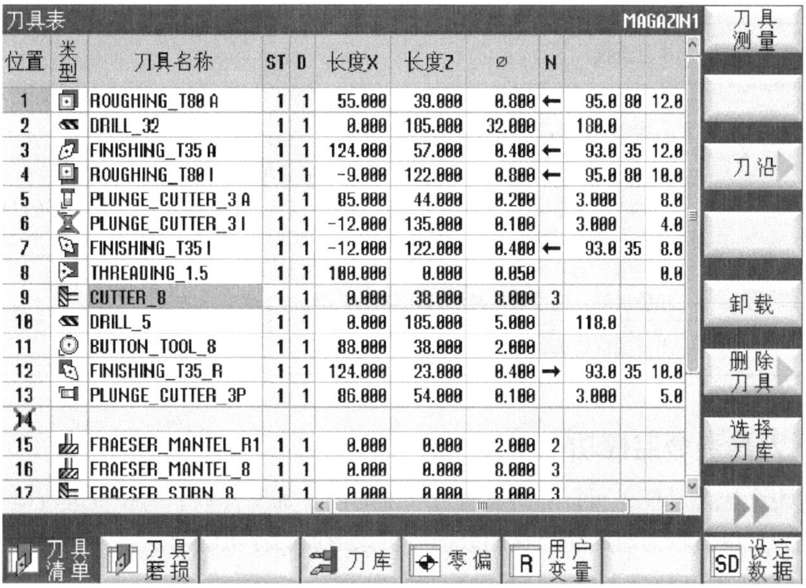

刀具表　MAGAZIN1

位置	类型	刀具名称	ST	D	长度X	长度Z	⌀	N			
1		ROUGHING_T80 A	1	1	55.000	39.000	0.800	←	95.0	80	12.0
2		DRILL_32	1	1	0.000	185.000	32.000		180.0		
3		FINISHING_T35 A	1	1	124.000	57.000	0.400	←	93.0	35	12.0
4		ROUGHING_T80 I	1	1	-9.000	122.000	0.800	←	95.0	80	10.0
5		PLUNGE_CUTTER_3 A	1	1	85.000	44.000	0.200		3.000		8.0
6		PLUNGE_CUTTER_3 I	1	1	-12.000	135.000	0.100		3.000		4.0
7		FINISHING_T35 I	1	1	-12.000	122.000	0.400	←	93.0	35	8.0
8		THREADING_1.5	1	1	100.000	0.000	0.050				0.0
9		CUTTER_8	1	1	0.000	38.000	8.000	3			
10		DRILL_5	1	1	0.000	185.000	5.000		118.0		
11		BUTTON_TOOL_8	1	1	88.000	38.000	2.000				
12		FINISHING_T35_R	1	1	124.000	23.000	0.400	→	93.0	35	10.0
13		PLUNGE_CUTTER_3P	1	1	86.000	54.000	0.100		3.000		5.0
14											
15		FRAESER_MANTEL_R1	1	1	0.000	0.000	2.000	2			
16		FRAESER_MANTEL_8	1	1	0.000	0.000	8.000	3			
17		FRAESER_STIRN_8	1	1	0.000	0.000	8.000	3			

刀具测量　刀沿　卸载　删除刀具　选择刀库
刀具清单　刀具磨损　刀库　零偏　用户变量　设定数据

图 2-36　卸载刀具

图 2-37 所示的刀具磨损表中的前 5 列（栏）刀具数据的内容与刀具清单中的内容一致，请参考 2.4.2 节中的说明。表 2-9 中列举了与刀具磨损以及刀具寿命监控相关的内容。

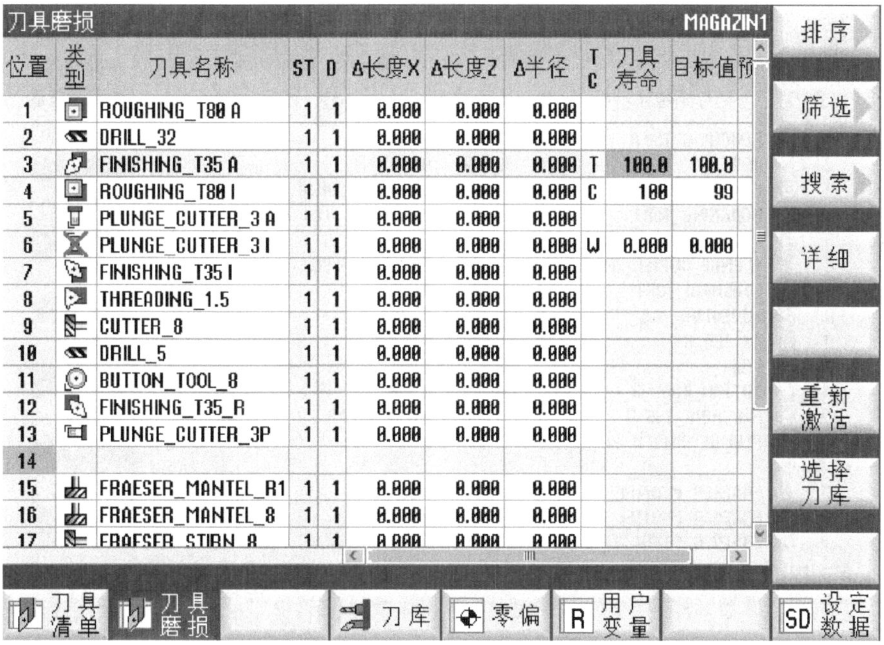

刀具磨损　MAGAZIN1

位置	类型	刀具名称	ST	D	Δ长度X	Δ长度Z	Δ半径	TC	刀具寿命	目标值	预
1		ROUGHING_T80 A	1	1	0.000	0.000	0.000				
2		DRILL_32	1	1	0.000	0.000	0.000				
3		FINISHING_T35 A	1	1	0.000	0.000	0.000	T	100.0	100.0	
4		ROUGHING_T80 I	1	1	0.000	0.000	0.000	C	100	99	
5		PLUNGE_CUTTER_3 A	1	1	0.000	0.000	0.000				
6		PLUNGE_CUTTER_3 I	1	1	0.000	0.000	0.000	W	0.000	0.000	
7		FINISHING_T35 I	1	1	0.000	0.000	0.000				
8		THREADING_1.5	1	1	0.000	0.000	0.000				
9		CUTTER_8	1	1	0.000	0.000	0.000				
10		DRILL_5	1	1	0.000	0.000	0.000				
11		BUTTON_TOOL_8	1	1	0.000	0.000	0.000				
12		FINISHING_T35_R	1	1	0.000	0.000	0.000				
13		PLUNGE_CUTTER_3P	1	1	0.000	0.000	0.000				
14											
15		FRAESER_MANTEL_R1	1	1	0.000	0.000	0.000				
16		FRAESER_MANTEL_8	1	1	0.000	0.000	0.000				
17		FRAESER_STIRN_8	1	1	0.000	0.000	0.000				

排序　筛选　搜索　详细　重新激活　选择刀库
刀具清单　刀具磨损　刀库　零偏　用户变量　设定数据

图 2-37　刀具磨损界面

表 2-9 与刀具磨损以及刀具寿命监控相关的参数

符号	含义
Δ长度	长度磨损
Δ⌀	半径磨损
TC	刀具监控选择 TC 磨损 额定值 预警极限 监控刀具磨损（W） TC 刀具寿命 设定值 预警极限 监控刀具寿命（T），以 min 为单位 TC 件数 设定值 预警极限 监控工件加工数量（C），结合 SETPIECE（1）指令。可以利用【SELECT】键选择不同的刀具寿命监控方式 额定值：刀具寿命、工件数量或磨损的额定值 预警极限：输出警告时的刀具寿命、工件数量或磨损的给定值
D	当复选框勾选时，刀具被禁用

2.4.7 激活刀具寿命监控功能

利用刀具寿命监控功能，可以对刀具进行切削时间、加工件数、磨损量进行监控，结合备用刀具管理功能，可以有效缩短由于刀具的破损对机床造成的停机时间。

1）按【MENU SELECT】键，打开刀具磨损列表 → 刀具磨损。

2）使用按键▼ ▲将光标移动到需要处理的刀具处，并将光标移动到TC寿命监控栏。

3）按软键〖SELECT〗选择刀具寿命监控的类型：T、C 或 W。

4）依次输入刀具寿命、设定值、预警极限值，如图 2-38 所示。刀具（FINISHING_T35A）选择 T 类型寿命监控功能对其切削时间进行监控，刀具寿命为 200min，设定值为 200min，预警极限为 60min。

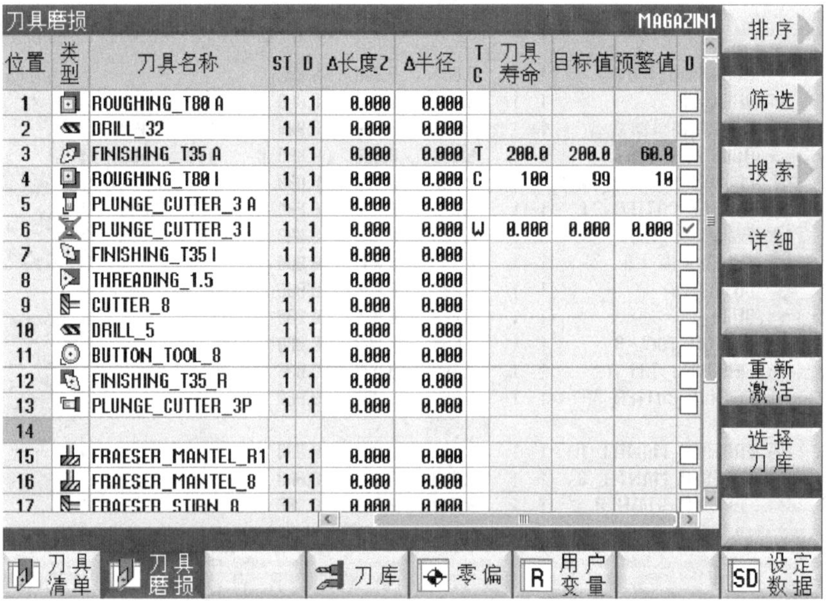

刀具磨损 MAGAZIN1

位置	类型	刀具名称	ST	D	Δ长度Z	Δ半径	TC	刀具寿命	目标值	预警值	D
1		ROUGHING_T80 A	1	1	0.000	0.000					☐
2		DRILL_32	1	1	0.000	0.000					☐
3		FINISHING_T35 A	1	1	0.000	0.000	T	200.0	200.0	60.0	☐
4		ROUGHING_T80 I	1	1	0.000	0.000	C	100	99	10	☐
5		PLUNGE_CUTTER_3 A	1	1	0.000	0.000					☐
6		PLUNGE_CUTTER_3 I	1	1	0.000	0.000	W	0.000	0.000	0.000	☑
7		FINISHING_T35 I	1	1	0.000	0.000					☐
8		THREADING_1.5	1	1	0.000	0.000					☐
9		CUTTER_8	1	1	0.000	0.000					☐
10		DRILL_5	1	1	0.000	0.000					☐
11		BUTTON_TOOL_8	1	1	0.000	0.000					☐
12		FINISHING_T35_R	1	1	0.000	0.000					☐
13		PLUNGE_CUTTER_3P	1	1	0.000	0.000					☐
14											
15		FRAESER_MANTEL_R1	1	1	0.000	0.000					☐
16		FRAESER_MANTEL_8	1	1	0.000	0.000					☐
17		FRAESER_STIRN_8	1	1	0.000	0.000					☐

排序 筛选 搜索 详细 重新激活 选择刀库

刀具清单 刀具磨损 刀库 零偏 用户变量 设定数据

图 2-38 刀具寿命监控功能的设置

2.4.8　刀库

在刀库列表中显示有刀具及其与刀库相关的数据，如图 2-39 所示。此处可以根据需要进行与刀库及刀位相关的操作。

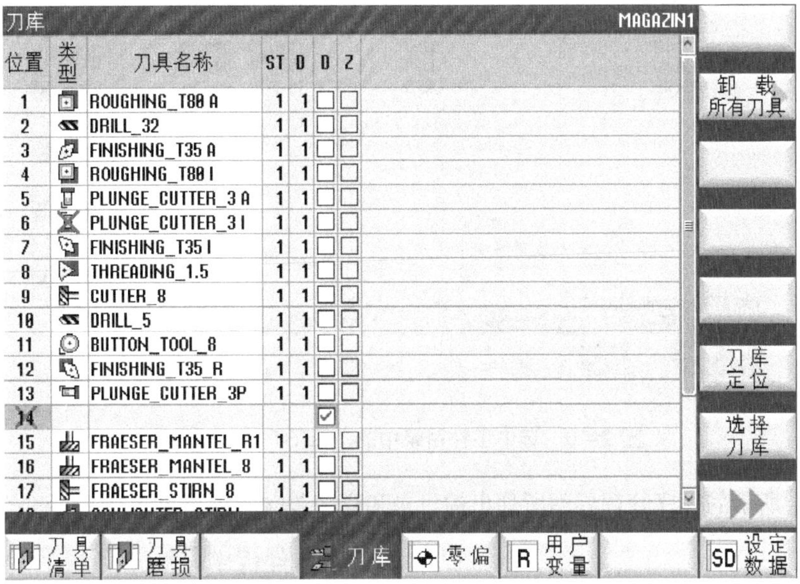

刀库　MAGAZIN1

位置	类型	刀具名称	ST	D	D	Z
1		ROUGHING_T80 A	1	1	☐	☐
2		DRILL_32	1	1	☐	☐
3		FINISHING_T35 A	1	1	☐	☐
4		ROUGHING_T80 I	1	1	☐	☐
5		PLUNGE_CUTTER_3 A	1	1	☐	☐
6		PLUNGE_CUTTER_3 I	1	1	☐	☐
7		FINISHING_T35 I	1	1	☐	☐
8		THREADING_1.5	1	1	☐	☐
9		CUTTER_8	1	1	☐	☐
10		DRILL_5	1	1	☐	☐
11		BUTTON_TOOL_8	1	1	☐	☐
12		FINISHING_T35_R	1	1	☐	☐
13		PLUNGE_CUTTER_3P	1	1	☐	☐
14					☑	
15		FRAESER_MANTEL_R1	1	1	☐	☐
16		FRAESER_MANTEL_8	1	1	☐	☐
17		FRAESER_STIRN_8	1	1	☐	☐

卸载所有刀具　刀库定位　选择刀库

刀具清单　刀具磨损　刀库　零偏　用户变量　设定数据

图 2-39　刀库列表界面

各个刀位可以为刀具进行位置编码，或者设置禁用。刀库列表中的前 5 列刀具数据的内容与刀具清单列表中的一致，下面只列举说明与刀库、刀库位置相关的内容。

D Z L 表示刀库位置以及刀具设置，其中：

1）D：禁用刀位。显示刀具具有哪种位置类型。

2）Z：刀具标记为“超大”。普通刀具占据了刀库中的一个左半刀位、一个右半刀位，例如刀库相邻刀位的距离为 120mm，如果是 ϕ140mm 的面铣刀，需要将此刀具设置为超大刀具，占据刀库中的两个左半刀位、两个右半刀位。只能对没有装载到刀库上或主轴上的刀具进行大尺寸刀具设置。

3）L：固定位置编码。将刀具固定分配到一个刀位。

2.5　程序管理

2.5.1　程序管理概览

通过程序管理器可以随时访问程序，利用各种功能软键或快捷键新建、打开、执行、更改、复制、粘贴、剪切、预览或重命名程序，或者删除不需要的程序，重新释放存储器或清空存储器，还可以在程序管理器的全部驱动器（例如本地驱动器或 USB）上通过系统数据文件树显示 HTML，并打开 PDF 文档以及图片文件（*.bmp,*.png,*.jpg）。各种程序管理功能就像在计算机上处理文件一样，简便快捷。如图 2-40 所示，在本地驱动器（数控存储器）上对光标选中的“TEST”文件进行操作。

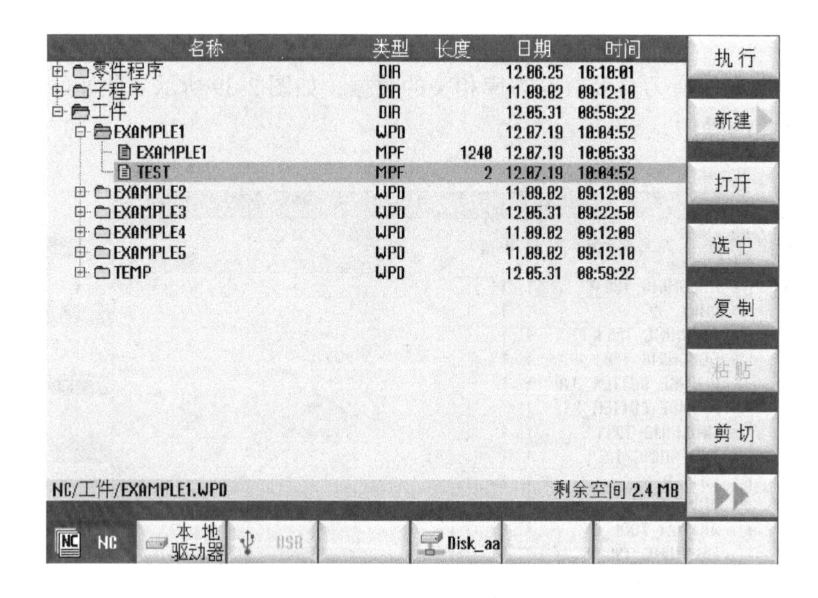

图 2-40 选中工件目录中的“TEST”加工程序

图 2-41 中所示的程序管理界面所列出的目录和程序包含的信息见表 2-10。

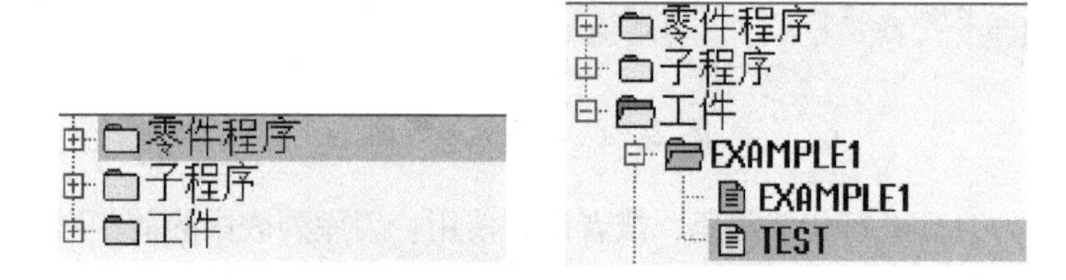

图 2-41 程序管理器中的程序目录

表 2-10 程序管理界面显示的信息

名称	最大允许有 24 个字符。允许使用的字符为所有的大写字母、数字和下划线
类型	目录：WPD 主文件夹：DIR　程序：MPF　子程序：SPF　初始化程序：INI 工作表：JOB　刀具数据：TOA　刀库数据：TMA　零点：UFR R 参数：RPA　全局用户数据或定义：GUD 设定数据：SEA　保护区：PRO　悬垂度：CEC
大小	以字节为单位
日期 / 时间	设置或上次更改的日期或 时间
EXAMPLE1 EXAMPLE1	当目录或文件符号变为绿色时，表示选择执行、激活的文件夹及程序

提示： 不推荐从 USB 设备直接执行程序，特别是大程序。在持续运行中，USB 设备可能会接触不良、掉落、由于碰撞或不小心拔出而折断。如果在刀具加工期间拔出 USB 设备，将会停止加工并且损坏工件。

通过程序管理器可以随时访问并直接处理以下存储空间的程序：

1）NC：〖NC〗。

2）本地驱动器：〖本地驱动器〗，激活软件选项“NCU 256 MB HMI CF 卡用户存储器”时，才会显示该软键。

3）Disk：〖网络驱动器〗，即网盘，激活软件选项“网络管理功能”时，才会显示该软键。

4）USB：〖USB 驱动器〗，只有在操作面板的 USB 端口上连接了一个 USB 设备，该软键方可使用。

5）V24（RS232C）。

程序管理器目录结构中的符号：🗀表示目录，🗎表示文件，如图 2-40 所示。

在数控机床上电后第一次进入程序管理器时，所有的程序目录前都有一个“+”号，可以利用软键〖打开〗或【▶】或 INPUT 打开光标所在的目录或文件。只有在第一次查看后，空目录前的“+”号才被删除。

2.5.2　创建新目录或程序

目录结构有助于一目了然地管理程序和数据。为此可以在本地驱动器以及在 USB 或网络驱动器的目录中创建子目录。在子目录中可以继续创建程序并随即创建程序段。

目录必须使用后缀“.DIR”或者“.WPD”。包括后缀在内的名称长度最多为 49 个字符。给定名称时允许使用所有的字母、数字和下画线。名称使用的字母会被自动转换成大写字母。但这一限制不适用于 USB 或网络驱动器上的文件名称。在一个工件目录内可以建立不同的文件类型，如主程序文件、初始化文件和刀具补偿文件。

说明：在工件目录下，用户可以建立多级工件目录。但工件目录名称的长度是受限制的。如果超出了最大允许的字符数量，在输入时会显示提示信息。

在本地驱动器、USB 和网络驱动器上可以任意组建目录结构。也就是说，可以在一个工件目录内建立其他工件的目录或者任意一个目录。将这些数据复制到数控内存后，便会检查该目录或文件的名称长度。创建新目录或程序的步骤如下：

1）打开相应程序存储空间。选择 程序管理器 → NC 或 本地驱动器 或 USB。

2）通过光标键【▲】、【▼】，将光标移到目标目录中选择零件程序、子程序或工件。

3）按软键〖新建〗，选择新建一个目录 目录 或程序 programGUIDE G代码。

4）如果在工件目录下，则需要选择新建程序的类型，如 MPF 主程序或 SPF 子程序。

5）按规定输入程序名称并按软键〖确认〗，完成程序名称的建立，如图 2-42 所示。

6）进入程序编辑界面，开始编辑程序。

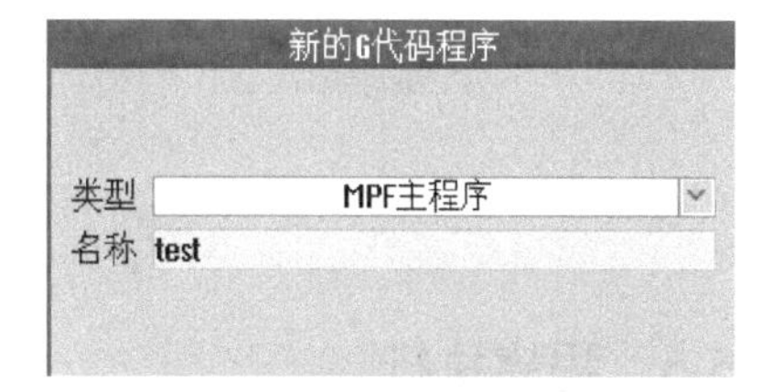

图 2-42　创建“test”主程序

2.5.3　打开和关闭程序

1）按照 程序管理器 → NC 步骤打开程序目录，或者在 本地驱动器 或 USB 中打开相应外设程序存储空间。

2）通过光标键【▲】、【▼】将光标移到目标目录或目标文件上。

3）按软键〖打开〗或者按光标键【▶】或 键打开光标所在的目录或文件。

4）按软键〖关闭〗或者按光标键【▶】，则关闭当前打开的文件。

5）按光标键【▶】，则光标返回文件夹头，再按光标键【▶】则关闭该文件夹。

2.5.4 同时打开多个程序

可在编辑器中同时打开两个程序进行查看和编辑。例如可方便地复制一个程序的程序段或加工步骤，并将其粘贴至另一个程序。最多可打开 10 个程序。通常默认同时显示两个程序，若需同时打开更多，可以进行如下设置：

1）选择操作区域“程序”，编辑器已激活。

2）按软键〖▶▶〗和〖设置〗，进入“设置”菜单，修改参数“可见程序数”：1~10，选择程序的数量可以在编辑器中相邻显示。

3）修改后应按软键〖确认〗，需要对所做的设置进行确认。

同时打开多个程序的操作步骤如下：

① 在程序管理器中选中需要在多重编辑器视图中打开的程序，并按下软键〖打开〗，编辑器打开并会显示前两个程序。

② 按【NEXT WINDOW】键切换至下一个打开的程序，如图 2-43 所示。

③ 按软键〖▶▶〗和〖关闭〗，将当前程序关闭。

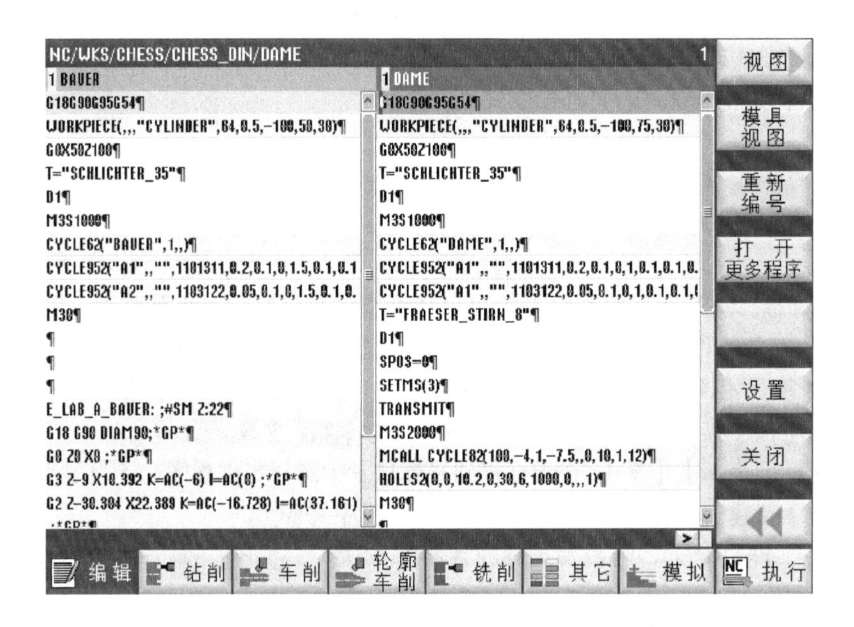

图 2-43 同时打开两个程序

2.5.5 程序执行

选中要执行的程序，系统自动切换到“加工”操作区。将光标放置在所需程序或工件上，选择工件（WPD）、主程序（MPF）或子程序（SPF）。

选择工件时，在工件目录中必须有一个同名的程序，系统将自动选择它并进行加工（例如：选择了工件 WELLE.WPD，则会自动选定主程序 WELLE.MPF 进行加工）。

如果存在一个同名的 INI 文件（如 WELLE.INI），则会在选择零件程序并在第一次零件程序启动后一次性执行。如有必要，根据机床数据 MD11280 $MN_WPD_INI_MODE 执行其他的 INI 文件。

程序执行的操作步骤如下：

1）按照 程序管理 → NC 或 本地驱动器 或 USB 步骤打开相应程序存储空间。

2）按光标键【▲】、【▼】将光标移到目标目录并打开目录，选择需要执行的程序文件。

3）按软键〖执行〗，选择执行光标所指的程序。

4）系统自动切换到 加工 操作界面以及 AUTO 自动运行方式下。

5）按软键〖循环启动〗开始执行程序加工工件。如果是执行程序编辑器当前正在编辑的程序，可以直接按软键〖执行〗，选择该程序进行加工。

2.5.6　预览显示程序

可以在编辑之前通过预览来显示程序的内容，不需要进入程序编辑界面即可在程序管理目录界面下通过光标上下移动键来查看相应的程序内容。

程序预览显示的步骤如下：程序管理 → ▶▶ 预览 → 预览。

1）选择操作区域【Program manager】（程序管理器）。

2）选择所需的保存地点并将光标放置在需要的程序上。

3）按软键〖▶▶〗和〖预览窗口〗，如图 2-44 所示。

4）再次按软键〖预览窗口〗，可以重新关闭窗口。

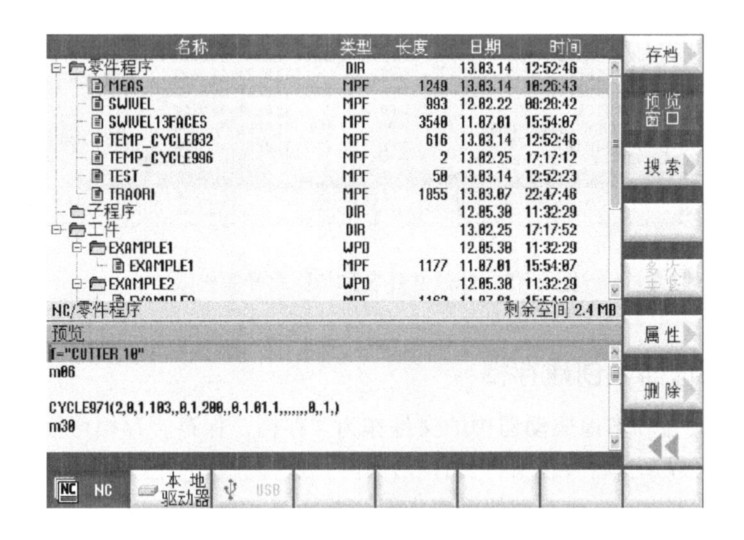

图 2-44　预览窗口操作与显示界面

2.5.7　修改文件属性和目录属性

在窗口“属性”中显示了有关于目录和文件的信息。在文件的路径和名称旁显示了文件长度、建立日期和时间，用户可以修改名称。

在“属性”窗口中显示了执行、写入、列举和读取目录或文件的权限。

1）执行：设置选择目录或文件的权限。

2）写入：设置修改、删除目录或文件的权限。

可以设置的存取权限范围为：钥匙开关 0 到当前的存储权限。如果文件或目录的存储权限高于用户当前的存储权限，则无法进行设置，如图 2-45 所示。

> **说明：** 写入权限和删除权限在机床数据 MD 51050 中设置。

操作步骤如下：〖程序管理〗→〖NC〗或者〖本地〗→〖▶▶〗→〖属性〗→〖确认〗。

1）打开程序管理器。

2）选择所需存储器，并将光标移到需要显示或者修改其属性的文件或目录上。

3）按软键〖▶▶〗和〖属性〗，窗口“... 属性”打开。

4）进行所需的更改。在存储器中，用户可以通过界面进行修改。

5）按软键〖确认〗，保存修改内容。

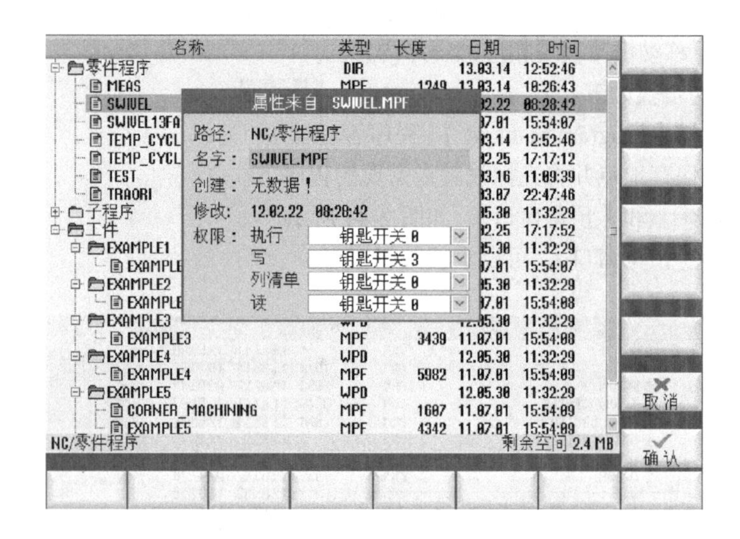

图 2-45　修改文件名称与钥匙开关权限

2.5.8　在程序管理器中创建存档

用户可以将存储器和本地驱动器中的文件作为“存档”保存。存档可使用二进制格式或者穿孔带格式。用户可以选择将存档文件保存在操作区域“调试”中的系统数据存档文件夹、USB 驱动器以及网络驱动器中。文件存档的操作步骤如下：

〖程序管理〗→〖NC〗→〖设置〗→〖▶▶〗→〖存档〗→〖创建存档〗→〖搜索〗→〖确认〗或者〖新建目录〗→〖确认〗→〖确认〗→〖确认〗。

1）选择操作区域【程序管理器】。

2）选择存档地点。

3）在目录中选择需要建立存档的文件。当需要存档多个文件或者目录时，按软键〖设置标记〗，通过光标或鼠标选择所需的目录或者文件。

4）按软键〖▶▶〗和〖存档〗。

5）按软键〖创建存档〗。窗口“创建存档：选择存储位置”打开。

6）如果用户想搜索某个目录或子目录，可以将光标移到对应的存储位置，按软键〖搜索〗，然后在搜索对话框中输入关键字。

> **注意：**用星号“*”替代字符串，用问号“？”替代字符可以使搜索操作更简单。

选择所需存储器，按软键〖新建目录〗，在“新建目录”窗口中输入名称并按软键〖确认〗，创建一个新的目录。

7）按软键〖确认〗，窗口“创建存档：名称”打开。

8）选择存档格式，比如 ARC 二进制格式，输入名称并按软键〖确认〗。存档成功后，会有提示信息，如图 2-46 所示。

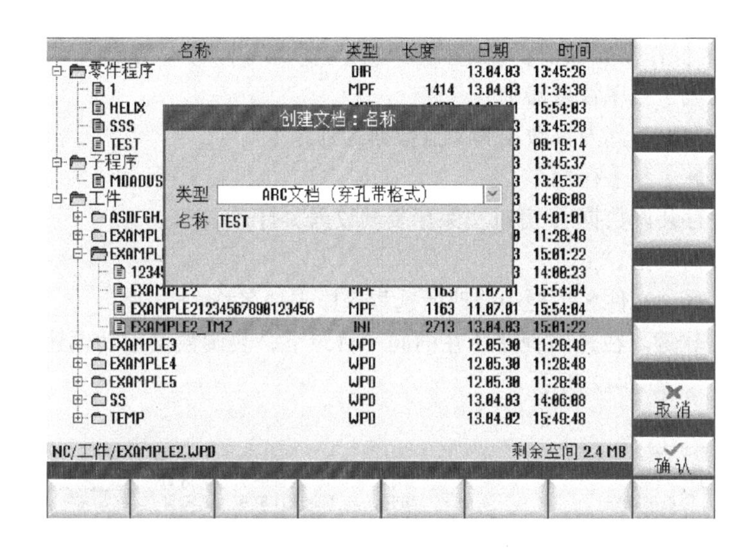

图 2-46 选择存档格式

2.5.9 在程序管理器中导入存档

可以在操作区域〖程序管理器〗中，从系统数据的存档文件夹、配置的 USB 驱动器或网络驱动器（软件选件）中导入存档。

导入存档的操作步骤如下：程序管理 → 存档 → 读入存档 → 搜索 → 确认 → 确认 或者 全部覆盖 或者 未覆盖 或者 跳过 → 中断。

1）选择操作区域〖程序管理器〗。

2）按软键〖存档〗和〖读入存档〗。窗口“读入存档：选择存档”打开。

3）选择存档的存储位置，并将光标移到所需存档上。

> **注意：**只有当用户存档文件夹中至少有一个存档时，此处才会显示该文件夹。如果用户想搜索一个存档，可以按软键〖搜索〗，在搜索对话框中输入带有扩展名（*.arc）的存档名并按软键〖确认〗。

4）如果想覆盖现有文件，按软键〖确认〗或者〖全部覆盖〗。如果不想覆盖现有文件，按软键〖不覆盖〗。要继续导入一个存档时，可以按软键〖跳过〗。打开窗口“读入存档”，进一步显示导入过程，接着会弹出一张“读存档”故障日志，其中会列出已跳过的文件或覆盖的文件。

5）按软键〖取消〗，可中断导入。

2.5.10 保存设置数据

除了程序外，用户还可以保存刀具数据和坐标零点数据。使用此功能，用户可以保存某个工步程序所需的刀具数据和零点数据，之后再次执行该程序时，便可以很快获取该设置。即使是在外部刀具预调设备上获得的刀具数据，也可以方便地录入刀具管理数据中。

需要保存含有 ShopTurn 和 G 代码程序的工作表时，会有独立的下拉表分别用于保存刀具数据和坐标零点数据。

只有当零件程序存储在“工件”目录中时，才可以保存装调数据。当零件程序位于“零件程序”目录中时，不提供“保存装调数据”功能。

保存设置数据的操作步骤如下：程序管理 → NC → 本地 → ▶▶ → 存档 → 保存设置数据 → 确认。

1）选择操作区域〖程序管理器〗。

2）把光标移到要保存其刀具数据和零点数据的程序上。

3）按软键〖▶▶〗和〖存档〗。

4）按软键〖保存装调数据〗，窗口“保存装调数据”打开。

5）选择要保存的数据。

6）如有必要，在“文件名”栏中修改所选程序原先的名称。

7）按〖确认〗软键。在选中程序所在的同一目录下，装调数据成功创建，文件会自动保存为 INI 形式的文件，如图 2-47 所示。

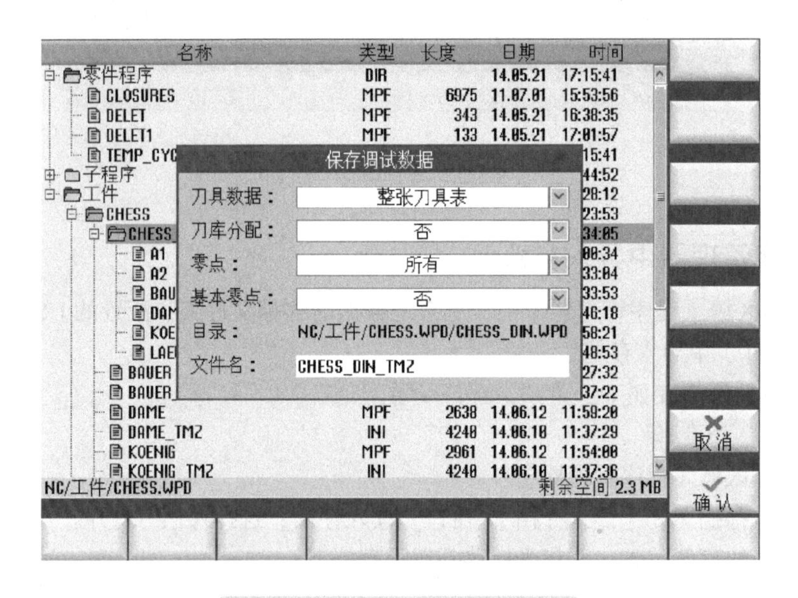

图 2-47　文件装调数据存档操作

说明：若主程序和同名 INI 文件位于同一个目录下，则选中该主程序时会首先自动启动 INI 文件，这样就可以修改不需要的刀具数据了。

保存设置数据的内容汇总在表 2-11 中。

表 2-11　保存设置数据的内容

保存数据类型	操作内容与结果
刀具数据	1）不选择 2）所有在程序中使用的刀具数据（仅针对 ShopTurn 程序和含 ShopTurn 程序的工作表） 3）整张刀具列表
ShopTurn 程序的刀具数据：仅针对含 ShopTurn 程序和 G 代码程序的工作表	1）不选择 2）所有在程序中使用的零点 3）整张刀具列表
G 代码程序的刀具数据：仅针对含 ShopTurn 程序和 G 代码程序的工作表	1）不选择 2）整张刀具列表
刀库占用	1）选择 2）不选择
零点	1）不选择 2）下拉表“基准零点”被隐藏 3）所有在程序中使用的刀具数据（仅针对 ShopTurn 程序和含 ShopTurn 程序的工作表） 4）全部
ShopTurn 程序的零点：仅针对含 ShopTurn 程序和 G 代码程序的工作表	1）不选择 2）下拉表“基准零点”被隐藏 3）所有在程序中使用的零点 4）整张刀具列表
G 代码程序的零点：仅针对含 ShopTurn 程序和 G 代码程序的工作表	1）不选择 2）下拉表“基准零点”被隐藏 3）全部
基准零点	1）不选择 2）选择
目录	显示所选程序所在的目录
文件名	此处可以修改系统建议的文件名称

说明：刀库占用（刀具位置），只有系统可以预计刀具出入刀库情况时，才可以读取刀库占用情况。

2.5.11　读入装备数据

1）在读入数据时，可以选择读入如下已经保存的数据：

① 刀具数据 。

② 刀库占用 。

② 零点 。

④ 基本零点 。

2）读入刀具数据时，按照所选的数据，系统执行的动作如下：

① 整张刀具列表。删除当前所有刀具管理的数据，然后录入已经保存的数据。

② 所有程序中使用的刀具数据。

3）如果待读入的刀具中至少有一个已经在刀具管理中，则有〖全部覆盖〗、〖未覆盖〗和〖跳过〗选项。

4）如果要录入所有刀具数据，按软键〖全部覆盖〗，不经询问就会覆盖现有刀具。如果不想覆盖现有刀具，按软键〖未覆盖〗，这样不经询问就会跳过现有刀具。

5）如果不要覆盖现有刀具，按软键〖跳过〗，则对每把现有刀具都会进行询问。

6）如果为一个刀具刀库设置了多于一个的装载位，则可通过软键〖选择装载位〗打开窗口，并在窗口中为刀库分配装载位。

7）读入装备数据的操作步骤如下：程序管理 → NC 或 本地 → ▶ → SELECT →〖确认〗。

① 选择操作区域〖程序管理器〗。

② 将光标移动到需要再次读取的、保存了刀具数据和零点数据的文件（*.INI）上。

③ 按光标向右【▶】键，或者双击文件，打开窗口"读入装调数据"。

④ 选择需要读取的那些数据（例如刀库占用）。

⑤ 按〖确认〗软键。

2.6 在线帮助

SINUMERIK Operate 用户界面中植入了强大的在线帮助系统，用户随时都可以通过 HELP 键快速查看在线帮助，无须查阅纸质手册即可获取各种功能参数、编程指令等信息说明。

（1）帮助文件内容　控制系统中保存了大量与上下文相关的在线帮助。

1）系统为用户提供了对每个窗口的简要说明，以及操作界面上的步骤介绍。

2）在编辑器中，为用户输入的每个 G 代码提供详细的帮助。此外，用户还可以查看所有的 G 功能并可以将在帮助说明中选择的指令直接复制到编辑器中。

3）在循环编程中，输入屏幕中为用户显示帮助页面，其中包含了所有参数。

4）机床数据列表。

5）设定数据列表。

6）驱动参数列表。

7）所有报警列表。

调用上下文在线帮助操作步骤如下：HELP → 当前 → 全屏幕 → 全屏幕 → 按照 → 返回。

1）进入操作区的任意一个窗口。

2）按【HELP】键（使用 MF2 键盘时按【F12】），当前窗口的帮助界面在一个小窗口中打开。

3）按软键〖全屏〗，全屏显示在线帮助。再次按软键〖全屏〗，恢复小窗口。

4）如果系统还提供了功能或主题的进一步帮助信息，可将光标移到所需链接，并按软键〖对应描述〗。选中的帮助页面会显示在屏幕上。

5）按软键〖返回目录〗，返回到之前的帮助界面。

如图 2-48 所示，光标移动到"MSG 指令"所在行，按【Help】键，显示所选"MSG"指令的帮助界面。

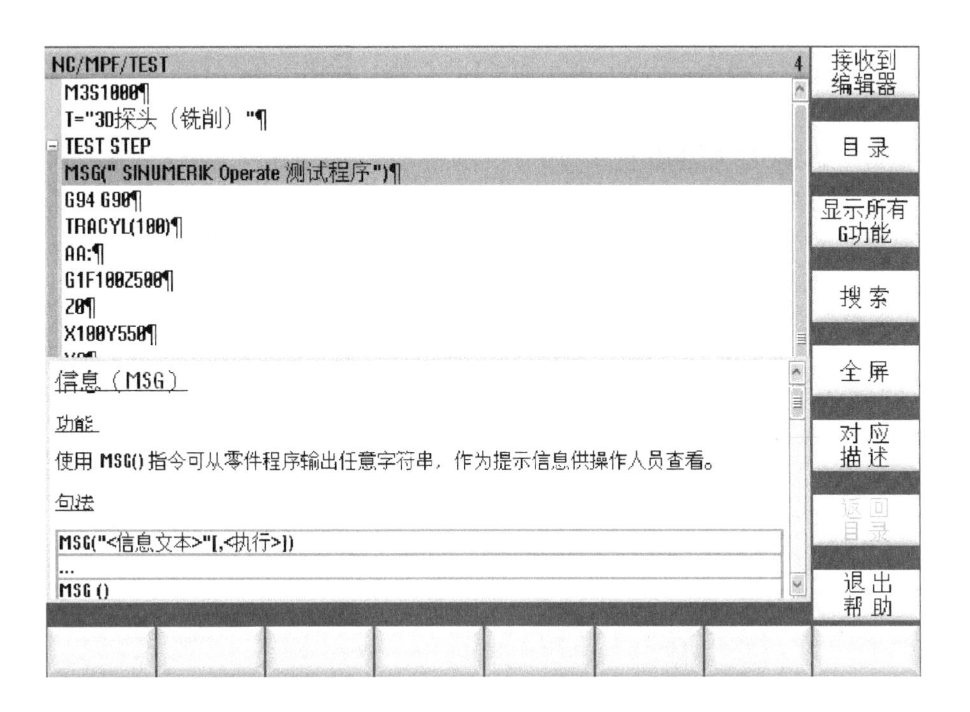

图 2-48　在线帮助显示“MSG”指令的使用方法

（2）调用目录中的主题

1）按软键〖目录〗。根据用户使用的工艺，系统向用户显示“铣削操作”“车削操作”“通用操作”的操作手册，以及编程手册“编程”。

2）按光标键 ▼ 和光标键 ▲，选择所需的手册。

3）按光标键 ▶ 或【INPUT】键或双击，打开手册和章节。

4）使用光标键 ▼ 导航至所需的主题。

5）按软键〖对应描述〗或者【INPUT】键，显示所选主题的帮助界面。

6）按软键〖当前主题〗，返回初始帮助。

（3）查找主题

1）按软键〖搜索〗，打开“在帮助中搜索 ... ”窗口。

2）激活“全文”复选框，在所有帮助界面中查找。如果不激活复选框，则在目录中和索引中查找。

3）在“文本”栏中输入所需的关键字，按软键〖确认〗。

在操作面板上输入搜索关键字时，将星号（*）用作占位符代替字符串。所有输入的关键字和语句将通过“与”逻辑连接一起查找。因此，只显示满足所有搜索标准的文件和条目。

4）按软键〖关键字索引〗，只显示操作和编程手册的索引。

（4）显示报警说明和机床数据

1）如果在窗口“报警”“信息”或“报警日志”中存在信息或报警，则将光标移至有疑问的显示上，按【HELP】键或【F12】键，显示相应的报警说明。

2）进入“调试”操作区域下的机床数据、设定数据和驱动数据显示窗口中，将光标移至所需机床数据或驱动参数上，按【HELP】键或【F12】键。

（5）显示相应的编程指令说明　例如，在编辑器中显示和插入 G 代码指令的过程步骤：

1）在编辑器中打开程序。将光标移至所需的 G 代码指令上，按【HELP】键或【F12】键，显示相应的 G 代码说明。

2）按软键〖显示所有 G 功能〗。

3）使用搜索功能选择所需的 G 代码指令。

4）按软键〖接收到编辑器〗。光标位置上选择的“G 功能”指令复制到程序中。

5）按软键〖退出帮助〗，退出帮助。

第3章

数控车削编程基础

3.1 数控机床坐标系

在配置 SINUMERIK 828D 车削数控系统的数控车床中，为准确、方便地描述机床刀具的运动轨迹，采用直角（笛卡儿）坐标系确定机床的机械坐标系。为方便按照零件加工图样对机床运动进行描述，减少直接采用机床坐标系进行编程时的工作量，还提出了坐标系的概念。

3.1.1 坐标系的概念

机床中使用笛卡儿坐标系，坐标系的正方向通过“右手定则”确定。坐标系以工件为基准，编程不受刀具或者工件移动的影响。编程时始终假定工件静止，而刀具相对于工件坐标系发生位移。

为了使机床和系统可以按照数控程序给定的位置加工，这些参数必须在一基准系统中给定，而该系统可以被传送给加工轴的运动方向。为此可以使用 *X* 轴、*Y* 轴和 *Z* 轴的坐标系。

（1）右手笛卡儿坐标系

1）永远假设工件是静止的，刀具相对于工件运动。

2）刀具远离工件的方向为正方向。

（2）机床坐标轴　坐标系与机床的相互关系取决于机床的类型。轴方向由右手“三指定则”确定，如图 3-1 所示。

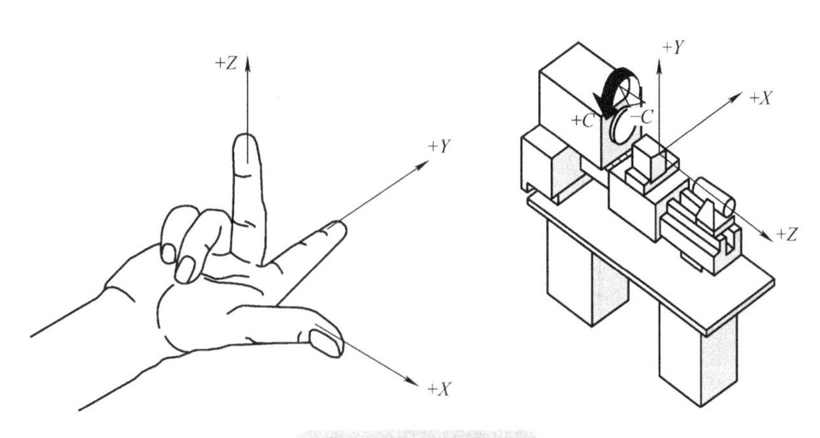

图 3-1　机床坐标系

先确定 Z 轴，确定原则如下：

1）传递主要切削力的主轴为 Z 轴。

2）若没有主轴，则 Z 轴垂直于工件装夹面。

3）若有多个主轴，选择一个垂直于工件装夹面的主轴为 Z 轴。

再确定 X 轴，确定原则如下：

1）没有回转刀具和工件，X 轴平行于主要切削方向。

2）有回转工件，X 轴是径向的，且平行于横滑座。

3）有刀具回转的机床，分以下三类：

① Z 轴水平，由刀具主轴向工件看，X 轴水平向右。

② Z 轴垂直，由刀具主轴向立柱看，X 轴水平向右。

③ 龙门机床，由刀具主轴向左侧立柱看，X 轴水平向右。

最后确定 Y 轴，按右手笛卡儿坐标系确定。

（3）常见数控车床的坐标系及坐标系之间的关联性

1）运动转换未激活，即机床坐标系（MCS）与基准坐标系重合。

2）通过基准偏移得到带有托盘零点的基准零点坐标系（BNS）。

3）通过可编程的坐标转换确定工件坐标系（WCS）。

4）通过可设定零点偏移 G54 或 G55 确定工件 1 或 2 的“可设定零点坐标系”（ENS）。

（4）常见数控车床的坐标系及参考点的符号（见图 3-2）及含意

1）⊕ M 机床坐标系（MCS）：坐标系的原点定在机床零点，它也是所有坐标轴的零点位置。该点仅作为参考点，由机床生产厂家确定。

2）⊕ W 工件坐标系（WCS）：工件零点可以由编程人员自由选取，工件零点 = 程序零点，以机床零点为基准的工件零点可以用来确定工件坐标系。

3）⊕ A 卡盘零点：可以与工件零点重合（仅在车床上）。

4）⊕ R 参考点：通过凸轮和测量系统所确定的位置。必须先知道它到机床零点 M 的距离，这样才能精确设定轴的位置。

5）⊕ B 起点：可以由程序确定。第 1 刀具从该点开始加工。

6）⊕ N 换刀点。

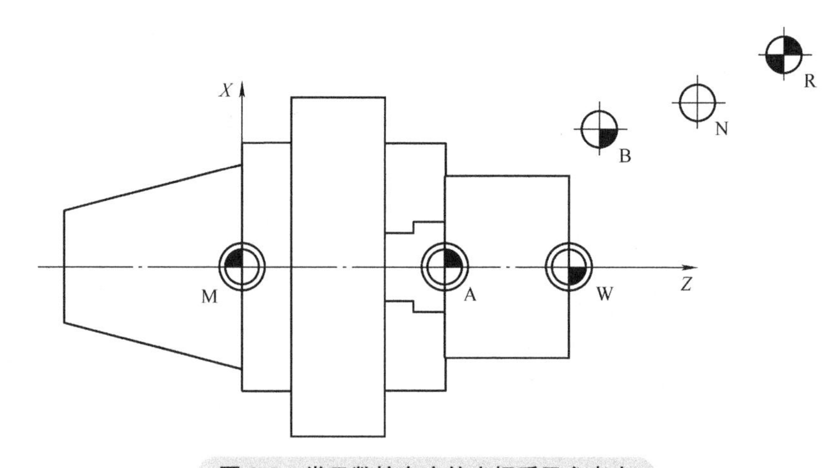

图 3-2 常见数控车床的坐标系及参考点

3.1.2　编程中的零点和基准参考点

编程中显示的轴运动参考点符号及含义如图 3-3 所示。

1）机床零点⊕ M：由制造商定义，不能更改，它就在机床坐标系的原点。

2）工件零点⊕ W：也被视作编程零点，是工件坐标系的原点。它可以自由设定，应设定在图样上作为大多数尺寸的假想起点。

3）参考点◕ R：在实际加工中使用的回零点，机床通过刀塔返回参考点使测量系统回零，这是由于一般情况下无法返回机械零点，所以控制系统用这种方法找到位移测量系统的计数起点。

4）刀架参考点◕ T：用于设定具有刀具转塔的机床。

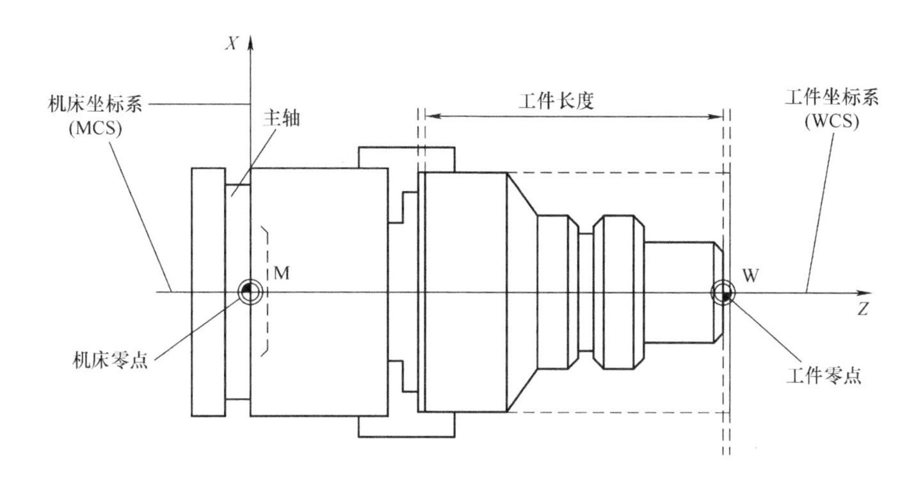

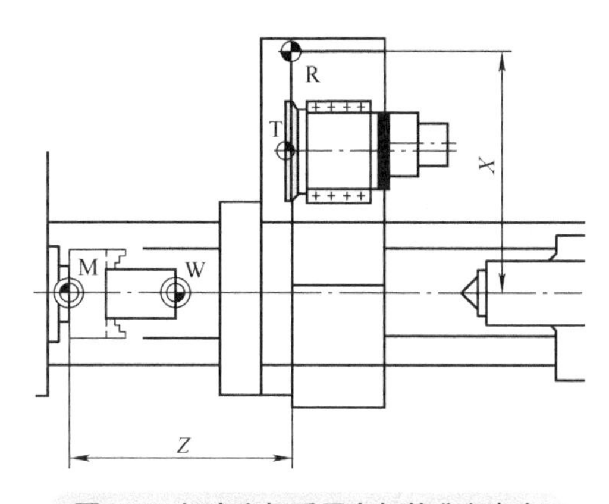

图 3-3　机床坐标系原点与基准参考点

3.2　车削加工基本编程指令

3.2.1　数控加工编程语言

数控加工编程语言是由字母、数字及规定好的一套基本符号，按一定的词法及语法规则组成的语言，用来描述加工零件的几何形状、几何元素间的相互关系及加工过程、工艺参数等。图形交互编程是指编程人员只需根据零件图样的要求，通过编程软件，并按照自动编程系统的规定，由计算机自动进行程序编制的编程方法。

3.2.2 程序段构成内容

（1）程序段 数控程序由一系列数控程序段构成，每段都包含了执行一个加工工步的数据。数控程序段由下列部分组成：

1）符合 DIN66025 的指令（语句指令）。

2）数控标准语言。

（2）DIN 66025 指令 符合 DIN 66025 的指令由一个地址符和一个数字或者一串数字组成，它们表示一个算术值。地址符（通常为一个字母）用来定义指令的参数说明。

地址符	指令参数说明
G	G 功能（准备功能）
X	用于 *X* 轴的行程信息
S	主轴转速

数字串表示赋给该地址符的值。数字串可以包含一个符号和小数点，符号位于地址字母和数字串之间。正号（+）和后续的零（0）可以省去，如图 3-4 所示。

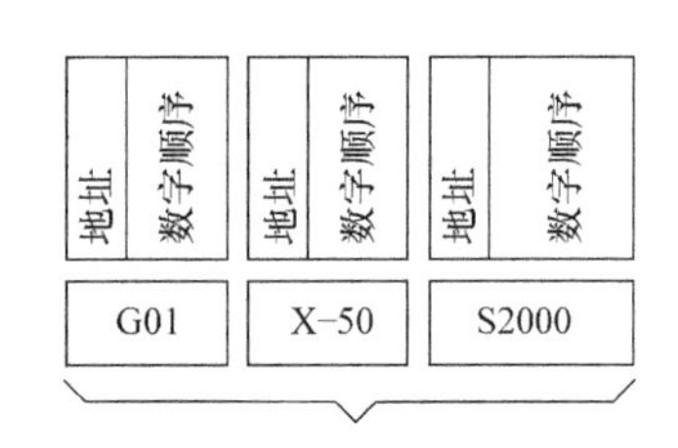

图 3-4 程序段构成

（3）数控标准语言 由于 DIN 66025 所规定的指令程序段已经无法应对当前先进机床上的复杂加工过程编程，因此又添加了数控高级语言指令。与符合 DIN 66025 规定的指令不同，数控高级语言指令由多个地址符构成，例如：

1）OVR 用于转速补偿（倍率）。

2）SPOS 用于主轴定位。

标识符（定义的名称）必须是唯一的，不可以用于不同的对象。标识符可用于以下各项：

1）系统变量。

2）用户定义变量。

3）子程序。

4）关键字。

5）跳转标记。

6）宏。

7）关系运算符。

8）逻辑运算符。

9）运算功能。

（4）模态指令与非模态指令 根据指令的有效性，指令可分为模态有效或非模态（逐段）有效。

1）模态指令可以一直（在所有后续程序段中）保持编程值的有效性，直到：

① 在相同的指令中编写了新的值。

② 编写了一个使当前指令失效的指令。

2）非模态指令只在它所在的程序段中生效。

3）程序结束。最后一个程序段包含一个特殊字，表明程序段结束，如 M2、M17 或者 M30。

（5）程序段结构

1）程序段开始。数控程序段可以在程序段开始处使用程序段号进行标识。程序段号由一个字符“N”和一个正整数构成，如N40。

程序段号的顺序可以任意，推荐使用升序的程序段号。在一个程序中程序段号必须唯一，这样在查找时会有一个明确的结果。

2）程序段结束。程序段以字符“LF”（LINE FEED = 新的行）结束。字符“LF”可以省略，可以通过换行切换自动生成。

3）程序段长度。一个程序段可以包含最多512个字符（包含注释和程序段结束符“LF”）。通常情况下，在屏幕上一次显示3个程序段，每个程序段最多66个字符。注释也同样显示。信息则在独自的信息窗口显示。

4）指令的顺序。为了使程序段结构清晰明了，程序段中的指令一般习惯按如下顺序排列：

N... G... X... Z... F... S... T... D... M... H...

地址指令参数说明：

①N：程序段号地址。

②G：位移条件。

③X，Z：位移信息。

④F：进给率。

⑤S：转速。

⑥T：刀具选择。

⑦D：刀具补偿号。

⑧M：附加功能。

⑨H：辅助功能。

有些地址也可以在一个程序段中多次使用，如G...，M...。

5）地址赋值。这些地址可以赋值，赋值时适用下列规则：

① 在下面情况下，地址与值之间必须写入“=”符号。例如，地址由几个字母构成，值由几个常数构成。

如果地址是单个字母，并且值仅由一个常量构成，则可以不写“=”符号。

② 允许使用正负号。

③ 可以在地址字母之后使用分隔符。

编程示例：

程序代码	注释
X10	；给地址X赋值（10），之间不要求写“=”符号
X1=10	；地址（X）带扩展数字（1），赋值（10），之间要求写“=”符号
X=10*(5+SIN(37.5))	；通过表达式进行赋值，要求使用“=”符号

在数字扩展之后，必须紧跟“=”“(”“[”“)”“]”和“,”等几个符号中的一个，或者一个运算符，从而可以把带数字扩展的地址与带数值的地址字母区分开。

6）程序段注释。为了使数控程序更容易理解，可以为数控程序段加上注释。注释放在程序段的程序指令部分之后，并且用分号“；”（应为西文半角字符）将其与本段的程序部分隔开。

编程示例 1：

程序代码	注释
N10 G1 X10 Z-20 F100	; 用直线插补行进到 X10 Z-20 处

编程示例 2：

程序代码	注释
N10	; XXXXXXX 公司，任务号：1812A21
N20	; 编程：编程人甲。部门：TV4。时间：2018.12.21
N30	; 零件号 12，潜水泵轴，型号 TP23A

说明：注释部分与数控程序一起被存储，并在程序运行时显示在程序段末尾。

3.2.3 程序段控制

有的程序段在程序运行中有时需要执行，有时不需要执行，编程时则应在这样的程序段首部加 “/”（跳步符）。在程序运行时带跳步符的程序段是执行还是跳过，可通过操作机床控制面板或通过 PLC 接口的控制信号来选择，也可连接几个程序段都带跳步符，如图 3-5 所示。

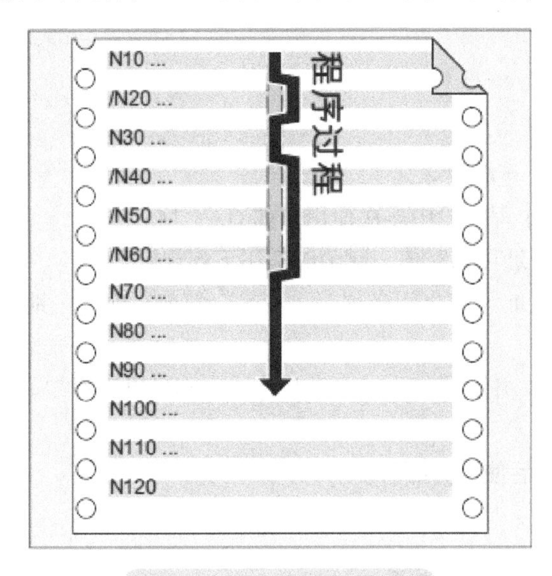

图 3-5 程序段的跳步控制

编程示例：

程序代码	注释
N10 …	; 执行
/N20 …	; 可选择执行或不执行
N30 …	; 执行
/N40 …	; 可选择执行或不执行
N70 …	; 执行

跳转级可以为程序段分配跳步级（最大为 10 级）。编程方法是在程序段首部加入斜线，接着加入跳步级数。一个程序段只能给定一个跳步级。在程序执行时带某级跳跃符的程序段是否执行，由操作界面上对应于本跳跃级的某个开关的状态决定。

编程示例：

程序代码	注释
/ …	；可选择执行或不执行（第 1 跳步级）
/0 …	；可选择执行或不执行（第 1 跳步级）
/1 N010…	；可选择执行或不执行（第 2 跳步级）
/2 N020…	；可选择执行或不执行（第 3 跳步级）
…	
/8 N080…	；可选择执行或不执行（第 9 跳步级）
/9 N090…	；程序段跳转（第 10 跳步级）

说明：具体可使用多少个跳步级取决于机床（包括操作面板）的配置和设置。用系统变量和用户变量也可以改变程序内的运行顺序，那是有条件跳转。

3.2.4 程序段指令字编写规则

编程是指用数控语言实现单个加工步骤的过程。在开始进行编程之前，加工步骤的计划和准备非常重要。编程工作开始前对数控程序的导入和结构考虑越细致，在编程时速度就越快，编出的数控程序正确性也就越高。此外，层次清晰的程序在以后修改时还能带来很多的方便。因为所加工的零件外形并不相同，所以没有必要使用同一个方法来编制每个程序。大多数情况下，下列的基本步骤较为实用。

（1）工件图样准备

1）确定工件零点和确定加工坐标系（即编程用的坐标系）。

2）计算图样上没有直接标出的基点的坐标值。

（2）确定加工过程的以下事项

1）什么时候使用何种刀具加工哪一个轮廓。

2）按照什么顺序加工工件的各个部分。

3）哪一个部分重复出现。是否应该存放到一个子程序中。

4）在其他的零件程序或者子程序中是否有当前工件可以重复使用的部件轮廓。

5）在什么地方必须有零点偏移、旋转或比例尺（框架型式）。

（3）编制操作顺序图　确定机床中加工过程的各个步骤，比如：

1）用于定位的快速移动。

2）换刀、调用刀具数据。

3）确定工作（基准）平面。

4）检测时空运行。

5）开关主轴、切削液。

6）进刀切入工件。

7）轨迹补偿。

8）返回到轮廓。

9）离开轮廓快速提刀。

（4）把所有体现单个工作步骤的数控程序段汇编为一个加工程序　在编制加工程序时，下面的符号可以使用：

1）大写字母：A、B、C、D、E、F、G、H、I、J、K、L、M、N、(O)、P、Q、R、S、T、U、V、W、X、Y、Z。

2）小写字母：a、b、c、d、e、f、g、h、i、j、k、l、m、n、o、p、q、r、s、t、u、v、w、x、y、z。

3）数字：0、1、2、3、4、5、6、7、8、9。

4）特殊符号：数控编程使用的特殊字符见表 3-1。

表 3-1　数控编程使用的特殊字符

符号	指令符号说明	符号	指令符号说明
%	程序起始符（仅用于在外部计算机上编程）	'	单引号，特殊数值标识：十六进制，二进制
(	左小括号参数或者表达式	"	引号，字符串标识
)	右小括号参数或者表达式	$	系统自带变量标识
[	左中括号地址或者组变址	_	下划线，与字母一起
]	右中括号地址或者组变址	?	备用
<	小于	!	备用
>	大于	.	小数点
:	主程序，标签结束，级联运算器	,	逗号，参数分隔符
=	分配，相等部分	:	注释引导
/	除以，程序段跳跃	&	格式化符，与空格符意义相同
*	乘以	LF	程序段结束
+	加号	制表符	分隔符
-	减号，负号	空格	分隔符（空格）

注：1. 字母“O”不要与数字“0”混淆。

2. 小写字母和大写字母没有区别（例外：刀具调用）。不可表述的特殊字符与空格符一样处理。

（5）数控程序命名　每个数控程序有一个名称（标识符），名称必须符合下列规则：

1）名称长度不超过 24 个字符。

2）允许使用的字符有大小写字母 a~z、A~Z、数字 0~9、下划线 _。

3）打头的字符必须是两个字母或者一条下划线和一个字母。

当满足这些条件后才能够仅仅输入程序名称将一个数控程序作为子程序在其他程序中调用。反之，如果程序名称开头为数字，则子程序调用只能通过 CALL 命令进行。

举例：

%_N_WELLE123_MPF 的指令语句为：零件程序 WELLE123。

%Flansch3_MPF 的指令语句为：零件程序 Flansch3。

3.3 车削加工几何设置

3.3.1 可设定的零点偏移（G54~G59，G507~G599，G500，G53，SUPA，G153）

通过可设定的零点偏移（G54~G59 和 G507~G599），可以在所有轴上依据基准坐标系的零点设置工件零点，通过 G 指令在不同的程序之间调用零点（如用于不同的夹具或毛坯）。在车削时，比如在 G54 中可以输入夹具精加工的补偿值，如图 3-6 所示。

编程格式：

1）激活可设定的零点偏移。

```
G54        ；调用第 1 个可设定的零点偏移。
…
G59        ；调用第 6 个可设定的零点偏移。
G507       ；调用第 7 个可设定的零点偏移。
…
G599       ；调用第 99 个可设定的零点偏移。
```

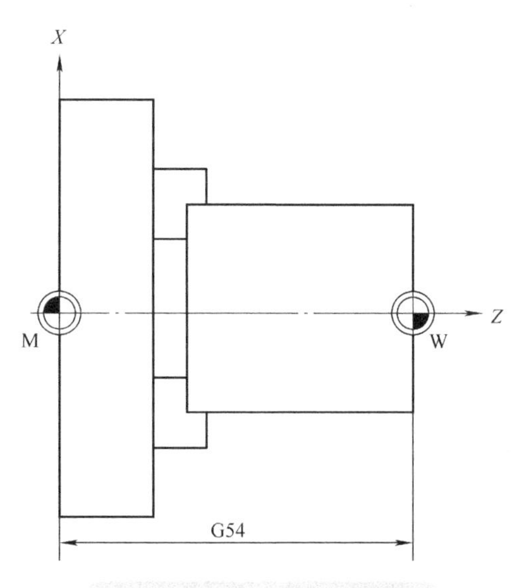

图 3-6　建立工件坐标系 G54

2）关闭可设定的零点偏移。

G500：G500 中数值等于 0（标准设定，不包括位移、旋转、镜像或者缩放），关闭可设定的零点偏移直至下一次调用，激活整体基准框架（$P_ACTBFRAME）。G500 中数值不等于 0，将激活第一个可设定的零点偏移（$P_UIFR[0]）并激活整体基准框架（$P_ACTBFRAME）或将可能修改过的基准框架激活。

G53：关闭逐段生效的可设定零点偏移和可编程零点偏移。

G153：作用和 G53 一样，此外，它还关闭整体基准框架。

SUPA：SUPA 像 G153 一样生效，此外，它还关闭手轮偏移（DRF）、叠加运动、外部零点偏移、预设定偏移等。

> **说明：** 程序开始时的初始设置，例如 G54 或 G500，可以通过机床数据进行设定。

3.3.2　工作平面选择（G17，G18，G19）

在车床编程中，通常车削操作都在 G18 平面中进行程序设计。而且由于控制车削工件的直径相对容易，*X* 轴的尺寸一般始终参考直径尺寸，因此操作人员可以直接将绘图上的尺寸和实际尺寸进行对比。

在工件坐标系中指定加工所需工件的平面，可以同时确定用于刀具半径补偿的平面，以及用于刀具长度补偿的进刀方向（与刀具类型相关），并且确定圆弧插补的平面，如图 3-7 所示。

G17：工作平面 *XY*，进刀方向 *Z*，选择第 1~ 第 2 几何轴。

G18：工作平面 *ZX*，进刀方向 *Y*，选择第 3~ 第 1 几何轴。

G19：工作平面 *YZ*，进刀方向 *X*，选择第 2~ 第 3 几何轴。

在 SINUMERIK 828D 的默认设置中，车削工艺默认的工作平面是 G18（*ZX* 平面）。使用刀具半径补偿 G41/G42 指令时，必须指定工作平面，这样控制系统才可以补偿刀具长度和刀尖圆角半径。

建议在加工程序开始时就确定工作平面 G18，以方便在随后的车削程序进行刀具长度、半径补偿的调用。

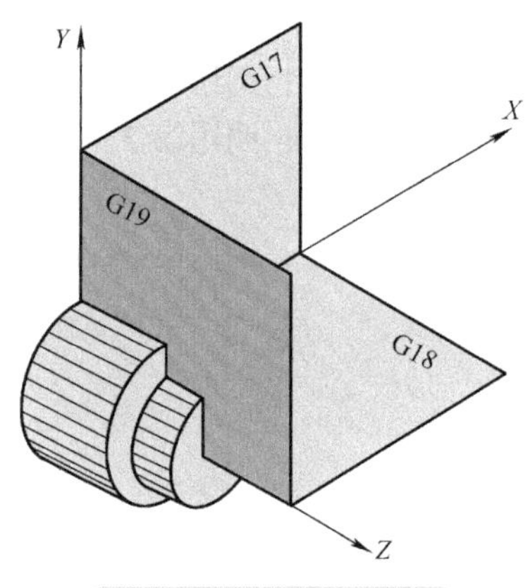

图 3-7　工作平面选择

3.4　编程坐标尺寸

大多数数控程序的基础部分是一份带有具体尺寸的工件图样。为了能使图样中尺寸的数据可以直接、便捷地转化为数控程序的编程指令，数控系统针对不同的情况为用户提供了专用的编程指令。编程人员可以通过绝对尺寸或增量尺寸、mm 或 in、半径或直径（旋转时）对加工尺寸进行说明。

3.4.1　英制尺寸和米制尺寸（G70/G700，G71/G710）

使用以下 G 功能可在米制尺寸系统和英制尺寸系统间进行切换。

G70：激活英制尺寸系统。在英制尺寸系统中读取和写入与长度相关的几何数据。在设置的基本系统（MD10240 $MN_SCALING_SYSTEM_IS_METRIC）中读取和写入与长度相关的工艺数据，比如进给率、刀具补偿、可设定零点偏移，以及机床数据和系统变量数据。

G71：激活米制尺寸系统。在米制尺寸系统中读取和写入与长度相关的的几何数据。在设置的基本系统（MD10240 $MN_SCALING_SYSTEM_IS_METRIC）中读取和写入与长度相关的工艺数据，如进给率、刀具补偿、可设定零点偏移，以及机床数据和系统变量数据。

G700：激活英制尺寸系统。在英制尺寸系统中读取和写入所有与长度相关的几何数据和工艺数据（见上）。

G710：激活米制尺寸系统。在米制尺寸系统中读取和写入所有与长度相关的几何数据和工艺数据（见上）。

激活 G70/G71 指令时，仅在相应的尺寸系统中编译以下几何数据：

1）行程信息（*X*，*Z* 等）。

2）圆弧编程：中间点坐标（I1，K1）；插补参数（I，K）；圆半径（CR）。

3）螺距（G34，G35）。

4）可编程的零点偏移（TRANS）。

5）极坐标半径（RP）。

3.4.2 绝对尺寸编程与相对尺寸编程（G90，AC，G91，IC）

（1）绝对尺寸编程　在绝对尺寸中，位置数据总是取决于当前有效坐标系的零点，即对刀具应当运行到的绝对位置进行编程。模态有效的绝对尺寸可以使用指令 G90 进行激活，它会使在后续数控程序中写入的所有轴生效。逐段有效的绝对尺寸，在默认的增量尺寸（G91）中，可以借助指令 AC 为单个轴设置逐段有效的绝对尺寸。

逐段有效的绝对尺寸（AC）也可用于主轴定位（SPOS，SPOSA）和插补参数（I，K）。

（2）绝对尺寸编程指令

G90：激活模态有效绝对尺寸的指令。

< 轴 >=AC(<...>)：激活逐段有效的绝对尺寸的指令。

< 轴 >：待运行轴的名称。

<...>：待运行轴的绝对给定位置。

（3）相对尺寸编程　在相对尺寸（增量尺寸）中，位置数据取决于上一个运行到的点，即增量尺寸编程用于说明刀具运行了多少距离。模态有效的增量尺寸可以使用指令 G91 进行激活，它会使在后续数控程序中写入的所有轴生效。在默认的绝对尺寸（G90）中，可以借助指令 IC 为单个轴设置逐段有效的增量尺寸，逐段有效的增量尺寸（IC）也可以用于主轴定位（SPOS，SPOSA）和插补参数（I，K）。

（4）相对尺寸编程指令

G91：激活模态有效增量尺寸的指令。

< 轴 >=IC(<...>)：激活逐段有效增量尺寸的指令。

< 轴 >：待运行轴的名称。

< ... >：待运行轴的增量尺寸给定位置。

G91 扩展应用：在一些特定的应用（如对刀）中，要求使用增量尺寸运行所编程的行程。而有效的零点偏移或刀具长度补偿不会运行。可以通过下列设定数据分别为有效的零点偏移和刀具长度补偿设置其特性：

SD42440 $SC_FRAME_OFFSET_INCR_PROG（框架中的零点偏移）

SD42442 $SC_TOOL_OFFSET_INCR_PROG（刀具长度补偿）

值及指令参数说明如下：

0：在轴的增量尺寸编程中，有效的零点偏移或刀具长度补偿不会运行。

1：在轴的增量尺寸编程中，有效的零点偏移或刀具长度补偿会运行。

（5）编程示例　编写图 3-8 所示零件外形轮廓轨迹。

程序代码	注释
N5 T1 D1 S2000 M3	；换入刀具T1，主轴顺时针旋转
N10 G0 G90 X20 Z1	；激活绝对尺寸，快速移动到工件外位置
N20 G1 Z-15 F0.2	；直线插补进刀，车削圆柱
N30 G3 X20 Z-33 I=AC(-2) K=AC(-24)	；圆弧插补，绝对尺寸圆弧终点和圆心
N40 G1 Z-40	；直线插补进刀，车削圆柱
N50 G0 X30	；刀具离开工件
N60 M30	；程序结束

本段程序中的N30语句还可以编写为：

```
N30 G3 X20 Z-33 I-12 K-9          ；圆弧插补、绝对尺寸圆终点、增量尺寸圆心
```

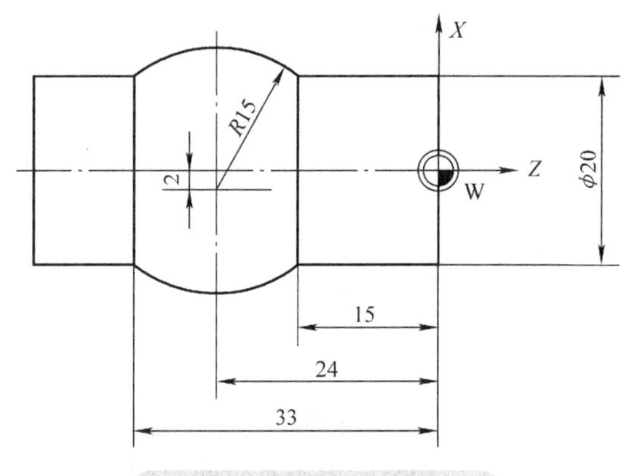

图3-8 零件外形轮廓尺寸

3.4.3 极坐标形式的尺寸编程（G110，G111，G112）

在图样标注尺寸的原点为极点时，极点的尺寸可以用直角坐标或者极坐标表示。使用指令G110~G112可以确定极坐标的唯一参考点，因此使用绝对或者增量尺寸都不会产生影响。

（1）编程格式

G110/G111/G112 X... Z... ;

G110/G111/G112 AP=... RP=... ;

（2）指令参数说明

G110 ... ：极点定义，使后续的极坐标都以最后一次返回的位置为基准。

G111 ... ：极点定义，使后续的极坐标都以当前工件坐标系的原点为基准。

G112 ... ：极点定义，使后续的极坐标都以最后一个有效的极点为基准。

说明：指令G110/G111/G112必须在数控程序段中进行编程。

后续的X... Z... ：在直角坐标系中指定极点。

AP=...：极角，取值范围：± 0°~360°。极角即极半径与工作平面水平轴（例如G18上的*Z*轴）

之间的角度。沿逆时针方向运动变化，规定极角角度为正值。

RP=...：极半径，数据始终是正的绝对值，以 [mm] 或 [in] 为单位。

说明：可以在数控程序中逐段在极坐标尺寸和直角坐标尺寸之间进行切换。通过使用直角坐标名称（X..., Z...）可以直接返回直角坐标系中。此外，定义过的极点一直保存到程序结束。如果没有指定极点，那么就采用当前工件坐标系的原点。

3.4.4　通道专用的直径 / 半径编程（DIAMON，DIAM90，DIAMOF）

在车削系统中，控制车削工件的直径相对容易，操作人员可以直接将图样尺寸与实际尺寸进行比对，故一般将直径作为参考尺寸。通常把平面轴中增量尺寸运行作为半径值处理，可以使用指令 DIAMON、DIAMOF 或 DIAM90 进行绝对尺寸转换。

车削时可以直径（见图 3-9a）或半径（见图 3-9b）设定用于径向（垂直于 *Z* 轴方向）的尺寸，可以通过模态有效的指令 DIAMON、DIAM90、DIAMOF 和 DIAMCYCOF 激活通道专用的直径或半径编程，以便使数控程序直接采用技术图样上的尺寸数据，而无须换算。通道专用的直径或半径编程取决于由 MD20100 $MC_DIAMETER_AX_DEF 作为端面轴所定义的几何轴。

（1）编程格式

DIAMON：激活独立的通道专用的直径编程。

DIAM90：激活不独立的通道专用的直径编程。

DIAMOF：关闭通道专用的直径编程。

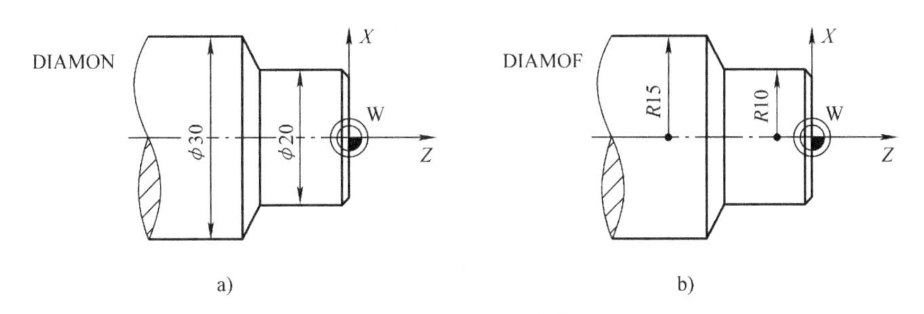

图 3-9　直径或半径编程的定义

（2）指令参数说明

DIAMON：激活独立的通道专用的直径编程的指令。其作用与所编程的尺寸模式无关（绝对尺寸 G90 或增量尺寸 G91）：G90 时和 G91 时均为直径尺寸。

DIAM90：激活不独立的通道专用的直径编程的指令。其作用取决于所编程的尺寸模式：G90 时为直径尺寸；G91 时为半径尺寸。

DIAMOF：关闭通道专用的直径编程的指令。直径编程关闭后，通道专用的半径编程生效。其作用与所编程的尺寸模式无关：G90 时和 G91 时均为半径尺寸。

说明：使用 DIAMON 或者 DIAM90 后，端面轴的实际值总是显示为直径。这也适用于使用指令 MEAS，MEAW，$P_EP[x] 和 $AA_IW[x] 读取工件坐标系中的实际值。

（3）编程示例　以图 3-9 所示的尺寸为例，说明通道专用的直径或半径编程。

程序代码	注释
N10 G0 X0 Z0	；运行到起点
N20 DIAMOF	；直径编程关闭
N30 G1 X30 S2000 M03 F0.7	；半径编程有效，运行至半径位置 X30
N40 DIAMON	；直径编程有效
N50 G1 X70 Z-20	；运行到直径尺寸位置 X70 和 Z-20
N60 Z-30	；运行到位置 Z-30
N70 DIAM90	；绝对尺寸采用直径编程；增量尺寸采用半径编程
N80 G91 X10 Z-20	；增量尺寸有效，运行到半径尺寸位置 X10 和 Z-20
N90 G90 X10	；绝对尺寸有效
N100 M30	；程序结束

3.5 运行指令

3.5.1 运行指令概述

编程的工件轮廓可以由直线、圆弧、螺旋线（直线与圆弧叠加）这三种轮廓元素构成。相应的运行指令为快速运行（G0）、线性插补（G1）、顺时针圆弧插补（G2）、逆时针圆弧插补（G3），它们均是模态有效。

目标位置：一个运行程序段包含待运行轴（如轨迹轴、同步轴、定位轴）的目标位置。可以用直角坐标或者极坐标对目标位置进行编程。一个进给轴地址在每个程序段只允许指令一次。

起始点—目标点：运行总是从最近位置运行到编程的目标点。这个目标位置将成为下一次运行指令的起始位置。

工件轮廓：运行程序段依次执行就产生工件轮廓。

> **注意：**在加工过程开始前必须先将刀具定位，以避免刀具和工件的损伤。

车削时的运行程序段如图 3-10 所示。

3.5.2 使用直角坐标的运行指令（G0，G1，G2，G3，X...Z...）

在数控程序段中可以通过快速运行 G0、直线插补 G1 或者圆弧插补 G2/G3 指令运行至用直角坐标给定的位置。

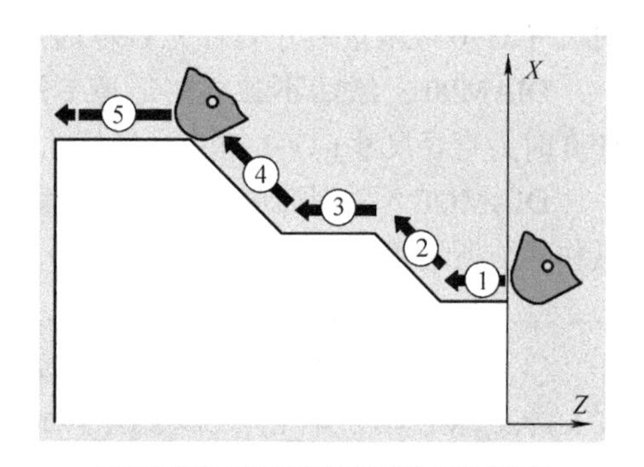

图 3-10　车削时的运行程序段

（1）编程格式

G0 X... Z... ;

G1 X... Z... ;

G2 X... Z... I... K... ;

G3 X... Z... I... K... ;

（2）指令参数说明

G0：激活快速运行的指令。

G1：激活直线插补的指令。

G2：激活顺时针方向圆弧插补的指令。

G3：激活逆时针方向圆弧插补的指令。

X...：*X* 向目标位置的直角坐标。

Z...：*Z* 向目标位置的直角坐标。

I...：增量尺寸圆心坐标，圆弧起点指向圆心在 *X* 向的投影矢量坐标。

K...：增量尺寸圆心坐标，圆弧起点指向圆心在 *Z* 向的投影矢量坐标。

3.5.3　进给率（G93，G94，G95，F...）

使用这些指令可以在数控程序中为所有参与加工工序的轴设置进给率。

（1）编程格式

G93 / G94 / G95 F... ;

（2）编程指令参数说明

G93：反比时间进给率，单位：r/min。

G94：线性进给率，单位：mm/min，in/min 或（°）/min。

G95：旋转进给率，单位：mm/r 或 ft/r。G95 是以主主轴转速为基准（通常为切削主轴或车床上的主轴）。

F...：参与运行的几何轴的进给速度，G93/G94/G95 设置的单位有效。

3.6　圆弧插补

3.6.1　圆弧插补概述

SINUMERIK 828D 数控系统提供了一系列不同的圆弧插补方式（G2/G3 等）来编程圆弧运动。只要加工图样中给出的圆弧尺寸标注合理、完整，就可以选择出相应的指令实现图样的轨迹，而不需要进行变换图样各种标注尺寸的工作。圆弧运动通过以下几点来描述：

1）以绝对或相对尺寸表示的圆弧终点和圆心（标准模式）。

2）以直角坐标表示的圆弧终点和半径。

3）以直角坐标表示的圆弧终点和张角，或者给出圆弧圆心和张角。

4）以极坐标表示的圆弧终点位置的极半径和极角。

5）以圆弧中间点和终点表示的 CIP 方式。

6）以圆弧终点和直线起点表示的切线方向过渡圆弧。

（1）编程格式

```
G2/G3 X... Z... I=AC(...) K=AC(...)    ; 圆弧终点和圆心坐标绝对值以工件零点为基准
G2/G3 X... Z... I... K...              ; 圆弧终点和以圆弧起点为基准的增量尺寸圆心
G2/G3 X... Z... CR=...                 ; 圆弧终点和给定圆弧半径 CR=...
G2/G3 X... Z... AR=...                 ; 圆弧终点和给定张角 AR=...
G2/G3 I... K... AR=...                 ; 通过地址 I、K 给定圆弧终点、给定张角 AR=...
```

G2/G3 AP=... RP=... ；给定圆弧极半径 RP=...、给定极角 AP=...

CIP X... Z...I1=AC(...) K1=AC(...) ；给定圆弧终点和通过圆弧上的中间点 I1=...，K1=...

CT X... Z... ；给定圆弧终点的切线过渡圆弧

（2）指令参数说明

G2：顺时针方向的圆弧插补。

G3：逆时针方向的圆弧插补。

CIP：通过中间点进行圆弧插补。

CT：用切线过渡来定义圆。

X...，Z...：以直角坐标给定的圆弧终点。

I，K：以直角坐标 X、Z 给定的增量圆心坐标（投影矢量坐标）。

CR（...）=：圆弧半径。

AR=...：张角。

AP=...：以极坐标给定的终点，这里指极角。

RP=...：以极坐标给定的终点，这里极半径相当于圆弧半径。

I1=...，K1=...：以直角坐标给定的圆弧上中间点，分别为 X 向、Z 向。

3.6.2 给出圆弧终点和圆心的圆弧插补（G2/G3，X...，Z...，I...，K...）

圆弧插补允许对整圆或圆弧进行加工。圆弧运动通过直角坐标 X、Z 给定的终点和地址 I、K 上的圆心进行定义。如果圆弧以圆心编程，尽管没有终点，但仍产生一个整圆。

（1）编程格式

G2/G3 X... Z... I... K... ;

G2/G3 X... Z... I=AC（...）K=AC（...）;

（2）指令参数说明

G2：顺时针方向的圆弧插补，模态有效。

G3：逆时针方向的圆弧插补，模态有效。

X...，Z...：以直角坐标给定的终点。

I...：X 向上的增量圆心坐标（投影矢量坐标）。

K...：Z 向上的增量圆心坐标（投影矢量坐标）。

AC（...）：绝对尺寸圆心坐标（逐段有效）。

说明： 预设的 G90/G91 绝对尺寸或者增量尺寸只对圆弧终点有效。圆心坐标 I、K 通常为增量尺寸，并以圆弧起点为基准。可以参考工件零点用以下程序编程绝对圆心：I=AC（...），K=AC（...）。如果一个插补参数 I、K 的值是 0，则可以省略该参数，但是在这种情况下必须指定第二个相关参数。

（3）编程示例　按图 3-11 所示圆弧状圆柱体零件进行编程。

1）增量尺寸中的圆心。

程序代码	注释
…	

```
N120 G1 G90 X12 Z0 F0.9                      ; 快速接近工件
N125 G1 X40 Z-25 F0.2                        ; 直线插补圆弧起点
N130 G3 X70 Z-75 I-13.33 K-29.25             ; 圆弧插补，终点、增量尺寸圆心
或
N130 G3 X70 Z-75 I=IC(-13.33)K=IC(-29.25)    ; 圆弧插补，终点、增量尺寸圆心
N135 G1 Z-95                                 ; 直线插补
…
```

2）绝对尺寸中的圆心。

```
程序代码                                      注释
…
N120 G1 G90 X12 Z0 F0.9                      ; 快速接近工件
N125 G1 X40 Z-25 F0.2                        ; 直线插补圆弧起点
N130 G3 X70 Z-75 I=AC(26.67) K=AC(-54.25)    ; 圆弧插补，终点、绝对尺寸圆心
N135 G1 Z-95                                 ; 直线插补
…
```

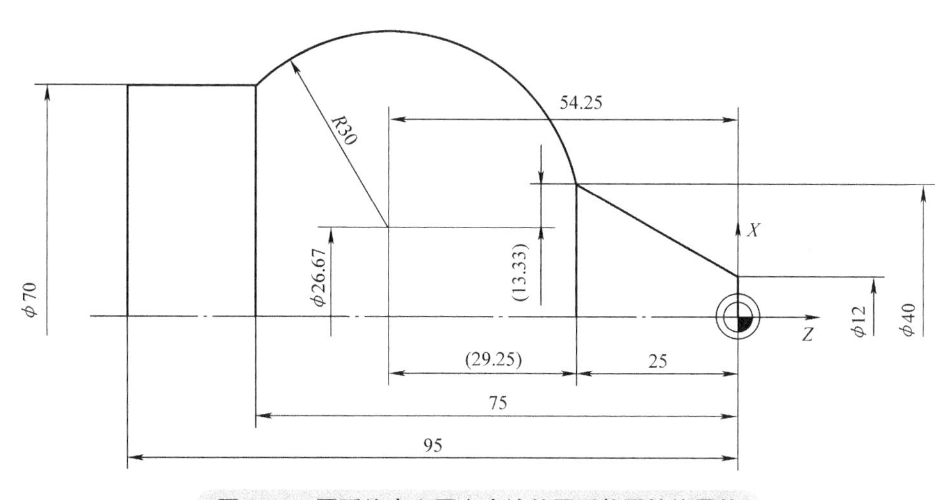

图 3-11 圆弧终点和圆心表达的圆弧状圆柱体零件

3.6.3 给出圆弧终点和半径的圆弧插补（G2/G3，X...，Z...，CR=...）

圆弧运动也通过圆弧半径 CR 和直角坐标 X、Y、Z 中的终点来描述。除了圆弧半径，还必须用符号 +/− 表示运行角度是否应该大于或者小于 180°。正号可以省略。

> **说明：**最大可编程的半径绝对值没有限制。

（1）编程格式

G2/G3 X... Z... CR=... ;

G2/G3 I... K... CR=... ;

（2）指令参数说明

G2：顺时针圆弧插补。

G3：逆时针圆弧插补。

X...，Z...：以直角坐标给定的终点。这些数据是绝对尺寸还是增量尺寸取决于指令 G90/G91 或 ...=AC（...）/ ...=IC（...）。

I...，K...：以直角坐标给定的圆心（I：圆心在 *X* 方向，K：圆心在 *Z* 向）。

CR=...：圆弧半径。CR= +：角度小于或者等于 180°，CR=...：角度大于 180°。

> **说明：**在内圆弧半径编程时无须指定圆心。整圆（运行角度为 360°）不能用“CR=”来编程，而应通过圆弧终点和插补参数来编程。

（3）编程示例　对图 3-12 所示的圆弧状圆柱体零件进行编程。

程序代码	注释
...	
N120 G1 G90 X12 Z0 F0.9	；快速接近工件
N125 G1 X40 Z-25 F0.2	；直线插补圆弧起点
N130 G3 X70 Z-75 CR=30	；圆弧终点坐标和圆弧半径
N135 G1 Z-95	；直线插补
...	

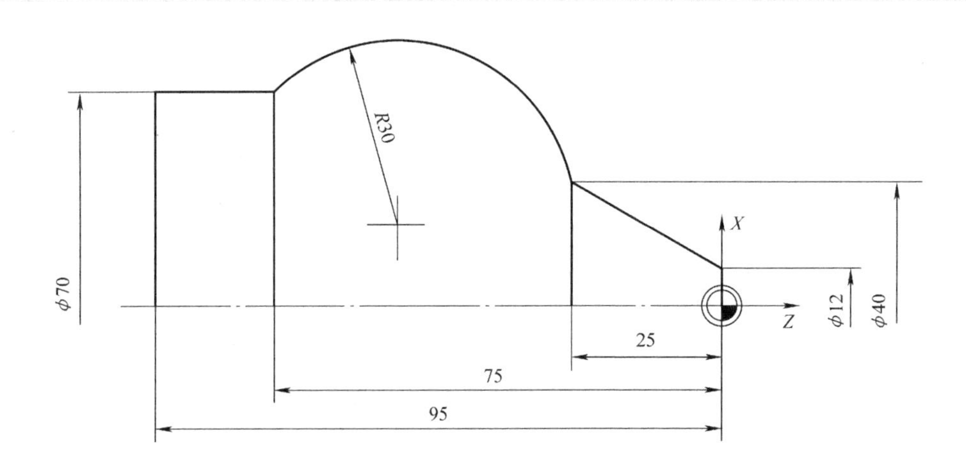

图 3-12　圆弧终点及半径表达的圆弧状圆柱体零件

3.6.4　给出圆弧终点和张角的圆弧插补（G2/G3，X...，Z...，AR=...）

圆弧运动通过以直角坐标 *X*、*Z* 给定的终点和张角 AR= 来描述。

（1）编程格式

G2/G3 X... Z... AR=... ;

（2）编程指令说明

G2：顺时针圆弧插补。

G3：逆时针圆弧插补。

X...，Z...：以直角坐标给定的圆弧终点。

AR=...：张角，取值范围为 0°~359.999°。

> **说明：**整圆（运行角度 360°）不能用“AR=”来编程，而应通过圆弧终点和插补参数来编程。

（3）编程示例 对图 3-13 所示的圆弧状圆柱体零件进行编程。

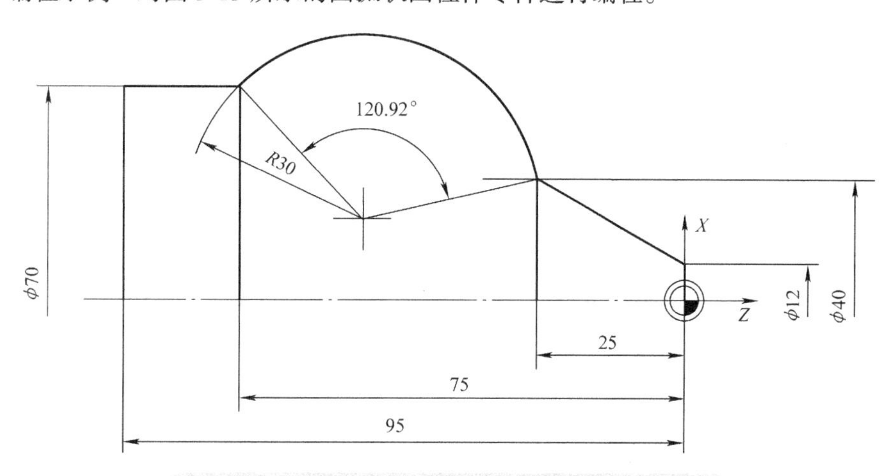

图 3-13 圆弧终点和张角表达的圆弧状圆柱体零件

程序代码	注释
...	
N120 G1 G90 X12 Z0 F0.9	；快速接近工件
N125 G1 X40 Z-25 F0.2	；直线插补圆弧起点
N130 G3 X70 Z-75 AR=120.92	；绝对尺寸圆弧终点、张角表示
N135 G1 Z-95	；直线插补

3.6.5 给出圆弧圆心和张角的圆弧插补（G2/G3，I...，K...，AR=...）

圆弧运动通过地址 I、K 给定的圆心和圆弧张角 AR= 来描述。

（1）编程格式

G2/G3 I... K... AR=... ;

（2）指令参数说明

G2：顺时针圆弧插补。

G3：逆时针圆弧插补。

I...，K...：以直角坐标给定的增量圆心（I：圆心在 *X* 向。K：圆心在 *Z* 向）。

AR=...：张角，取值范围为 0°~359.999°。

1）整圆（运行角度 360°）不能用 AR= 来编程，而是通过圆弧终点和插补参数来编程。圆心坐标 I、J、K 通常以增量尺寸并参考圆弧起点输入。

2）可以参考工件零点用以下程序编写绝对圆心：I=AC（...）,K=AC（...）。一个插补参数 I、

K 的值如果是“0”，就可以被省略，但是必须指定第二个相关参数。

（3）编程示例　对图 3-14 所示的圆弧状圆柱体零件进行编程。

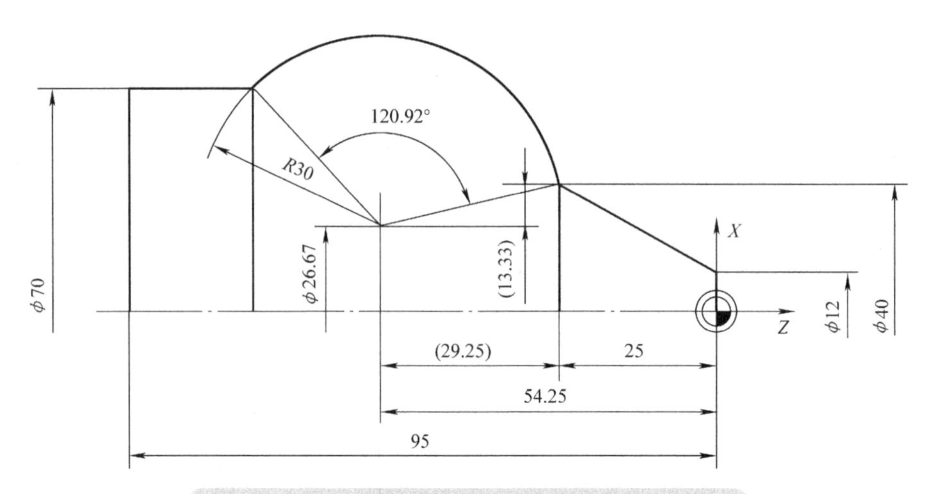

图 3-14　圆弧圆心和张角表达的圆弧状圆柱体零件

程序代码	注释
…	
`N120 G1 G90 X12 Z0 F0.9`	；快速接近工件
`N125 G1 X40 Z-25 F0.2`	；直线插补圆弧起点
`N130 G3 I-13.33 K-29.25 AR= AR=120.92`	；绝对尺寸圆弧终点、张角表示
或	
`N130 G3 I=AC(26.67) K=AC(-54.25) AR=120.92`	；绝对尺寸表示的圆心、张角
`N135 G1 Z-95`	；直线插补

3.6.6　用极坐标的圆弧插补（G2/G3，AP=...，RP=...）

圆弧运动通过以下两点来描述：

1）AP=...：圆弧终点的极角。

2）R=...：极半径。

在这种情况下，适用以下规定：

1）极点在圆心。

2）极半径相当于圆弧半径。

（1）编程格式

G2/G3 AP=... RP=...；

（2）指令参数说明

G2：顺时针圆弧插补。

G3：逆时针圆弧插补。

AP=...：以极坐标给定的终点，这里指极角。

RP=...：以极坐标给定的终点，此处极半径相当于圆弧半径。

（3）编程示例　对图 3-15 所示的圆弧状圆柱体零件进行编程。

程序代码	注释
…	
N125 G1 X40 Z-25 F0.2	；直线插补圆弧起点
N130 G111 X26.67 Z-54.25	；用极坐标表示
N135 G3 RP=30 AP=133.76	；用极坐标给定极半径和极角
N140 G1 Z-95	；直线插补

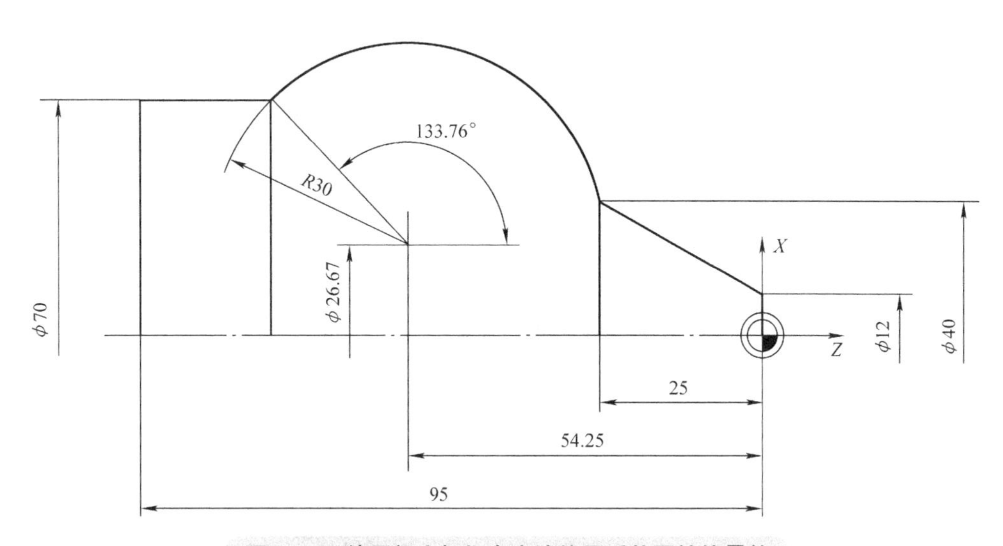

图 3-15　使用极坐标指令表达的圆弧状圆柱体零件

3.6.7　给出中间点和终点的空间斜向圆弧插补（CIP，X…，Z…，I1…，K1…）

可以用 CIP 编程空间中的斜向圆弧。在这种情况下用三个坐标来描述中间点和终点。圆弧运动通过以下几点来描述：在地址 I1=、K1= 上的中间点，以直角坐标 *X*、*Z* 给定终点。运行方向按照起点、中间点、终点的顺序进行。

（1）编程格式

CIP X... Z... I1=AC（...）K1=AC（...）;

（2）指令参数说明

CIP：通过中间点进行空间斜向圆弧插补。

X...，Z...：以直角坐标给定圆弧的终点。这些数据是绝对尺寸还是增量尺寸取决于路径指令 G90/G91 或 =AC（...）/ =IC（...）。

I1 K1：以直角坐标给定的圆弧上中间点（I1：圆心在 *X* 向。K1：圆心在 *Z* 向）。

AC（...）: 绝对尺寸圆心坐标（逐段有效）。

IC（...）: 增量尺寸圆心坐标（逐段有效）。

CIP 为模态指令。绝对尺寸 G90（默认值）对中间点和圆弧终点有效，或用增量尺寸 G91 时，对圆弧上中间点和圆弧终点有效。

（3）编程示例　对图 3-16 所示的圆弧状圆柱体零件进行编程。

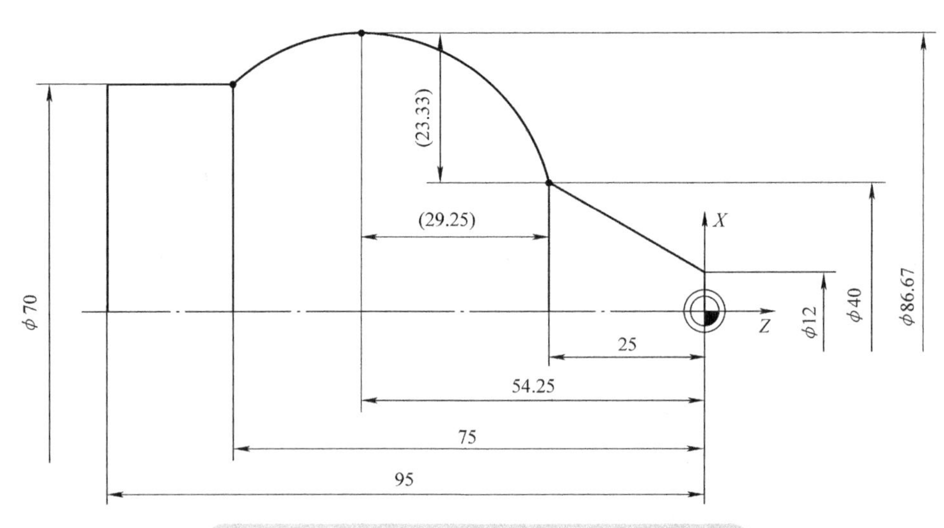

图 3-16　使用 CIP 指令表达的圆弧状圆柱体零件

程序代码	注释
…	
N125 G1 X40 Z-25 F0.2	；直线插补至圆弧起点
N130 CIP X70 Z-75 I1=IC(23.335) K1=IC(-29.25)	；CIP 插补，圆弧终点、增量圆心
或	
N130 CIP X70 Z-75 I1=86.67 K1=-54.25	；CIP 插补，圆弧终点、绝对圆心
N135 G1 Z-95	；直线插补

3.6.8　带有切线过渡的圆弧插补（CT，X...，Z...）

切线过渡功能是圆弧编程的一个扩展功能。其中圆弧通过以下几点来定义：

1）圆弧起点和终点。

2）圆弧起点的切线方向。

用 G 代码 CT 指令生成一个与先前编程的轮廓段相切的圆弧，如图 3-17 所示。

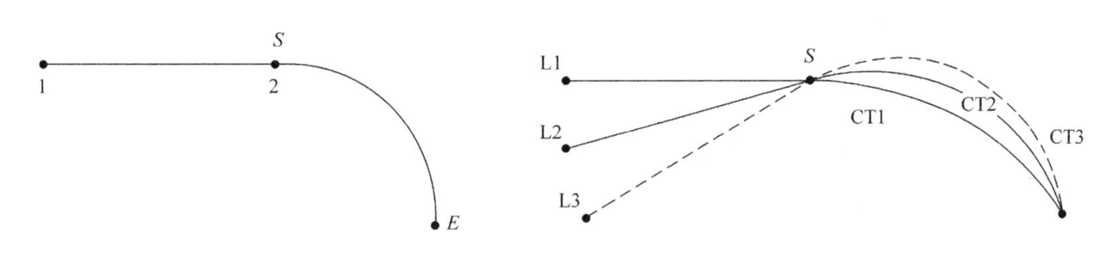

正切向直线段1–2，结束的圆弧轨迹S–E　　正切结束的圆弧轨迹取决于前面所运行的轮廓元素

图 3-17　切向过渡插补圆弧示意

切线方向规定：一个 CT 程序段起点的切线方向是由前一程序段的编程轮廓的终点切线决定的。在这个程序段和当前程序段之间可以有若干个没有运行信息的程序段。

（1）编程格式

CT X... Z... ;

（2）指令参数说明

CT：切线过渡的圆弧，CT 为模态有效。

X... Z...：以直角坐标给定的过渡圆弧终点坐标。

对于连续相切的圆弧，含 CT 的程序段可以连续编程。在通常情况下，圆弧由切线方向以及起点和终点决定。

（3）编程示例　车削图 3-18 所示零件，其长度位置 30~42mm 的锥面与 ϕ70mm 端面有一个（相切的）过渡圆弧（R5mm），图中可以不标注这个尺寸而给出过渡圆弧的基点坐标数值，则可以使用 CT 指令编程。

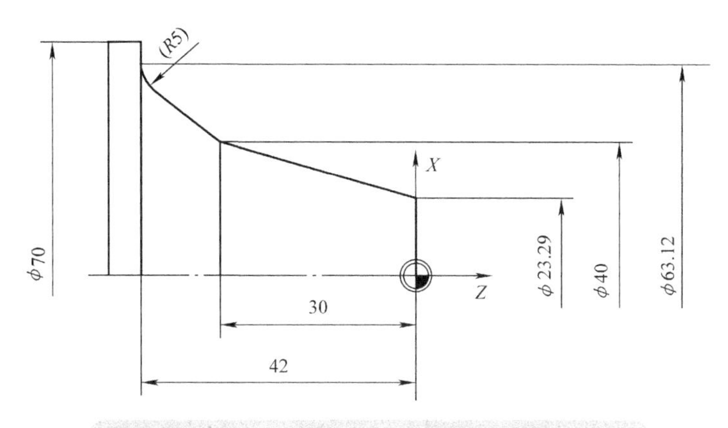

图 3-18　使用 CT 指令表达过渡圆弧的圆柱体零件

程序代码	注释
…	
N110 G1 X23.29 Z0 F1	；快速插补到起刀点
N115 X40 Z-30 F0.2	；直线插补第一段斜线
N120 CT X63.12 Z-42	；直线插补第二段斜线并切线过渡圆弧
N125 G1 X70	；直线插补端面外径处

3.6.9　倒角和倒圆（CHF=，CHR=，RND=，RNDM=，FRC=，FRCM=）

有效工作平面内的轮廓角可定义为倒圆或倒角。可为倒角或倒圆编程设定一个单独的进给率，用以改善表面质量。如果未设定进给率，则轨迹进给率 F 生效。使用功能“模态倒圆”可以对多个轮廓角以同样方式连续倒圆。

（1）编程格式

G... X... Z... CHR/CHF=<...> FRC/FRCM=<...>；　轮廓角倒角

G... X... Z... RND=<...> FRC=<...>；轮廓角倒圆

G... X... Z... RNDM=<...> FRCM=<...>；模态倒圆

（2）指令参数说明

CHF=<...>：轮廓角倒角。<...>：倒角长度（由 G70/G71 确定尺寸单位）。

CHR=<...>：轮廓角倒角。<...>：运行方向上的倒角宽度（由 G70/G71 确定尺寸单位）。

RND=<...>：轮廓角倒圆。<...>：倒圆半径（由 G70/G71 确定尺寸单位）。

RNDM=<...>：模态倒圆（对多个连续的轮廓角执行同样的倒圆）。< 值 >：倒圆半径，RNDM=0 取消模态倒圆功能。

FRC=...：倒圆或倒角的逐段有效进给率。< 值 >：进给率，单位为 mm/min（G94 生效时）或 mm/r（G95 生效时）。

FRCM=...：倒圆或倒角的模态有效进给率。< 值 >：进给率，单位为 mm/min（G94 生效时）或 mm/r（G95 生效时）。

1）若 RNDM=0。倒角或倒圆的工艺（进给率，进给类型，M 指令）取决于机床数据倒角或倒圆特性数据的设定。MD20201 $MC_CHFRND_MODE_MASK9（倒角或倒圆特性）中“位 0”的设置，该设置决定倒角、倒圆是从前一程序段还是后一程序段导出。 推荐设定值为从前一程序段导出（位 0=1）。

2）使用 FRCM=0 取消倒圆或倒角的模态有效进给率，在 F 中编程的进给率生效。

如果在使用 G0 快速运行时进行倒角，那么 FRC/FRCM 无效，且不会产生故障信息。只有在程序段中编程了倒圆或倒角，或者激活了 RNDM 时，FRC 才生效。FRC 会覆盖当前程序段中的 F 值或 FRCM 值。FRC 中编程的进给率必须大于零。通过 FRCM=0 激活 F 中编程的进给用于倒角或倒圆。如果编程了 FRCM，在 G94 ←→ G95 切换后必须对 F 和 FRCM 的值都进行重新编程。如果只重新编程了 F 值，且在进给类型转换前 FRCM>0，则输出故障信息。

3）如果编程的倒角（CHF/CHR）或倒圆（RND/RNDM）的值对于相关轮廓段过大，那么倒角或倒圆会自动减小到一个合适的值。以下情况不添加倒圆或者倒角：平面中没有直线或圆弧轮廓，轴在平面以外运行，平面切换，超出了机床数据中确定的、不包含运动信息（例如，仅有指令输出）的程序段数量。

（3）编程示例

例 1：两条直线之间的倒角，如图 3-19 所示。

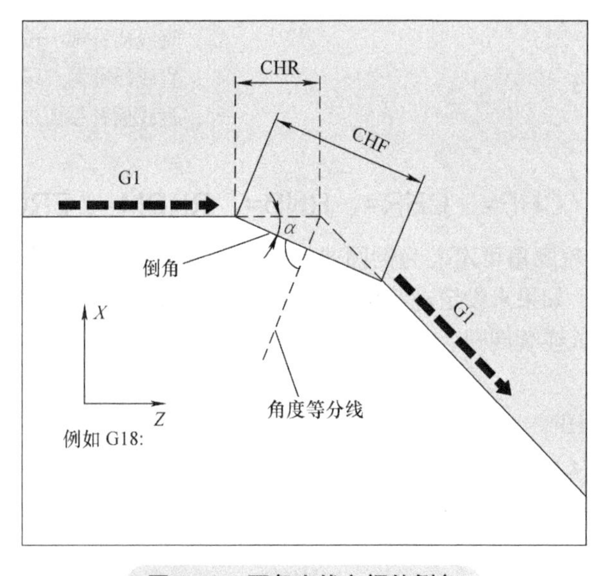

图 3-19 两条直线之间的倒角

MD20201 位 0=1（由前一程序段导出），G71 有效，运行方向（CHR）上的倒角宽度应为 2mm，倒角进给率为 100 mm/min。

可通过以下两种方式编程：

1）使用 CHR 编程。

程序代码	注释
...	
N30 G1 Z... CHR=2 FRC=100	；倒角宽度为 2mm，倒角进给率为 100 mm/min
N40 G1 X...	；直线插补
...	

2）使用 CHF 编程（当倒角 α=30° 时）。

程序代码	注释
...	
N30 G1 Z... CHF=(COS30*2) FRC=100	；倒角宽度为 2mm×30°，倒角进给率为 100 mm/min
N40 G1 X...	；直线插补
...	

例 2：两条直线之间的倒圆，如图 3-20 所示。

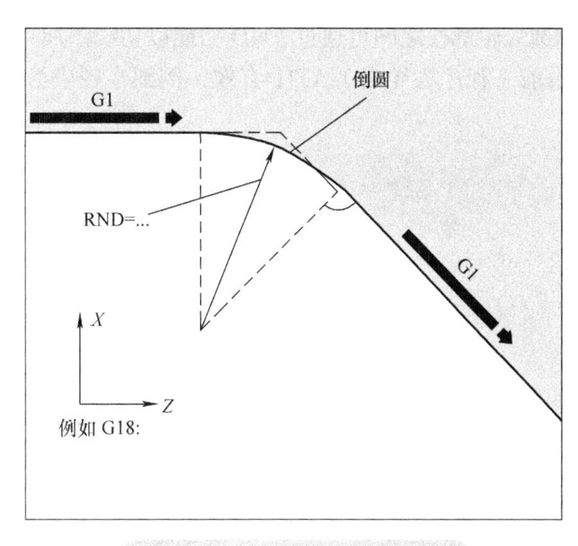

图 3-20　两条直线之间的倒圆

MD20201 位 0=1（由前一程序段导出），G71 有效，倒圆半径应为 2mm，倒圆进给率为 50 mm/min。

程序代码	注释
...	
N30 G1 Z... RND=2 FRC=50	；倒圆半径为 2mm，倒圆进给率为 50 mm/min

```
N40 G1 X...                              ；直线插补
...
```

例 3：直线和圆弧之间的倒圆，如图 3-21 所示。

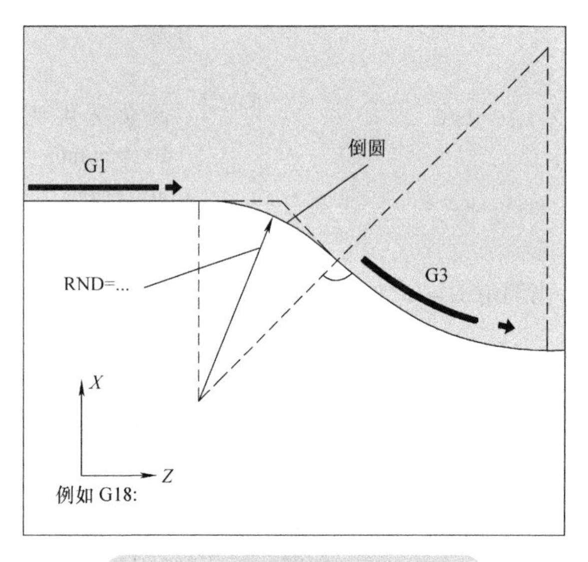

图 3-21　直线和圆弧之间的倒圆

在任意组合的直线和圆弧轮廓段之间可通过 RND 功能以切线添加一个圆弧轮廓段。

MD20201 位 0=1（由前一程序段导出），G71 有效，倒圆半径应为 2mm，倒圆进给率为 50 mm/min。

```
程序代码                                  注释
...
N30 G1 Z... RND=2 FRC=50                 ；倒圆半径为 2mm，倒圆进给率为 50 mm/min
N40 G3 X... Z... I... K...               ；圆弧插补
...
```

例 4：模态倒圆，用于工件边缘去毛刺。

```
程序代码                                  注释
...
N30 G1 X...Z...RNDM=2 FRCM=50            ；激活模态倒圆，倒圆半径为 2mm，倒圆进给
                                           率为 50 mm/min
N40...
N120 RNDM=0                              ；取消模态倒圆
...
```

3.6.10　用于回转轴的绝对尺寸（DC，ACP，ACN）

在绝对尺寸中定位回转轴，可以使用与 G90/G91 无关的逐段有效的指令 DC、ACP 和 ACN。

DC、ACP 和 ACN 的不同之处在于逼近方案，如图 3-22 所示。

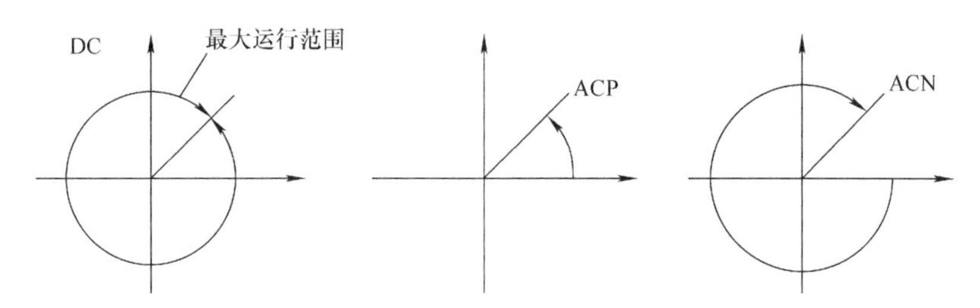

图 3-22　回转轴的绝对尺寸示意

（1）编程格式

< 回转轴 >=DC（<...>）;

< 回转轴 >=ACP（<...>）;

< 回转轴 >=ACN（<...>）;

（2）指令参数说明

< 回转轴 >：需要运行的回转轴的名称（例如 *A*、*B* 或 *C*）。

DC：用于就近返回到位置的指令，回转轴以直接的、最短的位移方式运行到所编程的位置。回转轴最多运行 180°。

ACP：用于正方向返回到位置的指令，回转轴以正向的轴旋转方向（逆时针方向）运行到所编程的位置。

ACN：用于负方向返回到位置的指令，回转轴以负向的轴旋转方向（顺时针方向）运行到所编程的位置。

<...>：绝对尺寸中待返回的回转轴位置，取值范围为 0°~360°。

1）正方向旋转（顺时针或逆时针）可以在机床数据中设定。

2）用方向参数（ACP，ACN）定位时，在机床数据中必须设定 0°~360° 的运行范围（模态特性）。为了使程序段中的取模回转轴运行超过 360°，必须对 G91 或 IC 进行编程。

3）指令 DC、ACP 和 ACN 也可以用于主轴定位（SPOS，SPOSA），从静止状态开始使用。

3.7　螺纹加工

3.7.1　车削定螺距螺纹（G33，SF=）

使用 G33 指令进行螺纹车削的前提条件是一个机床带有行程测量系统和处于转速控制的主轴。使用 G33 指令可以加工以下类型定螺距螺纹：

1）圆柱螺纹。

2）圆锥螺纹。

3）平面螺纹。

4）多头螺纹[⊖]：给定起点，通过偏移来生成多头螺纹，如图 3-23 所示。在 G33 指令中的地址 SF 下进行编程。如果在程序中没有指定起点偏移，切削时会使用设置数据中设定的“螺纹起始角”。

⊖ 多线螺纹，为与数控系统对应，本书中“多线螺纹”均统一为“多头螺纹”。

5）螺纹链：通过依次编程多个含 G33 指令的程序段可以加工组合螺纹，如图 3-24 所示。

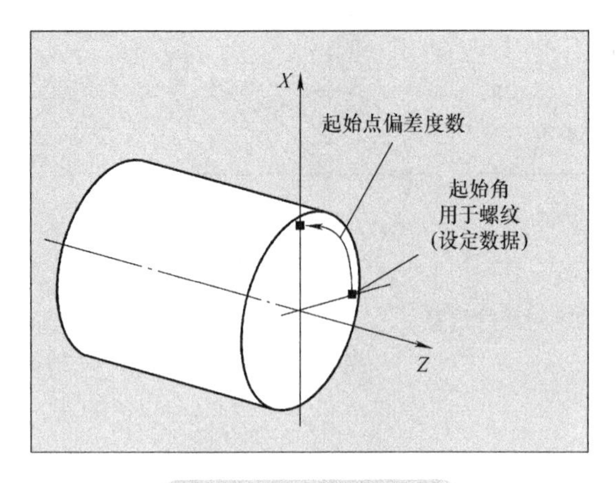

图 3-23　多头螺纹加工

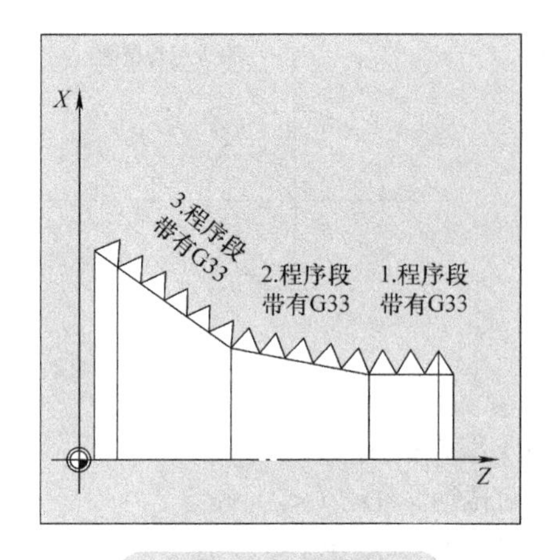

图 3-24　螺纹链加工

说明：

1）使用连续路径方式 G64 指令能够实现前、后程序段之间做平滑过渡，从而避免程序段转换处进给速度产生急变。

2）螺纹的旋转方向由主轴的旋转方向确定：

① 主轴顺时针转动（M3）、刀架向负轴向行进时，生成右旋螺纹。

② 主轴逆时针转动（M4）、刀架向负轴向行进时，生成左旋螺纹。

（1）编程格式

圆柱螺纹：

G33 Z... K... ;

G33 Z... K... SF=... ;

平面螺纹：

G33 X... I... ;

G33 X... I... SF=... ;

圆锥螺纹：

G33 X... Z... K... ;

G33 X... Z... K... SF=... ;

G33 X... Z... I... ;

G33 X... Z... I... SF=... ;

（2）指令参数说明

G33 ：定螺距螺纹的切削指令。

X... Z... ：以直角坐标给定终点。

I... ：*X* 向的螺距。

K... ：*Z* 向的螺距。

Z... K... ：圆柱螺纹的螺纹长度和螺距。

X... I...：平面螺纹的螺纹直径和螺距。

I... 或者 K...：圆锥螺纹指令螺距地址字（I 或 K）的选择取决于圆锥角度 β。β <45° 时通过 K 给定螺纹螺距（纵向螺纹螺距）；β > 45° 时通过 I 给定螺纹螺距（横向螺纹螺距）；β=45° 时螺纹螺距可以通过 I 或 K 给定。

SF=...：起点偏移（仅用于多线螺纹），用角度值指令。取值范围：0.0000°~359.999°，不允许使用负值。

（3）编程示例　双头圆柱螺纹 M60×4（P2）编程加工见图 3-25。该螺纹为起点偏移（*A* 点与 *B* 点的起点偏移角相差 180°）的双头螺纹。设第一刀车削至螺纹直径为 ϕ59mm。

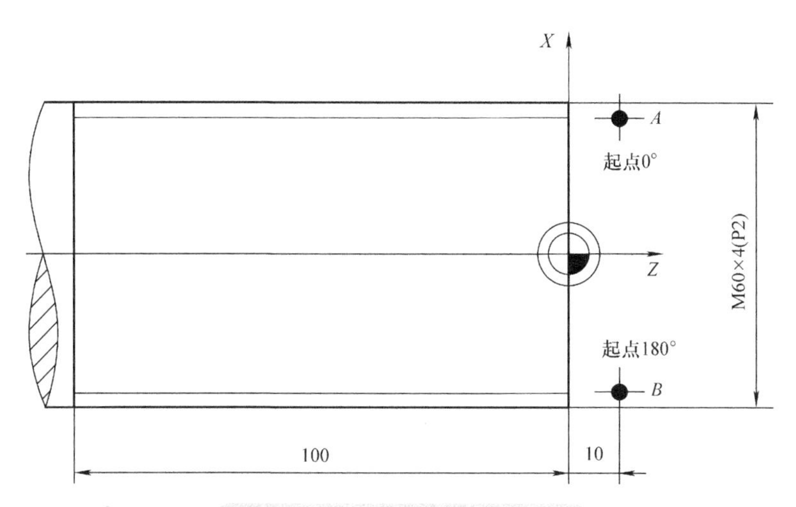

图 3-25　双头圆柱螺纹加工尺寸

两条线各切第一刀的程序：

```
程序代码                              注释
N10 G54 G1 X59 Z10 S500 F100 M3      ；设定坐标系，到达起刀点，激活主轴
N20 G33 Z-100 K4                     ；切第一条线的第一刀
N30 G0 X70                           ；横向（垂直于直径方向）退刀
N40 Z10                              ；回到进刀位置
N50 X59                              ；到达起刀点
N60 G33 Z-100 K4 SF=180              ；切第二条线的第一刀，起点偏移 180°
N70 G0 X70                           ；横向（垂直于直径方向）退刀
N80 Z10                              ；回到进刀位置
N90 M30                              ；程序结束
```

（4）G33 进刀参数　螺纹切削时的进给率是根据编程用主轴转速与螺纹导程的乘积计算出来的。计算出来的进给率不能超过所用机床的进给限速（否则车出的螺距会达不到指令值）。车刀按此进给率在纵向和（或）横向通过螺纹长度。G33 指令段内不能用 F 来指令进给率。

1）圆柱螺纹的车削参数。圆柱螺纹通过以下两个参数来说明，如图 3-26 所示。

① 螺纹长度。

② 螺距。

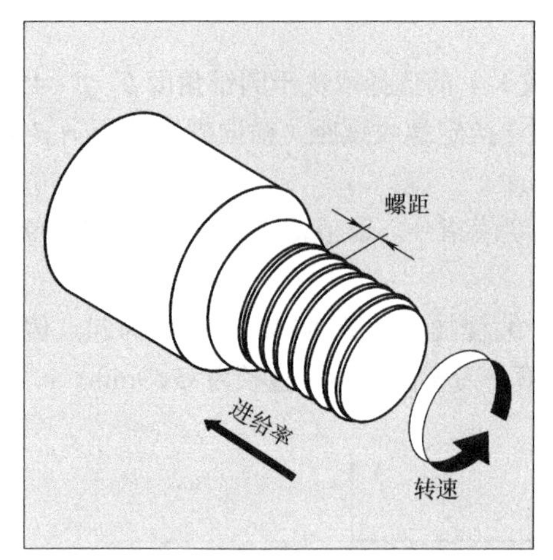

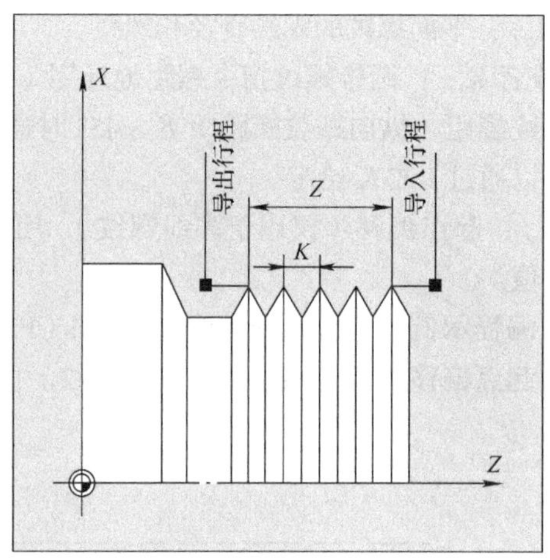

图 3-26　圆柱螺纹车削参数

螺纹长度用直角坐标 X、Z 以绝对尺寸或相对尺寸来输入（在车床上 Z 向优先）。进给加速或减速时，导入行程和导出行程必须留有余量。在地址 I、K 中输入螺距（在车床上优先使用 K）。

2）圆锥螺纹的车削参数。圆锥螺纹通过以下两个参数来说明，如图 3-27 所示。

① 纵向和横向上的终点（圆锥轮廓）。

② 螺距。

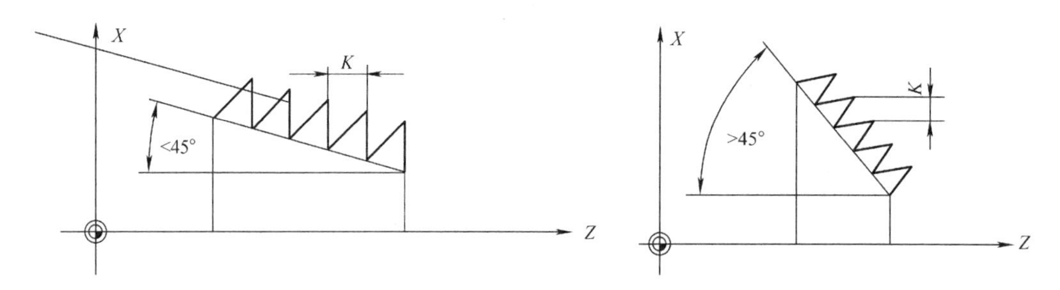

图 3-27　圆锥螺纹车削参数

在直角坐标 X、Z 中以绝对尺寸或相对尺寸输入圆锥轮廓，在车床上加工时优先在 X 和 Z 向。进给加速或减速时，导入行程和导出行程必须留有余量。螺距参数由圆锥角来决定（纵向轴与圆锥表面之间的角度）。

3）平面螺纹的车削参数。平面螺纹通过以下两个参数来说明，如图 3-28 所示。

① 螺纹直径（X 向优先）。

② 螺距（优先使用 I）。

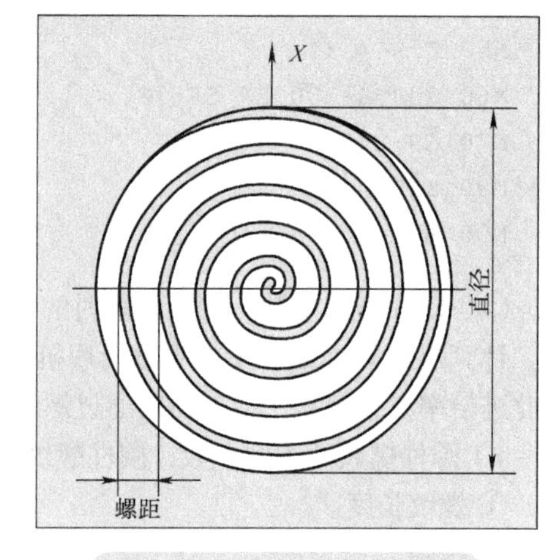

图 3-28　平面螺纹车削参数

3.7.2　车削螺纹时导入和导出行程（DITS，DITE）

用指令 DITS 和 DITE 来定义加速和减速时的轨迹斜坡，以便在刀具导入和导出行程过短时相应地调整进给率，如图 3-29 所示。

1）导入行程过短：由于连接至螺纹导入段，刀具加速斜坡的空间不够。必须使用 DITS 设定一个较短的斜坡。

2）导出行程过短：由于连接至螺纹导出段，刀具减速斜坡的空间不够，可能会导致工件和刀沿之间的碰撞危险。

可通过 DITE 设置较短的刀具减速斜坡，否则可能会发生碰撞。

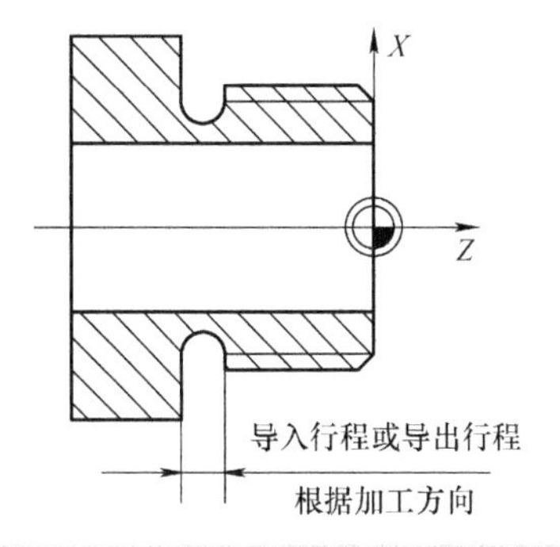

图 3-29 车削螺纹时导入和导出行程

建议：编程较短的螺纹，应降低主轴转速。

（1）编程格式

DITS=<... >；

DITE=<...>；

（2）指令参数说明

DITS：确定螺纹导入行程。

DITE：确定螺纹导出行程。

<...>：设定导入或导出行程的值。取值范围：-1，0，...，*n*。

说明：

1）在 DITS 和 DITE 中只定义导程行程，而不是定义编程位置。

2）指令 DITS 和 DITE 与设定数据 SD42010 $SC_THREAD_RAMP_DISP[0，1] 一致，该数据中写入了编程的行程。如果在第一个螺纹程序段之前或者在该程序段中没有用 DITS/DITE 指令导入或导出行程，那么执行时这两个值将用 SD42010 当前的设置值。

3）如果导入行程过短，沿螺纹轴的加速度可能会超过设置值，这会导致加速超限而过载，此时机床会发出报警：22280“编程的导入行程过短”（在机床数据 MD11411 MN_ENABLE _ALARM_MASK 中进行相应的设置）。报警起提示作用，它对于零件程序的执行没有影响。

4）通过 MD10710 $MN_PROG_SD_RESET_SAVE_TAB 可以设置行程，通过零件程序写入的值在复位时会写入相应的设定数据。该值在上电后保持不变。

5）DITE 在螺纹末端处作为精磨削间距生效，从而使轴的运行平稳改变。在使用指令 DITS 和或 DITE/ 编写的程序段切换至插补器时，在 DITS 中编程的行程将被写入 SD42010 $SC_ THREAD_RAMP_DISP[0] 中，而 DITE 中的编程的行程将被写入 SD42010 $SC_THREAD_RAMP _DISP[1] 中。当前的尺寸系统设置（英制 / 米制）适用于编程的导入或导出行程。

（3）编程示例

程序代码 注释

```
…
N40 G90 G0 X20 Z100 SOFT S500 M3
```

```
N50 G33 Z-50 K2 SF=180 DITS=3 DITE=1        ；从Z103时开始螺纹车削直到Z-49
N60 G0 X30
N70 M30
```

3.7.3 带有递增螺距与递减螺距的螺纹切削（G34，G35）

使用指令G34和G35可以对G33的功能进行扩展，在地址F中对螺纹螺距的变化进行编程。在G34中螺纹螺距线性增加，而在G35中螺距线性减少。指令G34和G35可以用于制造自剪切螺纹。

（1）编程格式

G34 Z... K... F...；带有递增螺距的圆柱螺纹

G35 Z... K... F...；带有递减螺距的圆柱螺纹

G34 X... I... F...；带有递增螺距的平面螺纹

G35 X... I... F...；带有递减螺距的平面螺纹

G34 X... Z... K... F... 或者 G34 X... Z... I... F...；带有递增螺距的圆锥螺纹

G35 X... Z... K... F... 或者 G35 X... Z... I... F...；带有递减螺距的圆锥螺纹

（2）指令参数说明

G34：带线性递增螺距的螺纹切削指令。

G35：带线性递减螺距的螺纹切削指令。

X... Z...：以直角坐标给定终点。

I...：X向的螺距。

K...：Z向的螺距。

F...：螺纹螺距变化。

如果已知一个螺纹的起始螺距和最终螺距，那么就可以根据下面的等式计算出编程的螺距变化：

$$F = |K_e^2 - K_a^2| / (2I_G)$$

式中 K_e——螺纹螺距（轴目标点坐标的螺距）(mm/r)；

K_a——螺纹起始螺距（在I，K下编程）(mm/r)；

I_G——螺纹长度（mm）。

（3）编程示例

```
程序代码                                注释
...
N1608 M3 S10                            ；主轴激活
N1609 G0 G64 Z40 X216                   ；运行到起点
N1610 G33 Z0 K100 SF=R14                ；使用恒定螺距（100mm/r）进行螺纹切削
N1611 G35 Z-220 K100 F17.045            ；螺距递减量：F=（100²−50²）/（2×220）
                                          =17.0454 mm/r²
N1612 G33 Z-240 K50                     ；程序段结束处螺距：50mm/r
N1613 G0 X218                           ；平稳运行螺纹程序段
```

```
N1614 G0 Z40
N1615 M17
```

3.8 主轴运动指令

3.8.1 主轴转速（S）与主轴旋转方向（M3，M4，M5）

设定主轴转速和旋转方向可使主轴旋转，它是切削加工的前提条件。

除了主主轴（通常情况下，机床数据中的主要主轴被视为主主轴），机床上还可以配备其他主轴（如车床可以配置一个副主轴或驱动刀具）。可通过数控指令更改此规定。

（1）编程格式

S... / S<n>=... ;

M3 / M<n>=3 ;

M4 / M<n>=4 ;

M5 / M<n>=5 ;

SETMS（<n>）;

SETMS ;

（2）指令参数说明

S... ：主主轴的转速（r/min）。

S<n>=... ：主轴 <n> 转速（r/min）。

> **说明：** 通过 S0=... 设定的转速适用于主主轴。

M3 ：主主轴顺时针方向旋转。

M<n>=3 ：主轴 <n> 顺时针方向旋转。

M4 ：主主轴逆时针方向旋转。

M<n>=4 ：主轴 <n> 逆时针方向旋转。

M5 ：主主轴停止。

M<n>=5 ：主轴 <n> 停止。

SETMS（<n>）：主轴 <n> 应作为主主轴。

SETMS ：SETMS 不含主轴指定，切换回系统定义的主主轴上。

> **说明：**
>
> 1）每个数控程序段最多允许编程 3 个 S 值，比如：S... S2=... S3=...。
>
> 2）SETMS 必须位于一个独立的程序段中。

（3）编程示例　S1 是主主轴，S2 是第二工作主轴。从两端对零件进行加工，此时需要划分加工步骤。切断之后，同步装置（S2）拾取工件进行另一端加工。为此，将适用 G95 的主轴 S2 定义为主主轴，如图 3-30 所示。

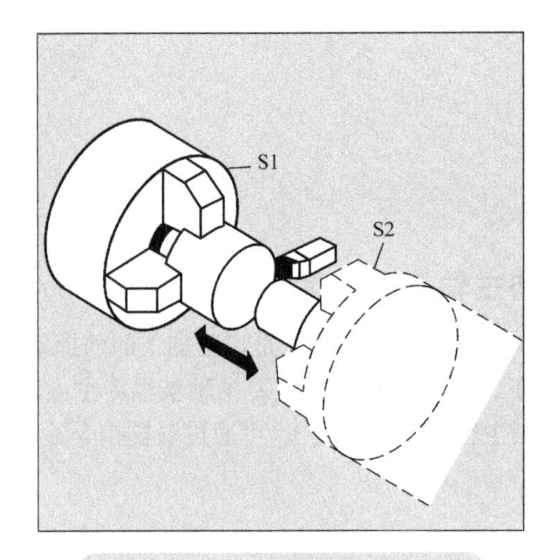

图 3-30 主主轴与第二工作主轴

例 1：

程序代码	注释
N10 S300 M3	；转速及旋转方向，驱动主轴为默认的主主轴
…	；加工工件右侧
N100 SETMS(2)	；改用 S2 作为主主轴
N110 S400 G95 F...	；新的主主轴转速
…	；加工工件左侧
N160 SETMS	；返回到主主轴 S1

主主轴上的 S 值编译：如果 G 功能组 1（模态有效运行命令）中 G331 或 G332 激活，则编程的 S 值总是被视为转速值，单位为 r/min。未激活的情况下，则根据 G 功能组 15（进给类型）编译 S 值：G96、G961 或 G962 激活时，S 值被视为恒定切削速度，单位为 m/min，其他情况下被视为转速，单位为 r/min。从 G96/G961/G962 切换至 G331/G332 时，恒定切削速度会归零；从 G331/G332 切换至包含 G 功能组 1 但不为 G331/G332 的功能时，转速值会归零。必要时应重新设定相应的 S 值。

预设的 M 指令 M3、M4、M5：在带有轴指令的程序段中，在开始轴运行之前会激活 M3、M4、M5 功能（控制系统上的初始设置）。

例 2：

程序代码	注释
N10 G1 F500 X70 Y20 S270 M3	：主主轴加速至 270r/min，然后在 X 向和 Z 向运动
N100 G0 Z150 M5	；Z 轴回退之前主主轴停止

说明：通过机床数据可以设置，进给轴是否在主轴起动并达到设定转速后运行，或主轴停止之后才运行，还是在编程的切换操作之后立即运行。

例 3：

程序代码	注释
N10 S300 M3 S2=780 M2=4	；主主轴：300r/min，逆时针旋转 ；第二主轴：780 r/min，逆时针旋转

可编程的主主轴切换：在 NC 程序中通过 SETMS（<n>）指令可定义任意主轴为主主轴。SETMS 必须位于一个独立的程序段中。

例 4：

程序代码	注释
N10 SETMS(2)	；现在以主轴 2 为主主轴

说明：现在，S... 下指定的转速和 M3、M4、M5 编程的功能都适用于新定义的主主轴。如果使用了不含主轴指定的 SETMS，则会切换回机床数据中设定的主主轴。

3.8.2　可编程的主轴转速极限（G25，G26）

可通过零件程序指令更改在机床和规定数据中设定的最小和最大转速。通道上的所有主轴都可以设置转速极限。

说明：用 G25 或 G26 编程的主轴转速限值覆盖了规定数据中设定的转速限值，并且在程序结束后仍然保留。

（1）编程格式

G25 S... S1=... S2=... ;

G26 S... S1=... S2=... ;

（2）指令参数说明

G25：主轴转速下限。

G26：主轴转速上限。

S... S1=... S2=... 分别为主轴最小和最大转速。每个程序段最多允许编程三个主轴转速极限值。取值范围：0.1~99 999 999.9r/min。

（3）编程示例

程序代码	注释
N10 G26 S1400 S2=350 S3=600	；主主轴和主轴 2、主轴 3 的转速上限

3.8.3　恒定切削速度（G96/G961/G962，G97/G971/G972，G973，LIMS，SCC）

“恒定切削速度”功能激活时，主轴转速会根据当时的工件直径不断发生改变，使得切削刃上的切削速度 S（单位：m/min 或 in/min）保持恒定。保持均匀的切削速度，可以确保得到更好的表面质量，提高加工效率，并且在加工时保护刀具。

（1）编程格式

1）使用 / 取消主主轴恒定切削速度：

G96/G961/G962 S... ;

G97/G971/G972/G973 ;

2）主主轴转速限值：

LIMS=<... > ;

LIMS[< 主轴 >]=<...> ;

3）用于 G96/G961/G962 的其他基准轴：

SCC[< 轴 >] ;

（2）指令参数说明

G96：进给类型为 G95 时的恒定切削速度激活。编程 G96 时，G95 自动激活。如果之前未激活过 G95，必须在调用 G96 时指定新的进给值 F。

G961：进给类型为 G94 时的恒定切削速度激活。

G962：进给类型为 G94 或 G95 时的恒定切削速度激活。

> **说明：**首次选择 G96/G961/G962 时必须输入恒定切削速度 S，重新选择 G96/G961/G962 时，该速度为可选输入。

S...：当 S... 和 G96、G961 或 G962 一起编程时，为切削速度，而不是主轴转速。切削速度总是在主主轴上生效。取值范围：0.1~99 999 999.9 m/min。

单位：m/min（G71/G710）或 in/min（G70/G700）。

G97：进给类型为 G95 时取消恒定切削速度。G97（或 G971）后 *S* 为主轴转速，单位为 r/min。如果没有指定新的主轴转速，则将保留 G96（或 G961）指定的最后一个转速。

G971：进给类型为 G94 时，取消恒定切削速度。

G972：进给类型为 G94 或 G95 时，取消恒定切削速度。

G973：取消恒定切削速度，不激活主轴转速限值。

> **说明：**写入 G97/G971 指令后，控制系统将 *S* 值重新视为主轴转速，单位为 r/min。如果没有指定新的主轴转速，则最后在 G96/G961 中设置的转速生效。也可以使用 G94 或 G95 来取消 G96/G961 功能。在这种情况下，最后编程的转速 S... 用于后续加工。可以在前面没有 G96 的情况下对 G97 进行编程。用 G973 可以关闭恒定切削速度，不激活主轴转速限制。

LIMS：主主轴转速限值（仅在 G96/G961/G97 激活时生效）。

< 主轴 >：主轴编号。

< 值 >：主轴转速上限，单位为 r/min。

> **说明：**如果需要加工直径变化很大的工件，建议使用 LIMS 给主轴设置一个转速限值（最大主轴转速）。这样就可以防止在加工较小直径时出现过高转速。LIMS 仅在 G96、G961 和 G97 激活时生效。G971 激活时 LIMS 不生效。在不可进行主主轴切换的机床上，一个程序段中最多为四个主轴设置不同的极限值。当程序段进入主运行时，所有编程的值都会纳入设定数据。使用 LIMS 编程的转速限值不能超出使用 G26 编程的或默认数据设置的转速限值。

SCC：G96/G961/G962 功能有效时，可通过 SCC[< 轴 >] 将任意几何轴指定为基准轴。

> **说明**：可以单独编程 SCC[< 轴 >]，或者和 G96/G961/G962 一起编程。G96/G961/G962 的基准轴必须为编程 SCC< 轴 > 时通道内识别出的几何轴。也可在 G96 /G961/G962 激活的情况下编程 SCC[轴]。

（3）编程示例

例 1：使用带转速限制的恒定切削速度。

程序代码	注释
N10 SETMS(3)	
N20 G96 S100 LIMS=2500	；恒定切削速度为 100m/min，最大转速为 2500r/min
…	
N60 G96 G90 X0 Z10 F8 S100 LIMS=444	；最大转速为 444r/min

例 2：规定四个主轴的切削速度，确定主轴 1（主主轴）和主轴 2、3 和 4 的转速限值。

程序代码	注释
N10 LIMS=300 LIMS[2]=450 LIMS[3]=800 LIMS[4]=1500	；各主轴的转速限值

（4）用于 G96/G961/G962 的其他基准轴　G96/G961/G962 功能有效时，可通过 SCC[< 轴 >] 将任意几何轴指定为基准轴。如果基准轴变化，恒定切削速度的刀尖（TCP- 刀具中心点）基准位置也随之变化，则会按照制动或者加速斜坡逐渐运行到设置的主轴转速。

编程的 96/G961/G962 基准轴的属性始终是几何轴，在已分配的通道轴进行轴交换时，原通道内 G96/G961/G962 的基准轴特性保持不变。几何轴切换不会影响恒定切削速度下的几何轴分配。如果几何轴交换改变了 G96/G961/G962 的 TCP 基准位置，则主轴以斜坡逐渐运行到新转速。如果没有通过几何轴交换分配新的通道轴 [如 GEOAX（0，X）]，则通过 G97 保持主轴转速。

进行基准轴分配的几何轴交换示例：

程序代码	注释
N05 G95 F0.1	；以主轴转数为基准的旋转进给率
N10 GEOAX(1, X1)	；通道轴 X1 为第一几何轴
N20 SCC[X]	；第一几何轴（X）为 G96/G961/G962 的基准轴
N30 GEOAX(1, X2)	；通道轴 X2 为第一几何轴
N40 G96 M3 S20	；通道轴 X2 为 G96 的基准轴

程序代码	注释
N05 G95 F0.1	；以主轴转数为基准的旋转进给率
N10 GEOAX(1, X1)	；通道轴 X1 为第一几何轴
N20 SCC[X1]	；X1，即第一几何轴（X）为 G96/G961/G962 的基准轴
N30 GEOAX(1, X2)	；通道轴 X2 为第一几何轴
N40 G96 M3 S20	；X2 或 X 为 G96 的基准轴，无报警。

程序代码	注释
N05 G95 F0.1	；以主轴转数为基准的旋转进给率
N10 GEOAX(1, X2)	；通道轴 X2 为第一几何轴
N20 SCC[X1]	；X1 不是几何轴，报警

3.8.4 位置控制的主轴运动（SPCON，SPCOF）

在某些情况下，需要使主轴在位置控制模式中运行，从而可以在较大螺距下用 G33 切削螺纹时获得良好品质。可通过数控指令 SPCON 换至位置控制主轴运行。SPCON 最多需要三个插补循环。

（1）编程格式

SPCON / SPCON（<n>）/ SPCON（<n>，<m>，...）；

SPCOF / SPCOF（<n>）/ SPCOF（<n>，<m>，...）；

（2）指令参数说明

SPCON：激活位置控制运行，设定的主轴从转速控制切换到位置控制。

SPCON 为模态有效，直至 SPCOF 被激活。

SPCOF：取消位置控制运行，设定的主轴从位置控制切换到转速控制。

<n>：需要转换运行方式的主轴的编号。

未设定主轴编号时，SPCON/SPCOF 生效于主主轴。

<n>，<m>，...：在一个程序段中可通过 SPCON 或 SPCOF 对多个主轴的运行方式进行转换。

> **说明：** 使用 S... 设定转速。使用 M3、M4 和 M5 设定旋转方向和主轴停止。如果连接了同步主轴的设定点值，则主主轴必须在位置控制模式下运行。

3.8.5 定位主轴（SPOS，SPOSA，M19，M70，WAITS）

使用 SPOS、SPOSA 或 M19 可以将主轴定位在特定的角度，例如在换刀时就有这样的要求，如图 3-31 所示。编程 SPOS、SPOSA 和 M19 时会临时切换至位置控制运行，直到编程下一个 M3/M4/M5/ M41/.../M45 指令。前提条件：待定位主轴必须能在位置控制方式下运行。

1）主轴也可以在机床数据中确定的地址下作为轨迹轴、同步轴或者定位轴来运行。指定轴名称后，主轴位于进给轴运行中。使用 M70 将主轴直接切换到进给轴运行并在运行中定位。

2）可通过 FINEA、CORSEA、IPOENDA 或 IPOBRKA 编程主轴定位时的运行结束标准。如果已经达到所有在程序段中所要加工的主轴或轴的运行结束标准，并且也达到了轨迹插补的程序段转换标准（定位结束），那么将继续执行下一个程序段。

3）为了与主轴运行同步，可通过 WAITS 指令等待，直至到达主轴位置。

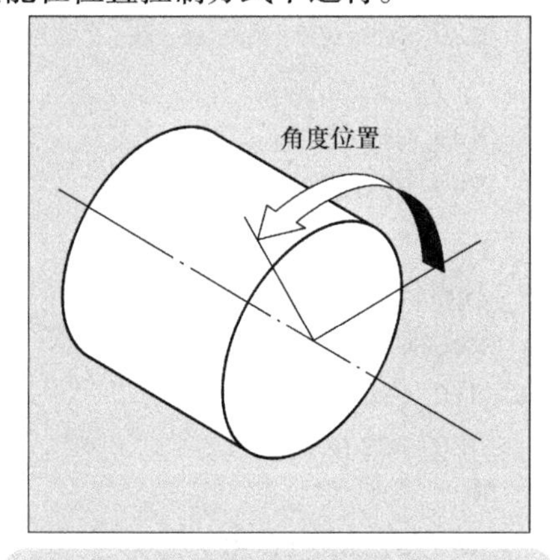

图 3-31 主轴定位在特定的角度示意

（1）编程格式

1）定位主轴：

SPOS=<... > / SPOS[<n>]=<...>；

SPOSA=<...> / SPOSA[<n>]=<...>；

M19 / M<n>=19；

2）主轴切换到轴运行方式：

M70 / M<n>=70；

3）确定运行结束标准：

FINEA / FINEA[S<n>]；

COARSEA / COARSEA[S<n>]；

IPOENDA / IPOENDA[S<n>]；

IPOBRKA / IPOBRKA（< 轴 >[，< 时间 >]）；必须在单独数控程序段中编程

4）主轴运行同步

WAITS / WAITS（<n>，<m>）；必须在单独数控程序段中编程

（2）指令参数说明

SPOS/SPOSA：将主轴定位至设定的角度，SPOS 和 SPOSA 功能相同，区别在于程序段切换特性：

1）使用 SPOS 时，只有到达设定的位置时，才会切换至下一个数控程序段。

2）使用 SPOSA 时，即使尚未到达设定的位置，也会切换至下一个数控程序段。

<n>：需要进行定位的主轴的编号。

未设定主轴编号或主轴编号为“0”时，SPOS 或 SPOSA 生效于主主轴。< 值 >：主轴定位的角度。单位：°。类型：REAL。

编程位置逼近模式时有如下方案：

=AC（< 值 >）：绝对角度，取值范围：0°~359.9999°。

=IC（< 值 >）：增量角度，取值范围：0°~ ± 99 999.999°。

=DC（< 值 >）：直接趋近绝对值，=ACN（< 值 >）：绝对角度，在负方向上运行。

=ACP（< 值 >）：绝对角度，在正方向上运行。=< 值 >：如 DC（< 值 >）。

M<n>=19：将主主轴（M19 或 M0=19）或编号为 <n> 的主轴（M<n>=19）定位到通过 SD43240 $SA_M19_SPOS 设定的角度和 SD43250 $SA_M19_SPOSMODE 中设定的位置逼近模式。到达设定位置时，数控程序段才跳转。

M<n>=70：将主主轴（M70 或 M0=70）或编号为 <n> 的主轴（M<n>=70）切换到进给轴运行方式。不逼近定义的位置。 主轴运行方式切换后，继续执行数控程序段。

FINEA：在到达“精准停”时运动结束。

COARSEA：在到达“粗准停”时运动结束。

IPOENDA：当到达插补器停止时结束运动。

S<n>：编程的运行结束标准生效的主轴。<n>：主轴号，未给定主轴 [S<n>] 或主轴编号为“0”时，编程的运行结束标准生效于主主轴。

IPOBRKA：可以在制动斜坡上进行程序段转换。

< 轴 >：通道轴识别符。

< 时间 >：程序段转换时间参考制动斜坡；单位为百分比（%）。

取值范围：100（制动斜坡启用时间）~0（制动斜坡结束）。

未设定参数 <时间> 时，设定数据的当前值生效：SD43600 $SA_IPOBRAKE_BLOCK_EXCHANGE。

> **说明：**时间为“0”时 IBOBRKA 与 IPOENDA 相同。

WAITS：设定主轴的同步指令。执行以下程序段时系统将会等待，设定的主轴和上一个 NC 程序段中，使用 SPOSA 编程的主轴到达了终点位置（精准停）。

M5 后 WAITS：等待，直至设定的主轴停止。

M3/M4 后 WAITS：等待，直至设定的主轴达到其设定转速。

<n>，<m>：同步指令适用的主轴编号。未设定主轴编号或主轴编号为“0”时，WAITS 生效于主主轴。

> **说明：**
>
> 1）每个数控程序段可以有三个主轴定位说明。
>
> 2）在增量尺寸 IC（<值>）中，可通过多次旋转进行主轴定位。
>
> 3）如果在 SPOS 之前使用 SPCON 激活了位置控制，则该运行方式一直生效，直至使用 SPCOF。
>
> 4）控制系统会根据编程顺序自动识别到进给轴运行的过渡。因此，不一定需要在零件程序中进行 M70 的显式编程。为了提高零件程序的可读性，也可使用 M70。

（3）编程示例

例 1：负向旋转定位主轴（将主轴 2 负向旋转定位在 250°），如图 3-32 所示。

程序代码	注释
N10 SPOSA[2]=ACN（250）	；必要时制动主轴，并反向加速进行定位

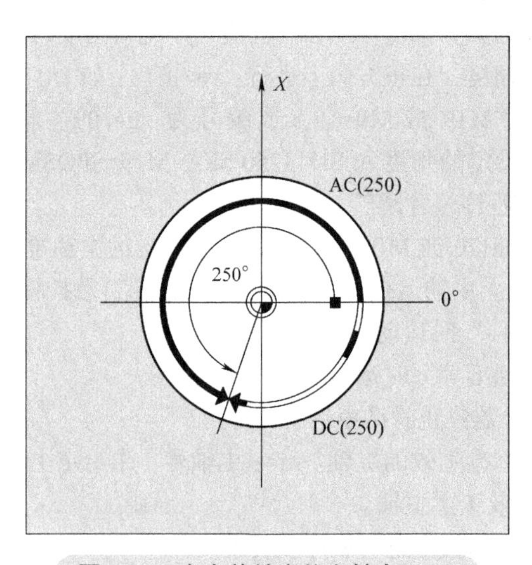

图 3-32　负向旋转定位主轴在 250°

使用 SPOSA 定位：程序段转换以及程序执行不受 SPOSA 影响。 可以同时定位主轴和执行后续数控程序段。所有在程序段中编程的功能（除了主轴）达到所在程序段结束标准后，会转换到下一个程序段。 主轴定位可以占用多个程序段（参见 WAITS）。

注意： 如果一个后续程序段中包含一个会生成隐式预处理停止的指令，那么直到所有的定位主轴都固定不动时才执行该程序段。

使用 SPOS/M19 定位：只有当程序段中所有编程的功能达到它们的程序段结束标准（例如，PLC 对所有辅助功能进行了响应，所有轴到达终点），并且主轴已到达编程位置时，才会转换到下一个程序段。

3.9　换刀指令编程

在数控车床上的刀库中，仅使用 T 指令来进行换刀，即查找并更换刀具。换刀的方式可以在机床数据中设定。在换刀时，必须激活在 D 号下所存储的刀具补偿值，同时对相应的工件平面进行编程（初始设置：G18）。这样可以确保刀具长度补偿分配到正确的轴上。然而，当机床上刀具管理（选件）被激活时，其换刀编程与未激活刀具管理的机床有所不同。因此对这两种情况分别进行说明。

3.9.1　无刀具管理情况下的换刀

该指令主要应用于带有转塔刀库的车床上，通过编程 T 指令可以直接进行换刀。

（1）编程格式

T< 编号 >　　；刀具选择

T0　　　　　；取消选择刀具

（2）编程指令说明

T：进行刀具选择的指令，包括换刀以及激活刀具补偿。

<n>：主轴编号作为地址扩展，而能否将主轴编号作为地址扩展进行编程，取决于机床的配置。

< 编号 >：刀具编号，其取值范围为 0~32000。

T0：取消已激活刀具的指令。

（3）编程示例

程序代码	注释
N10 T1 D1	；换入刀具 T1，并激活 T1 的刀具补偿程序段 D1
N11 G0 X... Z...	；运行长度补偿
N50 T4 D2	；换入刀具 T4，并激活 T4 的刀具补偿程序段 D2
...	
N70 G0 Z... D1	；刀具 T4 的其他刀沿 D1 被激活

3.9.2 使用刀具管理（选件）进行换刀

使用刀具管理进行换刀时，可选的“刀具管理”功能能够确保机床上任何时候正确的刀具都位于正确的位置上，且刀具所分配的数据符合当前的状态。此外，它可以快速切换刀具，通过监控刀具使用时间以及机床停机时间，并通过选用刀具避免废品。

在刀具管理被激活的机床上，各刀具必须使用名称和编号来设置唯一标识（例如“lathe1”“3”）。这样就可以通过刀具名称进行刀具调用，例如：T=“lathe1”，这时要求刀具名称不允许包含特殊字符。

在刀具管理（选件）被激活时，使用T指令换刀。在带有转塔刀库的车床上，通过T指令可以直接进行换刀。

（1）编程格式

T=< 刀位 >　　　　；具选择

T=< 名称 >　　　　；刀具选择

T0　　　　　　　；取消选择刀具

（2）指令参数说明

T：进行换刀并激活刀具补偿的指令，数据可以是 < 刀位 >（表示刀位编号）和 < 名称 >（指刀具名称）。在对刀具名称进行编程时，必须注意正确的书写方式（大 / 小写）。

T0：取消刀具选择的指令（刀位未占用），如果在刀库中所选择的刀位未被占用，则刀具指令的作用与T0相同。选择没有占用的刀位，用于定位空刀位。

3.10 刀具调用和刀具补偿编程指令

3.10.1 刀具长度补偿（T、D）

刀具长度补偿一般包括以下两方面的内容。

1）使用刀具长度补偿可以消除不同刀具之间的长度差别。刀具的长度是指刀架基准点与刀尖之间的距离，如图3-33所示。测量出这个长度，然后与可设定的磨损量一起输入到控制系统的刀具补偿存储器中。控制系统就据此计算出进刀时的移动量大小。刀具长度的补偿值与刀具在空间的定向有关。

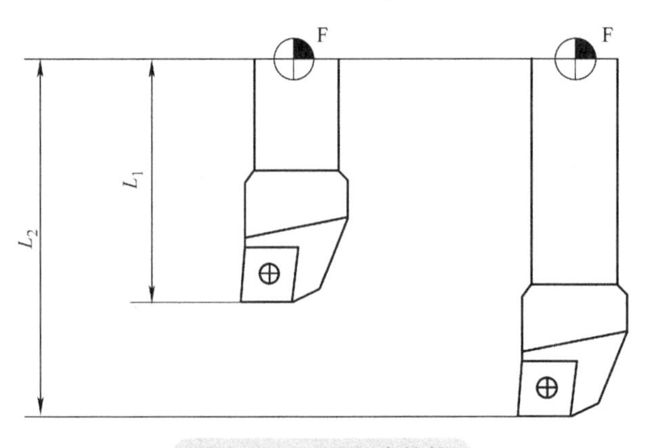

图3-33 刀具长度补偿

2）刀具偏移是用来补偿假定刀具长度与基准刀具长度之长度差的功能。车床数控系统规定 *X* 轴与 *Z* 轴可同时实现刀具偏移。刀具偏移包括以下两个内容：

① 刀具几何偏移：是指由于刀具的几何形状不同和刀具安装位置不同而产生的刀具偏移。

② 刀具磨损偏移：是指由刀具刀尖的磨损产生的刀具偏移。

3.10.2　刀具补偿调用（D）

当刀具管理生效时，可以为刀具的刀沿 1~9 分配不同的刀具补偿程序段（例如切槽刀上用于左、右刀沿的不同补偿值）。可以通过调用 D 编号来激活专用刀沿的补偿数据（以及用于刀具长度补偿的数据）。进行 D0 编程时，刀具的补偿无效。此外，刀具半径补偿必须通过 G41/G42 开启。如果编程 D 编号，则刀具长度补偿有效。如果没有编程 D 编号，则在换刀时由机床数据设定的标准设置生效。

（1）编程格式

D< 编号 >	；激活一个刀具补偿，调用其补偿数据
G41	；激活刀具的半径左补偿
G42	；激活刀具的半径右补偿
D0	；取消激活的刀具补偿
G40	；关闭激活的刀具补偿

（2）编程指令说明　D 表示用于激活有效刀具补偿程序段的指令，刀具长度补偿在相应长度补偿轴的首次运行时生效。但是如果换刀时自动激活了一个刀沿配置，则即使没有 D 编程，刀具长度补偿也生效。通过参数 < 编号 > 可以指定待激活的刀具补偿程序段。D 编程的类型取决于机床的设置，< 编号 > 取值范围：0~32000。

（3）D 编程的类型　通过机床数据来确定 D 编程的类型。主要有下列几种方法：

1）D 编号 = 刀沿编号。

对于每个刀具 T< 编号 >（不带刀具管理 WZV）或者 T=“名称”（不带刀具管理 WZV）都有一个从 1 至最大为 12 的 D 编号。这些 D 编号被直接分配给刀具的刀沿。 每个 D 编号（= 刀沿编号）都有一个补偿程序段（$TC_DPx[t，d]）。

2）自由选择 D 编号。

D 编号可以自由分配给刀具的刀沿编号。 由机床数据确定可用 D 编号的上限。

3）绝对 D 编号，与 T 编号无关。

当系统不带刀具管理时，可以选择 D 编号是否与 T 编号无关。由用户通过 D 编号来确定与 T 编号、刀沿和补偿之间的关系。

（4）编程示例　使用 T 指令换刀（车削）：

程序代码	注释
N10 T1 D1	；换入刀具 T1 并激活 T1 的刀具补偿程序段 D1
N11 G0 X... Z...	；运行长度补偿
…	
N50 T4 D2	；换入刀具 T4 并激活 T4 的刀具补偿程序段 D2
…	
N70 G0 Z... D1	；刀具 T4 的刀沿 D1 被激活

在切槽刀上用于左刀沿和右刀沿的不同补偿值，如图 3-34 所示。

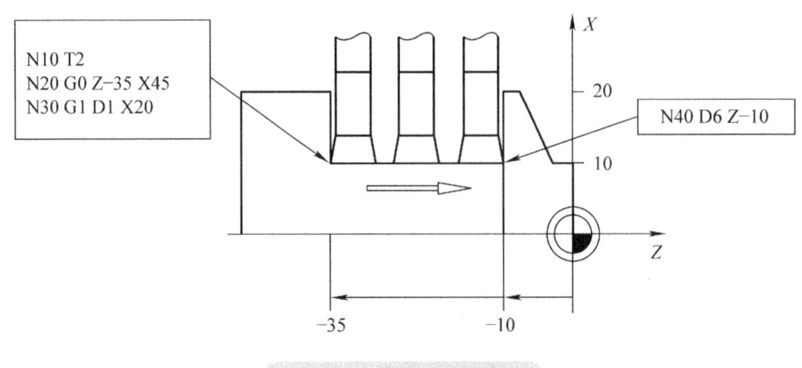

图 3-34　刀具补偿调用

3.10.3　刀具的刀尖圆弧半径补偿（G40，G41，G42）

零件加工轮廓和刀具路径并不完全相同。在加工锥面或圆弧等形状的零件时，需要利用 G41/G42 刀尖圆弧半径补偿指令。从刀具沿工件表面切削运动方向看，根据刀具在工件的左边还是在右边，因车刀刀架在车床上位置的不同而存在刀尖圆弧半径补偿指令相应变化。刀尖圆弧半径补偿偏置方向的判别如图 3-35 所示和表 3-2 所列。

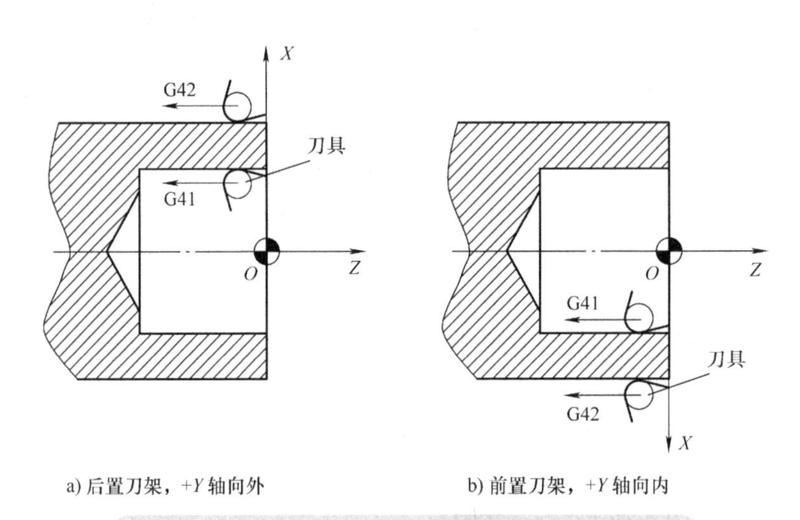

a) 后置刀架，+Y 轴向外　　b) 前置刀架，+Y 轴向内

图 3-35　车刀刀架设置对应的刀尖圆弧半径补偿指令

表 3-2　车刀刀架设置对应的刀尖圆弧半径补偿指令

刀尖圆弧半径补偿指令	前置刀架	后置刀架
G41	左补偿（加工内孔时）	右补偿（加工内孔时）
G42	右补偿（加工外圆时）	左补偿（加工外圆时）
G40	取消补偿	取消补偿

（1）编程格式

G0/G1 X...Z... G41/G42；

G40 X... Z...；

（2）指令参数说明 G41 表示激活 TRC（刀尖圆弧半径补偿），加工方向为轮廓左侧；G42 表示激活 TRC，加工方向为轮廓右侧；G40 表示取消 TRC。在 G40/G41/G42 的程序段中，G0 或 G1 必须有效，并且至少必须给定所选平面的一个轴。如果在激活时仅给定了一个轴，则自动补充第二个轴的上次位置，并在两个轴上运行。两个轴必须作为几何轴在通道中生效。

（3）刀尖圆弧半径补偿过程 刀尖圆弧半径补偿的过程分为三步：刀补的建立、刀补的进行、刀补的取消，如图 3-36 所示。

1）刀补的建立。刀补的建立指刀具从起点接近工件时，车刀圆弧刃的圆心从与编程轨迹重合过渡到与编程轨迹偏离一个偏置量的过程。该过程的实现必须与 G00 或 G01 功能在一起才有效。

```
N50 G42 G01 X40 Z5 F0.2                   ；刀补建立
```

2）刀补进行。在 G41 或 G42 程序段后，程序进入补偿模式，此时车刀刀尖圆弧刃的圆心与编程轨迹始终相距一个偏置量，直到刀补取消。

```
N60 Z-18                                  ；刀补进行中
N70 X80                                   ；刀补进行中
```

3）刀补取消。刀具离开工件，车刀圆弧刃的圆心轨迹过渡到与编程轨迹重合的过程称为刀补取消，如图中的 *EF* 段（即 N80 程序段）。刀补的取消用 G40 来执行，需要特别注意的是，G40 必须与 G41 或 G42 成对使用。

```
N80 G40 G0 X85 Z10                        ；刀补取消
```

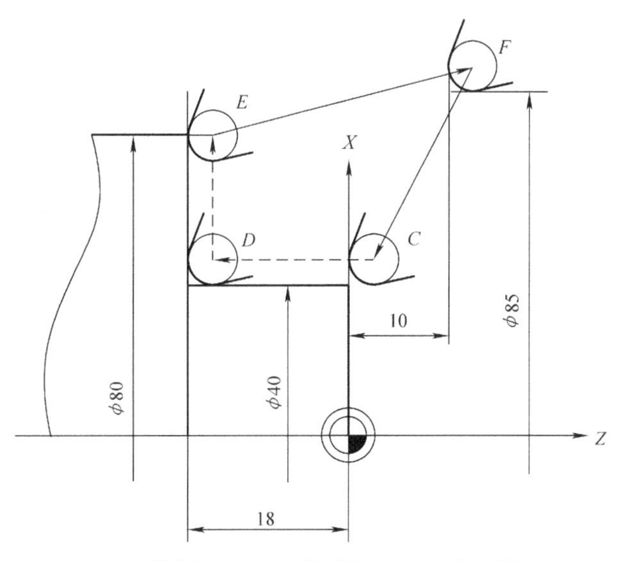

FC—刀补建立 *CDE*—刀补进行 *EF*—刀补取消

图 3-36 刀尖圆弧半径补偿的过程

（4）编程示例

例 1： 精加工图 3-37 所示尺寸的圆柱体外形编程。

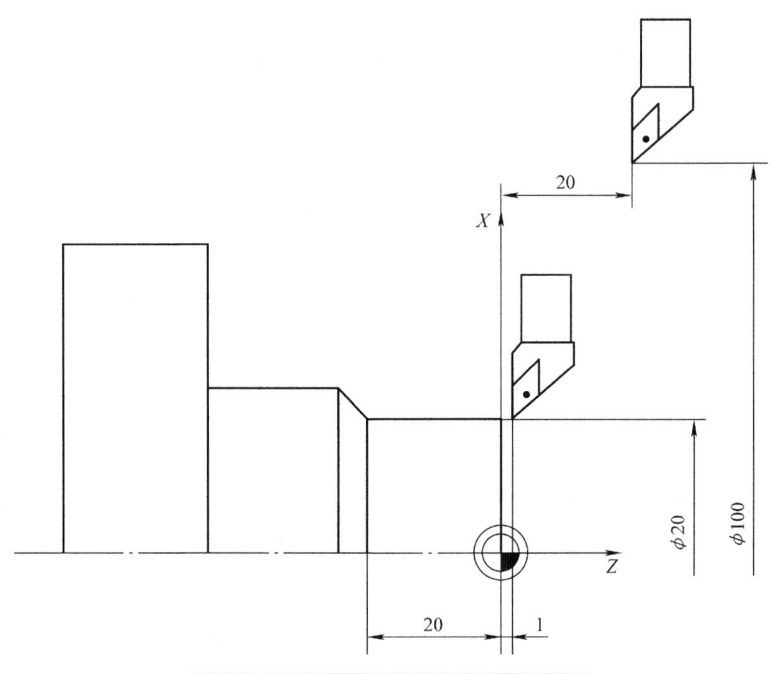

图 3-37　刀具右补偿加工圆柱体外形

程序代码	注释
N20 T1 D1	；仅激活刀具长度补偿
N30 G0 X100 Z20	；无补偿逼近点（X100，Z20）
N40 G42 X20 Z1	；刀具右补偿激活，补偿后逼近点（X20，Z1）
N50 G1 Z-20 F0.09	；车削圆柱直径尺寸为 φ20mm
…	

第4章 程序运行控制

程序运行的控制是编写加工程序时需要程序编写者认真考虑的事情。它不仅涉及刀具切削工件过程的安全、可靠，切削效率的高低，而且涉及程序编写的效率和规范性，以及对系统指令的熟悉与掌握程度、程序指令运用的技巧等诸多问题。在数控编程中经常会遇到相同的控制动作或相同的加工任务。如果将这些相同的“任务”转化成具有“重复性”的语句，即利用一些循环结构指令语句，把重复轮廓轨迹变成一个反复循环的内容，将会大大减少程序的长度，减少编程工作量。

4.1 子程序编程

4.1.1 概述

机床加工程序可以分为主程序和子程序两种。

主程序是一个完整的零件加工程序，或是零件加工程序的主体部分。它与被加工零件或加工要求一一对应，不同的零件或不同的加工要求，都有唯一的主程序。

在编制加工程序的过程中，有时会遇到一组程序段在一个程序中多次出现，或者几个程序中都要使用它。这个程序段可以做成固定程序，并单独加以命名，这组程序段就称为子程序。编制子程序时必须给出相应的后缀名（.SPF），即“子程序名 .SPF”。

子程序一般不可以作为独立的加工程序使用，它只能通过调用，实现加工中的局部动作。子程序执行结束后，能自动返回到调用程序中。

子程序的结构与主程序的结构相同，子程序由程序名、程序内容、程序结束命令组成。

4.1.2 子程序编程方法

为了方便子程序调用，必须给子程序取一个程序名，选取程序名需符合下列规定：

1）最多可用 31 个字符。

2）前两个字符必须是字母，其他的可以是字母、数字或下划线字符。

3）无分隔符。

子程序结束命令：M17 可用作子程序的结束，M17 一般写在子程序的最后一个程序段中。除 M17 外，也可用 RET 作为子程序的结束。采用 RET 作为子程序的结束时，回到主程序后不会中断连续路径方式；用 M17 作为子程序的结束时，回到主程序后会中断连续路径方式，并进入停止状态。

4.2 子程序调用

在主程序中调用用户子程序，要么用地址 L 和子程序号来调用，要么通过子程序名称来调用。子程序的调用要求占一个独立的程序段。子程序的调用格式主要如下：

1）用地址 L 和子程序号调用：

```
L1000  Pn
```

调用地址为 L1000 的子程序 *n* 次。“P”后的“n”表示调用次数，范围为 1~9999，为 1 时 P 可省略。

2）通过子程序名来调用：

```
abcd  Pn
```

表示调用命名为 abcd 的子程序 *n* 次。

3）系统子程序是用来完成特定加工工艺的工艺子程序，如钻孔类固定循环、铣削类固定循环。

4.2.1 没有参数传递的子程序调用

调用子程序时，一个主程序也可以作为子程序调用。此时，主程序中设置的程序结束指令 M2 或 M30 视作 M17（返回到主调程序的程序结束）处理。同样，一个子程序也可以作为主程序启动。

主程序和子程序的名称必须相互区别，不得相同。如果主程序（.MPF）和子程序（.SPF）的名称相同，在零件程序中使用程序名时，必须给出相应的后缀名，以明确区分程序，否则将再次调用主程序。

从一个初始化文件中可以调用无须参数传递的子程序。

（1）编程格式

L <编号>/<程序名称>

（2）指令参数说明　子程序调用必须在独立的 NC 程序段中编程。

L：子程序调用地址需是 SINUMERIK 数控系统的一个规定地址。

<编号>：子程序号为整型（INT）数值，最多为 7 位数。

> **注意：**数值中开始的零在命名时具有不同的含义，L123、L0123 和 L00123 表示三个不同的子程序）。

<程序名称>：子程序或主程序的名称。

（3）编程示例：

例 1：调用一个不带参数传递的子程序。

主程序	注释
…	
N70 L47	；运行子程序 L47（地址 <编号>）
N80 轴颈_2	；运行子程序名“轴颈_2”（使用中文名的子程序）

例 2：作为子程序调用主程序。

```
主程序                                   注释
…
N70 MPF739                               ; 主程序 MPF739 作为子程序被调用
N80 WELLE3                               ; 主程序 WELLE3 作为子程序被调用
```

4.2.2　程序重复次数功能（P）

如果一个子程序需要多次连续执行，则可以在该程序段中在地址 P 下编程重复调用的次数。如调用命名为 L1000 的子程序 *n* 次，P 后的 *n* 表示调用次数，*n* 的范围为 1~9999。当 *n* 为 1 时 P 可省略。带程序重复和参数传递的子程序调用参数仅在程序调用时或者第一次执行时传送。在后续重复过程中，这些参数保持不变。如果在程序重复时要修改参数，则必须在子程序中确定相应的协议。

（1）编程格式

< 程序名称 > P<...>

（2）指令参数说明

< 程序名称 >：子程序调用。

P：程序重复的编程地址。

< 值 >：程序重复次数，数据类型为 INT 型，其取值范围为 1~9999（不带正负号）。

（3）编程示例

```
N40 RAHMEN P3                            ; 子程序“RAHMEN”应被连续执行 3 次
```

4.2.3　模态子程序调用功能（MCALL）

在通过 MCALL 进行模态子程序调用时，子程序可以在每个带轨迹运行的程序段之后自动调用和执行。可自动调用要在不同工件位置执行的子程序，例如用于加工多个槽形图样的编程时。模态功能关闭可以通过在单独一个程序段中编写 MCALL 指令实现，不再调用子程序，或者通过编程一个新的模态子程序调用，用于一个新的子程序。

> **注意：**在某个程序执行过程中，同时只能有一个 MCALL 指令调用生效。在 MCALL 指令调用中仅传送一次参数。

（1）编程格式

MCALL < 程序名称 >

（2）指令参数说明

MCALL：用于模态子程序调用的指令。

< 程序名称 >：子程序名称。

（3）编程示例

例 1：模态调用子程序——多次加工相同图样。

```
程序代码                                 注释
…
N50 G0 X0 Z0
```

N60 MCALL L70	；模态子程序调用
N70 X10 Z-10	；运行至编程位置，并接着运行子程序 L70
N80 X50 Z-50	；运行至编程位置，并接着运行子程序 L70
…	

例 2：模态调用子程序——子程序嵌套调用。

程序代码	注释
…	
N10 G0 X0 Z0	
N20 MCALL L70	；模态子程序调用
N30 L80	；工艺子程序 1（L80）
N40 L90	；工艺子程序 2（L90）
…	

说明： 在本例中，子程序 L80 中有编程的轨迹轴和后续的程序段是通过模态调用子程序 L70 方式下再调用 L80 子程序和 L90 子程序实现的。

4.2.4 间接子程序调用功能（CALL）

根据所给定的条件，可以在一个地点调用不同的子程序。这里子程序名称存放在一个字符串类型的变量中。子程序调用通过 CALL 和变量名进行。

注意： 间接调用子程序仅可以用于没有参数传递的子程序。直接调用某个子程序时，可将名称保存在一个字符串常量中。

（1）编程格式

CALL <程序名称>

（2）指令参数说明

CALL：用于间接子程序调用的指令。

<程序名称>：子程序的名称（变量或常量），数据类型：字符型（STRING）。

（3）编程示例

例 1：使用字符串常量直接调用子程序。

程序代码	注释
…	
CALL"/_N_WKS_DIR/_N_SUBPROG_WPD/_N_TEIL1_SPF"	；使用 CALL 直接调用子程序 TEIL1
…	

例 2：使用变量间接调用子程序。

```
程序代码                                               注释
…
DEF STRING[100] PROGNAME                              ; 定义变量
PROGNAME="/_N_WKS_DIR/_N_SUBPROG_WPD/_N_TEIL1_SPF"    ; 将变量 PROGNAME 指定给
                                                        子程序 TEIL1
CALL PROGNAME                                         ; 通过 CALL 和变量 PROG-
                                                        NAME 间接调用子程序
                                                        TEIL1
…
```

提示：每个数控程序有一个名称（标识符），在创建程序时可以按照下列规则自由选择名称。首先名称的长度不得超过 24 个字符，因为在数控系统上只能显示程序名称最前面的 24 个字符，允许使用的字符有：1）字母 A~Z，a~z；2）数字 0~9；下划线 _。打头的的两个字符必须是两个字母或者一条下划线和一个字母。当满足该条件时，才能够仅仅通过输入程序名称将一个数控程序作为子程序从其他程序中进行调用。反之，如果程序名称使用数字开头，那么子程序调用就只能通过 CALL 指令进行。

4.2.5　执行外部子程序（EXTCALL）

使用指令 EXTCALL 可从外部存储器（用户 CF 卡、网络驱动器以及 USB 驱动器等）中回装和执行零件程序，将它作为子程序执行。其中 USB 驱动器执行存在于 USB 驱动器上的外部程序时，只能使用前操作面板（PPU）上的 USB 接口。建议在执行外部子程序时不要使用 USB 闪存。如在执行零件程序的过程中由于接触不良、脱落以及因碰撞或误拔出而中断与 USB 闪存的通信，会导致加工立即停止。这可能会损坏刀具或工件。

在以下设定数据中可以预设至外部子程序目录的路径：SD42700 $SC_EXT_PROG_PATH。

此路径和 EXTCALL 中指定的程序路径及标识共同组成待调用零件程序的完整路径。在调用外部程序时，无法向该程序传送参数。

（1）编程格式

EXTCALL（"< 路径 >：< 程序名称 >"）

（2）指令参数说明

EXTCALL：调用一个外部子程序的指令。

"< 路径 >：< 程序名称 >"：字符串型常量或变量。

< 路径 >：绝对或相对路径说明（可选）。

< 程序名称 >：设定程序名称时不添加“_N_”前缀。可使用字符“_”或“.”将后缀名（“MPF”“SPF”）添加在程序名上（可选）。举例："WELLE" 或者 "WELLE_SPF"，该程序必须直接在该路径中，而不是在子目录中。

（3）绝对路径字符串组成　绝对路径字符串可由以下三个内容组成：

1）SD42700 $SC_EXT_PROG_PATH 中预设的路径说明。

2）分隔符“/”。

3）指令 EXTCALL 中的路径说明和子程序名称。

本地驱动器、CF 卡和 USB 正面端口进行路径说明时可采用以下缩写：

1）本地驱动器：“LOCAL_DRIVE：”。例如，EXTCALL（LOCAL_DRIVE：/spf.dir/TEST.SPF）。

2）用户 CF 卡：“CF_CARD：”。

3）USB 驱动器（前操作面板）：“USB：”。

（4）编程示例

```
主程序 "MAIN"                                    注释
N010 PROC MAIN                                  ；从本地驱动执行主程序
N020 ...                                        ；
N030 EXTCALL("SP_1")                            ；调用默认路径下的外部程序 SP_1
N030 EXTCALL("USB:WKS.DIR/WST1.WPD/SP_2")；调用指定路径下的外部程序 SP_2
N050 ...
N060 M30
```

1）用于调用外部子程序（如 SP_1）的路径编程说明。

例如主程序“Main.MPF”位于 NC 存储器中，并已执行该程序，外部子程序“SP_1.SPF”及“SP_1.MPF”位于用户存储卡的目录“/WKS.DIR/WST1.WPD”下。

使用默认路径设置：直接使用 EXTCALL 调用：EXTCALL（“SP_1”）。

不使用默认设置：外部程序目录的路径应设置为：

SD42700 $SC_EXT_PROG_PATH = CF_CARD：WKS.DIR/WST1.WPD/SP_1

2）用于调用外部程序（如 SP_2）的路径编程说明。例如主程序“Main.MPF”位于 NC 存储器中，并已执行该程序（包括运行外部程序 SP_1），外部子程序“SP_2.SPF”及“SP_2.MPF”位于 USB 驱动器的目录 WKS.DIR/WST1.WPD 下。在外部程序目录的路径预设功能已对子程序“SP_1”使用的情况下，在主程序中不会对预设进行改写，因此在调用程序“SP_2”时必须给定完整的路径。

（5）编写 EXTCALL 指令时需要注意的事项　如果在给定的带绝对路径说明路径下存在子程序，则通过 EXTCALL 调用执行该程序。如果在指定的路径下不存在子程序，那么调用 EXTCALL 的程序执行过程将中断。

如果在给定的带相对路径说明或不带路径说明时通过 EXTCALL 调用执行该程序，根据下列模式查找存在的程序存储器：

1）如果在 SD42700 $SC_EXT_PROG_PATH 中预设了路径说明，则首先从此路径出发查找 EXTCALL 中的设定（程序名或者相对路径说明）。

2）若在第 1）步中未找到子程序，则会在用户存储器目录中进行搜索。

3）子程序路径的默认设置为：

SD42700 $SC_EXT_PROG_PATH = "LOCAL_DRIVE：WKS.DIR/WST1.WPD"

默认路径一般是指需要下载的子程序如“SP_1.SPF”或“SP_1.MPF”，已经位于本地驱动器的目录（用户存储器目录），“/user/sinumerik/data/prog/WKS.DIR/WST1.WPD”下。

4）一旦找到子程序，查找即结束，执行该子程序。如果未找到子程序，那么调用 EXTCALL 的程序执行过程将被中断。

5）可设定的加载存储器（FIFO 缓存器）。在“从外部执行”模式中编辑某个程序时（主程序或者子程序），在 NCK 中需要有一个加载内存（加载存储器）。加载存储器的大小已经预设（预设为 30 KB），可如同其他存储器相关的机床数据那样，仅由机床制造商根据需求修改。对于所有同时在“从外部执行”模式中被处理的多个程序而言，各子程序均需要相应设置一个独立的加载内存。

对于含有跳转语句（GOTOF、GOTOB、CASE、FOR、LOOP、WHILE、REPEAT、IF、ELSE、ENDIF 等）的外部子程序，在加载存储器中应存在跳转目标。

对于由 ShopTurn 工具生成的加工程序，由于程序文件末尾附带了轮廓描述，ShopTurn 工具生成的加工程序必须完整地保存在加载存储器中。

6）通过复位和上电，可以中断外部的子程序调用，并且清除各自的加载存储器。选择用于“从外部执行”的子程序在进行复位（RESET）操作或零件程序结束后，选择仍生效。然而经过上电操作后，这个选择则失效。

4.3 条件判断语句

条件判断语句是使用最为普遍的条件选择语句，可以分为：IF< 条件 >… ENDIF 语句、IF< 条件 >… ELSE … ENDIF 语句和 CASE … OF … DEFAULT …三种情况。

4.3.1 条件判断语句（IF… ENDIF）

条件判断语句指令：编写条件指令 IF - 程序块 - ENDIF 时，只有满足特定条件系统才会执行 IF 和 ENDIF 之间的程序块。“IF”是用于编制跳转条件的关键字。跳转条件允许使用所有的比较运算和逻辑运算 [结果为真（TRUE）或者为假（FALSE）]，如果这种运算的结果为 TRUE，则执行程序跳转，否则就结束。

（1）编程格式

IF <条件 1>；
程序块（数控语句）；
ENDIF；
IF <条件 2>；
程序块（数控语句）；
ENDIF；
……
IF <条件 n>；
程序块（数控语句）；
ENDIF；

（2）指令参数说明 用于多个条件的判断。例如，可以设定用于判断的 n 个条件。在程序中书写：“IF< 条件 1>… IF< 条件 2>…IF< 条件 n>”如果 <条件 1> 满足就执行 IF< 条件 1> 下面的语句；如果 <条件 2> 满足，就执行 IF< 条件 2> 下面的语句……

<条件>：决定运行哪些程序语句（块）的条件。

4.3.2 带分支的条件判断语句（IF … ELSE … ENDIF）

带分支的条件判断语句指令：编写了分支指令 IF - 程序块 _1 - ELSE - 程序块 _2 - ENDIF 时，系统总是会执行两个程序块中的一个。条件满足时，执行 IF 和 ELSE 之间的程序块 _1；条件未满足时，执行 ELSE 和 ENDIF 之间的程序块 _2。

（1）编程格式

```
IF <条件表达式>    ; IF 条件判断满足（结果为 TRUE）
程序块 _1          ; 导入当 IF 条件满足后即执行的 NC 程序
ELSE               ; IF 条件判断不满足（结果为 FALSE）
程序块 _2          ; 导入当 IF 条件不满足后执行的 NC 程序
ENDIF              ; IF 条件判断结束
```

（2）指令参数说明　带分支的条件判断语句中 IF 表示引导条件指令或分支，ELSE 表示导入可选的程序块。ENDIF 表示标记条件指令或分支的结束。< 条件 > 是指逻辑表达式（结果为 TRUE 或 FALSE）。

（3）编程示例　刀具更换子程序如下：

```
程序代码                                  注释
PROC L6                                   ; 刀具更换子程序名
N500 DEF INT T_AKTUELL                    ; 有效 T 号码变量
N510 DEF INT T_VORWAHL                    ; 预选 T 号码变量，确定当前刀具
N520 STOPRE
N530 IF $P_ISTEST                         ; 如果当前为程序测试模式
N540 T_AKTUELL = $P_TOOLNO ...            ; 将更换刀具号赋值到 T_AKTUELL
N550 ELSE                                 ; 否则……
N560 T_AKTUELL = $TC_MPP6[9998,1] ...     ; 将当前激活刀具号赋值到 T_AKTUELL
N570 ENDIF                                ;
N580 GETSELT(TR_VORWAHL)                  ; 读取主轴上预选刀具的 T 号码
N590 IF T_AKTUELL <> T_VORWAHL            ; 如果预选刀具还不是当前刀具，则……
N600 G0 G40 G60 G90 X450 Z300 D0          ; 回到刀具更换点……
N610 M206 …                               ; 执行换刀动作
N620 ENDIF
N630 M17
```

4.3.3　程序分支语句（CASE … OF … DEFAULT …）

程序分支语句中的 CASE 语句可以检测一个变量或者一个计算函数当前值（整数型 INT），根据其结果跳转到程序中的不同位置。

（1）编程格式

CASE（< 表达式 >）OF < 常量 _1> GOTOF < 跳转目标 _1> < 常量 _2> GOTOF < 跳转目标 _2> … DEFAULT GOTOF < 跳转目标 _n>

（2）指令参数说明

CASE：跳转指令。

< 表达式 >：变量或计算函数。

OF：用于编制有条件程序分支的关键字。

< 常量 _1>：变量或者计算函数首先规定的恒定值，数据类型：INT。

<常量 _2>：变量或者计算函数第二个规定的恒定值，数据类型：INT。

DEFAULT：对于变量或者计算函数没有采用规定值的情况，可以用 DEFAULT 指令确定跳转目标。如果 DEFAULT 指令没有被编程，在这些情况中紧跟在 CASE 指令之后的程序段将成为跳转目标。

GOTOF：以程序末尾方向的带跳转目标的跳转指令（也可以使用 GOTOB、GOTO 或 GOTOC 指令）。

<跳转目标 _1>：当变量值或者计算函数值符合第一个规定的常量时，程序分支到跳转目标。可以按如下规定跳转目标：

<跳转标记>：跳转目标是程序中带有用户定义名称的跳转标记符。

<程序段号码>：主程序段号或者分支程序段号作为跳转目标（如 N300）。

STRING 类型变量：跳转目标变量，变量提供一个跳转标记或者一个程序段号。

（3）编程示例

```
程序代码                                          注释
...
N20 DEF INT VAR1 VAR2 VAR3                        ；定义三个整型变量
N30 CASE(VAR1+VAR2-VAR3) OF 7 GOTOF Label_1 9 GOTOF Label_2 DEFAULT GOTOF Label_3
                                                  ；CASE 指令由 N30 定义以下程序分支的可行性：
                                                  ；1）如果计算函数值 VAR1+VAR2-VAR3 等于 7，则跳转到带有跳转标记定义的程序段“Label_1”（→N40）
                                                  ；2）如果计算函数值 VAR1+VAR2-VAR3 等于 9，则跳转到带有跳转标记定义的程序段“Label_2”（→N50）
                                                  ；3）如果计算函数 VAR1+VAR2-VAR3 的值既不等于 7，也不等于 9，则跳转到带有跳转标记定义的程序段“Label_3”（→N60）
N40 Label_1：G0 X1 Z1                             ；计算函数值等于 7，执行此程序段
N50 Label_2：G0 X2 Z2                             ；计算函数值等于 9，执行此程序段
N60 Label_3：G0 X3 Z3                             ；计算函数值不等于 7，也不等于 9，执行此程序段
...
```

4.4 程序跳转指令语句

程序跳转指令语句主要包括绝对程序跳转、跳回到程序开始、程序跳转和分支、程序跳转到跳转标记处。在 SINUMERIK 828D 数控系统的加工程序中，用跳转功能指令语句可以实现程序运行分支。

4.4.1 跳转目标标记符

标记符又称为跳转目标参数（常用的有标签、字符串变量或程序段号），用于标记程序中所跳转的目标程序段，标记符可以自由选取，在一个程序中，标记符必须具有唯一性，不能含有其他意义。在使用中必须注意以下五点：

1）跳转标记符或程序段号用于标记程序中所跳转的目标程序段，用跳转功能可以实现程序运行分支。

2）跳转标记总是位于一个程序段的起始处，标记符后面必须为冒号（“：”）。如果程序段有段号，则标记符紧跟着段号。

3）跳转标记符可以自由选择，但必须由2~32个字母或数字组成，允许的字符有字母、数字和下划线。

4）开始两个符号必须是字母或下划线。

5）跳转标记符应避免系统中已有固定功能（已经定义）的字或词，如MIRROR、LOOP、X等。

编程示例

程序代码	注释
N100 LABEL1：G1 X20	；LABEL1为标记符，跳转目标程序段
N120 …	
N165 TR789：G0 X35 Z-20	；TR789为标记符，跳转目标程序段没有段号
G1 X30 Z-30	；无段号的程序语句段
N200 G0 X40 Z-40	；程序段号可以是跳转目标
M210 …	

4.4.2 无条件跳转指令（GOTOS，GOTOB，GOTOF，GOTO）

无条件跳转又称绝对跳转。数控程序在运行时按写入时的顺序执行程序段。程序在运行时可以通过插入程序跳转指令改变执行顺序。无条件跳转方式下的跳转目标只能是有标记符或程序号的程序段，该程序段必须在此程序之内。绝对跳转指令必须占用一个独立的程序段。

（1）无条件跳回到程序开始指令（GOTOS） GOTOS指令是将程序跳转目标指向程序开始处的跳转指令。

1）编程格式：

GOTOS

2）指令参数说明：当程序运行到指令GOTOS程序段时，可将程序跳回到主程序或者子程序的开始处。

3）编程示例

程序代码	注释
N10 …	；程序开始
…	
N90 GOTOS	；跳转到程序开始N10处
…	

（2）无条件跳转指令（GOTOB，GOTOF，GOTO）　在一个程序中可以设置跳转标记（标签）。通过指令 GOTOF、GOTOB、GOTO 或 GOTOC 可以在同一个程序内从其他位置跳转到跳转标记处，然后通过直接跟随在跳转标记后的指令继续程序加工。因此，控制程序流向的方法也称为“在程序内实现分支”。

1）无条件跳转编程指令说明。

GOTOB：< 跳转标记符 > 向程序开始方向的跳转指令（向后跳转）。

GOTOF：< 跳转标记符 > 向程序末尾方向的跳转指令（向前跳转）。

GOTO：< 跳转标记符 > 带跳转目标查找的跳转指令。先向程序末尾方向进行查找，然后再从程序开始处进行查找。这样程序运行时间将会延长。

2）编程示例

例 1：无条件跳转到跳转标记。

```
程序代码                          注释
N10 …
N20 GOTOF Label_1                ；无条件向程序末尾方向跳转到跳转标记“Label_1”
N30 …
N40 Label_0：R1=R2+R3            ；设置了跳转标记“Label_0”
N50 …
N60 Label_1：                    ；设置了跳转标记“Label_1”
N70 …
N80 GOTOB Label_0                ；无条件向程序开始方向跳转到跳转标记“Label_0”
N90 …
```

例 2：无条件间接跳转到程序段号。

```
程序代码                          注释
N5 R10=100
N10 GOTOF "N" << R10             ；无条件跳转到程序段号码为 R10 的程序段
…
N100 …                           ；用 R 参数表示的程序段号作为跳转目标
N110 …
…
```

4.4.3　有条件程序跳转语句（GOTOB，GOTOF，GOTO，GOTOC）

用 IF- 条件语句表示有条件跳转。如果满足跳转条件（条件表达式的值不为 0），则进行跳转。跳转目标只能是有标记符或程序号的程序段。使用了条件跳转后有时会使程序得到明显的简化，程序语句执行的流向变得更清晰。

有条件跳转指令要求一个独立的程序段，在一个程序段中可以有多个跳转条件。

（1）编程格式

IF < 跳转条件 > == TRUE GOTOB < 跳转目标 > ;

IF < 跳转条件 > == TRUE GOTOF < 跳转目标 > ;

IF < 跳转条件 > == TRUE GOTO < 跳转目标 > ;

IF < 跳转条件 > == TRUE GOTOC < 跳转目标 > ;

（2）指令参数说明

IF：引入跳转条件导入符。

跳转条件：跳转条件允许使用所有的比较运算表达式和逻辑运算表达式，表达式结果用来判断是否跳转。表达式结果 =TRUE（条件表达式的值不为 0）或者表达式结果 =FALSE（条件表达式的值为 0）。如果这种运算的结果为 TRUE，则执行程序跳转。跳转条件一般由计算参数、条件组成计算表达式，进行比较运算。

跳转方向：

GOTOB < 跳转目标 > 向程序开始方向的跳转指令（跳转方向，向后）。

GOTOF < 跳转目标 > 向程序结束方向的跳转指令（跳转方向，向前）。

GOTO < 跳转目标 > 带跳转目标查找的跳转指令。

GOTOC < 跳转目标 > 带跳转目标查找的跳转指令。在跳转目标查找没有结果的情况下不中断程序加工，而在指令 GOTOC 下面的程序行中继续进行查找。与 GOTO 指令有区别的是，报警 14080“跳转目标未找到”信息不显示。

（3）编程示例

例 1：带跳转条件的跳转。

程序代码	注释
…	
N40 R1=30 R2=60 R3=10 R4=11 R5=50 R6=20	；初值赋值
N42 LA1：G0 X=R2*COS(R1)+R5 Z=R2*SIN(R1)+R6	；设置跳转标记 LA1
N44 R1=R1+R3 R4=R4-1	
N46 IF R4>0 GOTOB LA1	；若满足跳转条件，程序跳转到标记 LA1 处
…	

例 2：带跳转条件的跳转。

程序代码	注释
…	
N60 IF R1 GOTOF LABEL1	；如果 R1 不为空，则跳转至标记为 LABEL1 的程序段
G0 X30 Z0	
N90 LABEL1：G1 X50 Z-20	
N100 IF R1>1 GOTOF LABEL2	；如果 R1 大于 1，则跳转至标记为 LABEL2 的程序段
G0 X40 Z-40	
N150 LABEL2：G1 X60 Z-60	
G0 X70 Z-70	

```
N800 LABEL3：G1 X80 Z-80
G0 X100 Z100
N1000 IF R45==R7+1 GOTOB LABEL3          ；如果 R45 大于 R7+1 之和，则跳转至标
                                           记为 LABEL3 的程序段
…
```

例 3：程序段中带数个跳转条件的跳转。

```
程序代码                                    注释
…
N40 MA1：G0 X20 Z20
N50 G0 X0 Z0
N60 IF R1==1 GOTOB MA1 IF R1==2 GOTOF MA2 ；在第一次满足条件时执行跳转
N70 G0 X10 Z-10
N80 MA2：G1 X50 Z-50
…
```

4.4.4 程序段跳转

每次程序运行时不需要执行的数控程序段需要进行标记，运行时可以跳转过去。

（1）标记方法　不需要执行的数控程序段在程序段号码之前用符号“/”（斜线）标记要跳转，也可以几个程序段连续跳过。标记上跳过的程序段中的指令不执行，程序从其后的程序段继续执行。

（2）编程示例

```
程序代码                                    注释
N10…                                       ；执行
/N20…                                      ；跳转，越过此段执行
N30…                                       ；执行
/N40…                                      ；跳转，越过此段执行
N70…                                       ；执行
```

4.4.5 逻辑比较运算

逻辑比较运算可以用来表达某个跳转条件（使用完整的表达式也可以进行比较运算）。对于逻辑（布尔）运算而言，适用数据类型为 BOOL、CHAR、INT 和 REAL。

通过系统内部类型转换功能，使用比较函数可用于 CHAR、INT、REAL 和 BOOL 型变量的比较计算，也可在同步动作中用于运算 STRING 型的变量。逻辑运算用来将真值联系起来，逻辑运算的结果始终为 BOOL 型。

（1）比较运算　比较运算的结果有两种：一种为“满足”，该运算结果值为 1，相当于 TRUE；另一种为“不满足”。当比较运算的结果为“不满足”时，该运算结果值为 0，相当于 FALSE。

在 SINUMERIK 828D 或 SINUMERIK 828D BASIC 数控系统中，比较运算经常出现在程序

分支的程序语句判断中。所用的比较运算符号见表 4-1。

表 4-1　比较运算符号

运算符号	意义	运算符号	意义
<>	不等于	==	等于
>	大于	>=	大于或等于
<	小于	<=	小于或等于

> **说明：**在布尔的操作数和运算符之间必须加入空格。

编程示例：比较运算符的使用。

程序代码	注释
`IF R10>=100 GOTOF Label_1`	；当 R10>=100 时，跳转至程序后续标号 Label_1 处

或者可以编程为

程序代码	注释
`R11=R10>=100`	；R10>=100 的比较结果首先存储在 R11 中
`IF R11 GOTOF Label_1`	；当 R10>=100（R11=1）时，跳转至程序后续标号 Label_1 处

（2）逻辑运算　用来将真值联系起来。逻辑运算只能用于 BOOL 型变量。通过数控系统的内部类型转换功能也可将其用于 CHAR、INT 和 REAL 数据类型。逻辑运算符号见表 4-2。

表 4-2　逻辑运算符号

运算符号	意义	运算符号	意义
AND	与	NOT	非
OR	或	XOR	异或

编程示例：逻辑运算符。

程序代码	注释
…	
`IF(R10<50) AND($AA_IM[X]>=17.5) GOTOF Label_1 OR IF NOT R10 GOTOB START_1`	；满足“AND”条件则跳转至目标 Label_1，满足“NOT”条件则跳转至目标 START_1
…	

（3）逐位逻辑运算　使用 CHAR 和 INT 型变量也可进行逐位逻辑运算。在逐位逻辑运算中，变量的类型转换是自动进行的，逐位逻辑运算符号见表 4-3。

表 4-3　逐位逻辑运算符号

运算符号	意义	运算符号	意义
B_AND	位方式“与”	B_NOT	位方式“非”
B_OR	位方式“或”	B_XOR	逐位式“异或”

编程示例：逐位逻辑运算符。

```
程序代码                                        注释
…
IF $MC_RESET_MODE_MASK B_AND'B10000'GOTOF ACT_1
                                                ；若参数 $MC_RESET_MODE_MASK 的
                                                  第 4 位（bit4）数值为 1，则跳转至标号
                                                  ACT_1 处
…
```

4.5　循环语句控制结构分析

数控系统按照编制好的程序语句顺序处理数控程序段。该执行顺序可以通过编程控制结构的可选程序块和程序循环来改变。控制结构实现的循环只有在一个程序指令的实际运行部分才可能有效工作，而在程序头的定义语句部分不能有条件（或重复）执行。一个控制结构语句指令格式可以编写一个控制结构，称为“标准控制结构”。标准控制结构的关键词和跳转目标一般不能和宏编程叠加。

数控系统在使用循环语句指令编写加工程序中，可以通过程序跳转的运用达到比标准控制结构更快的程序运行速度。在 SINUMERIK 828D 或 SINUMERIK 828D BASIC 数控系统中，程序跳转和标准控制结构循环没有实际的区别。

通过对 SINUMERIK 828D 系统的使用实践，发现循环控制结构语句的编程方法有很多，通过控制结构语句指令（关键字）IF…ELSE、LOOP、FOR、WHILE 和 REPEAT 等实现控制结构编程。

以图 4-1 所示尺寸的圆柱体多组槽环加工为例，说明利用不同的循环结构指令语句实现重复切槽循环语句结构的方法与注意事项。本节不涉及使用子程序编写（切槽编程方法）的讨论。

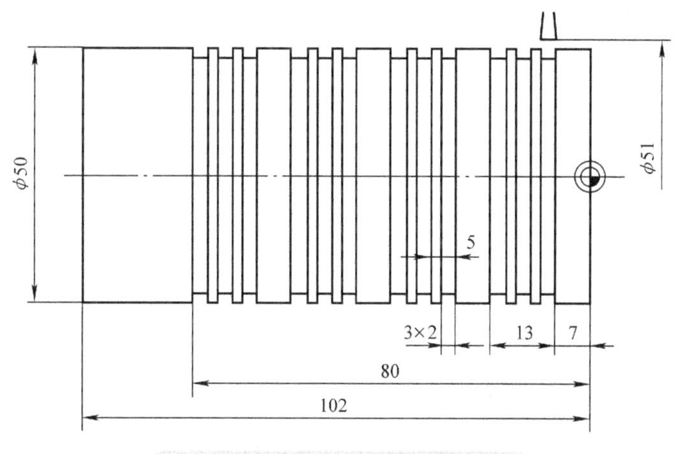

图 4-1　圆柱体多组槽环加工尺寸

本例中切槽工件的编程零点设定在工件右端面的中心处，刀具选择切削刃宽度为 3mm 的切断刀，刀号为 T3。T3 左刀沿为 D1。

图样分析：在 ϕ50mm 圆柱体上车削四组槽环，每组槽由三个尺寸相同的环槽组成。使用切槽刀 T3 加工，设定工件坐标系原点与工件右端面中心线重合。

实现车槽加工的编程方法有多种形式，除了基本语句编程和使用子程序方法编程外，还有以下一些编程方法可以实现，其语句格式及编程示例如下。若本图样的切槽加工一次完成，需要使用两个条件语句或两层嵌套循环进行编程，使用两个 R 参数作为条件语句判断参数，其中，设 R11 为组内环槽加工计数器，R12 为槽组加工计数器。

4.5.1 有条件程序跳转语句（IF…GOTO…）

IF 语句条件判断就是对语句中设定的不同条件的值进行判断，进而根据不同的条件执行不同的语句。

（1）编程格式

IF < 条件 > GOTOB/GOTOF < 跳转标记符 >

（2）编程示例

程序代码	注释
;QCXH_1.MPF	
N10　G90 G95 G40	；系统参数初始化
N20　T3 D1	；调入切槽刀且参数生效
N30　M3 S900 F0.1	；车削工艺条件设置
N40　G0 X51 Z0	；快进至工件右端面位置
N50　Z-10	；快进至第一组第一个槽的左沿位置
N60　R12=0	；工件切槽组数计数器置 0
N70　LAB2:	；设置切槽组组数循环跳转标识
N80　R11=0	；每个槽组内切槽个数计数器置 0
N90　LAB1:	；设置每组内切槽个数循环跳转标识
N100　G91 G1 X-5	；切削刃切入规定槽深
N110　G4 F0.1	；切削刃在槽底停留时间：0.1s
N120　X5	；切削刃退出位置
N130　G0 Z-5	；快进至本组的下一个槽沿
N140　R11=R11+1	；本组切槽加工个数增一
N150　IF R11<3 GOTOB LAB1	；每组切槽个数判断，未完成三个槽时转至 LAB1
N160　R12=R12+1	；槽组加工组数增一
N170　Z-7	；快进至下一组槽的第一个槽左沿位置
N170　IF R12<4 GOTOB LAB2	；切槽组加工数判断，未完成四组时转至 LAB2
N180　G0 X100 Z100 M5	；切槽刀快速返回初始位置
N190　M30	；切槽加工结束

4.5.2　无限循环程序语句方式（LOOP…ENDLOOP）

LOOP 语句循环是一个无限循环（又称死循环）语句结构，当数控程序执行至循环结尾处又跳转到循环开头重新进行再次运行。

（1）编程格式

```
LOOP                                   ；引入 LOOP 无限循环语句
…                                      ；循环程序段（块）
IF <条件> GOTOF <跳转标记符>            ；跳出循环的判断语句
ENDLOOP                                ；标记循环结束处并跳转到循环开头
```

注意：若在循环语句中编程判断语句，根据循环结构运行状态可适时跳出循环，实现程序指令流向的控制。

（2）编程示例

```
程序代码                               注释
:QCXH_2.MPF
N10  G90 G95 G40                       ；系统参数初始化
N20  T3 D1                             ；调入切槽刀且参数生效
N30  M3 S900 F0.1                      ；车削工艺条件设置
N40  G0 X51 Z0                         ；快进至工件右端面位置
N50  Z-10                              ；快进至第一组第一个槽的左沿位置
N60  R12=0                             ；工件切槽组数计数器置 0
N70  LOOP                              ；工件槽组加工循环开始
N80  R12=R12+1                         ；槽组加工组数增一
N90  IF R12>4 GOTOF LAB2               ；切槽组加工数判断，完成四组槽时转至
                                         LAB2
N100  R11=0                            ；每个槽组内切槽个数计数器置 0
N110  LOOP                             ；每组切槽个数循环开始
N120  R11=R11+1                        ；本组切槽加工个数增一
N130  IF R11>3 GOTOF LAB1              ；每组切槽个数判断，完成三个槽时转至
                                         LAB1
N140  G91 G1 X-5                       ；切削刃切入规定槽深
N150  G4 S2                            ；切削刃在槽底停留时间
N160  X5                               ；切削刃退出
N170  G0 Z-5                           ；快进至本组的下一个槽沿
N180  ENDLOOP                          ；本组加工槽循环结束
N190  LAB1:                            ；设置每组内切槽个数循环跳转标识
N200  Z-7                              ；快进至下一组槽的第一个槽左沿位置
N210  ENDLOOP                          ；工件加工槽组循环结束
N220  LAB2:                            ；设置切槽组数循环跳转标识
N230  G0 X100 Z100 M5                  ；切槽刀快速返回初始位置
N240  M30                              ；切槽加工结束
```

通过对循环语句结构的指令分析，会发现循环结构主要由六个指令组成：

1）循环指令启动。

2）循环条件计算。

3）切削几何体刀具轨迹计算。

4）循环执行（切削几何体）。

5）循环条件判断及跳转。

6）循环结束指令。

这些指令部分的有机集合，一是系统软件设计的使然，二是程序员对程序指令的熟悉与理解和编程的技巧。例如，循环指令运行方式是先执行后判断，还是先判断后执行，得到的结果是不一样的。

4.5.3 循环开始处带有条件的语句（WHILE…ENDWHILE）

WHILE 语句循环是先判断条件后执行循环体语句的循环。循环的开始是有条件限制的，当循环条件满足时执行循环体内语句；否则，将执行循环结束指令后面的程序。

（1）编程格式

```
WHILE <条件>   ；若满足判断条件，则引入 WHILE 循环
…              ；循环程序段（块）
ENDWHILE       ；标记循环结束处并跳转到循环开头
```

> 注意：如果判断程序段写成 WHILE <条件> GOTOF LAB1 格式，系统将会停止运行，并产生 012080# 报警："通道 1 程序段 N？？句法错误在文本 GOTOF LAB1"。

（2）编程示例

程序代码	注释
:QCXH_3.MPF	
N10　G90 G95 G40	；系统参数初始化
N20　T3 D1	；调入切槽刀且参数生效
N30　M3 S900 F0.1	；车削工艺条件设置
N40　G0 X51 Z0	；快进至工件右端面位置
N50　Z-10	；快进至第一组第一个槽的左沿位置
N60　R12=0	；工件切槽组数计数器置 0
N70　WHILE R12<4	；设置切槽组循环判断条件（当小于 4 组时）
N80　R11=0	；每个槽组内切槽个数计数器置 0
N90　WHILE R11<3	；设置槽组加工槽数循环判断条件（当小于 3 个时）
N100　G91 G1 X-5	；切削刃切入规定槽深
N110　G4 S2	；切削刃在槽底停留时间
N120　X5	；切削刃退出

```
N130  G0 Z-5                        ; 快进至本组的下一个槽沿
N140  R11=R11+1                     ; 本组切槽加工个数增一
N150  ENDWHILE                      ; 本组切槽个数循环结束
N160  R12=R12+1                     ; 槽组加工组数增一
N170  Z-7                           ; 快进至下一组槽的第一个槽左沿位置
N180  ENDWHILE                      ; 切槽组数循环结束
N190  G0 X100 Z100 M5               ; 切槽刀快速返回初始位置
N200  M30                           ; 切槽加工结束
```

4.5.4 循环结束处带有条件的语句（REPEAT…UNTIL）

REPEAT 语句循环是先执行循环体语句后判断条件的循环。循环的结束是有条件的，当循环条件满足时循环结束，执行循环体判断条件后面的程序段；否则一直重复执行循环体内的指令。

（1）编程格式

```
REPEAT          ; 调用 REPEAT 循环
…               ; 循环程序段（块）
UNTIL <条件>    ; 检查循环是否已满足条件，若满足条件则跳转到下一程序段
                ; 若不满足条件则跳转到循环开头
```

> **注意：** 如果判断程序段写成 UNTIL <条件> GOTOF LAB1 格式，系统将会停止运行，并产生 012080# 报警：“通道 1 程序段 N？？句法错误在文本 GOTOF LAB1”。

（2）编程示例

```
程序代码                            注释
;QCXH_4.MPF
N10   G90 G95 G40                   ; 系统参数初始化
N20   T3 D1                         ; 调入切槽刀且参数生效
N30   M3 S900 F0.1                  ; 车削工艺条件设置
N40   G0 Z0 X51                     ; 快进至工件右端面位置
N50   Z-10                          ; 快进至第一组第一个槽的左沿位置
N60   R12=0                         ; 工件切槽组数计数器置 0
N70   REPEAT                        ; 工件槽组加工循环重复开始
N80   R11=0                         ; 每个槽组内切槽个数计数器置 0
N90   REPEAT                        ; 本槽组加工槽数循环重复开始
N100  G91 G1 X-5                    ; 切削刃切入规定槽深
N110  G4 S2                         ; 切削刃在槽底停留时间（2r）
N120  X5                            ; 切削刃退出
N130  G0 Z-5                        ; 快进至本组的下一个槽沿
N140  R11=R11+1                     ; 本组切槽加工个数增一
```

```
N150  UNTIL R11==3                ；切槽个数判断条件，未完成三个槽时循环继续
N160  R12=R12+1                   ；槽组加工组数增一
N170  Z-7                         ；快进至下一组槽的第一个槽左沿位置
N170  UNTIL R12==4                ；切槽组数判断条件，未完成四组槽时循环继续
N180  G0 X100 Z100 M5             ；切槽刀快速返回初始位置
N190  M30                         ；切槽加工结束
```

4.5.5 计数循环程序语句方式（FOR…TO…ENDFOR）

当一个带有确定值的控制结构被循环重复时，计数循环就会被运行。该控制结构语句可以理解为：当FOR循环条件满足时，循环变量从设定的起始值开始运行，并自动累加1计算作为循环条件，直到与循环结束设定值相等为止；否则，将执行循环结束指令后面的程序段。

使用FOR循环时，用于循环计数的变量必须为整型变量，变量数值为整数，若是实型数值，屏幕上会显示报警，内容为“数据类型不兼容”。

（1）编程格式

```
FOR <变量> = <初值> TO <终值>   ；若没有到达计数终值，则引入计数循环
…                              ；循环程序段（块）
ENDFOR                         ；标记循环结束处并跳转到循环开头
```

（2）指令参数说明

<变量>：计数变量从初值开始向上计数，直到终值且在每次运行时自动增加“1”，数据类型为整形（INT）或实数型（REAL）。

<初值>：计数的初值，条件初值必须小于终值。

<终值>：计数的终值。

提示： 如果为计数循环编程使用了R参数或函数表达式，采用实数型变量，则将四舍五入该变量值。

（3）编程示例

```
程序代码                          注释
;QCXH_5.MPF
N10   G90 G95 G40                 ；系统参数初始化
N20   T3 D1                       ；调入切槽刀且参数生效
N30   M3 S900 F0.1                ；车削工艺条件设置
N40   G0 X51 Z0                   ；快进至工件右端面位置
N50   Z-10                        ；快进至第一组第一个槽的左沿位置
N60   FOR R12=1 TO 4              ；工件槽组加工循环条件
N70   FOR R11=1 TO 3              ；每组切槽个数循环条件
N80   G91 G1 X-5                  ；切削刃切入规定槽深
N90   G4 S2                       ；切削刃在槽底停留时间
```

```
N100  X5                          ; 切削刃退出
N110  G0 Z-5                      ; 快进至本组的下一个槽沿
N120  ENDFOR                      ; 本组加工槽循环结束
N130  Z-7                         ; 快进至下一组槽的第一个槽左沿位置
N140  ENDFOR                      ; 工件加工槽组循环结束
N150  G0 X100 Z100 M5             ; 切槽刀快速返回初始位置
N160  M30                         ; 切槽加工结束
```

（4）其他应用示例　计数循环程序语句中计数变量的其他几种表达方式说明。

例 1：整数变量作为计数变量的程序。

程序代码	注释
DEF INT VARI_A1	；定义整形变量：VARI_A1
…	；程序语句
R10=R12-R20*R1 R11=6	；R 参数赋值（一个程序段中，多个 R 参数赋值）
FOR VARI_A1 = R10 TO R11	；引入计数循环，计数变量 = 整数变量
R20=R21*R22+R33	；R 参数的表达式赋值
ENDFOR	；计数循环结束
M30	

例 2：R 参数作为计数变量的程序。

程序代码	注释
…	
R11=6	；R 参数（计数器）赋初值
FOR R10=R12-R20*R1 TO R11	；引入计数循环。计数变量 =R 参数（实数变量）
R20=R21*R22+R33	；R 参数的表达式赋值
ENDFOR	；计数循环结束
M30	

例 3：加工一个零件（件数固定）的程序。

程序代码	注释
DEF INT STUECKZAHL	；用名称“STUECKZAHL”定义的 INT 型变量
DEF INT JIAN	；用名称“JIAN”定义的 INT 型变量
FOR JIAN = 0 TO 80	；引入计数循环。变量“JIAN”从初值 0 计数到终值 80
G01 …	
ENDFOR	；计数循环结束
M30	

4.6 工作区极限

工作区域限制通常用于在一些特定情况下限制数控机床的实际运行范围，防止刀具与在工作区域范围外的其他物体发生干涉，从而起到安全保护的作用。可编程的工作区域限制是以机床坐标系（或称基准坐标系）为参照系设定的，因此，对于安装增量式编码器的数控车床只有在各坐标轴执行回参考点操作，即建立机床坐标系之后才能有效，如图 4-2 所示。通常，也把这个工作区域限制称为软限位（软保护）区。

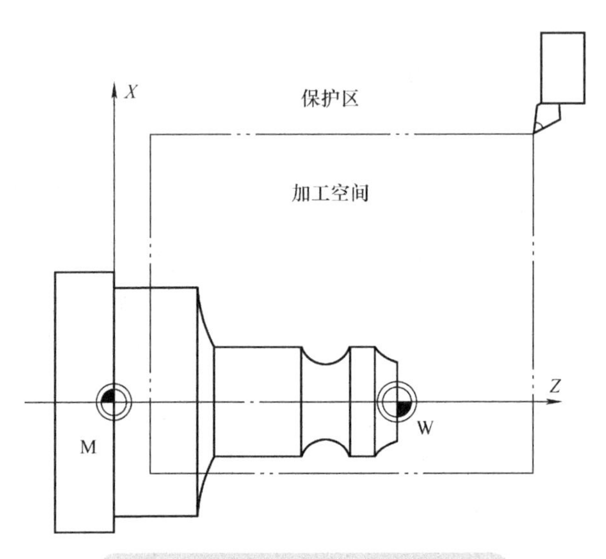

图 4-2　数控车床加工空间保护区域

4.6.1 基准坐标系（BCS）中的工作区限制（G25/G26，WALIMON，WALIMOF）

使用 G25/G26 指令功能可以在机床工作区间定义刀具的工作区域（工作区域、工作范围），G25/G26 定义的工作区域界限以外的区域中，禁止进行刀具运行。图 4-3 所示为机床在一定条件下的实际允许工作范围。当有刀具长度补偿生效时，其刀尖必须在此规定区域内。

必须用指令 WALIMON 编程所有有效设置的轴的工作区域限制激活。用 WALIMOF 使工作区域限制失效。WALIMON 是默认设置。仅当工作区域在之前被取消过时，才需要重新编程。

（1）编程格式

```
G25 X...Z...      ；工作区域下限设定，在独立的程序段内编程
G26 X...Z...      ；工作区域上限设定，在独立的程序段内编程
WALIMON           ；工作区域限制启用（默认设置）
WALIMOF           ；工作区域限制取消
```

（2）指令参数说明

G25：工作区域下限设定。在基准坐标系（BCS）中的通道轴赋值。

G26：工作区域上限设定。在基准坐标系（BCS）中的通道轴赋值。

X...Z...：设定工作区域的下限或上限，是以基准坐标系为基准。

WALIMON：激活所有轴的工作区域限制。

WALIMOF：取消所有轴的工作区域限制。

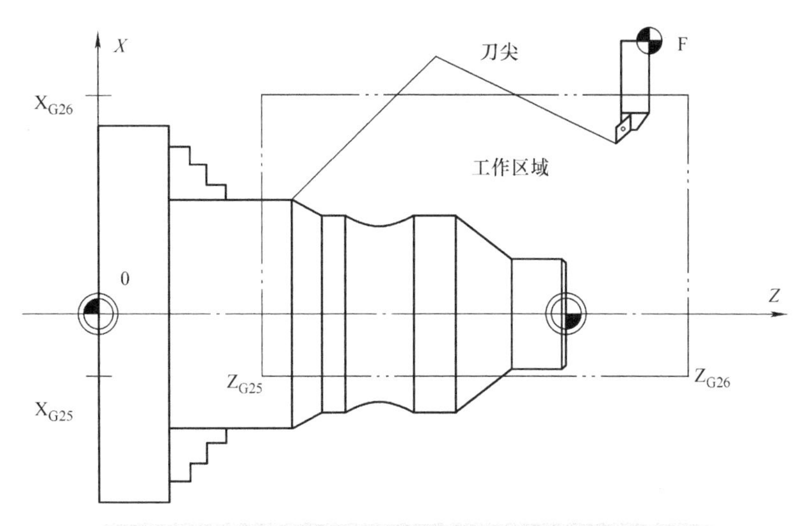

图 4-3　以基准坐标系为基准设定工作区域的下限或上限

除了可以通过 G25/G26 输入可编程的值之外，也可以通过轴专用设定数据进行输入：

SD43420 $SA_WORKAREA_LIMIT_PLUS（工作区域限制 +）

SD43430 $SA_WORKAREA_LIMIT_MINUS（工作区域限制 -）

由 SD43420 和 SD43430 参数设置的工作区域限制，通过即时生效的轴专用设定数据来定向激活和取消。

SD43400 $SA_WORKAREA_PLUS_ENABLE（正向的工作区域限制激活）

SD43410 $SA_WORKAREA_MINUS_ENABLE（负向的工作区域限制激活）

通过定向激活或取消，可将轴的工作区域限制在一个方向上，所输入的数据立即生效。一旦限制功能设定后，即使系统复位和机床重新起动，区域限制功能仍然有效。

> **说明：**用 G25/G26 编程的工作区域限制具有优先权，并会覆盖 SD43420 和 SD43430 中已输入的值。

（3）获取工作区域下限和上限数据的方法　数据的获取方法如下：

1）先规划在工件坐标中的限制区域数据上、下两个极限点坐标数据。

2）分别将这两个数据与选定的工件坐标系原点偏置数据（如 G54）进行代数运算，即可得到机床坐标系中限制区域的两个极限点位置数据。

3）将得到的数据写到加工程序中 G25/G26 指令后面。

要实现对工作区域的限制，则要启用或取消各个轴和方向的工作区域限制，可以使用该指令组：WALIMON、WALIMOF。

第一，在加工程序中要限制加工行程的运行指令前、后的一个独立程序中编入 WALIMON 和 WALIMOF。

第二，还必须进入系统屏幕中“设定数据”（偏移 / 设定数据 / 工作区限制）（垂直软键）的界面中，根据机床实际加工工件的需要，输入工作区每个坐标轴的最小值和最大值。然后在选定的限制轴后的选择框内，使用“选择键”置为有效☑（即打上钩）。这样限制加工区域功能才能有效工作，如图 4-4 所示。

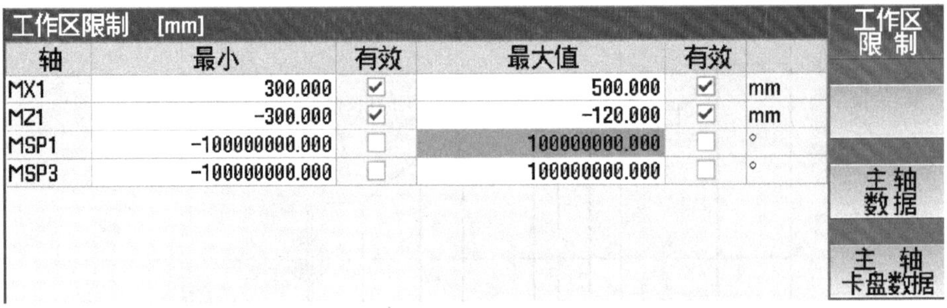

工作区限制 [mm]

轴	最小	有效	最大值	有效	
MX1	300.000	☑	500.000	☑	mm
MZ1	-300.000	☑	-120.000	☑	mm
MSP1	-100000000.000	☐	100000000.000	☐	°
MSP3	-100000000.000	☐	100000000.000	☐	°

工作区限制

主轴数据

主 轴卡盘数据

图 4-4　对所限制的轴和给定区域输入数据并设定为有效

当加工程序中编写的运动轴坐标值超出限定区域范围时，系统面板将出现 010730# 报警，指出出错程序段号，指出哪个坐标轴的哪个方向超出限制区域范围。

（4）编程示例

程序代码	注释
N10 G54	；指定工件坐标系，WALIMON 为默认设置
N20 T1 D1	；指定要保护的刀具及设定参数在有效状态
N30 G25 X-1 Z50	；为每个轴定义加工区域限制下限值
N40 G26 X100 Z-300	；为每个轴定义加工区域限制上限值
…	；加工程序仅在工作区域内
N50 WALIMOF	；工作区域限制取消
N60 G1 Z60	；不受加工区域限制下限值限制的轴移动
N70 G0 Z-200	；不受加工区域限制上限值限制的轴移动
N90 WALIMON	；工作区域限制再次启用（因为前面取消过）
…	

4.6.2　在 WCS/ENS 中的工作区域限制（WALCS0…WALCS10）

除了可以通过 WALIMON 进行工作区域限制以外，还可以使用 G 指令 WALCS1~WALCS10 激活其他工作区域限制。与 WALIMON 工作区域限制不同，这里的工作区域不在基础坐标系中，而是指工件坐标系（WCS）或可设定零点坐标系（ENS）中坐标系专用的限制。

通过 G 代码指令 WALCS1~WALCS10 可以在 10 个通道专用数组中选择一个数组（工作区域限制组）用于坐标系专用工作区域限制。数组包含通道中所有轴的限值。该限制由通道专用系统变量来定义。

使用 WALCS1~WALCS10 的工作区域限制（WCS/ENS 中的工作区域限制）主要用于工作区域限制。通过该功能，编程人员可以在运行轴时使用“手动”设定的“挡块”来定义以工件为参考的工作区域限制。

（1）编程格式　通过使用 G 代码指令执行选择激活和取消“WCS/ENS 中的工作区域限制”。

WALCS1　　；激活工作区域限制组编号 1

…

WALCS10　　；激活工作区域限制组编号 10

WALCS0　　；取消激活有效的工作区域限制组

（2）指令参数说明

通过设定通道专用系统变量来设置单个轴的工作区域限制以及选择参考范围（WCS 或 ENS），在此范围内 WALCS1~WALCS10 激活的工作区域限制生效，见表 4-4。

表 4-4　WALCS1 ~ WALCS10 激活的工作区域限制

<table>
<tr><th>系统变量</th><th colspan="2">含义</th></tr>
<tr><td colspan="3">设置工作区域限制：</td></tr>
<tr><td>$P_WORKAREA_CS_PLUS_ENABLE [<GN>, <AN>]</td><td colspan="2">轴正方向上的工作区域限制的有效性</td></tr>
<tr><td>$P_WORKAREA_CS_LIMIT_PLUS [<GN>, <AN>]</td><td colspan="2">轴正方向上工作区域限制，仅在以下条件时生效：$P_WORKAREA_CS_PLUS_ENABLE [<GN>,<AN>] = TRUE</td></tr>
<tr><td>$P_WORKAREA_CS_MINUS_ENABLE [<GN>, <AN>]</td><td colspan="2">轴负方向上的工作区域限制的有效性</td></tr>
<tr><td>$P_WORKAREA_CS_LIMIT_MINUS [<GN>, <AN>]</td><td colspan="2">轴负方向上工作区域限制，仅在以下条件时生效 $P_WORKAREA_CS_MINUS_ENABLE [<GN>,<AN>] = TRUE</td></tr>
<tr><td colspan="3">选择参考范围：</td></tr>
<tr><td rowspan="4">$P_WORKAREA_CS_COORD_SYSTEM [<GN>]</td><td colspan="2">工作区域限制组所参考的坐标系</td></tr>
<tr><td>值</td><td>含义</td></tr>
<tr><td>1</td><td>工件坐标系（WCS）</td></tr>
<tr><td>3</td><td>可设定的零点坐标系（ENS）</td></tr>
</table>

<GN>：工作区域限制组的编号。

<AN>：通道轴名称。

（3）编程示例　在通道中定义了两个轴：*Z* 轴和 *X* 轴。现在需要定义编号 2 的工作区域限制组并紧接着激活它，在该组中按照以下数据限制 WCS 中的轴运动范围：

1）*Z* 轴正方向上：无限制。

2）*Z* 轴负方向上：−600 mm。

3）*X* 轴正方向上：100 mm。

4）*X* 轴负方向上：无限制。

```
程序代码                                    注释
…
N50 $P_WORKAREA_CS_COORD_SYSTEM[2]=1       ；工作区域限制组 2 中限制有效
N60 $P_WORKAREA_CS_PLUS_ENABLE[2,Z]=FALSE  ；仅在 Z 轴正方向上不生效
```

```
N61 $P_WORKAREA_CS_MINUS_ENABLE[2,Z]=TRUE   ; 仅在Z轴负方向上生效
N62 $P_WORKAREA_CS_LIMIT_PLUS[2,Z]=-600     ; Z轴负方向上的工作区域限制
N80 $P_WORKAREA_CS_PLUS_ENABLE[2,X]=TRUE    ; 仅在X轴正方向上生效
N81 $P_WORKAREA_CS_LIMIT_PLUS[2,X]=100      ; X轴正方向上的工作区域限制
N82 $P_WORKAREA_CS_MINUS_ENABLE[2,X]=FALSE  ; X轴负方向上工作区域不限制
N90 WALCS2                                  ; 激活工作区域限制组2
…
```

WALCS1~WALCS10的工作区域限制的生效与使用WALIMON进行的工作区域限制无关。当两个功能都生效时，轴运行第一个遇到的工作区域限制生效。

刀具上的基准点：刀具数据（刀具长度和刀具半径）参考以及在监控工作区域限制时刀具上的基准点都与WALIMON工作区域限制的特性一致。

4.7 坐标转换（框架）

4.7.1 坐标转换（框架）指令概述

在SINUMERIK数控系统中，为了达到简化编程的目的，除了设置了常用固定循环指令外，还规定了一些特殊的坐标转换功能指令。框架（Frame）一词是SIEMENS系统中用来描述坐标系平移或旋转等几何运算的术语，它定义一种运算规范：坐标转换（框架）把一种直角坐标系转换到另一种直角坐标系，即用于描述一个整体的几何图形从当前工件坐标系向下一个目标坐标系进行直线坐标或角度坐标的转换。

可设定框架是指通过G54~G57、G505~G599以及G53、G500、G153等指令从任意程序段中调用或设置的零点偏移。偏移值由操作人员预先设定，存储到控制系统的零点存储器中。使用这些偏移值可以定义可设定的零点坐标系（ENS）。

常用于车床数控系统坐标变换功能的可编程框架指令是指在一个数控程序中有时需要将原先选定的工件坐标系（或者“可设定的零点坐标系”）通过位移、旋转或缩放定位到另一个位置。其中，坐标平移指令（又称为可编程零点偏置）在数控车床加工中使用较多。所有的框架指令在程序中必须单独占一行。框架指令可以单独使用，也可以任意组合使用。一般来说，一个框架指令需要成对地编写进加工程序中，这些指令按照编程的顺序执行。

4.7.2 可编程的框架偏移指令（TRANS，ATRANS）

使用TRANS/ATRANS可以为所有的轨迹轴和定位轴编程设定轴方向上的框架图样的零点偏移。通过该功能可以对变换（偏移）零点后的图样进行加工。

（1）编程格式

TRANS X... Z... / ATRANS X... Z...

TRANS/ATRANS

（2）指令参数说明　TRANS为可编程零位偏置（绝对零点偏移），它的参考基准是当前设定的有效工件坐标系原点，即使用G54~G59，G507~G599设置的工件坐标系的零点为基准。

ATRANS为附加可编程零位偏置，它的参考基准为当前设定的或是最后编程的有效工件零位，该零位也可以是通过指令TRANS偏置的零位。

其中，X... Z... 为设定的几何轴方向上（*X* 轴、*Z* 轴）的偏置（平移）量，*X* 以直径量表示。

单独的 TRANS 或 ATRANS 指令语句则表示取消坐标平移操作。这就是指框架指令需要“成对使用”。

（3）程序举例

例 1：用坐标平移来保证工件的精加工余量，如图 4-5 所示。

某一零件需要在工件图示尺寸的基础上留有直径方向上 2mm、轴向方向上 0.5mm 的加工余量。实现这个要求，只需要在已有图示尺寸的加工程序中的适当位置“成对地引入”坐标转换（框架）平移指令（TRANS X...Z...，...，TRANS）即可。

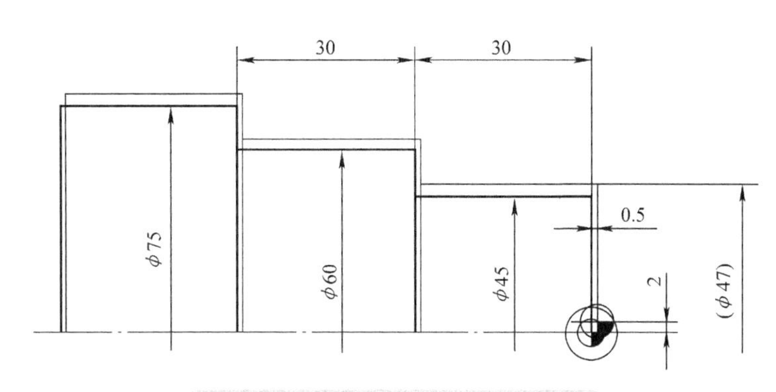

图 4-5 留有加工余量的工序尺寸图

程序代码	注释
…	
G0 X45 Z2	；快速接近工件（原加工程序代码）
TRANS X2 Z0.5	；加入框架平移指令，将工件原点偏移到新的工序原点上
G1 X45 Z0 F0.12	；工进至直径尺寸 45mm 的边沿位置（原加工程序代码）
Z-30	；切削直径尺寸 45mm 至图示尺寸（原加工程序代码）
…	；（原加工程序代码）
TRANS	；取消框架平移指令，恢复原工件坐标系（成对使用）
G74 X0 Z0	；返回机床指定位置
M30	；程序结束

执行以上程序，工件加工后的轮廓尺寸在 *X* 向留出了 2mm 的加工余量（直径量），在 *Z* 向上则留出了 0.5 mm 的加工余量。

例 2：用坐标平移来实现复杂图素的加工编程。

某零件上一段曲线由一个周期的正弦曲线构成，如图 4-6 所示。正弦曲线为一个周期（0° ~ 360°），其幅值为 4mm，波长为 40mm，给出标准正弦曲线节点计算公式。

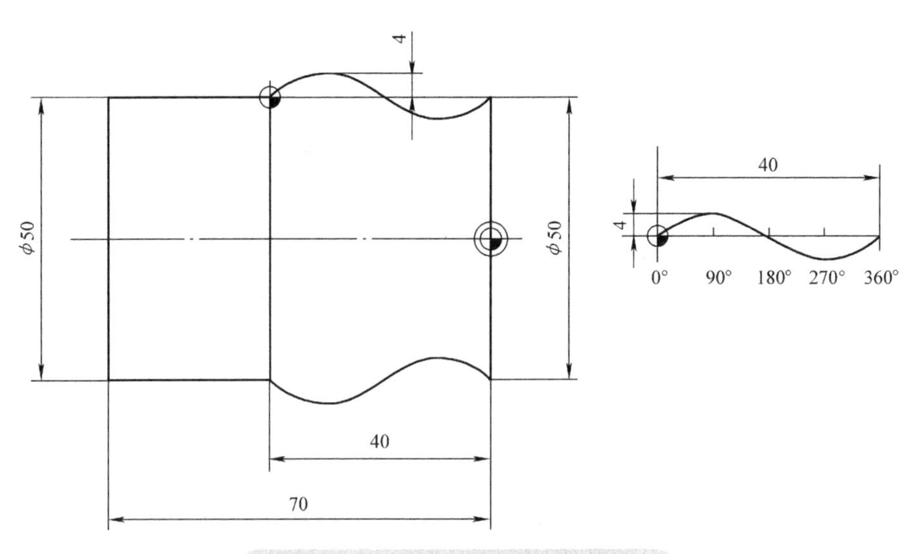

图 4-6　一个周期的正弦曲线轮廓编程

如果设定零件右端面中心处为工件坐标系原点（编程零点），编制这个正弦曲线各节点坐标位置就需要考虑使用坐标系平移公式，将标准正弦曲线原点移动到工件坐标系的（50，-40）处后，得到平移转换后的新的计算公式，再计算所需要的节点数据（车削编程使用直径值），其节点计算工作量较大。如果只使用标准正弦曲线计算公式，引入一个坐标系平移指令，将需要进行的坐标平移及平移后节点数据的数据处理与转换工作交给数控系统去完成，则可大大节约编程中的辅助时间，提高编程效率。

数控车床加工非圆曲线时，当工件坐标系与非圆曲线坐标系不重合时，需要将工件坐标系原点移至非圆曲线的数学原点上。

程序代码	注释
…	
N20 G1 X50 Z-40 F0.12	；工进至正弦曲线的起点位置
N22 TRANS X50 Z-40	；工件（编程）原点偏移到正弦曲线的起点位置
…	；插补切削正弦曲线轮廓的节点位置语句
G1 X50 Z0 F0.1	；插补切削至正弦曲线的终点位置
N90 TRANS	；取消坐标平移，恢复原工件坐标系（成对使用）
…	

提示：如果刀具移动轨迹要求从工件的右端往左端移动，此工件的正弦曲线节点计算角度也应从 360° 出发，往 0° 方向变化。

4.7.3　可编程的框架缩放指令（SCALE，ASCALE）

使用 SCALE/ASCALE 指令可以为所有的轨迹轴和定位轴编程设定轴方向上的缩放系数。这样就可以在编程时考虑到相似的几何形状或不同的收缩率。通过该功能可以对坐标变换（缩放）后的图样进行加工。

（1）编程格式

SCALE X... Z... / ASCALE X... Z...

SCALE / ASCALE

（2）指令参数说明　SCALE 为可编程缩放指令，它的参考基准是当前设定的有效工件坐标系原点，即使用 G54~G59，G507~G599 设置的工件坐标系的零点为基准。

ASCALE 为附加可编程缩放指令，它的参考基准为当前设定的或是最后编程的有效工件零位，该零位也可以是通过指令 TRANS 偏置的零位。

其中，X...Z... 为设定的几何轴方向上（*X* 轴、*Z* 轴）的尺寸缩放比例系数。各轴可以是相同的缩放比例系数，也可以是不同（分别编写）的缩放比例系数。

单独的 SCALE 或 ASCALE 指令语句则表示取消尺寸缩放操作。

提示： 在对圆弧图形使用比例缩放指令时，编程的两个坐标轴比例系数必须一致。若在比例缩放指令（SCALE / ASCALE）有效时也使用了坐标系平移指令（ATRANS），则 ATRANS 指令中编程的偏移量也同样比例被缩放。

（3）编程示例　如图 4-7 所示的相似图样的缩放尺寸得知，细实线表达的图样比粗实线表达的尺寸大了 1.8（36/20=1.8）倍。这是对同一结构形式但其相对尺寸间有一定比例关系的图形的加工编程。如果已经加工过粗实线表达的工件，当对细实线表达的工件编程加工时，就不必再次对工件轮廓尺寸进行重新编程，只需在原有粗实线表达的工件加工程序基础上成对地引入框架缩放指令（SCALE，ASCALE）即可。

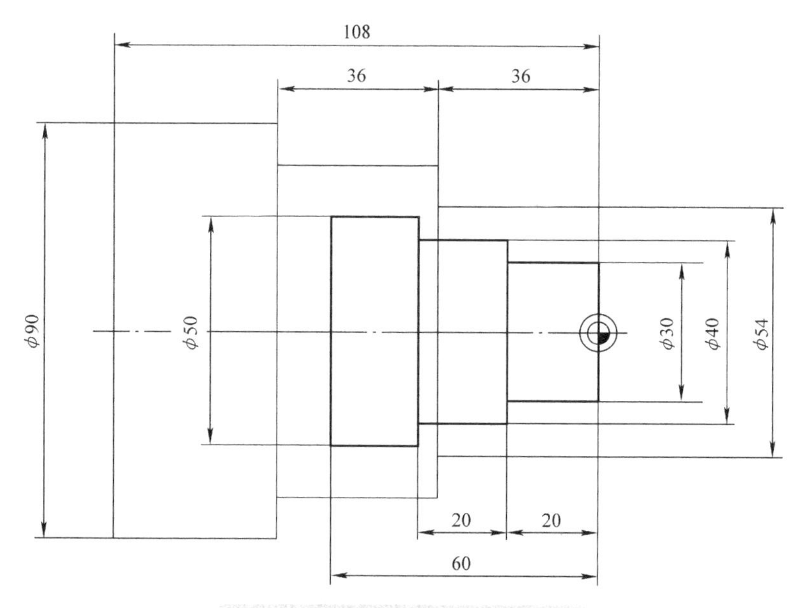

图 4-7　相似图样的缩放尺寸编程

程序代码	注释
…	
G0 X30 Z2	；快速接近工件（原加工程序代码）
SCALE X1.8 Z1.8	；加入框架缩放指令，指定缩放系数，加工细线图形
G1 X30 Z0 F0.12	；工进至工件直径尺寸 30mm 的边沿位置（原加工程序代码）
Z-20 F0.12	；切削直径尺寸从 30mm 至指定尺寸（原加工程序代码）
…	；（原加工程序代码）
SCALE	；取消框架缩放，恢复原工件坐标系（成对使用）
G74 X0 Z0	；返回机床指定位置
M30	；程序结束

4.7.4　可编程的框架旋转指令（ROT，AROT）

使用 ROT/AROT 指令可以围绕给定的几何轴旋转或者当前工作平面（G18）以设定的零点绕角度 RPL=... 旋转。通过该功能可以对变换（旋转）后的图样进行加工。

（1）编程格式

ROT X...Z... / ROT RPL=...

AROT X.../ Z...ROT RPL=...

ROT / AROT

（2）指令参数说明

ROT：可编程框架图样旋转，它的参考基准是当前设定的有效工件坐标系原点，即使用 G54~G57，G505~G599 设置的工件坐标系的原点为基准。

AROT：附加可编程框架图样旋转，它的参考基准为当前设定的或是最后编程的有效工件零位，该零位也可以是通过指令 TRANS 偏移的零位。

X...Z...：设定的几何轴方向上（*Z* 轴、*X* 轴）的旋转角度值。可以是相同的缩放比例，也可以是不同（分别编写）的缩放比例。

RPL=...：围绕垂直于当前工作平面（G18）的几何轴，以给定的角度旋转的角度值（°）

单独的 ROT 或 AROT 指令语句则表示取消框架图样的旋转操作。

（3）编程示例　如图 4-8 所示的倾斜 45° 放置的 1/4 椭圆图形，其长半轴为 50mm，短半轴为 30mm，需要加工其 90°~180° 之间（1/4）椭圆轮廓。给出（或者知道）标准椭圆曲线节点计算公式。这是以一个以基本函数方式表达的非圆曲线计算其插补节点坐标，以其原点为中心旋转 45° 的非圆曲线图形的加工编程。

如果设定零件右端面中心处为工件（编程）原点，编制这个椭圆曲线各节点坐标位置就需要考虑使用坐标系平移公式将标准椭圆曲线原点移动到工件坐标系的（−20.03，0）处后，在此点位置还要顺时针旋转 45°（依据系统的规定，此旋转角度为负值）后所得到的新的计算公式计算所需要的节点数据，坐标系两次转换后的节点计算工作量较大。如果只使用标准椭圆曲线计算公式，引入一个坐标系平移指令和附加上的坐标系旋转指令，将需要进行图形的坐标平移及旋转后的节点数据的数据处理与转换工作交给数控系统去完成，则可大大节约编程中的辅助时间，提高编程效率。

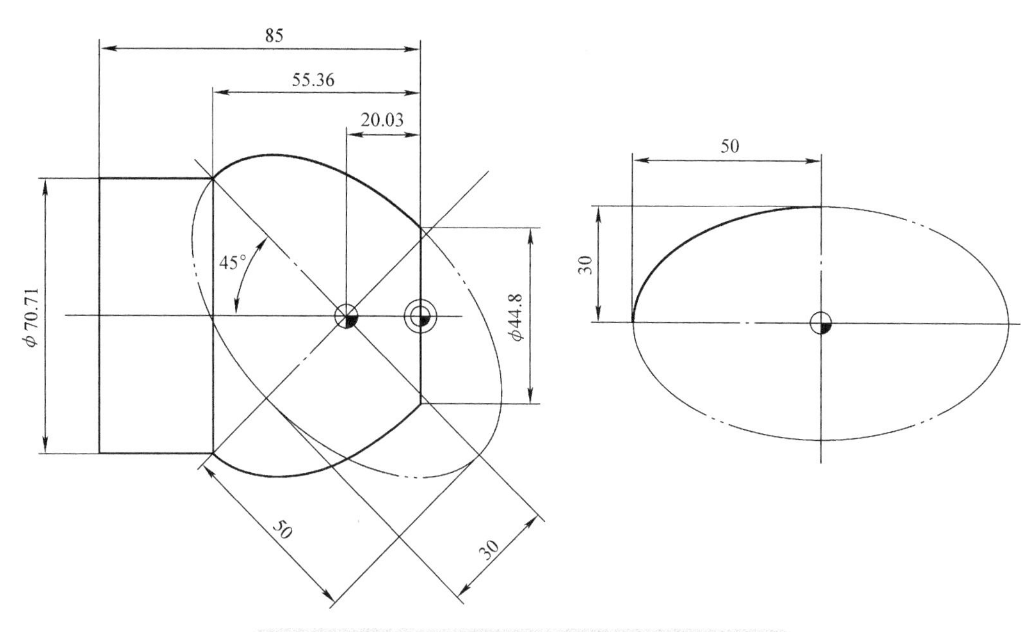

图 4-8　倾斜 45° 放置的 1/4 椭圆图形的加工编程

程序代码	注释
…	
G0 X44.8 Z2	；快速接近工件（原加工程序代码）
TRANS X0 Z-20.03	；工件坐标系原点偏移到椭圆曲线的中心位置
AROT RPL=-45	；附加上框架旋转指令，加工椭圆曲线图形
G1 X44.8 Z0 F0.12	；工进至椭圆曲线的起点位置
…	；插补切削椭圆曲线轮廓的节点位置语句
X70.71 Z-55.36	；插补切削至椭圆曲线的终点位置
TRANS	；取消坐标转换，恢复原工件坐标系（也属于成对使用）
/ROT	；取消坐标转换，恢复原工件坐标系
Z-85	；车削圆柱体直径 φ70.71mm 至尺寸
G74 X0 Z0	；返回机床指定位置
M30	；程序结束

注意：取消坐标转换功能，在单独的一个程序段中编写 TRANS、ROT、SCALE 或 ATRANS、AROT、ASCALE 中的任一个指令均可完成。

4.8 其他指令

4.8.1 暂停时间（G4）

使用 G4 指令可以在两个程序段之间编程一个“暂停时间”，在此时间内工件加工中断。G4 指令会中断连续路径运行。G4 指令程序段有效，属于非模态指令。

有两种方法可用于执行写入的暂停：

通过机床参数 MD20734 MD $MC_EXTERN_FUNCTION_MASK 设定位 2 = 0 ：暂停时间总以单位 s。设定位 2 = 1 ：以单位 s（G94 有效）或以主轴转数（G95 有效）。

设定暂停时间，当设定 G94（每分钟进给率）时，下一个程序段的加工会相应地延迟一定时间（单位 s）;而设定 G95（每转进给率）时，下一个程序段的加工则会延迟一定的主轴旋转次数。

（1）编程格式

G4 F... ; / G4 S<n>=... ;

（2）指令参数说明

F ：在地址 F 下以 s 为单位编程暂停时间。

S<n>= ：在地址 S 下以主轴转数为单位编程暂停时间。

<n> ：通过数字扩展符可以设定暂停时间生效的主轴的编号。若未设定，则暂停时间生效于主主轴。

（3）编程示例

程序代码	注释
…	
N30 S900 M3	；编程主轴转数 S
N40 G1 Z-5 F0.12	；编程进给率 F
N50 G4 F3	；暂停时间 3s
N60 X40 Z-10	；在 N30 和 N40 中编程的进给率和主轴转数继续有效
N70 G4 S30	；暂停主轴 30r 时间（在转速倍率 100% 下暂停 0.2s）
N80 X…	；在 N30 和 N40 中编程的进给率和主轴转数继续有效

说明：只有在 G4 程序段中，地址 F 和 S 才用于设定时间。在 G4 程序段之前编程的进给率 F… 和主轴转速 S…被保留。

4.8.2 信息显示（MSG）

在系统屏幕的上方为信息显示栏区。用于显示在系统运行中因各种故障条件产生的报警信息、系统自查程序语句格式或句法等错误信息和不影响程序运行的一些提示信息。与报警号一起显示的故障文本可以提供更详细的有关故障原因的信息。

使用 MSG（ ）指令可从零件程序输出任意字符串，作为信息供操作人员查看。

（1）编程格式

MSG（“<信息文本>”[，<执行>]）

…

MSG（ ）

（2）指令参数说明

MSG：表示预定义的子程序调用。

<信息文本>：显示为提示信息的任意字符串。数据类型：字符型。最大长度：124 字符。分两行显示（2×62 字符）。在信息文本中也可通过使用连接运算符“<<”输出变量。

<执行>：可选参数，用于定义写入提示信息的时间。允许的数值：0, 1。

值	含义
0（默认）	不生成独立的主程序来写入提示信息，而是在下一个可执行数控程序段中执行，不会中断生效的连续路径运行
1	生成独立的程序段写入提示信息。会中断生效的连续路径运行

MSG（ ）：编写不包含文本内容的 MSG（ ）或 MSG（" "）语句可清除当前信息。

（3）编程示例

例 1：输出 / 清除提示信息。

```
程序代码                              注释
N10 G90 G95 F0.1                      ；连续路径运行
N15 X1 Z1
…
N20 MSG("加工工件 1")                 ；在执行 N30 时才输出提示信息，连续路径运行不中断
N30 X... Z...
…
N400 X100 Z-85
N410 MSG("加工工件 2",1)              ；在执行 N420 时输出提示信息，连续路径运行中断
N420 X... Z...
…
N500 MSG( )                           ；删除提示信息
```

例 2：用于显示参数数值。

```
程序代码                              注释
R0=100
MSG(<<R0)                             ；R0 当前值“100”显示在屏幕上方
…
R0=100
MSG("R0=" << R0)                      ；”R0=100”这一条信息显示在屏幕上方
```

例 3：含变量的信息文本。

```
程序代码                                        注释
N10 R12=$AA_IW[X]                               ；R12 中 X 轴的当前位置
N20 MSG("X 轴的位置"<<R12<< "检查")
                                                ；输出含变量 R12 的提示信息
N30 M0
…
N90 MSG(" ")                                    ；清除 N20 程序段中的提示信息
```

（4）显示信息内容取消　MSG 指令执行后一直显示在屏幕上，取消这条指令的方法如下：

1）使用 MSG（" "）指令可以取消屏幕上方信息栏中的内容。

2）使用 MSG（ ）指令可以取消屏幕上方信息栏中的内容。

3）直到程序中执行 M30、M2 和 M17 指令，或按【RESET】键复位程序，可以取消屏幕上方信息栏中的内容。

根据具体情况，提示信息可以设计成停止程序运行形式的（需操作者修改后重新运行），也可以设计成暂停形式的（操作者观察加工状况，确认后再次按动启动按钮继续运行），还可以仅作为运行中的提示形式（操作者无须干预）。

4.8.3　回参考点运行（G74）

在机床开机后，如果使用的是增量值编码器，则所有进给轴必须回到参考点标记处。在此之后，机床才可以编程运行。使用 G74 指令可以采用编程的方式，在数控程序中执行回参考点的操作。

（1）编程格式

G74 X1=0 Z1=0　　；在单独数控程序段中编程

（2）指令参数说明

G74：回参考点。

X1=0 Z1=0：指定的线性轴的地址 X1、Z1 执行回参考点操作。

A1=0 C1=0：指定的回转轴地址 A1、C1 执行回参考点操作。

用 G74 指令使轴运行到参考标记处，在回参考点之前不可以对该轴编程轴转换。

（3）编程示例　在转换测量系统时返回到基准点，并且建立工件编程零点。

```
程序代码                                        注释
N10 SPOS=0                                      ；主轴处于位置控制方式
N20 G74 X1=0 Z1=0 C1=0                          ；回参考点运行，用于线性轴和回转轴
N30 G54                                         ；零点偏移
N40 L47                                         ；切削程序
N50 M30                                         ；程序结束
```

4.8.4　回固定点运行（G75，G751）

使用逐段方式生效的 G75/G751 指令可以将单个轴独立地运行至机床区域中的固定点，如换刀点、上料点、托盘更换点等。可在各数控程序中返回固定点，而不用考虑当前刀具或工件的位置。使用 G75 指令时，执行向固定点的逼近运行，到达固定点后重新激活补偿功能。使用 G751

指令，执行快速运行和激活的补偿（刀具补偿、框架等）逼近中间位置时，轴进行插补运行，然后返回固定点，如图 4-9 所示。

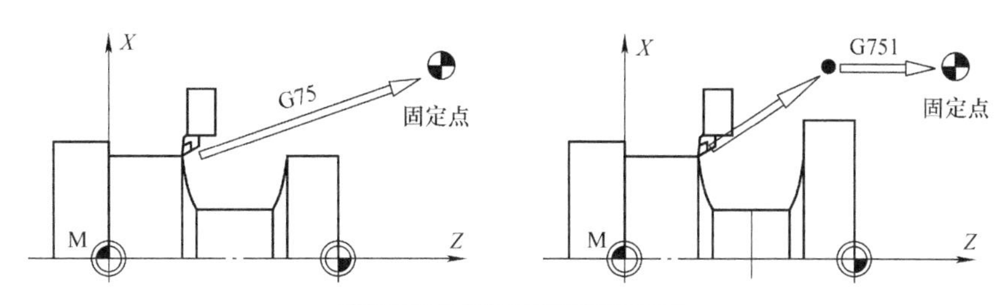

图 4-9　回固定点运行指令

使用 G75/G751 返回固定点时，必须满足以下前提条件：

1）机床数据中设置了精确的基于机床坐标系 MCS 的固定点坐标值。

2）固定点必须处于有效的运行范围内（注意软件限位开关限值）。

3）待运行的轴必须返回参考点。

4）不允许激活刀具半径补偿。

5）不允许激活运动转换。

6）待运行的轴不可参与激活的转换。

7）待运行的轴不可为有效耦合中的从动轴。

8）待运行的轴不可为龙门连接中的轴。

9）编译循环不可接通运行分量。

（1）编程格式

G75 <轴名称><轴位置> … FP=<n>；

G751 <轴名称><轴位置> … FP=<n>；

（2）指令参数说明

G75：直接返回固定点。

G751：通过中间点返回固定点。

<轴名称>：需要运行至固定点的机床轴的名称，允许所有的轴名称。

<轴位置>：在 G75 程序段中设定的位置值无意义，因此通常设定为“0”值。在 G751 程序段中，必须将待逼近的中间点设定为位置值。

FP=：应当返回的固定点。

<*n*>：固定点编号。取值范围：1, 2, 3, 4。每个轴最多可以定义 4 个固定点。固定点为机床数据（MD30600 $MA_FIX_POINT_POS[*n*]）中存储的机床坐标系中的位置。

（3）编程示例

例 1：编写 G75 指令返回固定点。需要将 *X* 轴（= AX1）和 *Z* 轴（= AX3）运行到固定机床轴（MCS）位置 1（Z=−17.3，X=151.6）处进行换刀。

机床数据：MD30600 $MA_FIX_POINT_POS[AX1,0]=151.6

MD30600 $MA_FIX_POINT[AX3,0]=−17.3

程序代码	注释
…	

```
N100 G55                              ; 激活可设定的零点偏移
N110 X80 Z-40                         ; 逼近 WCS 中的位置
N120 G75 X0 Z0 FP=1                   ; 每根轴均以最大速度运行，Z 轴至 -17.3
                                        （MCS 中 FP=1），X 轴至 151.6，在此程
                                        序段中不可激活其他运行
N130 X80 Z-40                         ; 重新逼近 N110 中设定的位置，零点偏
                                        移重新生效
…
```

说明：如果激活了“带刀库的刀具管理”功能，则在 G75 运行结束时，辅助功能 T…或 M…（如 M6）无法触发程序段转换禁止。其原因是“带刀库的刀具管理”功能激活时，用于换刀的辅助功能不输出给 PLC。

例 2：编写 G751 指令返回固定点。

先逼近位置（Z-30，X40），然后逼近机床轴固定点 2。

```
程序代码                               注释
…
N40 G751 X40 Z-30 FP=2                ; 先通过快速运行以轨迹逼近位置（Z-30，
                                        X40），接着像编程 G75 时一样从该点运
                                        行至机床轴固定点 2
…
```

（4）编程中的注意事项

1）未编程 FP=<n> 或固定点编号，或者编程了 FP=0 时，被看作 FP=1，并且执行向固定点 1 的返回运行。

2）地址 FP 的值不能大于为编程的每个轴设定的固定点的数量（MD30610$MA_NUM_FIX_POINT_POS）。

3）在一个 G75 或 G751 程序段中可以编程多个轴。这些轴将同时逼近设定的固定点。

4）在一个 G75 程序段中，移动轴作为机床轴快速运行。

5）对于 G751 指令，无法编程不经过中间点，直接返回固定点的运行。

6）在一个 G751 程序段中，通过快速运行和激活的补偿（刀具补偿、框架等）逼近中间位置，此时轴进行插补运行。接下来像使用 G75 时一样执行向固定点的逼近运行。到达固定点后重新激活补偿功能。

7）在 G75 或 G751 程序段编译时考虑采用以下轴向附加运行：外部零点偏移和 DRF（手轮偏移）。之后不可再对轴的附加运行进行修改，直至通过 G75/G751 程序段编程的运行结束。

8）不考虑插补时间，系统始终不采用以下附加运行，因为这些功能会引起目标位置的偏移：在线刀具补偿和 BCS（如 MCS）中的编译循环的附加运行。

9）忽略所有生效的框架，在机床坐标系中运行。

10）坐标系专用的工作区域限制（WALCS0~WALCS10）在 G75/G751 程序段中不生效。将目标点作为下一个程序段的起点进行监控。

第5章 变量与数学函数

随着数控加工技术的普及应用，数控机床操作人员和编程人员已不再满足了解数控系统厂商给出的用户指令与用户变量的使用。为了能够满足在智能制造条件下的加工编程与生产调度，人们希望更多了解和掌握数控系统内部的变量及使用方法，扩大编程者（或机床操作者）与数控机床运行时信息的交换工作。系统变量的设计与规划用途的完整情况只能由系统研发人员做出说明，可能需要非常多的篇幅。本章仅就部分以标示符 $ 开头的、常用的变量使用方法进行说明。通过使用变量，特别是计算功能和控制结构的相关变量，可以使零件程序和循环的编写更为灵活。

5.1 变量

5.1.1 系统变量

系统变量是在系统中预定义供用户使用的变量，它们具有固定的预设含义，可以通过系统软件读取和写入这些变量，可在零件程序与循环中存取当前控制系统的参数。系统变量的含义的大部分属性是由系统固定预设的，用户只能小范围地对属性进行重新定义和匹配。SINUMERIK 828D 数控系统的系统变量分为预处理变量和主处理变量。

（1）预处理变量　指在预处理程序状态中，即在执行设定了系统变量的零件程序段编译时，读取和写入的系统变量。预处理变量不会触发预处理停止。

（2）主处理变量　指在主运行状态中，即在执行设定了系统变量的零件程序段时，读取和写入的系统变量。通过系统变量可在零件程序与循环中提供当前控制系统的参数，如机床、控制系统和加工步骤状态。主处理变量通常有：

1）可在同步动作中编程的系统变量（读取或写入）。

2）可在零件程序中编程，会触发预处理停止的系统变量（读取或写入）。

3）可在零件程序中编程，在预处理中计算，但是只有在主处理中才写入的系统变量（主处理同步：只写）。

（3）变量表达　系统变量的一个显著特点是其名称通常包含一个前缀。该前缀由一个 $ 字符、一个或两个字母以及一条下划线构成。系统规定：如果数据在执行期间保持不变，则可以和预处理同步读入，为此在机床数据或设定数据的前缀中写入一个 $ 字符，如 $M。

表 5-1 和表 5-2 说明了在预处理时读取 / 写入的系统变量的表达形式。表 5-3 说明了在主处理时读取 / 写入的系统变量的表达形式。

表 5-1　预处理时读取 / 写入的系统变量的第一个字母

$+ 第一个字母	含义：数据类型	$+ 第一个字母	含义：数据类型
$M	机床数据	$C	ISO 固定循环的循环变量
$S	设定数据，保护区域	$P	程序变量，通道专用系统变量
$T	刀具管理参数	R	R 参数（计算参数）。在零件程序和工艺循环中使用 R 参数作为预处理变量时，不写入前缀，如 R5
$O	选项数据		

表 5-2　预处理时读取 / 写入的系统变量的第二个字母

$+ 第二个字母	含义：变量显示	$+ 第二个字母	含义：变量显示
N	全局变量（NCK）	A	轴专用变量（Axis）
C	通道专用变量（Channel）		

表 5-3　主处理时读取 / 写入的系统变量字符

$+$+ 第一个字母	含义：数据类型	$+ 第一个字母	含义：数据类型
$$M	机床数据	$A	当前主处理数据
$$S	设定数据	$V	伺服数据
		$R	在同步动作中用作主处理变量时写入前缀，如 $R8

前缀系统变量也存在特例，例如以下系统变量与上面说明的前缀系统变量表达有所不同：

1）$TC_...：第二个字母 C 在这里表示的不是通道专用，而是刀架专用系统变量（TC = 刀架）。

2）$P_ ...：通道专用系统变量。在同步动作中使用机床数据和设定数据时，可通过前缀确定机床数据或设定数据是和预处理同步还是和主处理同步地读取或写入。如果数据在执行期间保持不变，则可以和预处理同步读入，为此在机床数据或设定数据的前缀中写入一个 $ 字符：ID=1 WHENEVER $AA_IM[z] < $SA_OSCILL_REVERSE_POS2[Z]–6 DO $AA_OVR[X]=0。如果数据在执行期间改变，则必须和主处理同步地读取或写入数据，为此在机床数据或设定数据的前缀中写入两个 $ 字符：ID=1 WHENEVER $AA_IM[z] < $$SA_OSCILL_REVERSE_POS2[Z]–6 DO $AA_OVR[X]=0。

说明： 在写入机床数据或设定数据时必须注意，在执行零件程序或循环时，生效的存取级允许写入操作，且数据的有效性为“立即生效”。

5.1.2　用户变量

（1）用户变量定义　用户变量是用户自己定义的用于程序编写中表示某种（个）特定意义的一种标识符号，系统不确知其含义，也不对其进行分析的变量。用户变量又可以分为两种：

1）预定义用户变量。在系统中已经定义的变量，但是用户还需通过专门的机床数据对其数量进行参数设置。例如，循环指令中的变量。

2）用户定义变量。仅由用户定义的变量，到系统运行时才会创建这些变量。它们的数量、数据类型和所有其他属性都完全由用户定义。例如，用户自己编制宏程序时设置的变量。

（2）用户变量名称的定义规则

1）“$”字符预留给系统变量，用户所定义的变量不可使用。

2）变量名称必须意义明确。同一个名称不可以用于不同的对象。

3）系统中已定义的或备用的关键字不可以用作名称。

4）变量名称的长度小于 31 个字符。允许使用的字符有字母、数字和下划线。

5）变量名称书写时，开始的两个字符必须是字母或者下划线。在单个字符之间不允许有分隔符。

6）预留的字符组合。

7）为了避免出现名称冲突，在设定名称时要注意避免使用下列字符：

① 所有的以“CYCLE”“CUST_”“GROUP_”或“S_”开始的名称均用于西门子标准循环。

② 所有的以“CCS”开始的名称均用于西门子汇编循环。

③ 用户汇编循环以“CC”开始。

④ 已经被系统使用的指令、标识等名称。

8）建议用户选择有区别的且有一定含义的字符来定义变量名称，如以“U”（用户）开始的名称，因为系统、汇编循环和西门子循环不使用这些名称。也可以使用方便区分和记忆所定义的变量。

9）一个程序段中只能定义一种类型的用户变量。一个程序段中可以定义同一种用户变量类型的多个用户变量。

5.1.3 计算参数（R）

计算参数 R（或称为 R 参数）作为预处理变量使用（预定义用户变量）时的名称，用字母 R 加数字来表示，如在零件程序中使用 R10。由于历史原因，R 参数还可以定义为实数型（REAL）数据的数组，带数组索引编写，如 R[10]。

计算参数 $R 作为主运行变量使用时的名称，用前缀 $R 加数字来表示，比如同步动作中的 $R9。

（1）编程格式

作为预处理变量使用时：

R<n>;

R[< 表达式 >];

作为主处理（运行）变量使用时：

$R<n> ;

$R[< 表达式 >] ;

（2）指令参数说明

R：作为预处理变量使用时的名称。

<n>：R 参数编号。

类型：整数型（INT）<n>。

取值范围：0~MAX_INDEX。

提示：MAX_INDEX 由 R 参数中设置的数量得出：MAX_INDEX =（MD28050$MN_MM_NUM_R_PARAM）-1。

<表达式>：数组索引。只要将表达式结果转换为数据类型 INT，就可设定任意表达式作为数组索引（INT，REAL，BOOL，CHAR）。

（3）参数值的赋值范围

1）实数型参数值可在以下数值范围内给计算参数赋值：±（0.000 000 1~ 99 999 999），8 个数位，带符号和小数点。

2）用指数表示法可以赋值更大的数值范围，写入方式：±（10^{-300}~10^{300}）。指数值写在“EX”符号之后，EX 范围为 −300~300，如 8.2EX-3，最多允许有 10 个字符（包括符号和小数点）。

程序代码	注释
R1=-0.1EX-5	; R1=−0.000 001
R2=1.874EX8	; R2=187 400 000

（4）赋值方法

1）直接赋值或通过函数表达式赋值。可以用数值、算术表达式或计算参数对数控地址赋值。一个程序段中可以有多个赋值语句，也可以用计算表达式赋值。例如：

N10 R1=10 R2=20 R3=10*2 R4=R2-R1 R5=SIN（30）

2）通过参数变量赋值。给变量赋值是编写程序中最常用的方法。在手工编写程序时，往往需要大量的变量来存储程序中用到的数据，所以用于对变量进行赋值的赋值语句会在程序中大量出现。

通过给数控地址分配计算参数或参数表达式，可以增加数控程序的通用性，但程序段标号 N、加工指令 G 和调用子程序指令 L 例外。赋值时在地址符之后写入字符“=”。赋值语句也可以赋值负号。给坐标轴地址（运行指令）赋值时，要求有一个独立的程序段。

（5）编程示例

例 1：算术功能中 R 参数的赋值和应用。

程序代码 1	注释
R0=3.5678	; 在预处理中赋值
R[1]=-37.3	; 在预处理中赋值
R3=-7	; 在预处理中赋值
R7=SIN(25.3)	; 在预处理中赋值

程序代码 2	注释
R[R2]=R10	; 通过 R 参数间接地址赋值
R[(R1+R2)*R3]=5	; 通过算术表达式间接地址赋值

程序代码 3	注释
X=(R1+R2)	; 给 *X* 轴赋值，需要在 G0 或 G1 模式下
Z=SQRT(R1*R1+R2*R2)	; 给 *Z* 轴赋值，运行至通过（R1 × R1 +R2 × R2）的平方根确定的位置

程序代码 4	注释
`$R4=-0.1EX-3`	；在主处理中赋值：R4 =−0.1 $\times 10^{5}$（R4=−0.0001）
`$R[6]=1.87EX6`	；在主处理中赋值：R6 =1.87 $\times 10^{6}$（R6=1 870 000）

要使一个零件程序不仅仅适用于特定数值下的一次加工，或者在程序运行中计算出某些数值，这两种情况均可以使用计算参数。可以在程序运行时由控制器计算或设定所需要的数值，也可以通过操作面板设定参数数值。如果参数已经赋值，可以通过段号寻址变量并对其进行操作。

SINUMERIK 828D 数控系统设置的计算参数 R 有 300 个（R0~R299）。当使用了 R 参数后，R 参数表就会留有数据，如果进入 R 参数表，用手工方法逐行将参数置零很麻烦。

用 FOR< 条件 > ENDFOR 语句编写一个用户循环——“R 参数表清零程序”，可以任意设置清零的 R 参数区域（段），一次运行就可以完成拟清零的该参数区域（段）的所有 R 参数。编写这个循环程序需要使用间接编程方法。间接编程是指用 R[RX] 的方法表示一个参数，即为序号在 X 的计算参数 R 赋值。拟将 R 参数表中 R3~R50 的地址清零的程序见表 5-4。

表 5-4 拟将 R 参数表中 R3~R50 的地址清零的程序

QINGLING. MPF		程序名：R 参数清零程序
;2018.06.01 V1.00		程序编写日期与版本号
N10	R97=3	设置待清零 R 参数的最小序数
N20	R98=50	设置待清零 R 参数的最大序数
N30	FOR R99=R97 TO R98	设 R99 为循环变量
N40	R[R99]=0	将间接参数赋值为 0
N50	ENDFOR	清零循环结束
/N60	R99=0	设置的循环变量为 0，程序段可以被跳跃
/N70	R97=0	设置的最小序数为 0，程序段可以被跳跃
/N80	R98=0	设置的最大序数为 0，程序段可以被跳跃
N90	M30	程序结束

提示：程序中使用了 R 参数。对于不经常或在特定情况下使用的 R 参数，建议选择参数序数较高的地址区域来定义参数，以免与被加工程序中的 R 参数区域发生冲突，这也是一个良好习惯。

运行此程序前，需要对程序中的 R97 和 R98 进行赋值，设定清零的 R 参数区间。

在程序段的段号字之前输入斜线符“/”的程序段称为“程序跳段”。当程序运行控制选项“程序跳段”被激活时，每次运行时可以被跳跃过去。当“程序跳段”功能没有被激活时，这三个程序段才会被执行，参数表中 R97、R98 和 R99 也被清零了。

5.1.4 定义用户变量（DEF）

用户可通过 DEF 指令定义自己的变量并进行赋值。在划分系统变量时，这些变量被称为用户定义变量或用户变量。根据变量的有效范围，即变量可见范围，用户变量可分为以下几个类别：

1）局部用户变量（LUD）。局部用户变量（LUD）是在执行过程中，在调用零件程序时创建，并在零件程序结束或者数控系统复位时删除，而不是在主程序的零件程序中定义的变量。只能在定义 LUD 的零件程序中存取该 LUD。

2）程序全局用户变量（PUD）。程序全局用户变量（PUD）是在主程序的零件程序中定义的变量。此变量在零件程序开始时创建，在零件程序结束或数控系统复位时删除。可在主程序及所有子程序中存取 PUD。

3）全局用户变量（GUD）。全局用户变量（GUD）是在数据块（SGUD，MGUD，UGUD，GUD4 ~ GUD9）中定义的数控系统或通道全局变量，此变量上电后依然保留。可在所有零件程序中存取 GUD。在使用（读或写）用户变量前必须对其进行定义且必须遵循以下规则：

① GUD 必须在定义文件如“_N_DEF_DIR/_M_SGUD_DEF”中定义。

② PUD 和 LUD 必须在零件程序的定义段中定义。

③ 必须在单独的程序段中进行数据定义。

④ 每次数据定义只能使用一种数据类型。

⑤ 每次数据定义可以定义多个相同数据类型的变量。

（1）编程格式　系统中定义的编程格式非常完整，规定的编程格式为：

DEF < 范围 >< 类型 >< 预处理停止 >< 初始化时间 >< 物理单位 >< 限限值 >< 存取权限 >< 名称 >[< 值 _1>,< 值 _2>,< 值 _3>]=< 初始化值 >；

在实际使用中编程格式可以为：

DEF <类型 >< 名称 >[< 值 _1>,< 值 _2>,< 值 _3>]=< 初始化值 >；

（2）指令参数说明

DEF：用于定义用户变量 GUD、PUD、LUD 的指令。

<类型 >：数据类型。INT 为带正负号的整数值；REAL 为实数型数值；CHAR 为 ASCII-字符；STRING [< 最大长度 >] 为定义长度的字符串；BOOL 为布尔型数值，真值 =TRUE（1）/ 假值 =FALSE（0）；AXIS 为进给轴 / 主轴标识符；FRAME 为静态坐标转换的几何设定。

<名称 >：变量名称。规定同用户定义变量名称。

[< 值 _1>，< 值 _2>，< 值 _3>]：设定 1~3 维（最大）数组变量的数组长度（可选）。

<初始化值 >：初始化值（可选）。

（3）编程示例

例 1：在机床制造商数据块中定义用户变量。

```
程序代码                                          注释
%_N_MGUD_DEF                                      ；GUD 模块：机床制造商
$PATH=/_N_DEF_DIR                                 ；文件路径定义
DEF CHAN REAL PHU 24 LLI 0 ULI 10 STROM_1, STROM_2
```

本程序段代码释义：

定义两个全局用户变量（GUD）STROM_1，STROM_2。

有效范围：整个通道。

数据类型：REAL（实数）型。

预处理停止：未编程定义，即采用默认值（预处理停止）。

物理单位：24 = [A]，电流单位。

极限值：下限 = 0.0，上限 = 10.0。

存取权限：未编程定义，即采用默认值 = 7（钥匙开关位置 0）。

初始化值：未编程定义，即采用默认值 = 0.0。

```
DEF NCK REAL PHU 13 LLI 10 APWP 3 APRP 3 APWB 0 APRB 2 ZEIT_1=12, ZEIT_2=45
```

本程序段代码释义：

定义两个全局用户变量（GUD）ZEIT_1，ZEIT_2。

有效范围：整个 NCK。

数据类型：REAL（实数）型。

预处理停止：未编程定义，即采用默认值（无预处理停止）。

物理单位：13 = [s]，时间单位。

极限值：下限 = 10.0，上限 = 未编程初始值，定义范围上限。

存取权限：可以通过 NC、零件程序进行写入或读取操作权限 = 3（最终用户级口令）。可以通过 PLC 程序或 HMI 人机界面等方式进行写入操作权限 = 0（系统级口令）；可以通过 PLC 程序或 HMI 人机界面等方式进行读取操作权限读取 = 2（服务级口令）。

初始化值：ZEIT_1 = 12.0，ZEIT_2 = 45.0。

```
DEF NCK APWP 3 APRP 3 APWB 0 APRB 3 STRING[5] GUD5_NAME = "COUNTER"
```

本程序段代码释义：

定义一个全局用户变量（GUD）GUD5_NAME。

有效范围：整个 NCK。

数据类型：STRING（字符串）型，最大 5 个字符。

预处理停止：未编程定义，即采用默认值（无预处理停止）。

物理单位：未编程定义，即采用默认值（无物理单位）。

极限值：未编程定义，即采用默认值。定义范围限值：下限 = 0，上限 = 255。

存取权限：可以通过 NC、零件程序进行写入或读取操作权限 = 3（最终用户级口令）；可以通过 PLC 程序或 HMI 人机界面等方式进行写入操作权限 = 0（系统级口令）；可以通过 PLC 程序或 HMI 人机界面等方式进行读取操作权限读取 = 3（最终用户级口令）；

初始化值：变量的初始值为“COUNTER”。

```
M30
```

例 2：程序全局和局部用户变量（PUD / LUD）的定义。

程序代码	注释
PROC MAIN	；主程序名称 MAIN
DEF INT VAR1	；程序全局用户变量 PUD 定义一个名称为“VAR1”的整型变量
VAR1=30	；名称为 VAR1 的变量赋初始值为 30
……	
SUB2	；子程序调用
……	
M30	；

程序代码	注释
PROC SUB2	；子程序名称 SUB2
DEF INT VAR2	；局部用户变量 LUD 定义
……	
IF(VAR1==1)	；程序全局用户变量 PUD 读取
VAR1=VAR1+1	；程序全局用户变量 PUD 读取和写入
VAR2=1	；局部用户变量 LUD 写入 ENDIF
SUB3	；子程序调用
……	
M17	

程序代码	注释
PROC SUB3	；子程序名称 SUB3
SUB3	
……	
IF(VAR1==1)	；程序全局用户变量 PUD 读取
VAR1=VAR1+1	；程序全局用户变量 PUD 读取和写入
VAR2=1	；错误：SUB3 中的局部用户变量 LUD 未知
ENDIF	
……	
M17	

例 3：数据类型为 AXIS 的用户变量的定义和应用。

程序代码	注释
DEF AXIS ABSZISSE	；定义变量 ABSZISSE 为轴类型变量
DEF AXIS SPINDLE	；定义变量 SPINDLE 为轴类型变量
……	
IF ISAXIS(1)== FALSE GOTOF WEITER	；若第一几何轴不存在，跳转到程序段 WEITER
ABSZISSE = $P_AXN1	；若第一几何轴存在，变量 ABSZISSE 赋值为第一几何轴
WEITER：	
……	
SPINDLE=(S1)	；将变量 SPINDLE 赋值为主轴 1
OVRA[SPINDLE]=80	；将主轴 1 的倍率赋值为 80%
SPINDLE=(S3)	；将变量 SPINDLE 赋值为主轴 3
……	
M30	

但是，在定义用户变量时还受一定条件的约束，例如在定义全局用户变量（GUD）时需考虑表 5-5 所列的机床数据。

表 5-5　定义全局用户变量时需要考虑的机床数据

编号	名称：$MN_	含义
11140	GUD_AREA_ SAVE_TAB	GUD 模块的附加备份
181181	MM_NUM_GUD_MODULES	当前主动文件系统中 GUD 文件的数量
181201	MM_NUM_GUD_NAMES_NCK	全局 GUD 名称数量
181301	MM_NUM_GUD_NAMES_CHAN	通道专用 GUD 名称数量
181401	MM_NUM_GUD_NAMES_AXIS	轴专用 GUD 名称数量
181501	MM_GUD_VALUES_MEM	全局 GUD 值的存储空间
186601	MM_NUM_SYNACT_GUD_REAL	可设置的数据类型为 REAL 的 GUD 数量
186611	MM_NUM_SYNACT_GUD_INT	可设置的数据类型为 INT 的 GUD 数量
186621	MM_NUM_SYNACT_GUD_BOOL	可设置的数据类型为 BOOL 的 GUD 数量
186631	MM_NUM_SYNACT_GUD_AXIS	可设置的数据类型为 AXIS 的 GUD 数量
186641	MM_NUM_SYNACT_GUD_CHAR	可设置的数据类型为 CHAR 的 GUD 数量
186651	MM_NUM_SYNACT_GUD_STRING	可设置的数据类型为 STRING 的 GUD 数量

当设置了机床数 MD11120 $MN_LUD_EXTENDED_SCOPE = 1 时，在主程序中定义的程序局部用户变量（PUD）同样在子程序中可见。当设置 MD11120 = 0 时，在主程序中定义的程序局部用户变量只在主程序中可见。

（4）数据类型为 AXIS 的 NCK 全局变量的跨通道应用　当通道中的轴的通道轴编号相同时，在数据块定义时，轴名称初始化的、数据类型为 AXIS 的 NCK 全局用户变量才可在数控系统的不同通道中使用。如果不是这种情况，必须在零件程序开始处载入变量，或者像下面的例子一样使用 AXNAME（...）功能。

程序代码	注释
`DEF NCK STRING[5] ACHSE="X"`	；定义 NCK 局部字符型变量 ACHSE，并赋值为“X”
...	
`N100 AX[AXNAME(ACHSE)]=111 G00`	；等同于在零件程序中间接指令 X=111 G00

5.2　系统变量、用户变量和数控语言指令的重新定义（REDEF）

在编写程序中，使用REDEF指令可对系统变量、用户变量和数控语言指令的属性进行更改。重新定义的前提条件是：必须在相应的定义后进行。

在重新定义中不能同时对多个属性进行更改。必须为每个需要更改的属性编程单独的 REDEF 指令。

如果编程的多个属性更改之间有冲突，则最后进行的更改生效。

提示：不能对局部用户变量（PUD / LUD）进行重新定义。

（1）编程格式

REDEF <名称><预处理停止>；

REDEF < 名称 >< 物理单位 >；
REDEF < 名称 >< 限值 >；
REDEF < 名称 >< 存取权限 >；
REDEF < 名称 >< 初始化时间 >；
REDEF < 名称 >< 初始化时间 >< 初始化值 >；

（2）指令参数说明

REDEF：用于重新定义系统变量、用户变量和数控语言指令的特定属性的指令。

< 名称 >：已定义的变量或数控语言指令的名称 。

< 预处理停止 >：SYNR 为在读取时执行预处理停止；SYNW 为在写入时执行预处理停止。

< 物理单位 >：只允许为以下类型的变量设定物理单位：INT 和 REAL。

< 限值 >：下限（LLI）或上限（ULI）。如果在重新定义一个用户变量的极限值时，当前实际值超出了新的定义范围，系统会输出报警，而不接收该极限值。因此，在重新定义用户变量的极限值时，请注意值（极限值、实际值和初始化值）的修改应保持一致。

< 存取权限 >：通过零件程序或 BTSS 读取或写入的权限。

APX< 保护等级 >：执行数控语言元素。

APRP< 保护等级 >：读取零件程序。

APWP< 保护等级 >：写入零件程序。

APRB< 保护等级 >：读取 BTSS。

APWB< 保护等级 >：写入 BTSS。

< 初始化时间 >：变量重新初始化的时间。

INIPO：上电。

INIRE：主程序结束，数控系统复位或上电。

INICF：重新配置或主程序结束，数控系统复位或上电。

PRLOC：主程序结束，本地更改后数控系统复位或上电。

< 初始化值 >：在定义初始化值时，必须设定初始化时间。

提示：系统变量不可进行重新定义，也不可以删除已设定数据。

5.3 间接编程

5.3.1 间接编程地址

（1）编程格式

< 地址 >[< 索引 >]；

（2）指令参数说明

< 地址 >[...]：带扩展名（索引）的固定地址。

< 索引 >：变量，如主轴编号、轴等。

在间接编程地址时，扩展的地址（索引）由一个合适的变量类型替代。但在下列情况下，不能间接编程地址：

1）N（程序段编号）。

2）L（子程序）。

3）可调用地址（例如，X[1] 代替 X1 是不允许的）。

（3）编程示例　编程一个主轴编号语句。

直接编程指令：

程序代码	注释
`S1=300`	；主轴转速为 300r/min，编号为 1。

间接编程地址：

程序代码	注释
`DEF INT SPINU=1`	；定义 INT 型变量和赋值
`S[SPINU]=300`	；主轴转速为 300r/min，其编号保存在变量 SPINU 中（本示例中，编号为 1）。

5.3.2　间接编程 G 代码

通过间接编程 G 代码，可以进行有效的循环编程。

（1）编程格式

G[< 组 >]=< 编号 >

（2）指令参数说明

G[...]：带扩展名（索引）的 G 指令。

< 组 >：索引参数 G 功能组，数值类型：INT。

< 编号 >：用于 G 代码编号的变量，数值类型：INT 或 REAL。

通常只能间接编程非编程格式定义的 G 代码。编程格式定义的 G 代码中只有 G 功能组 1 可采用间接编程，而 G 功能组 2、3 和 4 中的编程格式定义 G 代码则不可以。

在间接 G 代码编程中不允许进行算术计算。必须在 G 代码间接编程前，在一个自身的零件程序行中进行必要的 G 代码编号计算。

（3）编程示例

例 1：可设定的零点偏移（G 功能组 8）。

程序代码	注释
`N110 DEF INT INT_VAR`	；定义整型数值变量
`N120 INT_VAR=2`	；对已定义的整型数值变量赋值
`...`	
`N1090 G[8]=INT_VAR G1 X0 Z0`	；间接表示：使用 G54 可设定工件坐标系
`N1100 INT_VAR=INT_VAR+1`	；G 代码计算
`N1110 G[8]=INT_VAR G1 X0 Z0`	；间接表示：使用 G55 可设定工件坐标系

例 2：平面选择（G 功能组 6）。

程序代码	注释
`N210 R10=$P_GG[6]`	；读取 G 功能组 6 中激活的平面信息并保存到 R10 变量中

```
......
N290 G[6]=R10                    ；将之前保存在 R10 中的 G 功能组 6 的功
                                   能恢复
```

5.4 常用的系统变量编程格式

5.4.1 几何位置变量编程格式及示例

系统变量可以分为几个部分（以三个直线轴运动为例说明）：

1）读取加工平面参数数据——选择 G17/G18/G19。

$P_GG[6]=1（当前所选平面为 G17）。

$P_GG[6]=2（当前所选平面为 G18）。

$P_GG[6]=3（当前所选平面为 G19）。

2）读取在机床坐标系（MCS）中的（轴）位置数据指令。

机床坐标系中 *X* 轴的当前坐标值：$AA_IM[X] 。

机床坐标系中 *Z* 轴的当前坐标值：$AA_IM[Z] 。

编程示例：

```
R1=$AA_IM[X] ;
R3=$AA_IM[Z] ;
```

运行上述指令后，可在系统“OFFSET”功能区的“R 参数”界面对应的 R 参数栏中看到机床各个坐标轴的当前位置数据。

3）读取在工件坐标系（WCS）位置数据值的指令。

工件坐标系中 *X* 轴的当前坐标值：$AA_IW[X]。

工件坐标系中 *Z* 轴的当前坐标值：$AA_IW[Z]。

4）读取在基准坐标系（BCS）位置数据值的指令。

工件坐标系中 *X* 轴的基本坐标值：$AA_IB[X]。

工件坐标系中 *Z* 轴的基本坐标值：$AA_IB[Z]。

5）读 / 写可设定的零点偏移指令。

读取或写入可设定的零点偏移（工件坐标系原点）的数据值指令（不含扩展零点偏移地址），见表 5-6。

表 5-6 读或写可设定的零点偏移指令

可设定零点偏移	*X* 坐标	*Z* 坐标
G500 $P_GG[8]=1	$P_UIFR[0,X,TR]	$P_UIFR[0,Z,TR]
G54 $P_GG[8]=2	$P_UIFR[1,X,TR]	$P_UIFR[1,Z,TR]
G55 $P_GG[8]=3	$P_UIFR[2,X,TR]	$P_UIFR[2,Z,TR]
G56 $P_GG[8]=4	$P_UIFR[3,X,TR]	$P_UIFR[3,Z,TR]
G57 $P_GG[8]=5	$P_UIFR[4,X,TR]	$P_UIFR[4,Z,TR]

注：$P_UIFR[0,,TR] 变量在程序运行中是生效的，但是程序结束或复位之后就被清除了。

编程示例：

例 1：读取 G55 中 *X* 偏移值到计算参数 R8 中。

```
R8=$P_UIFR[2,X,TR]；
```

例 2：对可设定的零点偏移变量赋值语句。

设定（写入）G54 中的 X 轴的偏移值 R1=70、Z 轴的偏移值 R3=−30，具体编程指令如下：

```
R1=70 R3=-30；
$P_UIFR[1,X,TR]=R1；
$P_UIFR[1,Z,TR]=R3；
```

或者用下面的指令写入：

```
$P_UIFR[1]=CTRANS (X,R1,Z,R3)；
```

运行上述指令后，可在系统【OFFSET】功能区的〖零点偏移〗界面中的 G54 一栏中看到如上数据。

6）读取程序运行后的设定点编程值指令。

工件坐标系中 X 轴的基本坐标值：$P_EP[X]；

工件坐标系中 Z 轴的基本坐标值：$P_EP[Z]；

编程示例：编写读取设定点编程值语句。

```
G0 X180
R4=$P_EP[X]
```

运行上述指令后，可在系统“OFFSET”功能区的“R 参数”界面中看到程序运行后 X 轴编程值。

5.4.2 刀具几何数据变量编程格式及示例

SINUMERRIK 828D 数控系统中常用到的刀具变量分为刀具几何尺寸变量、刀具装入系统的信息操作变量和刀具加工监控变量三个部分。

（1）刀具几何尺寸变量和刀具装入系统的信息操作变量　“刀具表”和“刀具磨损”两个界面中显示出部分车削刀具几何尺寸名称项及数据，如图 5-1 和图 5-2 所示，定义见表 5-7。

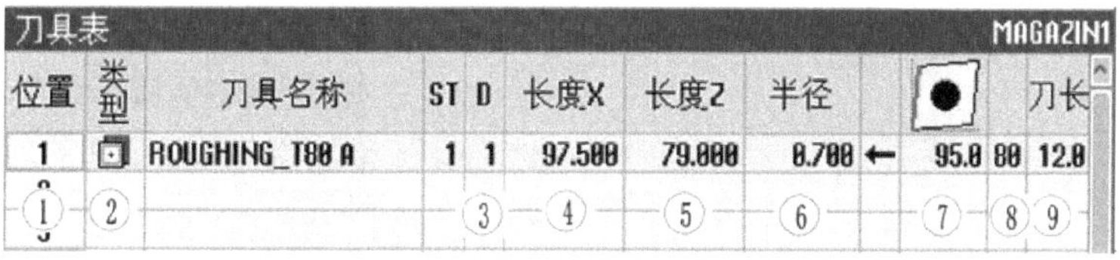

刀具表 MAGAZIN1

位置	类型	刀具名称	ST	D	长度X	长度Z	半径				刀长
1		ROUGHING_T80 A	1	1	97.500	79.000	0.700	←	95.0	80	12.0
①	②		③		④	⑤	⑥		⑦	⑧	⑨

图 5-1　刀具表界面显示的刀具变量及指示标号

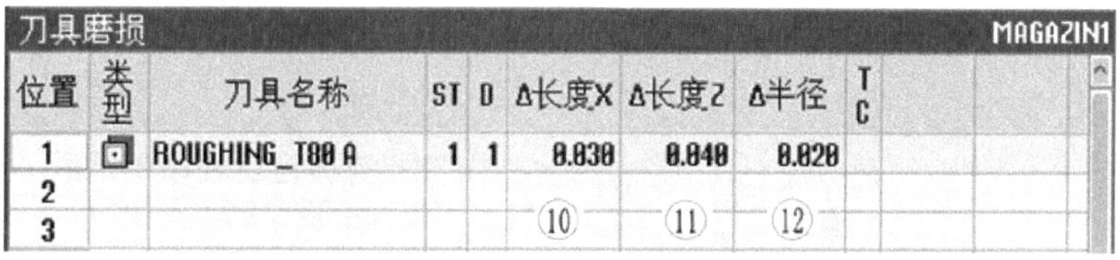

刀具磨损 MAGAZIN1

位置	类型	刀具名称	ST	D	Δ长度X	Δ长度Z	Δ半径	TC
1		ROUGHING_T80 A	1	1	0.030	0.040	0.020	
2					⑩	⑪	⑫	
3								

图 5-2　刀具磨损界面显示的刀具变量指示标号

在数控程序编写时，刀具数据分别由 T 和 D 两个参数号代表选择的刀具和被直接分配给刀具的刀沿。程序段中的编写格式为：$TC_DPx [T,D]。具体表达如下：

DPx：表示刀具变量编号，x 表示 DP 变量的序号。

[T，D]：T 表示刀具号，D 表示刀沿号。

表 5-7　刀具的几何尺寸数据变量符号及定义

指示标号	变量名称	定义
①	$P_TOOLNO	对应刀库编号或刀位置编号
②	$TC_DP1 [T, D]	刀具类型
③	$TC_DP2 [T，D]	刀沿位置
④	$TC_DP3[T，D]	刀具长度 1 的几何尺寸（G18 平面 *X* 轴方向）
⑤	$TC_DP4 [T，D]	刀具长度 2 的几何尺寸（G18 平面 *Z* 轴方向）
⑥	$TC_DP6[T，D]	刀具半径或直径的几何尺寸
⑦	$TC_DP10 [T，D]	刀具主偏角，可填写刀片的主偏角数据
⑧	无对应变量	刀具刀尖角（派生角度），可填写刀片的刀尖角数据
⑨	$TC_DP9 [T，D]	刀具切削刃长度，可填写刀片的刃长数据
⑩	$TC_DP12 [T，D]	刀具长度 1 的磨损值
⑪	$TC_DP13 [T，D]	刀具长度 2 的磨损值
⑫	$TC_DP15 [T，D]	刀具半径或直径的磨损值

注：长度 1 和长度 2 数据取决于 $TC_DP2 中的刀沿位置（1~8），或刀沿中心位置（9 或 0）。

在编程中还可以使用系统变量对系统的当前有效刀具的变量进行读写操作。下面这些指令一般只可在程序中进行读取信息，不能写入数据。将其编写在加工工序中，可与机床实际的数据对比做出判断，以保证加工程序运行的安全性。编程中使用这些参数时首先需要确认所读取（查验）的刀具为当前（已经激活的）刀具。

```
$P_TOOLNO       ；当前（有效）刀具号（T 号）
$P_TOOL         ；当前（有效）刀具号的（有效）刀沿号（D 号）
$P_TOOLP        ；最后一次编程的刀具号
$P_TOOLL[ n ]   ；当前的刀具长度  n=1，2（X，Z）
```

例 1：

程序代码	注释
R1=$P_TOOLNO	；查验当前已经激活的刀具号（T 号）;
R2=$P_TOOL	；查验当前已经激活的刀具的刀沿号（D 号）;
R13=$P_TOOLL[1]	；查验当前已经激活的刀具第一长度（*X* 轴方向）值

例 2：

程序代码	注释
R14=$P_TOOLP	；查验运行程序中最后一个编程的刀具号（T 号）

需要在程序运行结束前编入此查验程序段。

运行上述指令后，可在系统“OFFSET”功能区的“R 参数”界面中看到上述数据。

（2）刀具加工监控变量　刀具加工监控变量是指用于监控刀具寿命的工作状态的控制参数变量，除了没有刀具情况外（图 5-3 中 TC 栏目中为空），这里分为三组共九个变量：①刀具车削加工寿命时间（表中 TC 栏中为“T”）；②刀具加工工件数量监控（表中 TC 栏中为“C”）；③刀具磨损限值监控（表中 TC 栏中为“W”），如图 5-3~ 图 5-5 所示，定义见表 5-8。

刀具磨损　MAGAZIN1

位置	类型	刀具名称	ST	D	EX	Δ长度Z	Δ半径	TC	刀具寿命	目标值	预警值
1		ROUGHING_T80 A	1	1	30	0.040	0.020	T	20.0	18.0	17.5
2								⑬	⑭	⑮	⑯
3											

图 5-3 “刀具磨损”界面显示的刀具寿命（时间）控制变量对应指示标号

刀具磨损　MAGAZIN1

位置	类型	刀具名称	ST	D	EX	Δ长度Z	Δ半径	TC	工件数	目标值	预警值
1		ROUGHING_T80 A	1	1	30	0.040	0.020	C	100	90	85
2								⑬	⑰	⑱	⑲
3											

图 5-4 “刀具磨损”界面显示的刀具加工件数控制变量对应指示标号

刀具磨损　MAGAZIN1

位置	类型	刀具名称	ST	D	EX	Δ长度Z	Δ半径	TC	磨损量	额定值	预警值
1		ROUGHING_T80 A	1	1	30	0.040	0.020	W	-0.060	-0.020	-0.015
2								⑬	⑳	㉑	㉒
3											

图 5-5 “刀具磨损”界面显示的刀具磨损限制值控制变量对应指示标号

表 5-8　“刀具磨损”界面中刀具寿命控制变量符号及定义

序号	变量名称	定义
⑬	无对应变量	选择刀具加工监控类型变量
⑭	$TC_MOP1 [T，D]	寿命时间的预警限制（预警值）(min)
⑮	$TC_MOP2 [T，D]	剩余的刀具寿命（min）
⑯	$TC_MOP11[T，D]	指定的刀具寿命（min）
⑰	$TC_MOP3 [T，D]	寿命时间的预警限制（预警值）(件)
⑱	$TC_MOP4 [T，D]	剩余的加工工件数量（件）
⑲	$TC_MOP13 [T，D]	指定的加工工件数量（件）
⑳	$TC_MOP5 [T，D]	刀具磨损量的预警限制（预警值）(mm)
㉑	$TC_MOP6[T，D]	剩余的刀具磨损量（mm）
㉒	$TC_MOP15 [T，D]	指定的磨损量数值（mm）

（3）刀具几何尺寸基本值和磨损值的关系　刀具几何尺寸由多个数值组成，刀具的实际几何尺寸（$P_TOOLL[1] 和 $P_TOOLL[2]）分别由坐标方向的基本值和磨损值等计算得出。不需要的数据可以用“零值”来覆盖。所有磨损量尺寸既作用于刀具长度上，也用于其他尺寸（如刀尖

圆弧半径等）上。如果输入一个正的磨损尺寸值，则可以使得实际刀具“变短”和“变薄”。

此外，所有其他尺寸都影响该刀具长度。对于传统刀具，这些尺寸还可能影响有效刀具长度（适配器、可定向的刀架、设定数据等）。

注意： 车削系统中的刀具在 *X* 向和 *Z* 向的实际长度值由系统自动计算得出。当前已经激活的刀具第一长度（*X* 向）值（$P_TOOLL[1]）将会根据刀具的类型在 *X* 向的磨损值（“Δ 长度 X”）自动取其全值或取其半值参加计算，如图 5-6 和图 5-7 所示。

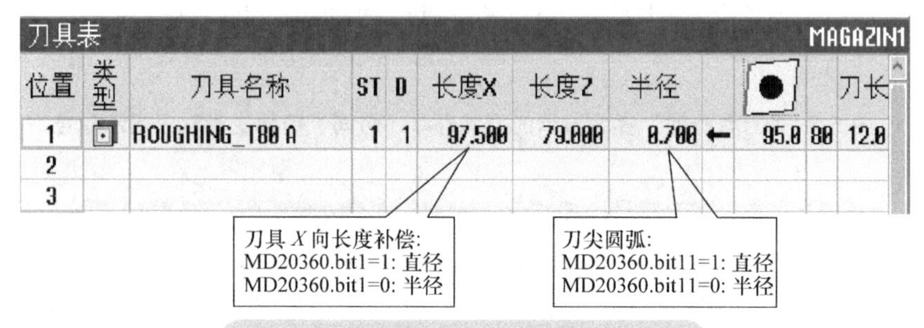

图 5-6 “刀具表”中数值方式设定说明

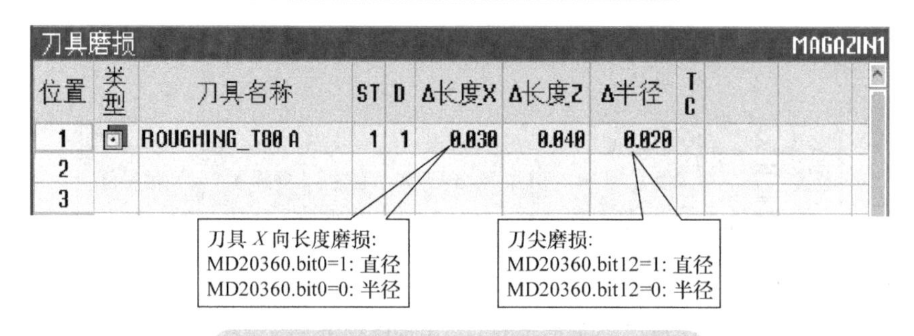

图 5-7 “刀具磨损”中数值方式设定说明

提示： 如果未能正确设置系统参数，得到的实际刀具长度值可能是错误的。

5.4.3 获取刀具号的管理函数（GETT）

在 SINUMERIK 828D 系统中，可以通过编写加工程序的方法实现对刀具几何尺寸的读取和赋值。这类指令（也可以称为函数）很多，经常使用的指令（函数）有 GETT（n，m）。一般情况下，可将“m”值直接写为“1”。

读取或更改刀具参数不能直接对 $TC_DP6[T,D]（刀具半径）或 $TC_DP3[T,D]（刀具长度）等系统变量进行操作。首先要借助于自定义变量或 R 参数，使用刀具管理中的函数 GETT（n,m）指令获取当前刀具号（或将“刀具表”中的刀具名称转换为一个常量，操作者无须关心这个常量值的含义），再将获取刀具号的变量名称或 R 参数名称填写在系统变量 $TC_DP6[T, D] 中的“T”位置处，就可以进行刀具的刀沿半径值等系统变量的读、写操作了。

编程示例：“刀具表”中已经定义有刀具：钻头“DRILL_5”，55° 外圆车刀“F3”和切断刀“CUT_20”，并且已经输入刀具的半径值和长度值数据。

例 1：读取 55° 外圆车刀的信息。

程序代码	注释
`R5=GETT("F3",1)`	；读取刀具名称为“F3”的刀具编号到变量 R5 中
`R15=$TC_DP2[R5,2]`	；读取 45° 外圆车刀“1”的 2 号刀沿位置号到变量 R15 中

例 2：读取刀具名称为“DRILL10”的信息。

程序代码	注释
`R6=GETT("DRILL10",1)`	；读取刀具名称为“DRILL10”的刀具编号到变量 R6 中
`R16=$TC_DP4[R6,1]`	；读取“DRILL10”的 1 号刀沿 Z 向长度值到变量 R16 中
`$TC_DP4[R6,2]= 44.98`	；对“DRILL10”的 2 号刀沿赋值（写入）刀尖长度值 44.98

例 3：读取刀具名称为“CUT_20”的信息。

程序代码	注释
`R14=GETT("CUT_20",1)`	；读取刀具名称为“CUT_20”的刀具编号到变量 R14 中
`R15=$TC_DP6[R14,1]`	；读取“CUT_20”的刀尖半径值到 R15 变量中
`$TC_DP4[R14,1]=19.837`	；对“CUT_20”的 1 号刀沿赋值（写入）刀尖 Z 向长度值
`$TC_DP12[R14,1]=0.025`	；对“CUT_20”的 1 号刀沿赋值（写入）X 向长度磨损值

例 4：读出“刀具表”中的刀具（例如已经激活“F3”外圆车刀）的几何尺寸数据，如图 5-8 和图 5-9 所示。

程序代码	注释
`T="F3" D1`	；将查验或读取参数的刀具设为当前刀具
`R0=GETT("F3",1)`	；读取刀具名称为“F3”的“刀具名称”到变量 R0 中
`R1=1`	；将刀沿号赋值给中间变量 R1
`R2=$P_TOOLNO`	；查验当前已经激活的刀具号（T 号）
`R3=$P_TOOL`	；查验当前已经激活的刀具的刀沿号（D 号）
`R10=$TC_DP1 [R0,1]`	；读“F3”的刀具类型（“类型代码”）
`R11=$TC_DP2[R0,1]`	；读“F3”的 1 号刀尖位置代码（“刀具位置”）
`R12=$P_TOOLL[1]`	；查验当前已经激活的刀具第一长度值

```
                                       （“长度 X”）
R13=$P_TOOLL[2]                        ；查验当前已经激活的刀具第二长度值
                                       （“长度 Z”）
R14=$TC_DP3[R0,R1]                     ；读“F3”1号刀沿长度1（X轴方向）的
                                       几何尺寸（“长度 X”）
R15=$TC_DP4[R0,R1]                     ；读“F3”1号刀沿长度2（Z轴方向）的
                                       几何尺寸（“长度 Z”）
R14=$TC_DP6[R0,R1]                     ；读“F3”的刀尖半径值（R17=0.4)(“半
                                       径”）
R17=$TC_DP12[R0,R1]                    ；读“F3”刀沿1长度1（X）的磨损值
                                       （“Δ 长度 X”）
R18=$TC_DP13[R0,R1]                    ；读“F3”刀沿1长度2（Z）的磨损值
                                       （“Δ 长度 Z”）
```

注意： 如果读取刀具“F3”的2号刀沿中的刀具几何尺寸，则需要对参数R1重新赋值刀沿号。

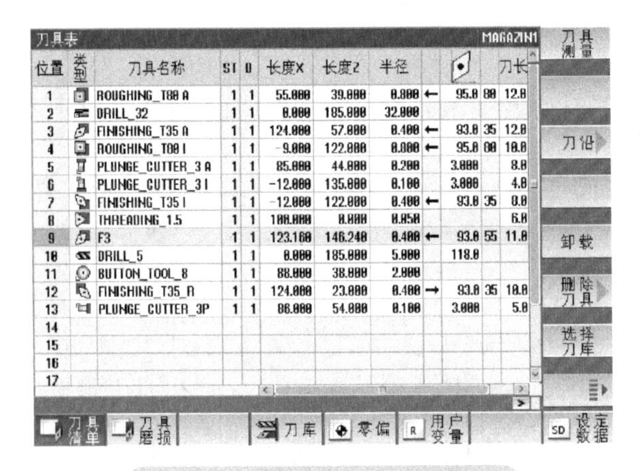

刀具表 MAGAZIN1

位置	类型	刀具名称	ST	D	长度X	长度Z	半径				刀长
1		ROUGHING_T80 A	1	1	55.000	39.000	0.800	←	95.0	80	12.0
2		DRILL_32	1	1	0.000	185.000	32.000				
3		FINISHING_T35 A	1	1	124.000	57.000	0.400	←	93.0	35	12.0
4		ROUGHING_T80 I	1	1	-9.000	122.000	0.000	←	95.0	80	10.0
5		PLUNGE_CUTTER_3 A	1	1	85.000	44.000	0.200		3.000		8.0
6		PLUNGE_CUTTER_3 I	1	1	-12.000	135.000	0.100		3.000		4.0
7		FINISHING_T35 I	1	1	-12.000	122.000	0.400	←	93.0	35	8.0
8		THREADING_1.5	1	1	100.000	0.000	0.050				6.0
9		F3	1	1	123.160	146.240	0.400	←	93.0	55	11.0
10		DRILL_5	1	1	0.000	185.000	5.000		118.0		
11		BUTTON_TOOL_8	1	1	80.000	38.000	2.000				
12		FINISHING_T35_R	1	1	124.000	23.000	0.400	→	93.0	35	10.0
13		PLUNGE_CUTTER_3P	1	1	86.000	54.000	0.100		3.000		5.0
14											
15											
16											
17											

图 5-8 “刀具表”中的数据示例

SIEMENS　SINUMERIK OPERATE　JOG

刀具磨损 MAGAZIN1

位置	类型	刀具名称	ST	D	Δ长度X	Δ长度Z	Δ半径	TC	工件数	目标值
1		ROUGHING_T80 A	1	1	0.000	0.000	0.000			
2		DRILL_32	1	1	0.000	0.000	0.000			
3		FINISHING_T35 A	1	1	0.000	0.000	0.000			
4		ROUGHING_T80 I	1	1	0.000	0.000	0.000			
5		PLUNGE_CUTTER_3 A	1	1	0.000	0.000	0.000			
6		PLUNGE_CUTTER_3 I	1	1	0.000	0.000	0.000			
7		FINISHING_T35 I	1	1	0.000	0.000	0.000			
8		THREADING_1.5	1	1	0.000	0.000	0.000			
9		F3	1	1	0.360	0.240	0.100	C	94	75
10		DRILL_5	1	1	0.000	0.000	0.000			
11		BUTTON_TOOL_8	1	1	0.000	0.000	0.000			
12		FINISHING_T35_R	1	1	0.000	0.000	0.000			
13		PLUNGE_CUTTER_3P	1	1	0.000	0.000	0.000			
14										
15										
16										
17										

排序　筛选　搜索　详细　设置　重新激活　选择刀库

刀具清单　刀具磨损　刀库　零偏　用户变量　SD 设定数据

图 5-9 “刀具磨损”中的数据显示

5.5　程序执行时间变量

SINUMRERIK 828D 数控系统提供了程序运行时间和工件计数的相关信息显示。可以通过系统面板的操作查看并自行设置。如果想进一步了解程序运行时间和工件计数各参数的控制方法，可查看 SINUMRERIK 828D 数控系统通道参数 MD 27860、MD 27880 和 MD 27882 等有关资料。

SINUMRERIK 828D 数控系统的“程序运行时间”功能提供了数控系统内部计时器用于监控的工艺过程，它可以通过数控系统和通道专用的系统变量在零件程序和同步动作中读取。

（1）系统中常用的时间变量　SINUMERIK 数控系统变量中常用的与时间有关的变量见表 5-9。

表 5-9　常用的与时间有关的变量

系统变量	含　义	工作方式
$AN_SETUP_TIME	系统从装载数据后开始的总时间，单位为 min 当系统清空时，数据会清零，可认为是总的系统开机时间	总是激活
$AN_POWERON_TIME	系统从上电开始计时的总时间，单位为 min 下次上电会重新计时自动复位为“0”	
$AC_TIME	从循环启动起计时的时间，单位为 s 复位后重新计时将自动复位为“0”	
$AC_OPERATING_TIME	在自动方式时 NC 程序的总运行时间，是指程序启动到程序结束（或程序复位）之间的时间，单位为 s 在每次控制系统启动时都将自动复位为“0”	通过 MD27860 激活 仅自动运行方式
$AC_CYCLE_TIME	所选择的 NC 程序的运行时间，单位为 s 重新执行程序时或在每次启动一个新的数控程序时都将自动复位为“0”	
$AC_CUTTING_TIME	实际加工（处于活动状态的路径轴运行）的总时间，单位为 s。为 G01、G02、G03 运行的时间，不包含快速移动。当暂停时间生效时，计算被中断。在每次使用默认值启动控制系统时，该值都将自动复位为“0”	
$AC_ACT_PROG_NET_TIME	当前数控程序的净运行时间，单位为 s 在每次启动一个数控程序时都将自动复位为“0”	总是激活 仅自动运行方式
$AC_OLD_PROG_NET_TIME	正确使用 M30 指令结束的最后一个加工程序的净运行时间，单位为 s。如果有新的程序启动，该参数记录的数值保持不变，直到再次执行 M30 指令	
$AC_OLD_PROG_NET_TIME_COUNT	对 $AC_OLD_PROG_NET_TIME 中数值的累计 在接通电源后 $AC_OLD_PROG_NET_TIME_COUNT 置“0”	

（2）关于时间数值计时的几个说明

1）使用特定功能（例如 GOTOS、倍率 = 0%、生效的空运行进给、程序测试等）时生效的时间测量特性通过下面的两个机床数据设置进行激活操作。

① MD27850 $MC_PROG_NET_TIMER_MODE。

② MD27860 $MC_PROCESSTIMER_MODE。

2）工件的剩余时间。在加工相同内容的工件时，如果需要知道当前加工的工件剩余的加工时间，可以由上次加工该工件的时间（$AC_OLD_PROG_NET_TIME）与当前的加工时间（$AC_ACT_PROG_NET_TIME）求得。计时器除了记录当前的加工时间，还会在操作界面上显示剩余时间。

3）预处理停止（STOPRE）应用。

① 程序段搜索工作状态下，在程序段搜索时不会计算程序运行时间。

② 再定位功能（REPOS）工作状态下，再定位功能（REPOS）过程的时间会计入当前的加工时间（$AC_ACT_PROG_NET_TIME）。

4）控制系统能够确保 $AC_OLD_PROG_NET_TIME 已经存在的写入，即使用户使用 RESET、$AC_OLD_PROG_NET_TIME 和取消当前程序的操作，$AC_OLD_PROG_NET_TIME_COUNT 都保持不变。但一般不建议用户多次频繁使用运行时间测量的触发器（$AC_PROG_NET_TIME_TRIGGER）的操作，否则会导致 $AC_OLD_PROG_NET_TIME 频繁改变。

（3）运行时间测量的触发器 SINUMERIK 828D 数控系统用于运行时间测量的触发器（$AC_PROG_NET_TIME_TRIGGER）是一个唯一可写的系统变量，用于选择性测量程序，即通过在数控程序中触发器写入可以激活并再次关闭时间测量，见表 5-10。

表 5-10 运行时间测量的触发器变量

<table>
<tr><th>系统变量</th><th colspan="2">含义</th><th>工作方式</th></tr>
<tr><td rowspan="6">$AC_PROG_NET_TIME_TRIGGER</td><td colspan="2">触发器用于运行时间测量：</td><td rowspan="6">仅自动运行方式</td></tr>
<tr><td>0</td><td>中央状态
触发器未激活</td></tr>
<tr><td>1</td><td>结束状态
结束测量并从
$AC_ACT_PROG_NET_TIME 复制值到
$AC_OLD_PROG_NET_TIME
$AC_ACT_PROG_NET_TIME 置“0”并继续运行</td></tr>
<tr><td>2</td><td>运行状态
启动测量并设置
$AC_ACT_PROG_NET_TIME 为“0”
$AC_OLD_PROG_NET_TIME 未改变</td></tr>
<tr><td>3</td><td>停止状态
停止测量，不改变
$AC_OLD_PROG_NET_TIME 并保持
$AC_ACT_PROG_NET_TIME 直至继续</td></tr>
<tr><td>4</td><td>继续状态
继续测量，即再次接受一个以前停止的测量
$AC_ACT_PROG_NET_TIME 继续运行
$AC_OLD_PROG_NET_TIME 未改变</td></tr>
<tr><td colspan="4">通过上电将所有系统变量复位为“0”</td></tr>
</table>

（4）时间变量应用的编程示例

例 1：在 AUTOMATIC 模式下如果加工程序的运行时间超过预定的 4200s，运行程序将返回至程序中的程序启动提示标记段 START。

```
程序代码
…
IF $AC_OPERATING_TIME < 4200 GOTOB START；
```

例 2：在 AUTOMATIC 模式下如果加工程序的运行时间超过预定的 6000s 时，运行程序将跳跃至程序中的换刀操作提示标记段 ACT_M06。

```
程序代码
…
IF $ AC_CUTTING_TIME > 6000 GOTOF ACT_M06 ;
```

例 3：在 AUTOMATIC 模式下如果程序的运行时间超过预定的 2400s，运行程序将跳跃至程序中的报警提示标记段 ALARM_01。

```
程序代码
…
IF $ AC_CUTTING_TIME > 6000 GOTOF A LARM_01 ;
```

例 4：测量“钻中心孔子程序”（SubP_A）的时间。

```
程序代码                                    注释
…
N50 DO $AC_PROG_NET_TIME_TRIGGER=2          ；运行时间测量触发器状态 = 2（运行）
N60 SubP_A                                  ；钻中心孔子程序
N70 DO $AC_PROG_NET_TIME_TRIGGER=1          ；运行时间测量触发器状态 = 1（结束）
N80 SubP_B                                  ；钻孔子程序
N90 M30                                     ；
```

在程序处理行 N70 后，在 $AC_OLD_PROG_NET_TIME 参数中有“钻中心孔子程序”（SubP_A）的净运行时间。

时间参数 $AC_OLD_PROG_NET_TIME 中数值的状态：

① 在 M30 指令运行后保持不变。

② 在每次正确完整运行加工程序（使用 M30 指令结束）后更新。

例 5：测量“钻中心孔子程序”和“钻孔倒角子程序”的时间。

```
程序代码                                    注释
…
N10 DO $AC_PROG_NET_TIME_TRIGGER=2          ；运行时间测量触发器状态 = 2（运行）
N20 SubP_A                                  ；钻中心孔子程序
N30 DO $AC_PROG_NET_TIME_TRIGGER=3          ；运行时间测量触发器状态 = 3（停止）
N40 SubP_B                                  ；钻孔子程序
N50 DO $AC_PROG_NET_TIME_TRIGGER=4          ；运行时间测量触发器状态 = 4（继续）
N60 SubP_C                                  ；钻孔倒角子程序
N70 DO $AC_PROG_NET_TIME_TRIGGER=1          ；运行时间测量触发器状态 = 1（结束）
N80SubP_D                                   ；
N90 M30                                     ；
```

5.6 数学运算指令符和算术函数

5.6.1 运算形式

（1）数值计算　表达式运算是现代数控系统指令表达的一种常用的方法。在数值计算中既有常量计算，也有R参数和实数型变量计算，计算时也遵循通常的数学运算规则。同时，整数型和字符型数值间的计算也是允许的。运算形式见表5-11。

表5-11 常用的运算形式

计算符号	含义	编程示例	说　明
+	加法	R1 = 20+32.5	R1等于20与32.5之和（52.5）
−	减法	R3 = R2-R1	R3等于R2的数值与R1的数值之差
*	乘法	R4 = 0.5*R3	R4等于0.5与R3数值之积
/	除法	R5 = 10/20	R5等于10除以20（0.5） 数值类型包括：INT/INT = REAL
DIV	除法	3 DIV 4 = 0	用于变量类型整数型和实数型
MOD	取模除法	3 MOD 4 = 3	仅用于INT型，提供一个INT除法的余数
< <	连接运算符	“X轴的位置” < < R12	输出含变量R12的提示信息
:	级联运算符	RESFRAME = FRAME1 : FRAME2	

（2）运算的优先级　每个运算符都被赋予一个优先级，如乘法和除法运算优先于加法和减法运算。在计算一个表达式时，有高一级优先权的运算总是首先被执行。在优先级相同的运算中，运算由左到右进行。在算术表达式中可以通过圆括号确定所有运算的顺序并且由此脱离原来普通的优先计算规则（圆括号内的运算优先进行）。

运算的顺序从最高到最低优先级见表5-12。

表5-12 运算的顺序优先级

顺序优先级	逐位逻辑运算符	说　明
1	NOT，B_NOT	非，位方式非
2	*，/，DIV，MOD	乘，除
3	+，−	加，减
4	B_AND	位方式“与”
5	B_XOR	位方式“异或”
6	B_OR	位方式“或”
7	AND	与
8	XOR	异或
9	OR	或
10	< <	字符串的链接，结果类型：字符串
11	= = , < > , > , < , > = , < =	比较运算符

注：级联运算符“:”在表达式中不能与其他运算符同时出现。因此这种运算符不要求划分优先级。

5.6.2 常用的算术函数

SINUMERIK 828D数控系统提供了较为丰富的初等数学函数计算功能。在不同的数控系统中用于定义函数的符号也不相同。正确理解和使用这些函数计算功能，对完成手工编写加工程序有很大帮助。

（1）三角函数　在SINUMERIK 828D系统中，三角函数用直角三角函数定义，角度的计算单位是十进制度。以图5-10所示直角三角形为例，设∠α用系统中的R参数表达，如用R1表示。三角函数计算关系式见表5-13。

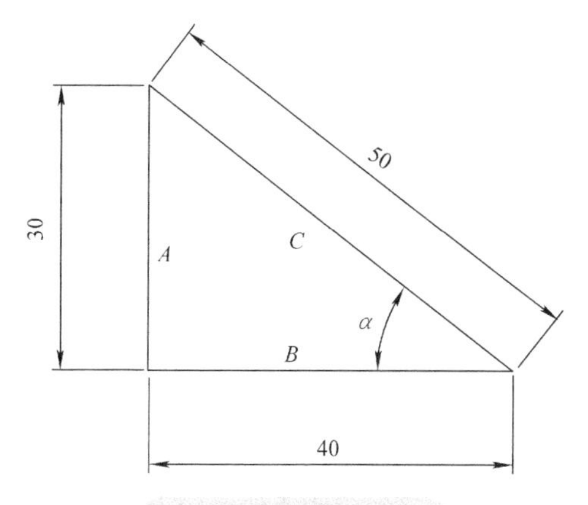

图 5-10 直角三角形

表 5-13 常用的三角函数表达关系式

计算符号	含义	编程示例	说 明
SIN ( )	正弦	R2 = SIN（R1）= A/C = 30/50 = 0.60	R2 等于 R1 数值的正弦值
COS ( )	余弦	R3 = COS（R1）= B/C = 40/50 = 0.800	R3 等于 R1 数值的余弦值
TAN ( )	正切	R4 = TAN（R1）= A/B = 30/40 = 0.75	R4 等于 R1 数值的正切值，R1 ≠ 90°
ASIN ( )	反正弦	R1 = ASIN（R2）= 36.8699°	R1 等于 R2 =（A/C）的反正弦，单位为（°）
ACOS ( )	反余弦	R1 = ACOS（R3）= 36.8699°	R1 等于 R3 =（B/C）的反余弦，单位为（°）
ATAN2 (,)	反正切	R1 = ATAN2（30，40）= 36.8699° R1 = ATAN2（30，−80）= 159.444°	R1 等于 30 除以 40 的反正切，单位为（°） 角度取值范围：−180°~180°

（2）运算函数 数控系统配置的运算函数见表 5-14。

表 5-14 常用的数学运算函数表达关系式

计算符号	含义	编程示例	说 明
POT ( )	平方	R6 = 12 R5 = POT（R6）= 144	R5 等于 R6 = 12 的平方值（144）
SQRT ( )	平方根	R7 = SQRT（R6*R6）= 12 R7 = SQRT（POT（R6））= 12	R12 等于 R6 与 R6 的积再开平方（12）
ABS ( )	绝对值	R9 = ABS（10−35）= 25	R9 等于 10 减 35 的差并取绝对值（25）
TRUNC ( )	向下取整	R6 = 2.9 R8 = TRUNC（R6）= 2 R6 = −3.4 R8 = TRUNC（R6）= −3	R8 等于舍去 R6 数值的小数部分（2） R8 等于舍去 R6 数值的小数部分（−3）
ROUND ( )	四舍五入	R8 = 8.492 R9 = ROUND（R8）= 8 R8 = 8.502 R9 = ROUND（R8）= 9	（上）R9 = 8，（下）R9 = 9 R9 等于仅对 R8 数值小数部分的第一个小数位进行四舍五入取整
ROUNDUP ( )	向上取整	R8 = 8.1 R9 = ROUNDUP（R8）= 9 R8 = −8.1 R9 = ROUNDUP（R8）= −9	（上）R9 = 9，（下）R9 = −9 R9 等于仅对 R8 数值小数部分的第一个小数位进行向上取整
MINVAL ( )	比较	R1 = 3.3 R2 = 9.9 R4 = MINVAL（R1，R2）	R4 为确定两变量中的较小值（R1）

（续）

计算符号	含义	编程示例	说　明
MAXVAL（ ）	比较	R1 = 3.3 R2 = 9.9 R4 = MAXVAL（R1，R2 ）	R4 为确定两变量中的较大值（R2）
BOUND（ ）	检验	R1 = 3.3 R2 = 9.9 R3 = 6.6 R4 = BOUND（R1，R2，R3）	R4 为确定已定义值域中的变量值（R3）

注：1. 向下取整函数 TRUNC（ ），又称去尾取整函数。处理数值时，运算后产生的整数绝对值小于原数的绝对值时为向下取整，故对负数使用向下取整函数时要十分小心。

2. 向上取整函数 ROUNDUP（ ）处理数值时，运算后产生的整数绝对值大于原数的绝对值为向上取整，故对负数使用向上取整函数时要十分小心。

（3）曲线函数　在 SIEMENS 数控系统编程手册中给出的曲线函数见表 5-15。

表 5-15　曲线函数表达关系式

计算符号	含义	编程示例	说　明
LN（ ）	自然对数函数	R0 = 5 R10 = LN（R0）= LN5	常数可以代替变量参数 R0 当反对数（R0）为 0 或小于 0 时，系统发出报警
EXP（ ）	指数函数	R11 = EXP（5）= e^5	以 e 为底的指数函数。当运算结果很大时，结果数据会溢出，系统发出报警

（4）对数函数与指数函数简析　在 SINUMERIK 828D 数控车削系统中给出了两个曲线函数，即指数函数 EXP（ ）和对数函数 LN（ ）。

指数函数：在函数关系式 $z = a^x$ 中，（$a > 0$，$a \neq 1$，$-\infty < x < \infty$）的函数称为指数函数。当 $a = \mathrm{e}$ 时，为了书写方便，有时把 e^x 记作 EXP（x）

对数函数：在函数关系式 $x = a^z$ 中，（$a > 0$，$a \neq 1$，$0 < x < \infty$），若把 x 视为自变量，z 视作因变量，则称 z 是以 a 为底的 x 的对数函数，x 称为真数，记作 $z = \log_a x$。

对数函数的方程：

$$\log_a x^a = a\log_a x$$

$$\ln x = \log_e x$$

在 SINUMERIK 828D 数控系统中，不能直接使用初等函数式表达任意指数函数，一个指数函数表达的曲线方程必须进行适当的形式转换后才能编写进数控加工程序中，如：

$z = 2^x$　　（曲线公式）

$z = 2$^x　　（曲线公式的计算机表达式，可以在 CAD 软件上描述曲线）

$z = \mathrm{e}$^（$x\ln 2$）　　（利用换底公式可转为曲线公式的自然对数表达式）

z = EXP（$x\ln 2$）　　（转换成 SINUMERIK 828D 系统的指数与自然对数关系式）

注意： 在自然对数 LN（ ）函数中，其函数表达式的值必须大于 0，否则，屏幕上显示报警信息：012080，“通道 程序段 句法错误在文本…”。

从上面的指数函数表达的曲线方程表达式转换变化过程可以看到：指数函数与对数函数互为反函数。所以，满足一定条件的一个非线性的曲线函数可以成对使用，对数函数和指数函数对其进行表达式形式的转换，而该曲线函数的计算数值并不发生变化。

5.7 常用的曲线函数

由于数控车床使用 ZOX 坐标系（G18 平面），图中工件坐标系中坐标轴的名称依系统规则而定，不做特殊说明时，本书均做了相应处理。

5.7.1 正弦函数曲线

表 5-14 给出了数控系统的常用的三角函数，它表达了在直角坐标系中指定点或直线段关于给定角的关系式。而数控车削加工中还常遇到三角函数曲线轮廓的加工编程。这里仅以正弦函数曲线为例，简要说明使用 R 参数实现三角函数曲线各节点（编程者人为设定的线段端点）坐标的计算方法。

如图 5-11 所示，正弦曲线的峰值（极值）为 A，则该曲线方程为：$X = A\sin\theta$。其中，X 为半径值。由于曲线一个周期（360° 或 2π）对应在 Z 坐标轴上的长度为 L，若以 Z 坐标为自变量，则正弦曲线上任一点 P 表示其 X 坐标值（半径值）和对应角度的方程为

$$\begin{cases} \theta_{\mathrm{p}} = \dfrac{Z_{\mathrm{p}} \times 360}{L} \\ X_{\mathrm{p}} = A\sin\theta \end{cases} \tag{5-1}$$

若以角度 θ 为自变量，由于曲线一个周期（360°）对应在 Z 坐标轴上的长度为 L，则正弦曲线上任一点 P 的 X 坐标值（半径值）和 Z 坐标值的方程为

$$\begin{cases} X_{\mathrm{p}} = A\sin\theta \\ Z_{\mathrm{p}} = \dfrac{L\theta}{360} \end{cases} \tag{5-2}$$

正弦曲线是一条按照一定规律不断重复出现的，具有周期性的曲线，其函数的定义域为 [− ∞，+ ∞]；它是基于坐标系原点中心对称的曲线，对称中心为正弦曲线中心。

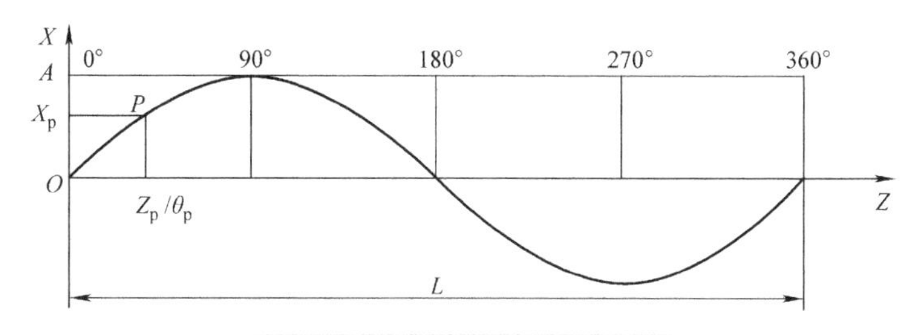

图 5-11 正弦曲线自变量说明

正弦曲线倾斜放置相当于把正常的坐标系和正弦曲线绕原点旋转了一个 θ 角度后所得到的坐标系和图形。如图 5-12 所示，ZOX 坐标系中正弦曲线的 P 点的坐标为（Z，X），绕原点旋转 θ 角度后得到 $Z'OX'$ 坐标系和点 P'，求出点 P' 在 ZOX 坐标系中的坐标（X'，Z'）。利用平面解析几何数学知识可以推导出 P' 点坐标值的求解公式

$$X' = Z\sin\theta + X\cos\theta$$
$$Z' = Z\cos\theta - X\sin\theta$$

若令 R1 和 R2 分别表达 P 点坐标（Z,X）数值，R3 和 R4 分别表达 P' 点坐标（Z',X'）数值，并令 R5 赋值正弦曲线的旋转角度 θ，则使用 R 参数表达正弦曲线旋转后的坐标方程表达式为

$$R3 = R2 \times \sin(R5) + R1 \times \cos(R5)$$
$$R4 = R2 \times \cos(R5) - R1 \times \sin(R5)$$

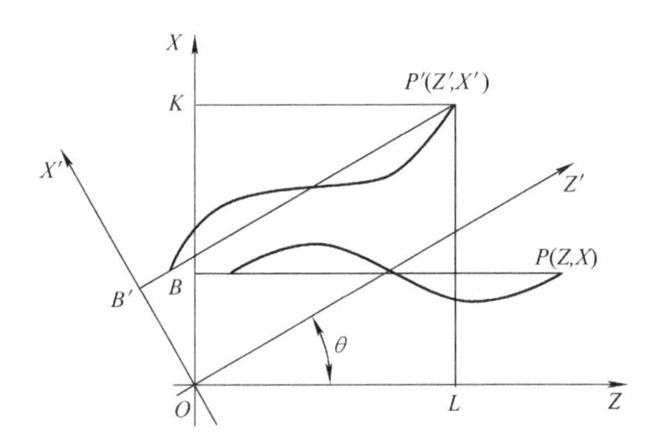

图 5-12 正弦曲线旋转后的坐标变化示意图

5.7.2 非圆二次方程曲线——椭圆方程

在车削加工编程中常见的非圆二次方程曲线表达的轮廓有椭圆、抛物线、双曲线等多种。在SINUMERIK 828D 数控系统中，这些以公式表达的函数并没有列出来。在加工上述曲线轮廓时，一般都不能直接进行编程，必须经过数学处理以后，以直线或圆弧插补逼近的方法来实现。这项工作一般都比较复杂，了解这些公式曲线的定义和简单几何性质，对比正弦函数公式、指数函数公式的数学处理或公式转换方法，对于编程者更好地掌握其编程技巧，提高编程效率会有很大的帮助。

（1）椭圆方程及简单几何关系　椭圆及其简单几何关系如图 5-13 所示。椭圆的坐标轴是对称轴，椭圆中心是对称中心。设 a 为椭圆在 Z 轴上的截距（椭圆长半轴长度），b 为椭圆在 X 轴上的截距（椭圆短半轴长度），整个椭圆位于直线 $Z = \pm a$，$x = \pm b$ 所围成的矩形框内，椭圆轨迹上的点 P 坐标为（Z，X）；令椭圆曲线中心点 G（也称为椭圆曲线的数学原点）与 ZOX 坐标系原点（O）重合；θ 为离心角，是与 P 点对应的同心圆（半径分别为 a 和 b）半径与 Z 轴正方向的夹角。

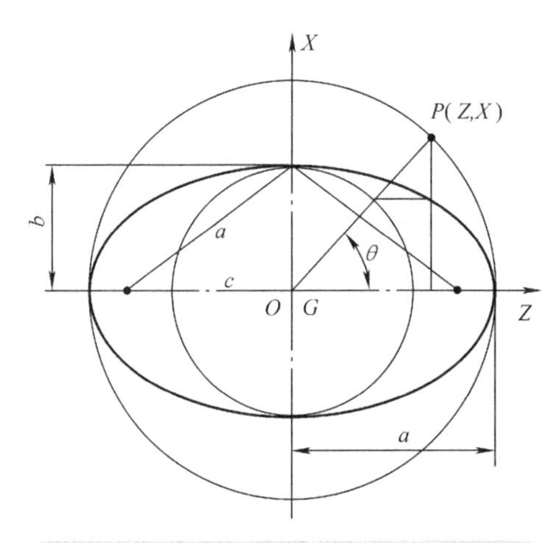

图 5-13 椭圆图形及其简单的几何关系

（2）椭圆插补轨迹的编程公式表达 人们常用的编程方法多为对其直角坐标系中的节点（编程者人为设定的线段端点）坐标使用系统给定的初等函数进行计算后赋值给 R 参数，对使用 R 参数表达轮廓曲线的实际位置进行微小直线段插补加工成形。由于大家的计算方法习惯不同，所采用的节点坐标处理方法亦有不同。

椭圆的数控车削加工编程可根据椭圆方程式的类型分为两种：按标准方程编程和按参数方程编程。采用标准方程编程时，如图 5-14a、b 所示，可以 Z 坐标或 X 坐标为自变量分别计算出 P_0、P_1、P_2、P_3 等各节点坐标值，其间隔为 ΔZ（编程者人为设置），然后逐点插补完成椭圆曲线的加工。采用参数方程编程时，如图 5-15c 所示，以 θ 为自变量，其间隔为 $\Delta\theta$，分别计算出 $P0$、P_1、P_2、P_3 等各节点坐标值，然后逐点插补完成椭圆曲线的加工。

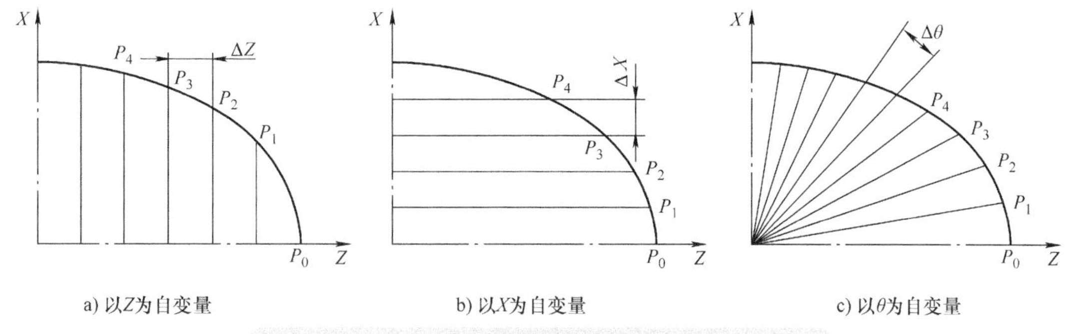

图 5-14 选择不同的自变量计算椭圆节点坐标值示意

1）编程零点在椭圆中心（正置椭圆）的公式表达。椭圆曲线（正置椭圆）的标准方程为

$$\frac{Z^2}{a^2}+\frac{X^2}{b^2}=1 \qquad (a>b>0)$$

若选择 Z 轴的坐标为自变量，X 轴的坐标为因变量，则可将椭圆标准方程转换为

$$X=\pm b\sqrt{1-\frac{Z^2}{a^2}} \quad 或 \quad X=\pm b/a\sqrt{a^2-Z^2}$$

若选择 Z 轴和 X 轴的坐标为因变量，椭圆离心角 θ 为因变量，椭圆曲线的参数方程为

$$\begin{cases}Z=a\cos\theta\\X=b\sin\theta\end{cases}$$

如果令参数 R1 表示因变量 X，R2 表示自变量 Z，并令 R4 赋值椭圆长半轴 a，R5 赋值椭圆短半轴 b，正置椭圆的标准方程形式的 R 参数编程节点坐标计算表达式可以转换为

$$\text{R1}=\pm b/a\text{SQRT(POT(R4)}-\text{POT(R2))}$$

或

$$\text{R1}=\pm b/a\text{SQRT(R4*R4}-\text{R2*R2)}$$

如果令参数 R1 表示因变量 Z，R2 表示因变量 X，R3 表示自变量椭圆离心角 θ，并令 R4 赋值椭圆长半轴 a，R5 赋值椭圆短半轴 b，正置椭圆的参数方程形式的 R 参数编程节点坐标计算表达式可以转换为

$$\begin{cases}\text{R1}=\text{R4*cos(R3)}\\\text{R2}=\text{R5*sin(R3)}\end{cases}$$

2）编程零点不在椭圆中心（正置椭圆）的公式表达。很多情况下，零件轮廓上的（正置）椭圆曲线中心（G）与工件编程原点不重合，如图 5-15 所示。在以工件坐标系原点为零点的直角

平面坐标系中，椭圆标准方程将发生变形。

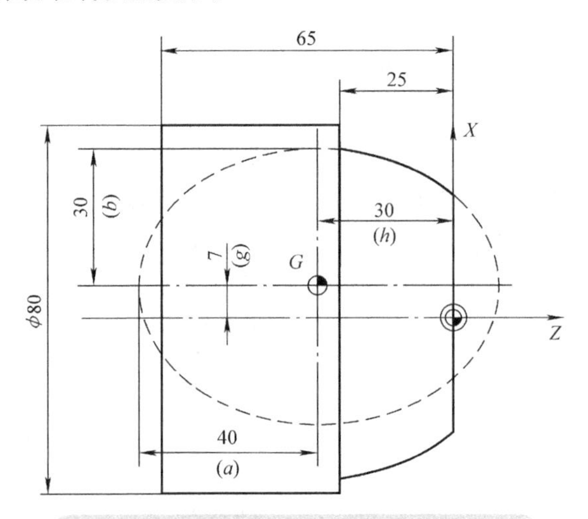

图 5-15　编程零点不在正置椭圆图形中心

椭圆中心平移到编程原点的标准方程形式：

$$\frac{(Z-h)^2}{a^2}+\frac{(X-g)^2}{b^2}=1 \tag{5-3}$$

如果设 Z 轴的坐标为自变量，X 轴的坐标为因变量，椭圆中心平移到编程零点的标准方程可以变换为

$$X=\pm\frac{b}{a}\sqrt{a^2-Z^2-h^2}+g \quad （椭圆轨迹在一、二象限取 +，在三、四象限取 -）$$

如果设 Z 轴和 X 轴的坐标为因变量，椭圆离心角 θ 为自变量，椭圆中心平移到编程零点的参数方程可以变换为

$$\begin{cases} Z=a\cos\theta+h \\ X=b\sin\theta+g \end{cases} \quad （a>b>0，\theta 是参数） \tag{5-4}$$

如果令参数 R1 表示因变量 X，R2 表示自变量 Z，并令 R4 赋值椭圆长半轴 a，R5 赋值椭圆短半轴 b，R6 赋值椭圆中心至工件坐标系原点的 Z 向距离 h，R7 赋值椭圆中心至工件坐标系原点的 X 向距离 g，正置椭圆中心平移到编程原点标准方程形式的 R 参数节点坐标表达式可以转换为

R1=±R5/R4*SQRT(R4*R4−R2*R2−R6*R6)+R7

如果令参数 R1 表示因变量 Z，R2 表示因变量 X，R3 表示自变量椭圆离心角 θ，并令 R4 赋值椭圆长半轴 a，R5 赋值椭圆短半轴 b，R6 赋值椭圆中心至工件坐标系原点的 Z 向距离 h，R7 赋值椭圆中心至工件坐标系原点的 X 向距离 g，正置椭圆中心平移到编程原点的参数方程形式的 R 参数节点坐标表达式可以转换为

$$\begin{cases} \text{R1}=\text{R4*cos(R3)+R6} \\ \text{R2}=\text{R5*sin(R3)+R7} \end{cases}$$

实际编程中，针对已经给出椭圆几何参数的椭圆图形的加工编程，为了不使 R 参数在表达式中的数量过多，通常可以直接使用这些常数取代定义 R 参数。这时，加工编程表达式在形式

上会简单明了，但该程序的通用程度则会逊色一些。

代入图 5-16 所示的尺寸数据后的椭圆标准方程形式的 R 参数编程表达式为

$$\frac{(Z+30)^2}{40^2}+\frac{(X-7)^2}{30^2}=1$$

代入图 5-16 的尺寸数据后的椭圆参数方程形式的 R 参数编程表达式为

$$\begin{cases}Z=40*\cos(\mathrm{R3})-30\\X=30*\sin(\mathrm{R3})+7\end{cases}$$

3）斜置椭圆曲线的公式表达。零件轮廓上的（斜置）椭圆是指椭圆的长轴轴线与 Z 轴线有一个夹角 β，如图 5-16 所示。细实线为正置（没有旋转）的椭圆，粗实线为正置椭圆曲线绕椭圆中心（G）旋转 β 角度之后的斜置（倾斜放置）椭圆。求解斜置椭圆轨迹的节点坐标数值的解决思路是：利用数学中的坐标变换公式进行坐标变换，代入变换后的公式求解节点坐标。

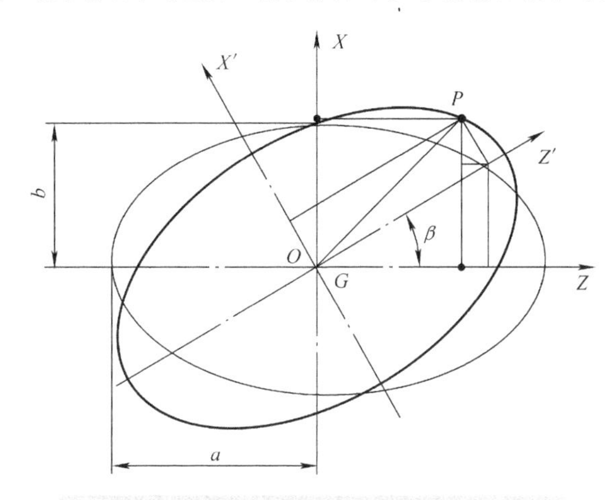

图 5-16　斜置椭圆图形及其简单的几何关系

变换后得到如下方程（旋转后的正置椭圆在编程坐标系下的方程）：

$$\begin{cases}Z'=Z\cos\beta-X\sin\beta\\X'=Z\sin\beta+X\cos\beta\end{cases}$$

式中　Z、X——椭圆曲线旋转前的某点坐标值；

Z'、X'——椭圆旋转后的该点坐标值；

β——椭圆旋转角度。

若选择 Z 为自变量，则可将标准方程转换为 X 的函数方程形式，代入前式可得旋转后的标准方程形式的坐标节点计算公式

$$\begin{cases}Z'=Z\cos\beta-b/a\sqrt{a^2-z^2}\sin\beta\\X'=Z\sin\beta+b/a\sqrt{a^2-z^2}\cos\beta\end{cases}\tag{5-5}$$

若选择 Z、X 为自变量，椭圆离心角 θ 为因变量，参数方程表示的旋转后正置椭圆曲线方程变换后得到如下的坐标节点计算公式：

$$\begin{cases}Z'=a\cos\theta\cos\beta-b\sin\theta\sin\beta\\X'=a\cos\theta\sin\beta+b\sin\theta\cos\beta\end{cases}\tag{5-6}$$

式（5-5）中，若参数 R1 来表达因变量 Z' 和 R2 来表达因变量 X'，R11 表达自变量 Z（椭圆原轨迹上任一点在旋转坐标中坐标值 X'），并令 R4 赋值椭圆长半轴 a，R5 赋值椭圆短半轴 b，R8 赋值椭圆旋转角度 β，斜置椭圆标准方程形式的 R 参数编程节点坐标计算表达式可以转换为

$$\begin{cases}R1=R11*\cos(R8)-R5/R4*SQRT(POT(R4)-POT(R11))*\sin(R8)\\R2=R11*\sin(R8)+R5/R4*SQRT(POT(R4)-POT(R11))*\sin(R8)\end{cases}$$

或

$$\begin{cases}R1=R11*\cos(R8)-R5/R4*SQRT(R4*R4-R11*R11)*\sin(R8)\\R2=R11*\sin(R8)+R5/R4*SQRT(R4*R4-R11*R11)*\sin(R8)\end{cases}$$

式（5-6）中，若参数 R1 来表达因变量 Z' 和 R2 来表达因变量 X'，R3 表达椭圆离心角 θ，并令 R4 赋值椭圆长半轴 a，R5 赋值椭圆短半轴 b，R8 赋值椭圆旋转角度 β，斜置椭圆的参数方程形式的 R 参数编程节点坐标计算表达式可以转换为

$$\begin{cases}R1=R4*\cos(R3)*\cos(R8)-R5*\sin(R3)*\sin(R8)\\R2=R4*\cos(R3)*\cos(R8)+R5*\sin(R3)*\cos(R8)\end{cases}$$

4）编程零点不在椭圆中心的斜置椭圆曲线的公式表达。零件轮廓上的（斜置）椭圆不仅椭圆的长轴轴线与 Z 轴线有一个夹角 β，而且其圆心还不与工件原点重合，求解斜置椭圆轨迹的节点坐标数值的工作将更加麻烦，如图 5-17 所示。编程零点不在椭圆中心的斜置椭圆曲线的公式是在式（5-5）和式（5-6）的基础上加上椭圆中心（G）到编程零点的偏移值。

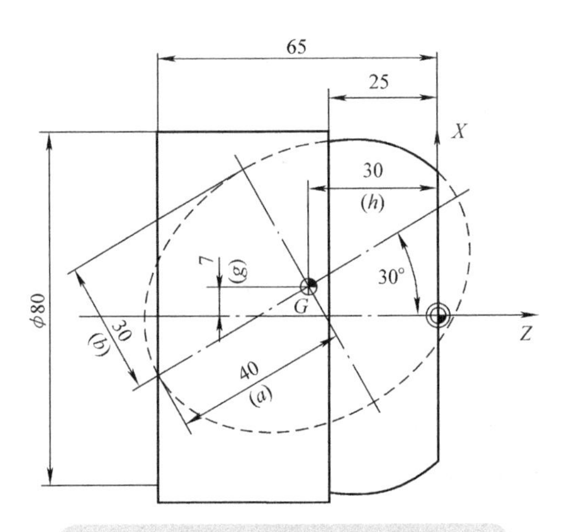

图 5-17 工件原点不在斜置椭圆中心

椭圆旋转且中心点与编程零点不重合的标准方程形式的坐标节点计算公式为

$$\begin{cases}Z'=Z\cos\beta-b/a\sqrt{a^2-z^2}\sin\beta+h\\X'=Z\sin\beta+b/a\sqrt{a^2-z^2}\cos\beta+g\end{cases} \tag{5-7}$$

椭圆旋转且中心点与编程零点不重合的参数方程形式的坐标节点计算公式为

$$\begin{cases}Z'=a\cos\theta\cos\beta-b\sin\theta\sin\beta+h\\X'=a\cos\theta\sin\beta+b\sin\theta\cos\beta+g\end{cases} \tag{5-8}$$

式（5-7）中，若参数R1表达因变量 Z' 和R2表达因变量 X'，R11表达自变量（椭圆原轨迹上任一点在旋转坐标中坐标值 X'），并令R4赋值椭圆长半轴 a，R5赋值椭圆短半轴 b，R6赋值椭圆中心至工件坐标系原点的 Z 向距离 h，R7赋值椭圆中心至工件坐标系原点的 X 向距离 g，R8赋值椭圆旋转角度 β，斜置椭圆中心平移到编程零点的标准方程形式的R参数编程节点坐标计算表达式可变换为

$$\begin{cases}R1=R11*\cos(R8)-R5/R4*SQRT(POT(R4)-POT(R11))*\sin(R8)+R6\\R2=R11*\sin(R8)+R5/R4*SQRT(POT(R4)-POT(R11))*\sin(R8)+R7\end{cases}$$

或

$$\begin{cases}R1=R11*\cos(R8)-R5/R4*SQRT(R4*R4-R11*R11)*\sin(R8)+R6\\R2=R11*\sin(R8)+R5/R4*SQRT(R4*R4-R11*R11)*\sin(R8)+R8\end{cases}$$

式（5-6）中，若参数R1表达因变量 Z' 和R2表达因变量 X'，R3表达椭圆离心角 θ，并令R4赋值椭圆长半轴 a，R5赋值椭圆短半轴 b，R6赋值椭圆中心至工件坐标系原点的 Z 向距离 h，R7赋值椭圆中心至工件坐标系原点的 X 向距离 g，R8赋值椭圆旋转角度 β，斜置椭圆中心平移到编程零点的参数方程形式的R参数编程节点坐标计算表达式可变换为

$$\begin{cases}R1=R4*\cos(R3)*\cos(R8)-R5*\sin(R3)*\sin(R8)+R6\\R2=R4*\cos(R3)*\cos(R8)+R5*\sin(R3)*\cos(R8)+R7\end{cases}$$

数控车床加工非圆函数曲线时，若工件坐标系原点与非圆曲线的数学原点不重合，可以考虑使用框架指令将工件坐标系移动到非圆曲线的数学原点，其节点计算公式将会大大简化。

在车削加工中还会有其他非圆二次方程曲线（抛物线方程、双曲线方程等）插补轨迹编程问题，读者可参阅相关资料。

5.8 部分函数使用说明与示例

5.8.1 向上取整（ROUNDUP）

可以将REAL型的输入值（带小数点的数字）取整为一个较大的整数值。

（1）编程格式

ROUNDUP（<值>）;

（2）指令参数说明

ROUNDUP：用于取整输入实数型（REAL）数值的指令。

<值>：实数型（REAL）的输入值原样返回一个向上进位的整型（INT）输入值（一个整数）。

（3）编程示例

例1：不同的输入值及其取整结果。

程序代码	注释
ROUNDUP(3.1)	；返回值：4
ROUNDUP(3.6)	；返回值：4
ROUNDUP(-3.1)	；返回值：−4
ROUNDUP(-3.6)	；返回值：−4

```
ROUNDUP(3.0)                        ；返回值：3
ROUNDUP(3)                          ；返回值：3
```

例 2：数控程序中的 ROUNDUP 指令使用。

程序代码	注释
N15 R2=ROUNDUP($AA_IM[Z])	；将工件坐标系中 Z 轴的实际位置数据取整后赋值给 R2
N10 G1 X=ROUNDUP(3.5) Z=ROUNDUP(R2+2)	；工进至 X 轴与 Z 轴（坐标数据取整后）的坐标位置
N20 WHEN X=100 DO Z=ROUNDUP($AA_IM[X])	；Z 轴指令编程位置为 X 轴实际位置取整
…	

5.8.2 数据的精确度修正（TRUNC）

TRUNC 指令除了可以作为舍尾函数来截取实型数值的整数部分的功能外，还可以实现对实型数值精确度的修正（比较错误时的精度补偿）。在编程中，经常需要编写条件比较判断语句。比较条件判断值的准确度对高精度加工中的程序流向的精确控制起着关键的作用。

可设定精度实数型零件程序参数用系统内部的格式描述后显示的数据形式，有时，不能构成精确的十进制数，在与理想的计算数值进行比较时可能会带来一定的误差，称为相对相等性。为了使这种格式描述所带来的不精确性不影响程序控制流程，在比较指令中不检测绝对奇偶性，而是检测一个相对相等性。

（1）编程格式

TRUNC（R1*1000）；

（2）指令参数说明

TRUNC：用来截取与一个精度系数相乘后的运算数，去除小数点后位数，即截取整数部分。所考虑的相对相等性为 10^{-12}。常用的相对相等性运算有：

1）相等性：（= =）。

2）不相等性：（< >）。

3）大于或等于：（> =）。

4）小于或等于：（< =）。

5）大于：（>）。

6）小于：（<）。

7）大于 / 小于：（> <）绝对相等。

（R1*1000）：R1 为实数型数据。

当与实数型数据比较可能出现不可接受的偏差时，必须另选整型（INT）计算，方法是将运算数和一个精度系数相乘，然后再使用 TRUNC 指令进行截断。

出于兼容性考虑，通过设置机床数据 MD10280 $MN_PROG_FUNCTION_MASK Bit0 = 1 可以取消相对相等性的检测。

说明：与实数型数据比较时，由于以上原因一般会出现一定的误差。当出现不可接受的偏差时，必须另选 INT 型计算，方法是将运算数和一个精度系数相乘，然后再使用 TRUNC 截断，而且所描述的比较指令性能也适用于同步动作。

（3）编程示例

例 1：对给定的实型数据进行精度检查。

```
程序代码                                    注释
……
N30 R1=61.01 R2=61.02 R3=0.01              ；初始值分配
N40 R11=TRUNC(R1*1000)                      ；精度补偿
N50 R12=TRUNC(R2*1000)                      ；精度补偿
N60 R13=TRUNC(R3*1000)                      ；精度补偿
N70 IF ABS(R12-R11)>R13 GOTOF ERR_1         ；计算精度判断
;N70 IF ABS(R12-R11)<=R13 GOTOF ERR_1       ；计算精度判断
N80 M30                                     ；程序结束
N90 ERR_1：SETAL(66000)                     ；自行设定的报警信息
```

注意：（66000）为用户自行设定的报警信息，如计算精度超差。

例 2：得出并且分析两个运算数的商的精度。

```
程序代码                                                  注释
R1=61.01 R2=61.02 R3=0.01                                 ；初始值分配
;R6 = ABS(((R2-R1)/R3)-1)                                 ；计算精度：R6 = 5E-13
IF ABS(((R2-R1)/R3)-1)<1.0EX-12 GOTOF FHLER_1             ；计算精度判断，执行跳转
;IF ABS(((R2-R1)/R3)-1)>1.0EX-13 GOTOF FHLER_2            ；计算精度判断，执行跳转
;IF ABS(((R2-R1)/R3)-1)= =1.0EX-14 GOTOF FHLER_3          ；计算精度判断，执行跳转
FHLER_1:                                                  ；跳转标识
MSG("计算精度小于设定精度")                                ；提示信息
GOTOF END_1                                               ；绝对跳转
FHLER_2：                                                 ；跳转标识
MSG("计算精度大于设定精度")                                ；提示信息
GOTOF END_1                                               ；绝对跳转
FHLER_3：                                                 ；跳转标识
MSG("计算精度等于设定精度")                                ；提示信息
END_1：M0                                                 ；信息停留在屏幕上方，按启动
                                                            键继续
M30                                                       ；程序结束
```

5.8.3　最大变量、最小变量和变量区域指令（MINVAL，MAXVAL，BOUND）

使用指令 MINVAL 和 MAXVAL 可以比较两个变量的值。其中的较小值（采用 MINVAL 时）

或较大值（采用 MAXVAL 时）会作为结果返回。

使用 BOUND 指令功能可以检查待检变量的值是否在定义的值域内。

（1）编程格式

< 较小值 > = MINVAL（ < 变量 1 >，< 变量 2 > ）;

< 较大值 > = MAXVAL（ < 变量 1 >，< 变量 2 > ）;

< 返回值 > = < BOUND >（ < 最小 >，< 最大 >，< 待检变量 > ）;

（2）指令参数说明

MINVAL：确定给定两个变量中的较小值，并将该最小值存入结果变量中。

MAXVAL：确定给定两个变量中的较大值，并将该最大值存入结果变量中。

BOUND 用于判断 < 待检变量 >（给定数值或变量）是否在设定的最大和最小两个变量之间。

如果待检变量的值在定义的取值范围内，结果变量会设为 < 待检变量 >（给定数值或变量）；如果 < 待检变量 > 的值大于最大值，结果变量会设为取值范围的最大值；如果 < 待检变量 > 的值小于最小值，结果变量会设为取值范围的最小值。

（3）编程示例　比较函数功能验证。

```
程序代码                                              注释
DEF REAL rVar1=10.5,rVar2=33.7,rVar3,rValMin,rValMax,rRetVar
rValMin=MINVAL(rVar1,rVar2)                           ; rValMin 设为值 10.5
rValMax=MAXVAL(rVar1,rVar2)                           ; rValMax 设为值 33.7
rVar3=19.7                                            ; 赋待检数值
rRetVar=BOUND(rVar1,rVar2,rVar3)                      ; rVar3 在极限值范围内，rRetVar 为 19.7
rVar3=1.8                                             ; 赋待检数值
rRetVar=BOUND(rVar1,rVar2,rVar3)                      ; rVar3 小于最小值，rRetVar 为 10.5
rVar3=45.2                                            ; 赋待检数值
rRetVar=BOUND(rVar1,rVar2,rVar3)                      ; rVar3 大于最大值，rRetVar 为 33.7
rVar3=10.5                                            ; 赋待检数值
rRetVar=BOUND(rVar1,rVar2,rVar3)                      ; rVar3 等于最小值，rRetVar 为 10.5
rVar3=33.7                                            ; 赋待检数值
rRetVar=BOUND(rVar1,rVar2,rVar3)                      ; rVar3 等于最大值，rRetVar 为 33.7
```

第6章

标准工艺循环指令

SINUMERIK 828D 数控车削系统在提供数控系统基本指令的同时，还将数控编程语言与参数化加工工艺方法进行完美结合，为用户提供了一些极为有用、针对标准坐标系的标准工艺循环编程指令。标准工艺循环是指用于特定加工过程的工艺子程序。这些工艺循环涵盖了极其复杂的加工工艺，使操作者既能进行大批量加工，又能进行单个工件加工的编程。同时，对话框参数的输入还提供生动的"动画支持"，更方便编程者对参数的理解，极大地满足了操作者在加工中的实际需求。

6.1 标准工艺循环指令概述

本书介绍的标准工艺循环指令基于 SINUMERIK 828D。不同的系统版本，结合数控车床本身的结构配置，对循环指令的运行与操作也可能会有变化。

6.1.1 标准工艺循环指令的特点

SINUMERIK 828D 数控车削系统（V4.7 SP4 版本）为方便操作者，其系统面板方面有很多人性化设计的特色。

（1）明显的输入项目操作提示　在使用人机界面对话编程时，必须在输入栏中输入相应的值。使用光标向上键、光标向下键，光标在对话界面的各个输入栏间移动，输入栏的背景色表明其所处的工作状态。当出现橙色背景时，表示已选中输入栏，可以对其操作；当出现浅橙色背景时，表示输入栏位于编辑模式中；当出现粉色背景时，表示该项所输入的数值是错误的，同时会出现相应的提示信息。在数控车削系统屏幕上有时会看到有关"主主轴"的提示信息，由于本书篇幅所限，不涉及此概念，故可暂理解为"主轴"。

（2）多项选择操作　在某些参数项目上会提供多个数值（选项或表格），其中无法输入数值，可在下拉菜单中选择。在各参数项目上会显示特定符号，指明这些不同选项的含义。例如，功能（方式）选项中有不同的工艺条件、工作状态选项内容。在单位制选项中有绝对尺寸（abs）、相对尺寸（inc）和参照对象数值的百分比（%）的选项内容。

（3）新版本的简化编程选择　进入人机对话界面的第一行是一个"输入"选项的设定："完全"或"简单"。即编程工作可根据加工图形的难易程度，其涉及的编程参数项亦可简可繁，供编程者在开始编程操作前做出选择。

1）完全输入：指需要输入或选择循环指令的全部参数内容的模式。在加工图样或加工条件复杂时，需要对其工艺过程、切削状态或生产环境进行全面分析和考虑。

2）简单输入：指在进行简单加工（仅限G代码程序）时，编程者面对的界面参数大为简化，涉及的参数项缩减至最重要的一些参数，使得编程工作变为简单的一种方式。这也是实际中经常遇到的情况。当然，在“简单输入”模式中隐藏的参数的数据是固定的、预设的，但并不影响加工运行的效果。

（4）指令参数简要说明　给出了车削循环编程指令参数简要说明，其中内部参数名称对应了图形尺寸标注符号，并简要说明参数取值及相互之间的关系。初学者可跳过此部分。

（5）参数表栏　在控制系统上回译外部生成的循环指令程序段时，可以再次找到写入的值。在车削循环指令内部参数中看到某些传递参数，例如，_VARI、_GMODE、_DMODE、_AMODE 等被作为参数间接写入，在回译循环时会打开输入对话框，但是无法保存数据，因为有些下拉框的赋值不是唯一的。

（6）“仅供界面显示”参数　在参数表格中，有些参数标记了“仅供界面显示”，这些参数不影响循环的功能，只用于完整回译循环。如果没有编写这些参数，仍可以回译循环，但是这些参数栏就会突出显示，必须在对话框中输入数据。

（7）“保留”参数　带有“保留”标识的参数必须写入 0 或空格，这样它后面的指令参数才能和内部循环参数一致。例如：字符串参数“”或空格。

6.1.2　编写循环指令程序的基本步骤

使用循环指令编程操作的基本步骤如下：

1）确定编程图素。所要编程的图素具有与循环指令参数相匹配的特点和尺寸数据。

2）建立加工工件目录，再建立加工程序文件。在“程序管理”方式下完成。

3）根据加工工艺要求，在新建立的加工程序文件中编辑的“程序头”部分所应包含的程序段及内容，如调用刀具、G指令初始化、刀具初始位置、切削初始参数（F、S、M）及状态等。

4）创建工件的毛坯类型、外形尺寸及确定编程零点。可按屏幕下方的水平软键〖其它〗后，在右侧的垂直软键中选择。

毛坯并非编写循环指令中必须进行的步骤，但没有创建工件毛坯这个步骤，在后续对编制程序进行验证时，系统则无法显示工件实体模拟加工的画面，也无法判断加工后工件形体的完整形状。

5）按照工艺安排选择相应的循环类型，可在屏幕下方的水平软键中选择，如〖钻削〗、〖车削〗和〖轮廓车削〗加工项目。

6）按照工艺顺序，在屏幕右侧的垂直软键中选择相应的循环指令。

7）根据加工工艺要求，输入加工切削完成后的刀具位置及状态参数。

8）输入程序结束指令。

6.2　创建工件毛坯

在打开所要编写的程序文件（界面）下，将光标移动到“程序头”后面（拟插入毛坯程序段处），按屏幕下方水平软键〖其它〗。此时，屏幕右侧将显示出〖毛坯▷〗软键，按该软键后即进入创建毛坯界面。

目前，SINUMERIK 828D 车削数控系统能够创建的五种毛坯，分别是圆柱体（CYLINDER）、管形（PIPE）、中心六面体（RECTANGLE）、多边形（N_CORNER）和删除（NONE）。创建完成的这些简单的、典型的形体毛坯体程序格式也是依据毛坯类型和尺寸形式（绝对尺寸 abs 和相对尺寸 inc）固定化的，能够改变的只是毛坯外形尺寸数据和预留的毛坯加工量。

需要指出的是，创建毛坯的操作对实际加工没有任何影响，设置毛坯的目的仅仅是在系统进行模拟加工状态下，可以方便地看到切削实体效果。

6.2.1 创建毛坯类型：圆柱体（CYLINDER）

（1）创建圆柱体毛坯外形 圆柱形毛坯是典型的长圆柱形体。按照毛坯外形的特点，毛坯外形尺寸由外直径无符号数据（XA）、毛坯上表（端）面位置无符号数据（ZA）、毛坯高度尺寸（ZI）和毛坯伸出（加工）尺寸（ZB）来确定。ZI 和 ZB 的数值可以使用绝对尺寸（abs）或相对尺寸（inc）方式输入，如图 6-1 所示。

> **注意**：毛坯端面位置（ZA）也可以设为其他数值（此时不再是无符号数据），这时，需要兼顾其他参数项数值的情况，否则该数值项和相关数据项的底色呈粉红色的“报警色”。

屏幕界面右侧数据输入栏的背景色为白色和橙黄色，图形标注尺寸符为黑色和橙黄色。当使用方向键在数据输入栏上移动光标时，上述颜色将发生变化。当前输入数据栏的背景色显示为橙黄色，同时屏幕左侧的图形上相应的尺寸标注符号也变为橙黄色。可以通过系统键盘上的“选择键”来同步显示，即参数项的底色为橙黄色，尺寸标记符号亦为橙黄色，两两对应，以方便操作者查验。

（2）设定编程零点 编程零点（X0、Z0）设定在毛坯上表（端）面（ZA）的圆心处，一般以毛坯上表（端）面位置为基准。

（3）编辑完成的程序格式示例 毛坯外形尺寸：外直径 XA = 90mm，毛坯上表（端）面位置 ZA = 0，毛坯高度尺寸 ZI = −100mm（abs）或 ZI = 100mm（inc，以 ZA 为基准），毛坯伸出长度 ZB = −80mm（abs）或 ZB = 80mm（inc）。圆柱体毛坯生成的程序段根据不同的输入数值的类型（选择）可有多个参数输出的形式，按垂直软键〖接收〗，即可以生成如下程序段：

程序代码	注释
`WORKPIECE(,,,"CYLINDER",0,0,100,80,90)`	; inc : ZI = 100，inc : ZB = 80、XA = 90
`WORKPIECE(,,,"CYLINDER",64,0,-100,80,90)`	; abs : ZI = −100，inc : ZB = 80、XA = 90
`WORKPIECE(,,,"CYLINDER",128,0,100,-80,90)`	; inc : ZI = 100，abs : ZB = −80、XA = 90
`WORKPIECE(,,,"CYLINDER",192,0,-100,-80,90)`	; abs : ZI = −100，abs : ZB = −80、XA = 90

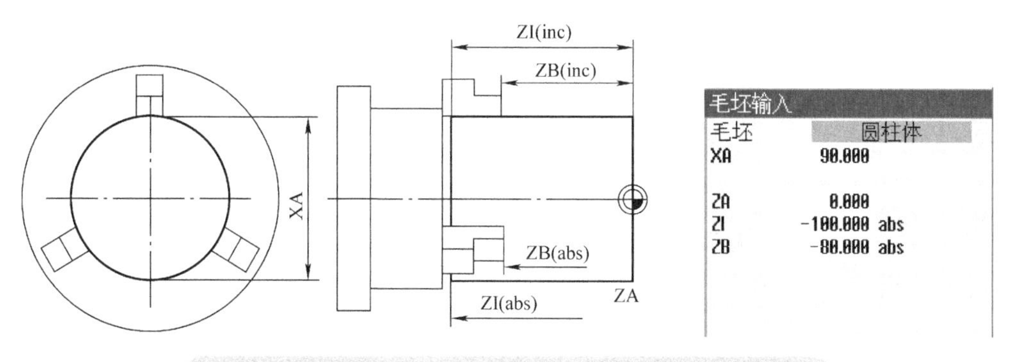

图 6-1 创建“圆柱体”毛坯的尺寸标注符号及对话框参数

当某一数据项输入的数值不符合车削毛坯图形的规律，并将光标移开后，该数据栏背景色将变成浅粉色，涉及该数据项的相关数据项的底色也将变成浅粉色。在图 6-1 所示界面上将 ZI 数据项输入成“100”（abs）时，ZA 的背景色变成浅粉色，光标离开 ZI 数据项后，发现该数据项的背景色也变为浅粉色了。将光标移到 ZA 栏时，该数据项上方显示“毛坯上表面位置过小”的提示信息，再次将光标移到 ZI 栏时，该数据项上方显示“毛坯高度过大”的提示信息。

6.2.2 创建毛坯类型：管形体（PIPE）

（1）创建管形体毛坯外形　管形体毛坯是圆柱体毛坯的一种特殊形式。毛坯外形尺寸由外直径尺寸 XA、内直径尺寸 XI（abs）或 XI（inc，这里是指壁厚尺寸）、毛坯高度尺寸（ZI）和毛坯伸出尺寸（ZB）确定。XI、ZI 和 ZB 的数值可以使用绝对尺寸（abs）或相对尺寸（inc）方式输入，如图 6-2 所示。

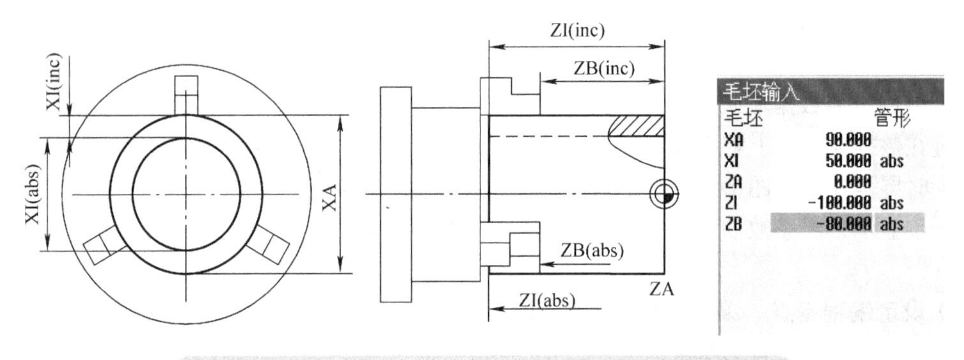

图 6-2　创建“管形”毛坯的尺寸标注符号及对话框参数

（2）设定编程零点　编程零点（X0、Z0）设定在管形体毛坯上表（端）面（ZA）的圆心处，毛坯高度尺寸（ZI）、毛坯伸出尺寸（ZB）将依输入数据确定，一般以毛坯上表（端）面位置为基准。

（3）编辑完成的程序格式示例　管形体毛坯外形尺寸：管形体毛坯外直径 XA = 90mm，内直径 XI = 50mm（abs），毛坯上表（端）面位置 ZA = 0，毛坯高度尺寸 ZI = −100mm（abs）或 ZI = 100mm（inc），毛坯伸出长度 ZB = −80mm（abs）或 ZB = 80mm（inc）。管形体毛坯生成的程序指令根据不同的输入数值的类型（选择）可有多个参数输出的形式，按垂直软键〖接收〗，即可生成如下程序段：

程序代码	注释
`WORKPIECE(,,,"PIPE",0,0,100,80,90,25)`	; inc : ZI = 100，inc : ZB = 80、XA = 90、inc : XI = 25
`WORKPIECE(,,,"PIPE",64,0,-100,80,90,25)`	; abs : ZI = −100，inc : ZB = 80、XA = 90、inc : XI = 25
`WORKPIECE(,,,"PIPE",192,0,-100,-80,90,25)`	; abs : ZI = −100，abs : ZB = −80、XA = 90、inc : XI = 25
`WORKPIECE(,,,"PIPE",256,0,100,80,90,50)`	; inc : ZI = 100，inc : ZB = 80、XA = 90、abs : XI = 50
`WORKPIECE(,,,"PIPE",384,0,100,-80,90,50)`	; inc : ZI = 100，abs : ZB = −80、XA = 90、abs : XI = 50

WORKPIECE(,,,"PIPE",448,0,-100,-80,90,50)	；abs：ZI = -100，abs：ZB = -80，XA = 90、abs：XI = 50

6.2.3　创建毛坯类型：中心六面体

（1）创建中心六面体毛坯外形（RECTANGLE）“中心六面体”形式的毛坯是六面体毛坯的一个特殊形式。毛坯外形尺寸由以对称法标注的截面尺寸宽度（W）、长度（L）、毛坯高度尺寸（ZI）和毛坯伸出尺寸（ZB）来确定。ZI 和 ZB 的数值可以使用绝对尺寸（abs）或相对尺寸（inc）方式确定，如图 6-3 所示。

（2）设定编程零点　编程零点（X0、Z0）设定在中心六面体毛坯上表（端）面（ZA）的中心处，毛坯高度尺寸（ZI）、毛坯伸出尺寸（ZB）将依输入数据确定，一般以毛坯上表（端）面位置为基准。

（3）编辑完成的程序格式示例　中心六面体毛坯外形尺寸：六面体毛坯宽度 W = 90mm，毛坯高度 L = 70mm，毛坯上表（端）面位置 ZA = 0，毛坯高度尺寸 ZI = -100mm（abs）或 ZI = 100mm（inc），毛坯伸出长度 ZB = -80mm（abs）或 ZB = 80mm（inc）。六面体毛坯生成的程序指令根据不同的输入数值的类型（选择）可有多个参数输出的形式，按垂直软键〖接收〗，即可生成如下程序段：

程序代码	注释
WORKPIECE(,,,"RECTANGLE",0,0,100,80,70,90)	；W = 90、L = 70、inc：ZI = 100、inc：ZB = 80
WORKPIECE(,,,"RECTANGLE",64,0,-100,80,70,90)	；W = 90、L = 70、abs：ZI = -100、inc：ZB = 80
WORKPIECE(,,,"RECTANGLE",128,0,100,-80,70,90)	；W = 90、L = 70、inc：ZI = 100、abs：ZB = -80
WORKPIECE(,,,"RECTANGLE",192,0,-100,-80,70,90)	；W = 90、L = 70、abs：ZI = -100、abs：ZB = -80

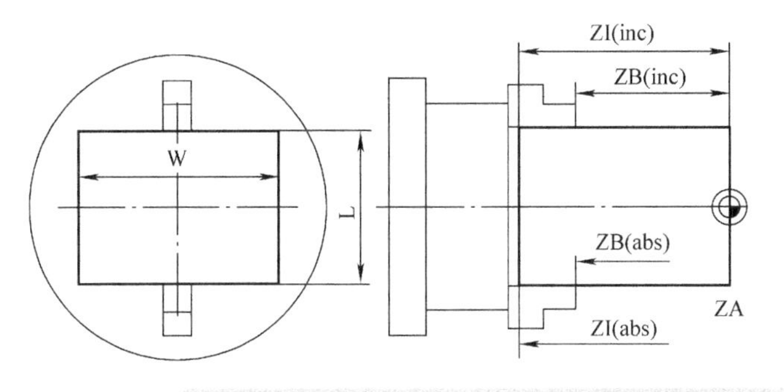

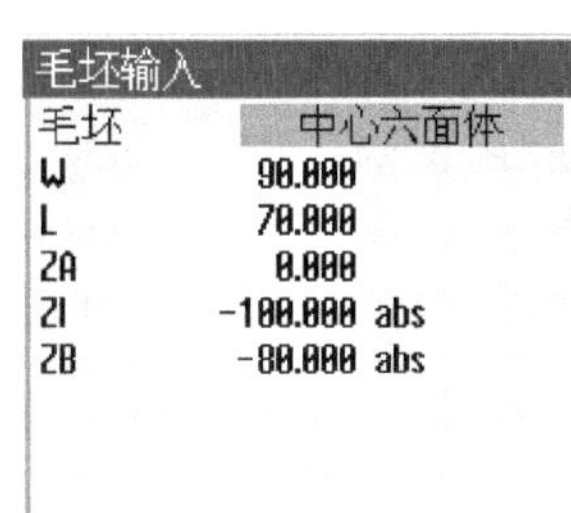

图 6-3　创建“中心六面体”毛坯的尺寸标注符号及对话框参数

6.2.4　创建毛坯类型：多边形（N_CORNER）

（1）创建毛坯外形　多边形毛坯是边沿数大于或等于 3 的正多边形外形体毛坯。毛坯外形尺寸由边沿数量（N）和边沿长度尺寸（L）或对称边沿间长度尺寸（SW）、毛坯高度尺寸（ZI）

和毛坯伸出尺寸（ZB）来确定。ZI 和 ZB 的数值可以使用绝对尺寸（abs）或相对尺寸（inc）方式确定，如图 6-4 所示。

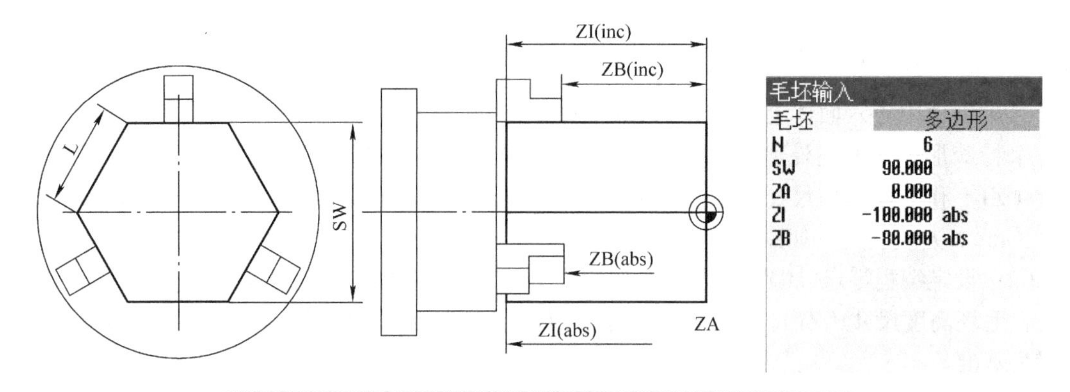

图 6-4 创建“多边形”毛坯的尺寸标注符号及对话框参数

（2）设定编程零点 编程零点（X0、Z0）设定在多边形体毛坯上表（端）面（ZA）的对称中心处，毛坯高度尺寸（ZI）、毛坯伸出尺寸（ZB）将依输入数据确定，一般以毛坯上表（端）面位置为基准。

（3）编辑完成的程序格式示例 多边形体毛坯外形尺寸：多边形体毛坯边沿数 N = 6，多边形毛坯对称边沿间长度 SW = 90mm，毛坯上表（端）面位置 ZA = 0，毛坯高度尺寸 ZI = −100mm（abs）或 ZI = 100mm（inc），毛坯伸出长度 ZB = −80mm（abs）或 ZB = 80mm（inc）。多边形体毛坯生成的程序指令根据不同的输入数值的类型（选择）可有多个参数输出的形式，按垂直软键〖接收〗，即可生成如下程序段：

程序代码	注释
`WORKPIECE(,,,"N_CORNER",0,0,100,80,6,90)`	; SW = 90、N = 6、inc：ZI = 100、inc：ZB = 80
`WORKPIECE(,,,"N_CORNER",64,0,-100,80,6,90)`	; SW = 90、N = 6、abs：ZI = −100、inc：ZB = 80
`WORKPIECE(,,,"N_CORNER",128,0,100,-80,6,90)`	; SW = 90、N = 6、inc：ZI = 100、abs：ZB = −80
`WORKPIECE(,,,"N_CORNER",192,0,-100,-80,6,90)`	; SW = 90、N = 6、abs：ZI = −100、abs：ZB = −80
`WORKPIECE(,,,"N_CORNER",704,0,-100,-80,5,75)`	; L = 75、N = 5、abs：ZI = −100、abs：ZB = −80

6.2.5 创建毛坯类型：删除（NONE）

（1）毛坯体的删除编辑操作 创建毛坯指令程序段在编辑中可以执行复制、粘贴、剪切等操作。可以依据上述示例直接对不同轴类零件毛坯体尺寸进行编辑以满足加工需要，而无须再进入毛坯体生成的界面操作。

若加工程序不再需要毛坯指令，可以采用“剪切”操作将其删除。

（2）毛坯体的删除程序生成 在毛坯类型还有一个毛坯体的“删除”选项。该选项的意义是直接生成一个毛坯删除程序段，以停止以前所生成的毛坯体程序段的功能，如图 6-5 所示。

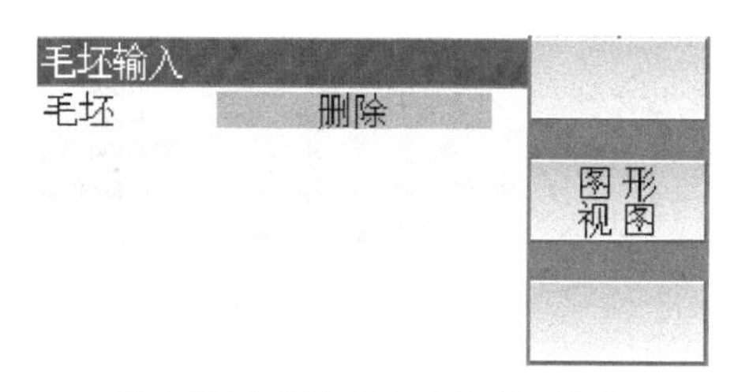

图 6-5　毛坯体“删除”操作

（3）编辑完成的程序格式示例　在已经编辑加工程序的适当位置，选择毛坯数据项中的“删除”选项，按垂直软键〖接收〗，即可生成如下程序段：

```
WORKPIECE(,,,"NONE",0)
```

6.2.6　图形视图的编辑操作

轴类零件毛坯体程序段还可以采用“图形视图”方式生成，即在选择轴类零件毛坯体类型之后生成，如“多边形”。直接按右侧垂直软键〖图形视图〗，软键〖图形视图〗点亮。此时，界面左侧图形显示橙黄色的轴类零件横截面图形，及 *XY* 坐标轴，右侧仍为毛坯体尺寸输入项。

在数值输入过程中，毛坯体的横截面尺寸随着输入的数值在发生变化，操作者很容易判断输入的图形及横截面大小是否符合加工需要。

以多边形体毛坯生成过程为例，选择多边形体毛坯，按右侧垂直软键〖图形视图〗，界面左侧出现橙黄色的多边形体的横截面图形。当选择偶数边沿数（如 N = 6）时，毛坯体尺寸输入表项的第三项显示横截面尺寸的参数为 SW（对称边沿间的长度尺寸），如图 6-6 所示。当选择奇数边沿数（如 N = 7）时，毛坯体尺寸输入表项的第三项显示横截面尺寸的参数为 L（一个边沿的长度尺寸），如图 6-7 所示。

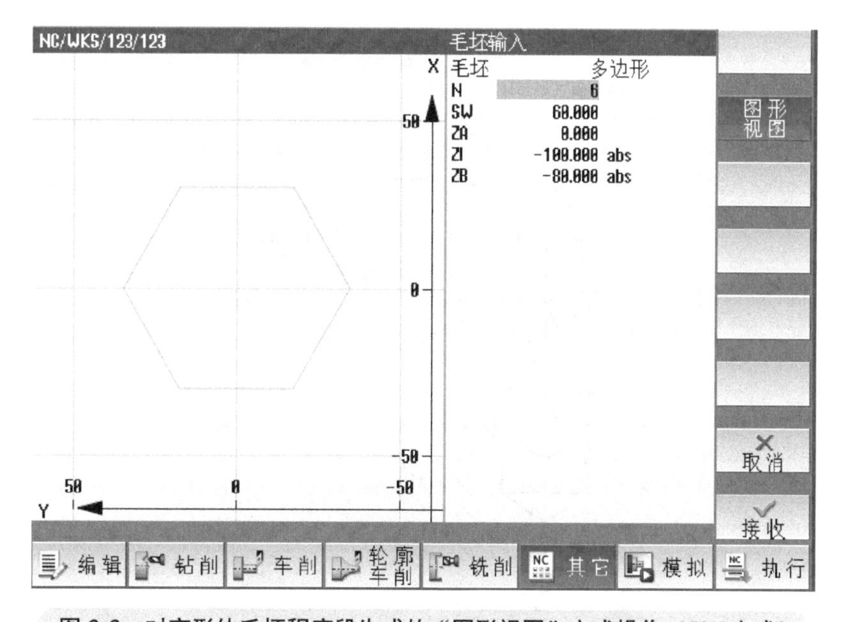

图 6-6　对变形体毛坯程序段生成的“图形视图”方式操作（SW 方式）

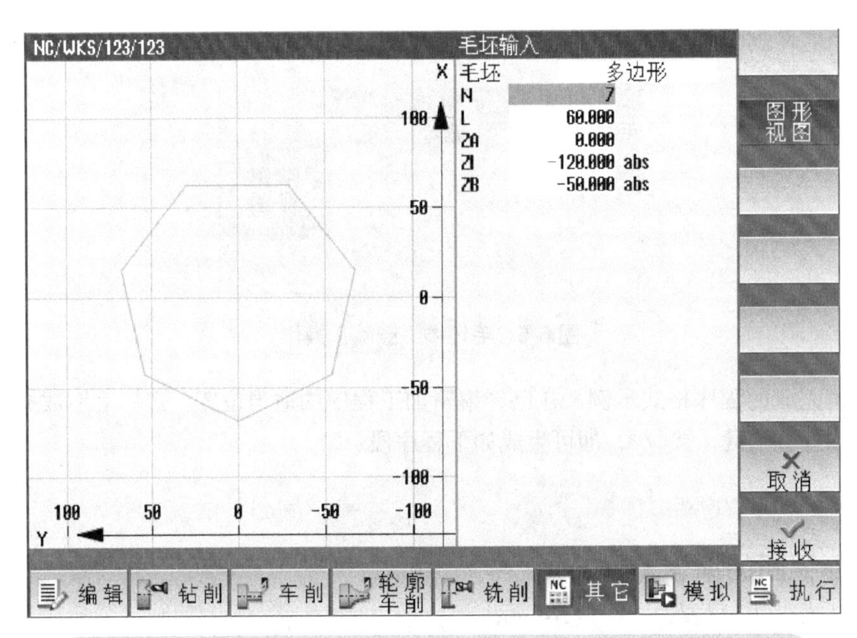

图 6-7 对变形体毛坯程序段生成的“图形视图”方式操作（L 方式）

当再次按软键〖图形视图〗时，界面右侧软键〖图形视图〗蓝色底纹消失，界面恢复先前的样子。

6.3 钻孔循环指令编程

（1）编程注意事项

1）标准孔加工艺循环指令中四个重要位置平面。为了表述方便，本书对工艺循环中涉及的四个特定的平面位置进行如下定义，并以钻孔加工循环为例说明，如图 6-8 所示。

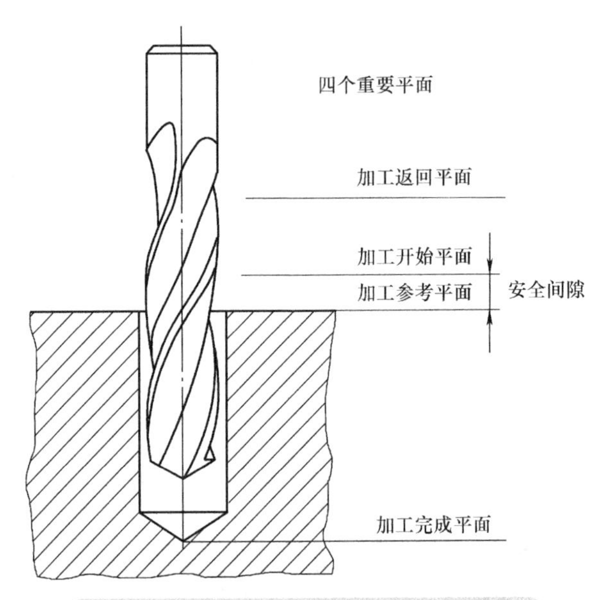

图 6-8 孔加工循环中刀具的四个位置平面

① 加工参考平面（Z0，RFP）。加工参考平面是指在 Z 轴（刀轴）方向上的孔沿起始测量位置平面（尺寸标注位置平面），即孔沿位置平面。一般也称为 Z 向编程零点。

② 加工开始平面（Z0+SC，RFP+SDIS）。加工开始平面是指循环中 Z 轴（刀轴）方向上刀具进刀时由快进转为工进的位置平面。循环中，不论刀具在 Z 轴（刀轴）方向上的起始位置如何，第一个动作总是将刀具沿 Z 轴快速移动到这一平面位置。因此，加工开始平面必须高于加工平面。

③ 加工完成平面（Z1，DP/DPR）。加工完成平面又称加工底平面，是指最终孔深位置平面。因此，加工完成平面必须低于加工开始平面。

④ 加工返回平面（RP，RTP）。加工返回平面（又称为初始平面）是指循环中 Z 轴（刀轴）加工至孔底平面后返回的位置平面。而在这个位置上，刀具在 XY 平面上应可以实现定位动作。由于加工返回平面可以设定在任意一个安全的高度上，即当刀具在这个高度任意移动时将不会与夹具、工件等发生干涉。因此，加工返回平面必须等于或高于加工开始平面。

2）应在前面编程钻孔刀具的主轴转速和进给率。

3）在循环调用前应确定孔的数量与“位置”。

单独位置的循环：在循环调用前编程单个孔的钻孔坐标位置。

位置模式（MCALL）的循环：在循环调用之后编程多个孔的钻孔位置。

① 无规律的孔位，编写到钻孔中心点的连续定位程序段。

② 有规律的孔位，选择钻孔模式循环（直线、圆弧等）。

4）按照位置模式重复执行钻孔循环。钻削循环可以按照位置模式重复执行，即模态式调用。其编写格式为：在循环指令的前面写入 MCALL，并与循环指令保持有一个空字符的位置。例如：MCALL CYCLE81（…）。在其下面注意编写被加工孔的位置坐标数据。最后，需要编程者单独编写 MCALL 指令（独立的一个程序段），作为位置模式钻孔循环的结束。

（2）钻孔循环的基本动作　钻孔循环基本动作顺序如下：

1）钻孔循环前，必须使刀具到达钻孔位置的上方（初始高度）。

2）刀具以 G0 运行到开始加工平面（Z0 上方，距 Z0 的安全距离为 SC）。

3）刀具以编程的进给率（G1）方式和主轴转速钻削至要求的钻削深度或定心直径。

4）在切削深度停留编程的动作完成后刀具抬起，以 G0 退回至“退回平面”位置。

6.3.1 钻中心孔（CYCLE81）

（1）指令功能　在钻削加工中为了保证在钻孔过程中孔的位置精度比较高，通常需要在钻孔之前安排一个钻削定位孔的工序。尤其在深孔钻削之前，为了防止钻头引偏，一般均要安排此工序。钻中心孔所用的刀具一般是钻顶角为 90° 的定心钻。

使用“钻中心孔”循环，可以实现如下功能：

1）以写入程序中的主轴转速和进给率对单个孔或多个孔进行钻削加工至编程的最终钻孔深度 Z1（相对于直径或刀尖）的位置。

2）对于钻孔的深度，在这个加工循环中有两种方式进行定义：一种是用钻头的直径间接地表示钻孔的深度，由控制系统根据钻头的顶角角度自动进行换算；另一种则是刀尖位置直接给出钻孔的深度，直接在 DT 输入栏中写入钻削深度即可。需要注意的是钻削深度 DT 可以使用增量坐标（inc），也可以使用绝对坐标（abs）。

3）在到达切削深度处停留设定的时间后，刀具退回至“返回平面”位置。

（2）编程操作界面　钻中心孔循环（CYCLE81）标注尺寸符号及参数对话框如图 6-9 所示，编程界面操作说明见表 6-1。

创建一个新的钻孔加工程序的过程，在打开“程序编辑器”中完成零件加工程序工艺准备部分程序的编写。然后，按屏幕下方的软键〖钻削〗进入钻削循环指令调用界面（屏幕右侧出现可供钻削加工选择的循环指令项目软键列表。按屏幕右方的软键〖钻中心孔〗，打开输入界面“定心”。

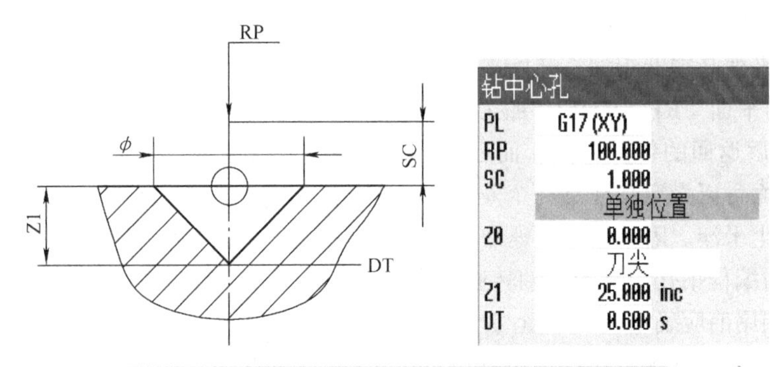

图 6-9　钻中心孔循环标注尺寸符号及参数对话框

表 6-1　钻中心孔循环（CYCLE81）编程界面操作说明

编号	对话框参数	编程操作	说　明
1	PL [SELECT]	选择：“G17”或“ ”	选择加工平面，端面钻孔选择 G17 或空白
2	RP 返回平面	输入返回平面（mm）	钻孔完成后刀具轴的定位高度
3	SC 安全平面	输入安全距离（mm）	相对于钻孔平面的距离
4	加工位置 [SELECT]	选择：单独位置	在指定的位置上钻一个定心孔
		选择：位置模式	带 MCALL 指令钻多个定心孔
5	Z0 参考平面	输入参考平面（mm）	Z 向参考点坐标
6	深度定义 [SELECT]	选择：直径（与直径有关）	以直径为参照编程深度，要考虑定心钻的顶角角度
		选择：刀尖（与深度有关）	以深度为参照编程深度
7	ϕ 定心直径	输入要求的直径（mm）	达到编程直径为止，仅在直径定心时
	Z1 尺寸模式 [SELECT]	输入钻削深度（abs）（mm）	达到编程深度为止，仅在刀尖定心时
		输入钻削深度（inc）（mm）	
8	DT 暂停时间 [SELECT]	输入停留时间（s）	选择最终深度停留时间
		输入停留时间（rev）	选择最终深度停留时间

注意：在编写“位置模式”项目时，选择“单独位置”钻孔方式，则在刀具的当前位置上进行钻孔加工（称为非模态调用）。如果需要进行连续的多孔加工，选择“位置模式”钻孔方式。“位置模式”在当前刀具定位的位置上并不执行钻孔动作，这时，系统在生成的 CYCLE81 指令之前多出一个 MCALL 指令字符。这个“MCALL”代码表示钻孔循环进入模态调用的方式之后的包含运动坐标的位置上才会执行钻孔动作。当执行完这个钻头需要加工的所有孔后，需要在一个新的程序段中单独编写指令 MCALL（指令后不带有任何参数）程序段，表示此次的多孔加工（模态调用方式）结束。

表 6-1 列出了对话框参数的名称、参数含义。可以看出“对话框参数”这一栏的用途在于，输入或选择工艺循环的必要参数为生成循环指令做准备，同时也使系统再次编译钻中心孔工艺循环时，可以方便地找到原写入参数值的位置。

6.3.2　钻削循环（CYCLE82）

（1）指令功能　新版的 CYCLE82 循环指令的功能得到了很大的发展，更适合各种钻削加工工作实际情况的需要。主要功能如下：

1）钻削的主要切削刀具为钻削顶角为 118° 的麻花钻。对话框界面中的加工参数与钻中心孔基本相同。

2）当选择“刀杆”的方式表示切削深度时，ZI 尺寸表示除去钻尖部分的钻杆切入的净深度。钻尖部分的长度在加工时由控制系统根据钻头钻削顶角的实际角度自动计算出来，并补偿在钻削深度中。当选择“刀尖”的方式表示切削深度时，ZI 的尺寸就包括了钻尖在内的钻削净深度。

3）在到达切削深度处停留编程的时间后，刀具退回至“返回平面”位置。DT 这个参数对于通孔的钻削可以忽略，而在使用锪钻加工沉头孔时一般都要设置。

4）可以设定第 1 次进刀时的进给率百分比，用于降低或提高进给率。孔定位是使用低于钻削进给率 F 的慢速进给率 FA，进行一段 ZA 距离的定位钻削，以得到较好的位置精度。当遇到难加工材料或切削条件恶劣时，则可以降低进给率，以保护刀具和工件免受伤害。而对已经完成预钻的孔进行加工时，可以提高进给率（超出正常浅孔钻削进给量的数值），以提高生产效率。

5）底部钻削是使用低于钻削进给率 F 的慢速进给 FD，进行距离 Z1 的一个 ZD 行程的底部钻削，以获得较好的钻孔（出口位置）质量。

6）根据加工材料和现场条件决定是否进行提刀断屑。

（2）编程操作界面　钻孔循环（CYCLE82）两种输入设定的标注尺寸符号及参数对话框如图 6-10 和图 6-11 所示，编程界面操作说明见表 6-2、表 6-3 和表 6-4。

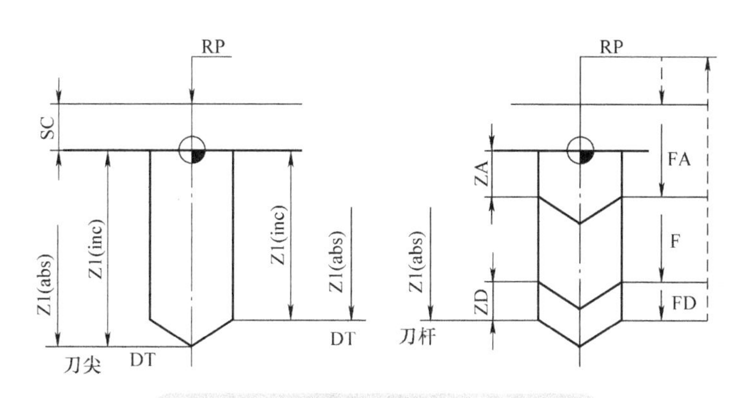

图 6-10　钻削界面的钻孔标注尺寸符号

输入的简单模式和完整模式是车削系统 V4.7 版本新功能，窗口显示通过参数 MD52210 设置，简单模式隐藏的窗口参数可以通过参数 MD55300~MD55309 设置。

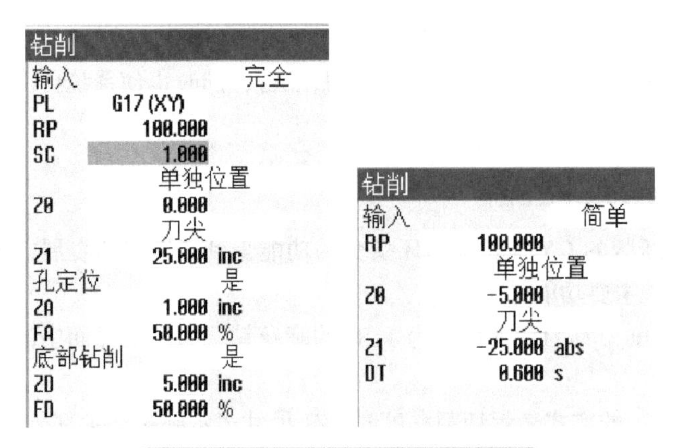

图 6-11 钻孔循环参数对话框界面

表 6-2 钻孔循环（CYCLE82）通用参数编程界面操作说明

编号	对话框参数	编程操作	说 明
1	PL	选择：“G17” 或 “ ”	选择加工平面，端面钻孔选择 G17 或空白
2	RP 返回平面	输入返回平面（mm）	钻孔完成后刀具轴的定位高度
3	SC 安全平面	输入安全距离（mm）	相对于钻孔平面的距离
4	加工位置	选择单独位置	选择，在指定的位置上钻一个孔
		选择位置模式	选择，带 MCALL 指令钻多个孔
5	Z0 参考平面	输入参考平面（mm）	Z 向参考点坐标
6	深度定义	选择刀杆	以刀柄为参照的编程钻孔深度，要考虑所选择的钻头顶角角度
		选择刀尖	以刀尖为参照的编程钻孔深度
7	Z1 尺寸模式	输入钻削深度（abs）（mm）	选择钻削深度
		输入钻削深度（inc）（mm）	以 Z0 为基准的钻孔深度
8	DT 暂停时间	输入停留时间（s）	选择最终深度的停留时间方式
		输入停留时间（r）	选择最终深度的停留时间方式

表 6-3 钻孔循环（CYCLE82）孔定位参数编程界面操作说明

编号	对话框参数	编程操作	说 明
9	孔定位	选择是或否	选择孔加工的定位方式
10	ZA 定位深度	输入定位深度（abs）（mm）	选择定位深度坐标值
		输入定位深度（inc）（mm）	选择相对于 Z0 的定位深度
11	FA 定位速度	（mm/min）或（mm/r）或 F（%）	孔定位进给率

表 6-4　钻孔循环（CYCLE82）底部切削参数编程界面操作说明

编号	对话框参数	编程操作	说　明
12	底部钻削	选择是或否	选择孔加工的底部加工方式
13	ZD 递减深度	输入递减深度（abs）（mm）	选择开始底部钻削深度坐标值
		输入递减深度（inc）（mm）	选择相对于 Z1 的递减深度
14	FD 钻削速度	（mm/min）或（mm/r）或 F（%）	底部钻削的进给率

如图 6-12 所示，钻削加工的尺寸标注形式一般有两种，钻孔尺寸除了直径尺寸 ϕ1mm 外，即标注从钻孔平面至钻尖的距离 L3（一般称为传统标注方式）和从钻孔平面至钻杆直径前部的距离 L1（除去钻尖部分），以及麻花钻头的钻削顶角（默认值为 118°）。当选择“刀杆”的方式表示切削深度时，Z1 尺寸表示除去钻尖部分的钻杆切入的净深度。钻尖部分的长度在加工时由控制系统根据钻头钻尖角的实际角度自动计算出来，并补偿在钻削深度中。这对于指定通孔的钻削深度非常方便。

例如，使用刀杆直径为 ϕ1 = 10mm 的标准麻花钻（顶角为 118°）钻孔时，设定以“刀尖”方式在 Z 向对刀。填入图 6-8 所示对话界面，如果深度定义项选择“刀杆”方式（标注尺寸 L1 形式），实际加工中系统会按照刀具表中所输入的钻头顶角数据自动计算出 L3（28.004），并补偿在钻削深度中，故实际加工深度为 L3 的数据（28.004mm），这对于指定通孔的钻削深度非常方便。相同情况下，深度定义项选择“刀尖”方式（标注尺寸 L3 形式），实际加工深度为 25mm。

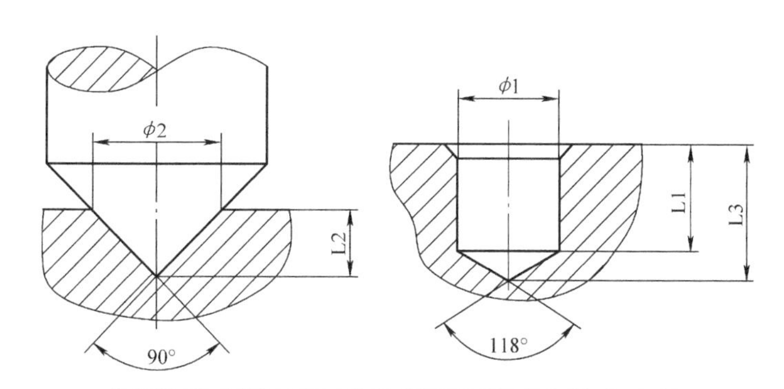

图 6-12　钻中心孔、浅孔钻削加工的尺寸标注符号

生成的程序段指令对比如下：

程序代码	注释
`CYCLE82(100,0,1,,25,,0.6,10,10001,11)`	；刀杆方式
`CYCLE82(100,0,1,,25,,0.6,0,10001,11)`	；刀尖方式

在 SINUMERIK 828D 系统配置刀具表时，需要操作者将钻头的实际直径和钻头顶角等相关参数输入到系统的刀具存储器中。在编程时，只要程序员根据图样标注尺寸的方式对应“浅孔钻削循环”对话界面中的“深度定义”项目中的选项，系统就会根据不同的钻头顶角尺寸自动计算出实际钻深数据。

同理，钻中心孔循环的参数选择也是这样。因此，编程者只要根据图样尺寸标注的具体情况，选择相应的参数数据形式，即可完成符合实际图样的零件的加工任务。

操作小技巧：运行“刀杆”方式的程序后，按屏幕右侧的软键〖基本程序段〗，会弹出一个并列界面，显示 CYCLE82 循环指令中钻削加工中的基本 G 指令的内容，其中显示出钻孔深度 Z 的实际坐标数据为“Z-28.004”。运行“刀尖”方式的程序后，钻孔深度 Z 的实际坐标数据是“Z-25”。

6.3.3 铰孔循环（CYCLE85）

（1）指令功能

1）使用“铰孔”循环用于对孔的精密加工。所使用的铰刀以写入程序中的主轴转速和进给率对单个孔或多个孔进行铰削加工至编程的最终铰孔深度（相对于刀杆或刀尖）的位置。

使用循环“铰孔”，铰刀以指定的主轴转速和切入孔内时的进给率（F）指定的进给率切入到工件中。

2）在达到切削深度 Z1 处并且停留编程的时间后，以指定的退回进给率（FR）退回至“返回平面”位置。

（2）编程操作界面　铰孔循环（CYCLE85）标注尺寸符号及参数对话框如图 6-13 所示，编程界面操作说明见表 6-5。

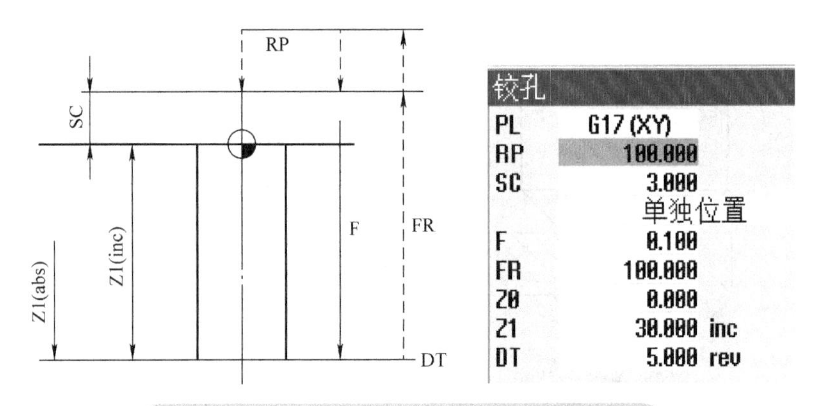

图 6-13　铰孔标注尺寸符号及循环参数对话框

表 6-5　铰孔循环（CYCLE85）编程界面操作说明

编号	对话框参数	编程操作	说　明
1	PL ◯	选择：“G17” 或 “ ”	选择加工平面，端面钻孔选择 G17 或空白
2	RP 返回平面	输入返回平面（mm）	铰孔完成后刀具轴的定位高度
3	SC 安全平面	输入安全距离（mm）	相对于铰孔平面的距离
4	加工位置 ◯	选择单独位置	在指定的位置上铰一个孔
		选择位置模式	带 MCALL 指令铰多个孔
5	F 进给率	输入进给率	进给率单位保持调用循环前的单位

（续）

编号	对话框参数	编程操作	说　明
6	FR 退回进给率	输入回退时的进给率（mm/min）	
7	Z0 参考平面	输入参考平面（mm）	参考点的 Z 向坐标
8	Z1 尺寸模式 ◯	输入铰削深度（abs）（mm）	铰削深度
		输入铰削深度（inc）（mm）	以 Z0 为基准的铰削深度
9	DT 暂停时间 ◯	输入停留时间（s）	最终深度的停留时间
		输入停留时间（r）	最终深度的停留时间

6.3.4　深孔钻削 1 循环（CYCLE83）

（1）指令功能

1）钻头以写入程序中的主轴转速和进给率，分多次对单个深孔或多个深孔进行钻削加工至编程的最终钻孔深度的位置。深孔的定义一般是指孔的深度与孔的直径的比值大于或等于 10 的孔，深孔加工的工艺特点在于对切屑的特别处理。

2）孔内断屑方式及相关加工过程。孔内断屑是一种加工效率比较高的处理切屑的方法。其特点是钻头每次钻削一定的深度，就沿着刀具轴线方向做一次短距离的退刀动作，并且做一次短暂的进给保持，然后再继续钻削一定的深度，再退刀并短时间进给保持。如此往复钻削，直至达到最终的钻孔深度。

① 刀具以 G0 速度进给到安全距离。

② 刀具以编程的主轴转速和进给率（F = F × FD1[%]）钻进至到第 1 个钻削深度。

③ 在钻削深度停留的时间（DTB）。

④ 刀具回退（V2）距离进行断屑，然后以编程的进给率（F）钻到下一个钻削深度。

⑤ 重复步骤④，直至达到最终钻削深度（Z1）。

⑥ 在最终钻削深度停留的时间（DT）。

⑦ 刀具快速移动，返回到初始平面位置。

3）孔外排屑方式及相关加工过程。孔外排屑的处理方式与前一种孔内断屑的处理方式相比，虽然钻削的效率有所降低，但是排屑的方法显然要更好些。其特点是钻头每次钻削一定的深度，就沿着刀具轴线方向将钻头完全退出孔外进行排屑，并且做一次短暂的进给保持，然后再快速返回到距离刚才钻削深度的提前距离位置继续进行下一段钻削，再完全退刀、排屑。如此往复钻削，直至达到最终的钻孔深度。

① 刀具以 G0 速度进给到安全距离。

② 刀具以编程的主轴转速和进给速度（F = F × FD1[%]）钻进至到第 1 个钻削深度。

③ 在钻削深度停留的时间（DTB）。

④ 刀具快速地从工件中移出至安全距离，进行排屑。

⑤ 在下次起点位置（孔沿）停留的时间（DTS）。

⑥ 以 G0 速度进给到上次钻削深度，减少提前距离（V3）的位置。

⑦ 然后钻至下一个钻削深度。

⑧ 重复步骤 ④ ~ ⑦，直至达到编程的最终钻削深度（Z1）。

⑨ 在最终钻削深度停留的时间（DT）。

⑩ 刀具快速退回，返回到初始平面位置。

（2）编程操作界面　深孔钻削 1（断屑）循环（CYCLE83）标注尺寸符号及参数对话框如图 6-14 所示，编程界面操作说明见表 6-6。

深孔钻削 1（排屑）循环（CYCLE83）标注尺寸符号及参数对话框如图 6-15 所示，编程界面操作说明见表 6-7 和表 6-8。深孔钻削 1（排屑）循环隐藏参数见表 6-9。

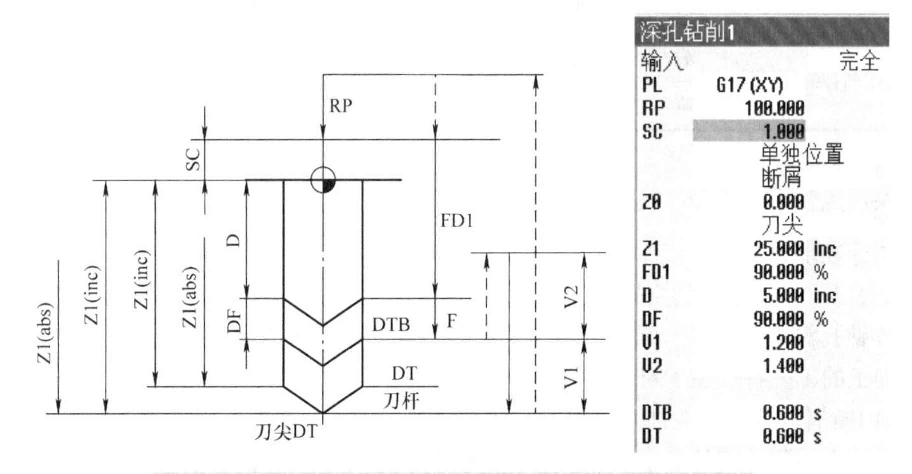

图 6-14　深孔钻削 1（断屑）标注尺寸符号及参数对话框

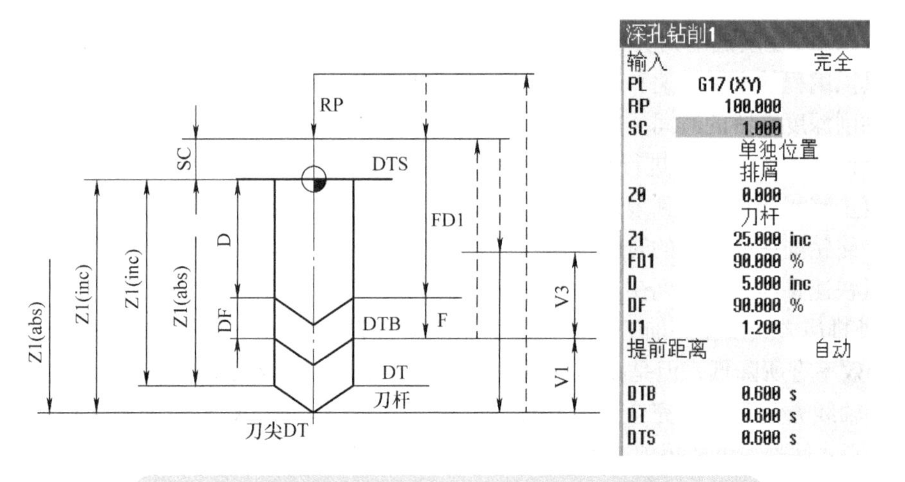

图 6-15　深孔钻削 1（排屑）标注尺寸符号及参数对话框

表 6-6　深孔钻削 1 循环（CYCLE83 通用参数）编程界面操作说明

编号	对话框参数	编程操作	说　明
1	PL [SELECT]	选择：“G17”或“ ”	选择加工平面，端面钻孔选择 G17 或空白
2	RP 返回平面	输入返回平面（mm）	钻孔完成后刀具轴的定位高度
3	SC 安全平面	输入安全距离（mm）	相对于钻孔平面的距离

（续）

编号	对话框参数	编程操作	说　明
4	加工位置	选择单独位置	在指定的位置上钻一个孔
		选择位置模式	带 MCALL 指令钻多个孔
5	排屑方式	选择排屑方式	钻头回退出孔沿外进行退刀排屑
		选择断屑方式	钻头移动 V2 距离进行回退断屑
6	Z0 参考平面	输入参考平面（mm）	参考点的 Z 向坐标
7	深度定义	选择刀杆	以刀柄为参照的编程钻孔深度
		选择刀尖	以刀尖为参照的编程钻孔深度
8	Z1 尺寸模式	输入钻削深度（abs）（mm）	最终钻孔深度
		输入钻削深度（inc）（mm）	以 Z0 为参照的最终钻孔深度
9	D 首次深度	输入钻削深度（abs）（mm）	首次钻削深度
		输入钻削深度（inc）（mm）	以 Z0 为基准的首次钻削深度
10	FD1 进给率	输入 F（%）	首次进给速度为编程进给速度的百分数
11	DF 钻削深度	选择每次钻孔深度百分比（%）	相对上次钻孔深度的百分比
		选择每次钻孔深度（inc）（mm）	建议选用增量值方式
12	V1 最小切削深度	输入最小钻削深度（mm）	选择 DF（%）方式下且 DF < 100% 时生效
13	DTB 暂停时间	输入停留时间（s）	选择每次钻孔深度处的停留时间
		输入停留时间（r）	选择钻削深度处的停留时间
14	DT 暂停时间	输入停留时间（s）	选择最终钻削深度处的停留时间
		输入停留时间（r）	选择最终钻削深度处的停留时间

注：1. DF 钻削深度的递减值：每一次的钻削深度由加工参数 DF 指定，建议采用增量坐标值（inc）的方式进行定义。DF = 100% 时与切削深度保持相同；DF < 100% 时切削深度在最终钻深方向不断减小。示例：上一次切削深度为 4mm、DF 为 80%，下一次的切削深度 = 4mm × 80% = 3.2mm，再下次的切削深度 = 3.2mm × 80% = 2.56mm，依此类推。

2. V1 最小切削深度：V1 < 切削深度时按编写的切削深度进刀，V1 > 切削深度时按照 V1 进刀。如果切削深度非常小，可以使用参数“V1”编写最小切削深度。

3. D 首次深度：在孔外排屑方式下，第一次钻削时由于排屑条件较好，所以首次钻削的深度参照普通的浅孔钻削深度进行选择即可。

4. FD1（首次）进给率：设定第 1 个钻削深度（D）的进给率（F = F × FD1[%]），可以使用相对于编程进给率（F）减少的方式钻孔或采用增加的方式钻孔（如已对要被加工的孔进行过预钻孔加工）。

表 6-7　深孔钻削 1（断屑）循环（CYCLE83 参数）编程界面操作说明

编号	对话框参数	编程操作	说　明
15	V2 回退量	输入每次加工后的回退量	输入 0，则没有回退，原位置旋转一圈

注：V2 回退量为每次钻削一定深度后的退刀距离，为了提高加工效率，这个参数通常都设置得比较小，只要保证切屑能够被断开即可。

表 6-8　深孔钻削 1（排屑）循环（CYCLE83 参数）编程界面操作说明

编号	对话框参数	编程操作	说　明
16	提前距离	选择自动	由循环计算提前距离
		选择手动	手动输入提前距离
17	V3 提前距离	输入与最终深度的距离（mm）	仅在排屑和提前距离的手动方式下
18	DTS 暂停时间	输入停留时间（s）	选择，孔沿停留时间，排屑方式
		输入停留时间（r）	选择，孔沿停留时间，排屑方式

注：V3 提前距离为当钻头完成退刀排屑动作之后，需要快速定位到距离上一次钻削深度一定距离的地方再次转入进给模式。这段距离的长度可以选择“手动”选项，在下面的加工参数 V3 中指定；也可以选择“自动”选项，系统默认值为 1mm。

表 6-9　深孔钻削 1（排屑）循环（CYCLE83）隐藏参数（摘录）

编号	参数	说　明	值
1	PL	加工平面	在 MD52005 中确定
2	SC	安全距离（mm）	1
3	钻深	钻深，相对于刀尖	刀尖
4	FD1	首次进刀时的进给率百分比（%）	90
5	DF	后续切削深度的百分比（%）	90
6	V1	最小切削深度（mm）	1.2
7	V2	每次加工后的回退量（mm）	1.4
8	提前距离	由循环计算提前距离	自动
9	DBT	在钻深处的停留时间（s）	0.6
10	DT	在最终钻深处的停留时间（s）	0.6
11	DTS	用于排屑的停留时间（仅限选择排屑方式）（s）	0.6

6.3.5　深孔钻削 2 循环（CYCLE830）

（1）指令功能　深孔钻削 2 的完全模式与简单模式的参数界面如图 6-16 所示。通过与图 6-15 的比较可以看到，即使深孔钻削 2 的“简单”输入模式下，其参数也比深孔钻削 1 的“完全”输入模式要多，说明该钻孔循环所能够实现的钻孔加工功能更加强大。深孔钻削 2 循环的功能除了满足深孔钻削 1 循环的功能外，还具有慢速进给速度进行孔定位、试钻孔和软切进入材料的功能。

1）钻孔入口处的深孔钻削。深孔钻削 2 有带或不带孔定位的深孔钻削和带试钻孔的深孔钻削两种方式，这两种方式不可并存。

① 带孔定位方式是指进行孔定位时刀具以慢速进给率（FA）加工至孔定位深度（ZA），接着使用钻削进给率。进行多次进刀钻削时，孔定位深度必须位于参考点和第 1 个钻深之间。

② 带试钻孔方式是指循环可选择考虑试钻孔的深度，可选择以绝对或者增量或钻孔直径倍数（一般为直径的 1.5~5 倍）的方式进行编程。进行试钻孔时，第 1 个钻孔深度必须位于试钻孔和最终钻深之间。以慢速进给率和低转速进入试钻孔，进给率和转速可调。这时，进入和退出试钻孔都是通过主轴进行的，此时主轴的旋转方向可设置为静止主轴、右转主轴和左转主轴。这样，在使用长细型钻头时便可避免钻头断裂。

2）柔和（软）切进入材料是指所用刀具和材料都可能对进入材料产生影响，在可编程的第一段行程距离上会遵循孔定位进给率，另一个可编程的行程距离上一次性将进给率提升到钻孔进给率。这种加工方式对断屑或排屑的控制在每次切入时都会重新生效：排屑时无提前距离（V3）生效；断屑时回退量（V2）不生效。窗口中不会显示这些参数。此时，软切深度（ZS1）作为“提前距离”或“回退量”生效。

3）底部钻削控制是指对深孔钻削出口处钻孔的控制，如果通孔出口平面与刀具轴形成角度，则应减小进给率。当“不选择”通孔钻削时，以加工进给率钻至最终钻深，之后可以对在钻深处的停留时间进行编程；当“选择”通孔钻削时，以钻削进给率钻至剩余钻深（ZD）后，继续以慢速进给率进行钻削，以避免钻头出现摆动。

4）根据工艺和刀具要求支持对切削液开或关的控制。可以实现在 Z0 + 安全距离或试钻孔深度（使用试钻孔加工时）处接通，始终在最终钻深处关闭的功能。

（2）编程操作界面　深孔钻削 2 孔循环（CYCLE830）标注尺寸符号及参数对话框如图 6-16 所示，编程界面操作说明见表 6-10。

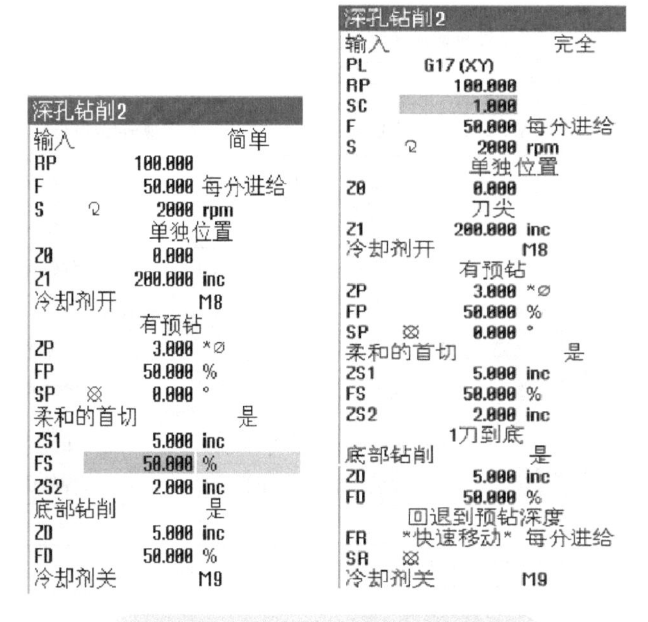

图 6-16　深孔钻削 2 参数对话框界面

表 6-10　深孔钻削 2 循环（CYCLE830）编程界面操作说明

编号	对话框参数	编程操作	说　明
1	输入	选择完全 / 简单	显示完整 / 部分参数
2	PL	选择：“G17”或“ ”	选择加工平面，端面钻孔选择 G17 或空白
3	RP 返回平面	输入返回平面（mm）	钻孔后刀轴的定位高度
4	SC 安全平面	输入安全距离（mm）	相对于钻孔平面的距离
5	F 进给率	选择（mm/min）或（mm/r）	每分钟（或每转）进给的量
6	S/V	选择 ↻ 或 ↺、（r/min）	主轴旋转方向、主轴转速
		选择（m/min）	恒切削速度
7	Z0 参考平面	输入参考平面	参考点的 Z 向坐标

（续）

编号	对话框参数	编程操作	说　明
8	加工位置 ◯	选择：单独位置	在指定的位置上钻一个孔
		选择：位置模式	带 MCALL 指令钻多个孔
9	钻深位置 ◯	选择：刀杆	直到刀杆达到编程值 Z1 为止
		选择：刀尖	以刀尖为参照的编程钻孔深度
10	Z1 深度模式 ◯	输入钻削深度（abs）（mm）	最终钻孔深度
		输入钻削深度（inc）（mm）	以 Z0 为参照的最终钻孔深度
11	切削液开	输入 M8（默认）	开启切削液
12	孔口工艺 ◯	选择无孔定位	采用进给率 F 进行钻孔
		选择有孔定位	采用进给率 FA 进行孔定位
		选择有预钻	使用进给率 FP 进行预钻
13	ZA 定位深度	输入钻削深度（abs）（mm）	有孔定位方式
		输入钻削深度（inc）（mm）	有孔定位方式
14	FA 定位进给率	（mm/min）或（mm/r）或孔 F（%）	有孔定位方式
15	ZP 预钻深度 ◯	Abs 或 inc 或直径系数（%）	预钻孔深度作为钻孔直径系数
16	FP 预钻进给率 ◯	（mm/min）或（mm/r）或 F（%）	切削进给率与钻削进给率的百分比
17	SP（VP）预钻 ◯	刀具接近工件，静止或转向	接近预钻深度时的主轴状态
		转速（r/min）或（mm/min）或 S（%）	主轴接近预钻深度的转速
18	柔和首切 ◯	选择是“柔切”	采用进给率 FS 进行首切
		选择“否”	带钻削进给率的切削
19	ZS1 柔切深度	输入每次柔切深度（inc）（mm）	采用恒定的首切进给率 FS 的钻削
20	FS 柔切进给率 ◯	（mm/min）或（mm/r）或 F（%）	切削进给率与钻削进给率的百分比
21	ZS2 柔切深度	输入每次切削深度（inc）（mm）	进给率不保持恒定时的每钻深度
22	加工方式 ◯	选择 1 刀到底方式	
		选择断屑方式	
		选择排屑方式	
		选择断屑和断屑方式	
23	底部切削 ◯	选择是或否	以进给率 FD 进行底部钻削
24	ZD 递减深度	选择与输入（abs）（mm）	底部钻削，进给率开始降低的钻削深度
		选择与输入（inc）（mm）	
25	FD 进给率 ◯	（mm/min）或（mm/r）或 F（%）	底部钻削，相对于 F 的进给率百分比
26	回退方式 ◯	选择在试钻深度上回退	
		选择在退回平面上回退	
27	FR 快退速度 ◯	选择“快速移动”	
		选择 1000.000	指定速度快退
28	SR 主轴状态 ◯	选择 ⊗	主轴停转方式回退
		选择 ↻ 或 ↺	以主轴旋转方式回退

（续）

编号	对话框参数	编程操作	说　明
29	SR/VR	输入 SR（S）（%）或（r/min）	回退时相对主轴转速 / 主轴转速
		输入 VR（m/min）	回退时的恒定切削速度
30	FD1 进给速度百分比	输入每次钻削的进给率（%）	断屑下首次进刀时的进给率百分比
31	D 首次深度	输入钻削深度（abs）（mm）	断屑、排屑方式下首次钻削深度
		输入钻削深度（inc）（mm）	以 Z0 为基准首次钻削深度
32	DF 切削深度	选择（%）	后续钻削深度递减的百分比
		选择（inc）（mm）	每次钻削深度的相对减少量
33	V1 最小切削深度	输入最小切削深度（mm）	DF < 100% 时有效
34	V2 回退量	输入每次加工后的回退量	V2 = 0，刀具没有回退
35	DTB 暂停时间	输入停留时间（s）	每次钻孔深度处的停留时间
		输入停留时间（r）	钻削深度处的停留时间
36	提前距离	选择自动	由循环计算提前距离自动
		选择手动	人工输入提前距离
37	V3 提前距离	输入（inc）（mm）	仅限选择了“手动”提前距离时
38	N 断屑次数	输入	每次排屑前的断屑行程次数
39	排屑回退	选择在预钻深度上排屑	
		选择在安全间距高度上排屑	
40	DTS 暂停时间	输入停留时间（s）或（r）	选择排屑停留时间
41	切削液关	输入 M9（默认）	到底部关闭切削液功能

6.3.6　镗孔循环（CYCLE86）

（1）指令功能

1）镗孔循环使用中对刀具和机床都有特殊的要求。刀具一般选用的是单刀头精镗刀，机床需要具备伺服主轴。

2）在考虑退回平面和安全距离的情况下，将刀具快速移动到编程位置，然后以编程进给率（F）镗削至编程深度（Z1）。

3）在到达切削深度处停留编程的时间后，刀具返回可带退刀方式或不带退刀方式。

选择“不退刀返回”方式，镗孔完成后主轴定位到加工参数 SPOS 所指定的角度以后，直接快速抬刀到返回平面（RP）的高度。采用这样的方式或许可以避免反向退刀时产生的反向间隙，使镗孔时的定位更加精确，但是在抬刀的过程中镗刀的刀尖会在孔壁上划出一道细微的痕迹。

选择“退刀返回”的方式，系统可以让镗刀在抬刀之前先进行 *X*、*Y* 两个方向上的差补定位。通过 SPOS 指令进行定向的主轴停止。当镗刀进给至孔的底部时，需要主轴停止旋转并且将主轴定位到某一固定的角度，以便向镗刀刀尖相反的方向进行退刀，刀尖离开加工表面。

（2）编程操作界面　镗孔循环（CYCLE86）标注尺寸符号及参数对话框如图 6-17 所示，编程界面操作说明见表 6-11。

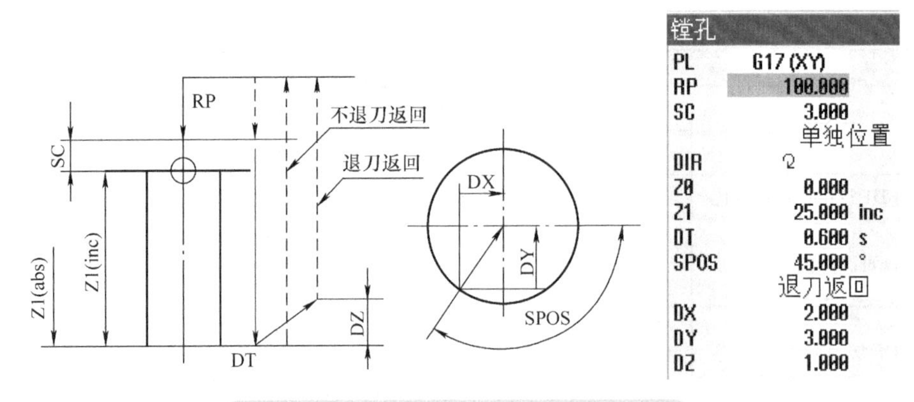

图 6-17　镗孔标注尺寸符号及参数对话框

表 6-11　循环（CYCLE86）编程界面操作说明

编号	对话框参数	编程操作	说　明
1	PL	选择："G17" 或 " "	选择加工平面，端面钻孔选择 G17 或空白
2	RP 返回平面	输入返回平面	镗孔完成后刀具轴的定位高度
3	SC 安全平面	输入安全距离	相对于镗孔平面的距离
4	加工位置	选择单独位置	在指定的位置上钻一个孔
		选择位置模式	带 MCALL 指令钻多个孔
5	DIR 旋转方向	选择顺时针旋转 ↻	刀轴顺时针 M3
		选择逆时针旋转 ↺	刀轴逆时针 M4
6	Z0 参考平面	输入参考平面	参考点的 Z 向坐标
	Z1 尺寸模式	输入镗削深度（abs）（mm）	
7		输入镗削深度（inc）（mm）	
	DT 暂停时间	输入停留时间（s）	
8		输入停留时间（r）	
9	SPOS	输入主轴停止位置	用于定向的主轴停止
	回退模式	选择不退刀返回	刀沿快速回退至返回平面
10		选择退刀返回	刀沿从孔沿起空运行至安全平面并定位
11	DX 回退量	输入在 X 向的回退量（inc）（mm）	必须选择退回模式的退刀返回
12	DY 回退量	输入在 Y 向的回退量（inc）（mm）	必须选择退回模式的退刀返回
13	DZ 回退量	输入在 Z 向的回退量（inc）（mm）	必须选择退回模式的退刀返回

6.3.7　攻螺纹循环（CYCLE84 / CYCLE840）

SINUMERIK 828D 数控系统的工艺循环菜单和对话界面中把攻螺纹称为“攻丝”（为与系统对应，以下均为“攻丝”）。

（1）指令功能　进入攻丝对话界面后，里面有八个参数选择框，如图 6-18 所示。

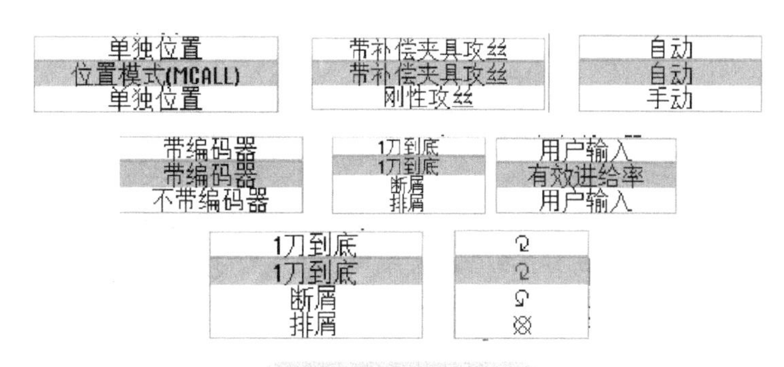

图 6-18　参数选择框

根据补偿夹具模式可以选择带有补偿夹具（弹性卡头）的攻丝循环模式 CYCLE840，也可以选择不带有补偿夹具的攻丝循环模式 CYCLE84(一般也称为刚性攻丝)。下面分别对“刚性攻丝”和“带补偿夹具攻丝”状态下的参数进行说明。

1）当选择刚性攻丝方式（循环指令代码为 CYCLE84）时，以下参数需要根据机床的硬件条件进行相应的设置：

① 刚性攻丝对机床的主轴要求较高，必须使用带编码器的伺服主轴。加工刀具（丝锥与主轴）之间必须是刚性连接，而且在攻丝过程中主轴旋转的位置与丝锥进给轴的位移之间必须保持严格同步，因此刚性攻丝可以用于较高转速的攻丝。

② 主轴旋向设定。加工右旋螺纹时需要选用右旋丝锥，攻螺纹时主轴正向旋转，在到达切削深度处停留编程的时间后，退刀时主轴会自动反向旋转；加工左旋螺纹时需要选用左旋丝锥，攻螺纹时主轴反向旋转，在到达切削深度处停留编程的时间后，退刀时主轴会自动正向旋转。以生效的主轴回退转速返回至安全平面，最后以 G0 退回至返回平面。

③ 表格项目选择。如果加工的是米制（828D 系统为“公制”）粗牙螺纹，可以选择“公制螺纹”，并且继续在下一行的“选择”选项中选择螺纹的公称尺寸，系统会在下一行自动显示出相应的螺距值 *P*。如果在这里选择“无”，则在下一行选项“P”的后面手工填入待加工螺纹的螺距值。

④ 加工项目可以从“一刀到底”“断屑”和“排屑”三种方式中进行选择。

⑤ αS 输入项目：丝锥切入工件时主轴方向的角度值。如果对于螺纹的旋转位置没有特殊要求，这里一律填“0”值即可。

⑥ PL、RP、SC、Z1、Z0、V2 的参数参见 CYCLE83 指令说明。

2）当选择带有补偿夹具（循环指令代码为 CYCLE840）攻丝方式时，以下参数需要根据机床的硬件条件进行相应的设置：

① 带补偿夹具攻丝又称为浮动攻丝，因为丝锥是通过攻丝夹头刀柄与机床的主轴进行连接的，而攻丝夹头内夹持丝锥的浮动夹头具有一定的弹性，可以弥补主轴转速与丝锥进给轴之间位置同步的匹配误差，所以这种攻丝方式可以用于采用变频器主轴的机床。

② 加工项目可以从带编码器或不带编码器方式中选择。当选择带编码器时，螺纹的螺距参数与刚性攻丝设置相同。当选择不带编码器时，螺距的设定可以有两种方式：第一种为“用户输入”，螺距参数设置方式与刚性攻丝相同；第二种为有效进给率，螺距由加工循环之前的程序段中的主轴转速与进给率决定。

（2）编程操作界面　攻丝循环（CYCLE84）标注尺寸符号及参数对话框如图 6-19 和图 6-20 所示，编程界面操作说明见表 6-12 和表 6-13。攻丝循环（CYCLE840）标注尺寸符号及参数对话框如图 6-21 所示，编程界面操作说明见表 6-12 和表 6-14。

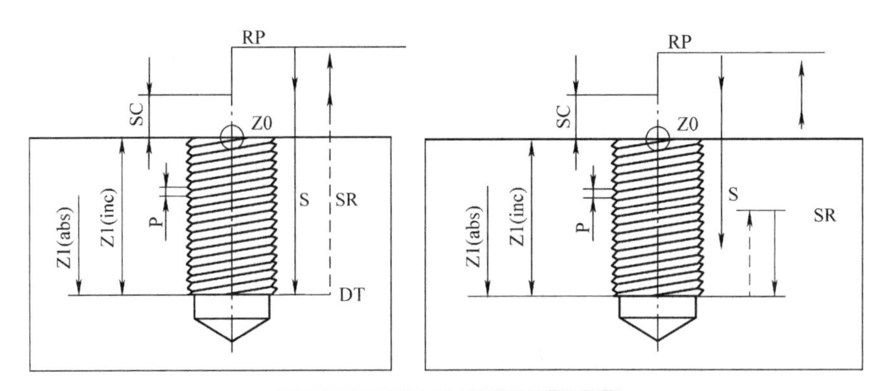

图 6-19　攻丝加工标注尺寸符号

攻丝
输入　完全
PL　G17 (XY)
RP　100.000
SC　1.000
刚性攻丝
单独位置
Z0　0.000
Z1　25.000 inc
右旋螺纹
表格　公制螺纹
选择　M 10
P　1.500 mm/rev
αS　0.000 °
S　5 rpm
断屑
D　5.000
回退　手动
V2　1.400
DT　0.600 s
SR　5 rpm
SDE

图 6-20　攻丝循环无补偿夹具参数

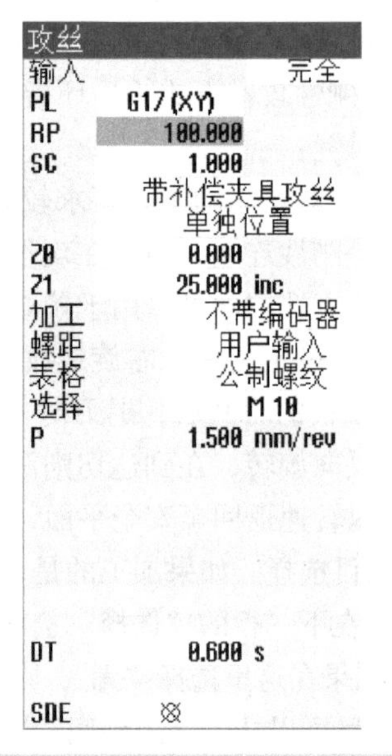

图 6-21　攻丝循环带补偿夹具参数

表 6-12　攻丝循环（CYCLE84/840 通用参数）编程界面操作说明

编号	对话框参数	编程操作	说　明
1	PL SELECT	选择：“G17”或“”	选择加工平面，端面钻孔选择 G17 或空白
2	RP 返回平面	输入返回平面（mm）	返回平面（绝对）
3	SC 安全平面	输入安全距离（mm）	安全距离（无符号）
4	补偿模式 SELECT	选择带补偿卡具	如弹簧夹头
		选择无补偿卡具	刚性攻丝
5	加工位置 SELECT	选择单独位置	在指定的位置上攻一个螺纹孔
		选择位置模式	带 MCALL 指令攻多个螺纹孔
6	Z0 参考平面	输入参考平面（mm）	参考点的 Z 向坐标
7	Z1 尺寸模式 SELECT	输入攻丝深度（abs）（mm）	螺纹深度位置
		输入攻丝深度（inc）（mm）	螺纹攻丝长度

（续）

编号	对话框参数	编程操作	说明
8	表格	无	选择螺纹表，选择不带编码器的用户输入方式。在下方显示出螺距值
		米制螺纹	
		惠氏螺纹 BSW	
		惠氏螺纹 BSP	
		UNC 螺纹	
9	选择规格	选择 M1~M68	选择表格的米制螺纹
		选择 W1/16~W4	选择表格的惠氏螺纹 BSW
		选择 G1/16~G6	选择表格的惠氏螺纹 BSP
		选择 N1-64UNC 等	选择表格的 UNC
10	P 螺距	选择模块（模数）	根据表格的螺纹类型及选择的螺纹尺寸，仅显示其螺距值
		输入螺距（mm）/rev	
		输入螺距（in）ch/rev	
		输入每英寸的螺线	
11	DT 暂停时间	输入停留时间（s）	攻丝至孔底深度处的停留时间
12	SDE	循环结束后顺时针旋转 ↻	选择无补偿夹具
		循环结束后逆时针旋转 ↺	
		循环结束后停止旋转	

表 6-13 攻丝循环（CYCLE84 参数）编程界面操作说明

编号	对话框参数	编程操作	说明
1	螺纹方向	选择右旋螺纹	仅用于无补偿夹具方式下
		选择左旋螺纹	
2	αS	输入起始角偏移量	选择补偿模式的无补偿夹具
3	S	输入主轴速度	选择补偿模式的无补偿夹具
4	切屑状态	选择一刀到底	选择补偿模式的无补偿夹具
		选择断屑	
		选择排屑	
5	D	输入最大切削深度	选择无补偿夹具的断屑或排屑
6	回退	选择手动回退量	选择无补偿夹具的断屑
		选择自动回退量	
7	V2	输入每次加工后的回退量	选择无补偿夹具断屑的手动回退量
8	SR	输入返回的主轴速度	选择无补偿夹具

表 6-14 攻丝循环（CYCLE840 参数）编程界面操作说明

编号	对话框参数	编程操作	说明
1	加工	选择带编码器	带主轴编码器的攻丝，带补偿夹具时
		选择不带编码器	无主轴编码器的攻丝，带补偿夹具时
2	螺距	有效的进给	螺距由进给量得出，选择不带编码器
		用户输入	弹出螺纹类型表格，选择不带编码器

6.3.8 钻孔和螺纹铣削循环（CYCLE78）

（1）指令功能

1）使用同一把刀具在一个加工过程中完成指定深度和螺距的内螺纹加工（进行钻孔和螺纹铣削加工），而不需要另外更换刀具。

2）如果想要钻中心孔，则使用较小的钻削进给率运行到确定的定心深度，G代码编程时可以通过输入参数来编程定心深度。

3）刀具使用钻削进给率F1钻到第一钻削深度D。如还未达到终点钻削深度Z1，则刀具使用快速行程退回工件表面进行排屑。接着刀具使用快速行程定位到先前所达钻削深度之上1mm处，进而使用钻削进给率F1进行再次钻削。从第2次进刀开始要考虑参数“DF”。

4）如果需要，刀具可以在进行螺纹铣削之前以快速行程退回到工件表面进行排屑。

5）刀具运行至螺纹铣削的起始位置。可以将螺纹加工成右旋或左旋螺纹。

6）使用铣削进给率F2进行螺纹铣削（同向运行、反向运行或者同向+反向运行）。半圆上铣刀在螺纹上进入和退出与刀具轴上的进刀同时进行。

（2）编程操作界面　钻孔和螺纹铣削循环（CYCLE78）标注尺寸符号及参数对话框如图6-22所示，编程界面操作说明见表6-15。

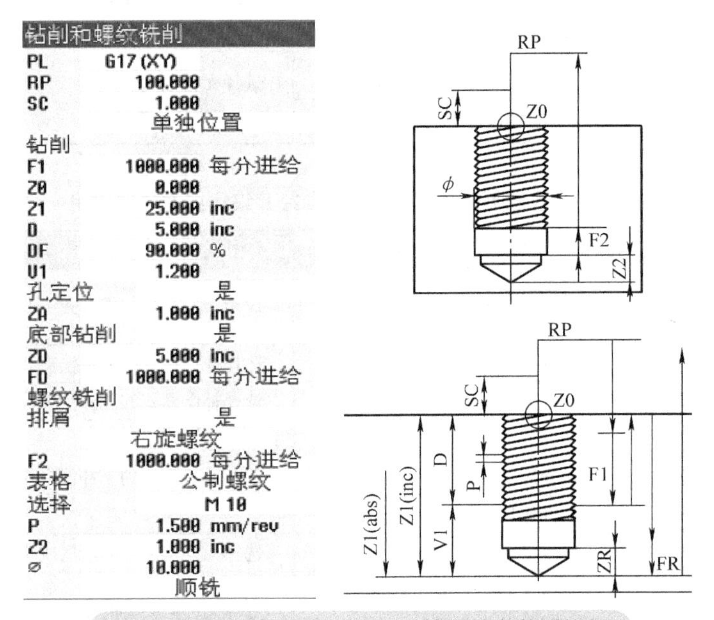

图6-22　钻孔螺纹孔标注尺寸符号及参数对话框

表6-15　钻孔和螺纹铣削循环（CYCLE78）编程界面操作说明

编号	屏幕界面参数	编程操作	说　明
钻孔			
1	PL ◯	选择：“G17”或“ ”	选择加工平面，端面钻孔选择G17或空白
2	RP返回平面	输入返回平面（mm）	铣削完成后的刀具轴的定位高度（abs）
3	SC安全平面	输入安全距离（mm）	相对于工件参考平面的间距，无符号
4	加工位置 ◯	选择单独位置	在指定的位置上加工一个螺纹孔
		选择位置模式	带MCALL指令加工多个螺纹孔

（续）

编号	屏幕界面参数	编程操作	说　明
		钻孔	
5	F1 进给率	选择每转进给（mm/r）	钻削进给率
		选择每分进给（mm/min）	
6	Z0 参考平面	输入参考平面	参考点的 Z 向坐标
7	Z1 尺寸模式	输入螺纹长度（abs）（mm）	螺纹终点位置
		输入螺纹长度（inc）（mm）	螺纹长度
8	D 切削深度	输入最大切削深度	
9	DF 进给率	选择每次进给率百分比 %	相对上次进给率的百分比
		选择每次进给率	每次钻削深度
10	V1 最小进给	输入最小进给量	选择 DF 方式下，且 DF < 100% 时生效
11	孔定位	选择是	慢速钻中心孔
		选择不	
12	AZ 孔深度	输入孔的深度（inc）	在孔定位的方式下有效
13	底部钻削	选择是	以钻削进给率进行底部剩余钻削加工
		选择不	
14	ZR 剩余深度	输入剩余通孔钻削深度	在底部钻削中的方式下有效
15	FR 进给率	选择每转进给率（mm/r）	在底部钻削中的方式下有效，底部钻削的钻削进给率
		选择每分进给率（mm/min）	
		螺纹铣削	
16	排屑	选择是	螺纹铣削前的排屑
		选择不	
17	螺纹方向	选择左旋螺纹	螺纹旋转方向
		选择右旋螺纹	
18	F2 进给率	选择每分进给率（mm/min）	螺纹铣削进给率
		选择每齿进给率（mm/ 齿）	
19	表格	选择米制螺纹	选择螺纹表，在下方显示螺纹数据
		选择惠氏螺纹 BSW	
		选择惠氏螺纹 BSP	
		选择 UNC	
		选择无	
20	选择	选择 M1~M68	必须选择表格的米制螺纹
		选择 W1/16~W4	必须选择表格的惠氏螺纹 BSW
		选择 G1/16~G6	必须选择表格的惠氏螺纹 BSP
		选择 N1-64UNC 等	必须选择表格的 UNC
21	P 螺距	选择每英寸的螺线	根据表格的螺纹类型及选择的螺纹尺寸，仅显示其螺距值
		选择螺距（模块）	
		选择螺距（mm/r）	
		选择螺距（in/r）	
22	Z2 回程量	输入螺纹铣削前的回程量	螺纹铣削前的回程量（增量）
23	Φ 螺纹直径	输入螺纹表中的额定直径	螺纹表中的额定直径

（续）

编号	屏幕界面参数	编程操作	说　明
螺纹铣削			
24	铣削方向	选择顺铣	顺向运行，在同一旋转中铣削螺纹
		选择逆铣	顺向运行，在同一旋转中铣削螺纹
		选择顺铣 ⇆ 逆铣	顺、逆向运行，在两个旋转中铣削螺纹
25	FS 进给率	选择每分进给（mm/min）	在顺铣 - 逆铣方式下有效，精加工进给
		选择 T-WAY-FEE（mm/z）	

注：1. DF 每次切削深度百分比：当 DF = 100% 时，切削深度保持相同；当 DF < 100% 时，切削深度在最终钻深 Z1 方向不断减小。例如，上一次切削深度为 4mm，DF = 80%，下一次的切削深度 = 4 × 80% = 3.2mm；再下次的切削深度 = 3.2 × 80% = 2.56mm；以此类推。

2. V1 最小切削深度：只有编写了 DF < 100% 时才会存在参数 V1。如果切削深度非常小，可以使用参数“V1”编写最小切削深度。当 V1 < 切削深度时，按编写的切削深度进刀；当 V1 > 切削深度时，按照 V1 进刀。

3. D 最大切削深度：当 D ≥ Z1 时，一次进刀至最终钻深；当 D < Z1 时，带有排屑的多次进刀（mm）。

4. 孔定位选项：当选择孔定位后，减小的钻削进给率如下：
钻削进给率 F1 < 0.15mm/r，孔定位进给率 = F1 的 30%；
钻削进给率 F1 ≥ 0.15mm/r，孔定位进给率 = 0.1mm/r。

6.4　车削循环指令编程

6.4.1　台阶外形车削循环（CYCLE951）

（1）指令功能　使用车削循环CYCLE951指令可以在工件单级的外轮廓或内轮廓的柱面或端面上进行纵向或横向切削，可以完成直角台阶车削、带倒角或倒圆的直角台阶车削，以及带倒角或倒圆的锥体台阶车削。可以通过设定安全距离数据来限制车刀切入工件前的位置。

1）加工方式：

① 粗加工▽。在轮廓粗加工中，与轴平行切削至编程的精加工余量。如果尚未编程精加工余量，则在粗加工时一直切削到最终轮廓。粗加工时，循环会根据需要减小编程切削深度 D，进行相等尺寸的切削。例如，如果总切削深度为 10mm，指定的切削深度为 3mm，可能会产生 3mm、3mm、3mm 和 1mm 的切削。循环会将切削深度减小到 2.5mm，产生 4 次等尺寸切削。

不论刀具是在每刀结束时在切削深度 D 处倒圆，还是立即退刀，都与轮廓和刀沿之间的角度有关。上述倒圆的角度储存在机床数据中。对于内轮廓来说，刀具安全距离或快速退刀位置，必须在内轮廓最小直径内，并且先退 X 后退 Z。

② 精加工▽▽▽。精加工方向与粗加工方向相同。循环在精加工期间自动选择和取消刀具半径补偿。

2）加工策略以及刀具逼近 / 回退方式如下：

① 刀具首先快进到循环内部计算得出的加工起点（基准点 + 安全距离）。

② 刀具快进到第一个切削深度。

③ 以指定加工进给率进行第 1 刀车削。

④ 刀具以加工进给率进行倒圆，或者快速退刀（参见“粗加工▽”）。

⑤ 刀具快进到下一个切削深度的起始点。

⑥ 以指定加工进给率进行下一刀车削。

⑦ 第④步到第⑥步重复上述过程，直至到达最终深度。

⑧ 刀具快进移回到安全距离。

（2）编程操作界面

1）直角台阶车削（车削 1）循环 CYCLE951 指令编程尺寸标注符号及参数表框界面如图 6-23 和图 6-24 所示。

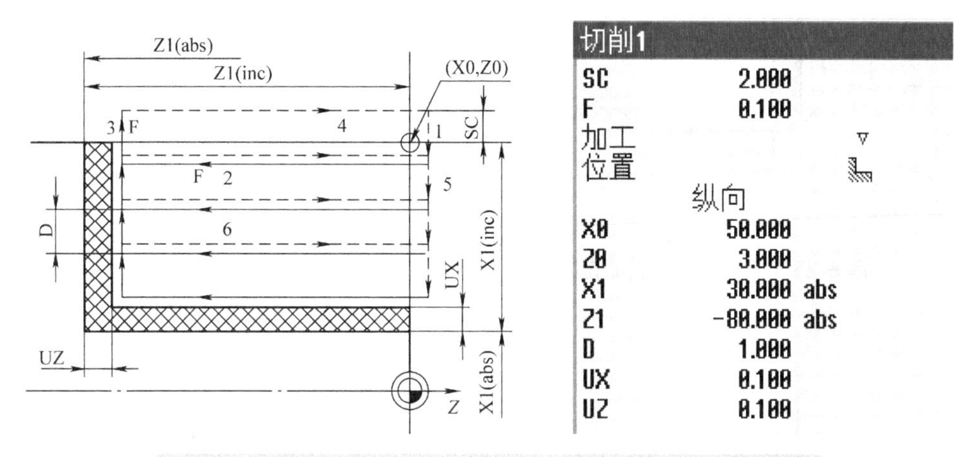

图 6-23　直角台阶车削循环（纵向）尺寸标注符号及参数表框

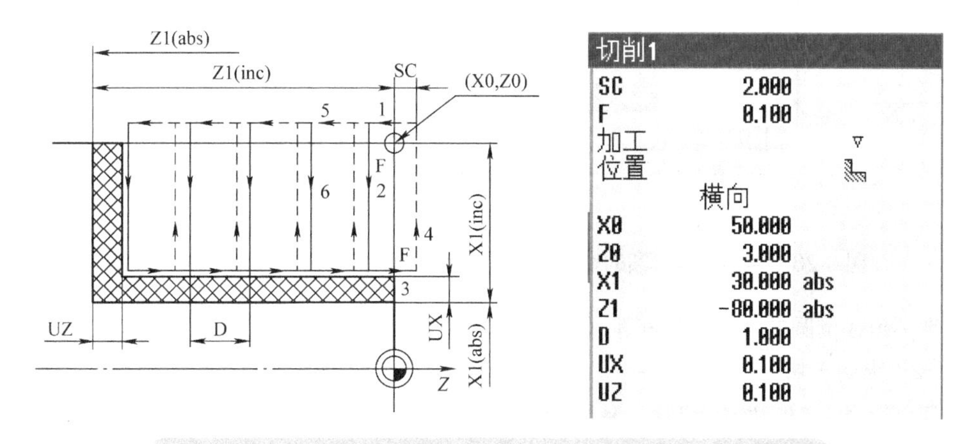

图 6-24　直角台阶车削循环（横向）尺寸标注符号及参数表框

2）直角台阶车削（车削 1）循环 CYCLE951 指令编程示例。

车削 1（纵向）切削循环指令：

参数设置：SC = 2、F 粗 = 0.1、F 精 = 0.07、X1 = 30、Z1 = −80、D = 1、UX = 0.1、UZ = 0.1。

生成直角台阶（车削 1）粗加工循环指令：

```
CYCLE951(50,3,30,-80,30,-80,1,1,0.1,0.1,11,0,0,0,2,0.1,0,2,1110000)
```

生成直角台阶（车削 1）精加工循环指令：

```
CYCLE951(50,3,30,-80,30,-80,1,1,0.1,0.1,21,0,0,0,2,0.07,0,2,1110000)
```

3）带倒角或倒圆的直角台阶车削（车削 2）循环 CYCLE951 指令编程尺寸标注符号及参数表框界面如图 6-25 和图 6-26 所示。

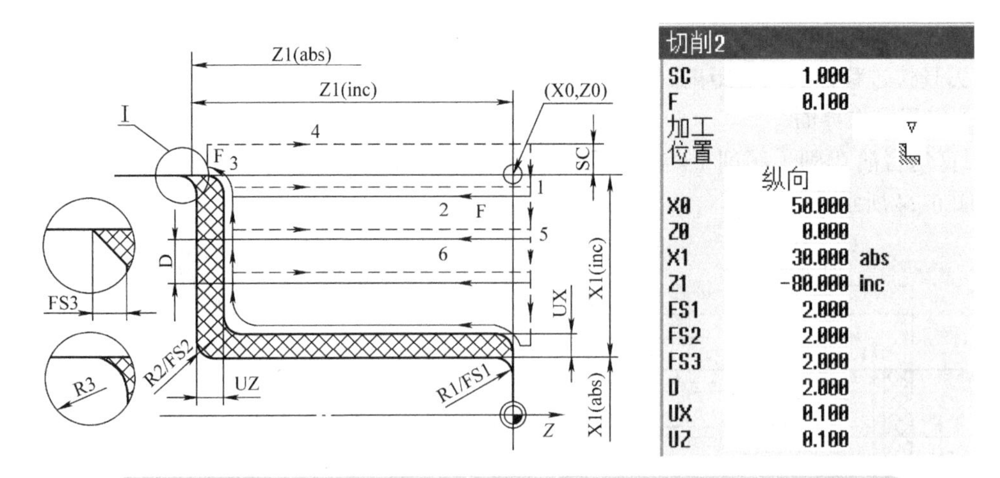

图 6-25 带倒角或倒圆的直角台阶车削（纵向）尺寸标注符号及参数表框

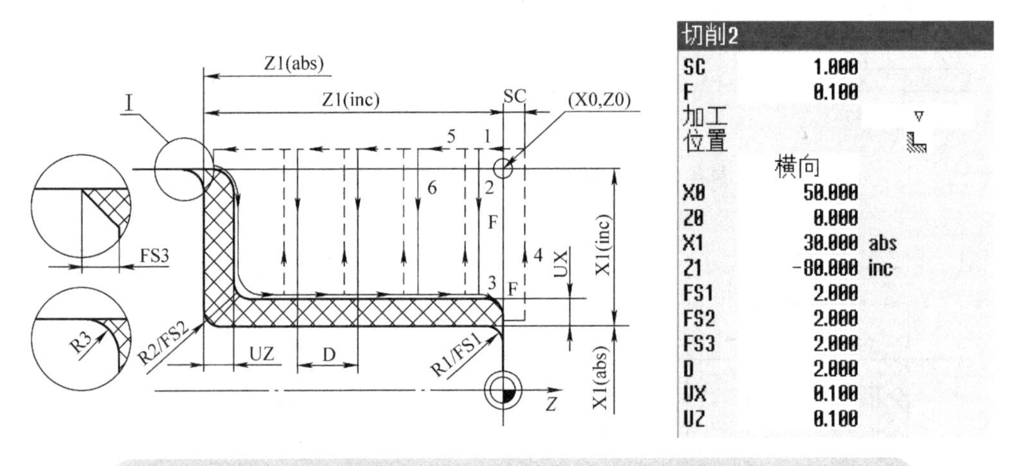

图 6-26 带倒角或倒圆的直角台阶车削（横向）尺寸标注符号及参数表框

4）带倒角或倒圆的直角台阶车削（车削 2）循环 CYCLE951 指令编程示例。

车削 2（纵向）切削循环指令：

参数设置：SC = 1、F 粗 = 0.1、XO = 50、ZO = 0、X1 = 30、Z1 = −80、FS1 = FS2 = FS3 = 2、D = 2、UX = 0.1、UZ = 0.1。

生成带倒角或倒圆的直角台阶车削（车削 2）粗加工循环指令：

```
CYCLE951(50,0,30,-80,30,-80,1,2,0.1,0.1,11,2,2,2,1,0.1,1,2,1111000)
```

5）带倒角或倒圆的锥体台阶车削（车削 3）循环 CYCLE951 指令编程尺寸标注符号及参数表框界面如图 6-27~ 图 6-29 所示。

6）带倒角或倒圆的锥体台阶车削（车削 3）循环 CYCLE951 指令编程示例。

带倒角或倒圆的锥体台阶车削（车削 3 纵向）切削循环指令：

参数设置：SC = 1、F 粗 = 0.1、X0 = 50、Z0 = 0、X1 = 20、Z1 = −50、XM = 20、ZM = −15、FS1 = FS2 = FS3 = 2、D = 1、UX = 0.1、UZ = 0.1。

生成带倒角或倒圆的锥体台阶车削（车削 3 纵向）粗加工循环指令：

```
CYCLE951(50,0,20,-50,20,-15,1,1,0.1,0.1,11,2,2,2,1,0.1,2,2,1110000)
```

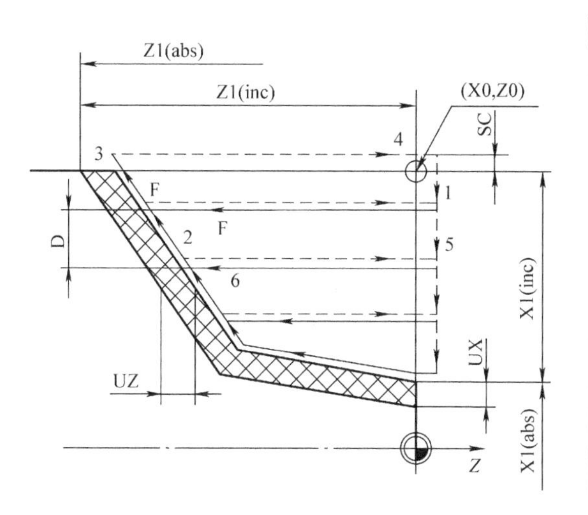

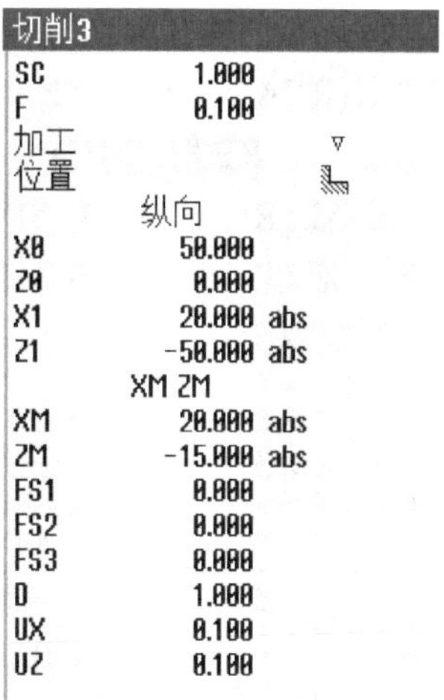

切削3		
SC	1.000	
F	0.100	
加工		▽
位置		
	纵向	
X0	50.000	
Z0	0.000	
X1	20.000	abs
Z1	-50.000	abs
	XM ZM	
XM	20.000	abs
ZM	-15.000	abs
FS1	0.000	
FS2	0.000	
FS3	0.000	
D	1.000	
UX	0.100	
UZ	0.100	

图 6-27 带倒角或倒圆的锥体台阶车削（纵向）尺寸标注符号及参数表框

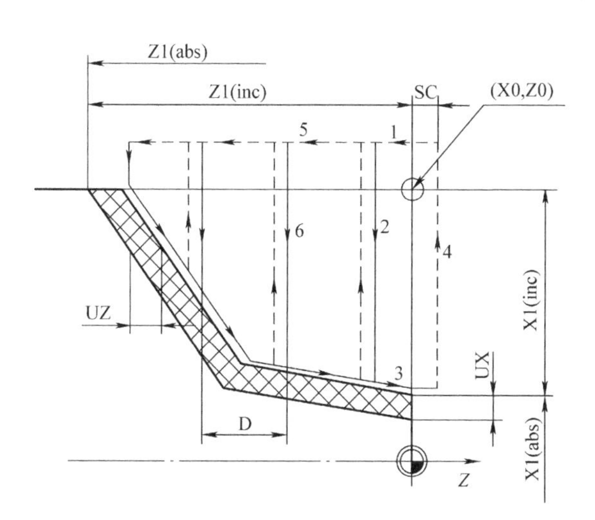

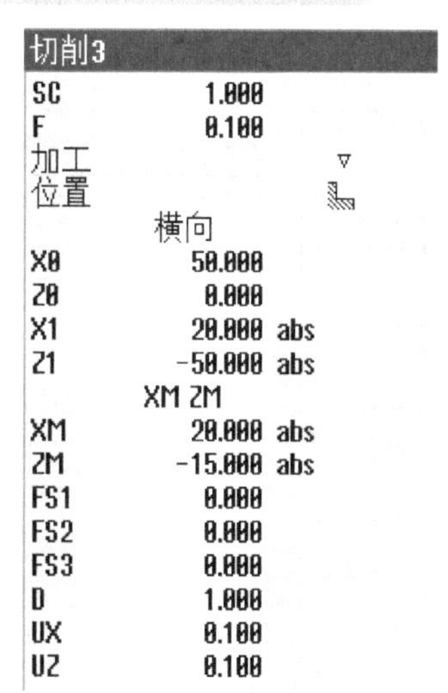

切削3		
SC	1.000	
F	0.100	
加工		▽
位置		
	横向	
X0	50.000	
Z0	0.000	
X1	20.000	abs
Z1	-50.000	abs
	XM ZM	
XM	20.000	abs
ZM	-15.000	abs
FS1	0.000	
FS2	0.000	
FS3	0.000	
D	1.000	
UX	0.100	
UZ	0.100	

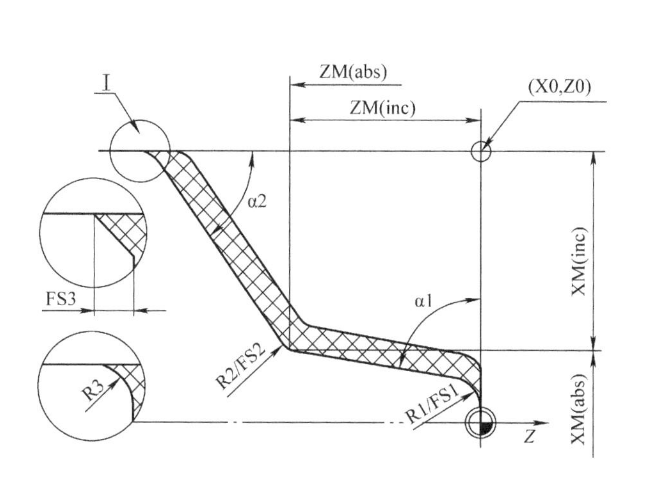

切削3		
SC	1.000	
F	0.100	
加工		▽
位置		
	横向	
X0	50.000	
Z0	0.000	
X1	20.000	abs
Z1	-50.000	abs
	XM ZM	
XM	20.000	abs
ZM	-15.000	abs
FS1	2.000	
FS2	2.000	
FS3	2.000	
D	1.000	
UX	0.100	
UZ	0.100	

图 6-29 带倒角或倒圆的锥体台阶车削尺寸标注符号

（3）台阶外形车削循环 CYCLE951 指令编译后的程序格式参数列表

CYCLE951(REAL_SPD，REAL_SPL，REAL_EPD，REAL_EPL，REAL_ZPD，REAL_ZPL，INT_LAGE，REAL_MID，REAL_FALX，REAL_FALZ，INT_VARI，REAL_RF1，REAL_RF2，REAL_RF3，REAL_SDIS，REAL_FF1，INT_NR，INT_DMODE，INT_AMODE)

（4）台阶外形车削循环 CYCLE951 指令参数简要说明　台阶外形车削循环（CYCLE951）编程指令参数简要说明见表 6-16。

表 6-16　台阶外形车削循环（CYCLE951）编程指令参数简要说明

序号	内部参数	对话框参数	说　明
1	_SPD	X0	车削基准点 X 轴坐标（绝对，始终为直径），（mm）
2	_SPL	Z0	车削基准点 Z 轴坐标（绝对），（mm）
3	_EPD	X1	终点 X 轴绝对坐标，或相对于 X0 的坐标
4	_EPL	Z1	终点 Z 轴绝对坐标，或相对于 Z0 的坐标
5	_ZPD	XM、α1 α2	台阶拐角 X 绝对坐标（绝对或增量），（mm）；（不适用于轮廓车削 1 和 2） 第 1 边的角度（°）；第 2 边的角度（°）；参见 _DMODE（十位）
6	_ZPL	ZM、α1 α2	台阶拐角 Z 轴坐标（绝对或增量），（mm）（不适用于轮廓车削 1 和车削 2） 第 1 边的角度（°）；第 2 边的角度（°）；参见 _DMODE（十位）
7	_LAGE	位置	切削角的位置 0＝外侧 / 后侧；1＝外侧 / 前侧 2＝内侧 / 后侧；3＝内侧 / 前侧
8	_MID	D	粗加工时每一次车削的最大切削深度（不适用于精加工），（mm）
9	_FALX	UX	X 轴（直径方向）的精加工余量（不适用于精加工），（mm）
10	_FALZ	UZ	Z 轴（轴线方向）的精加工余量（不适用于精加工），（mm）
11	_VARI	加工方式 加工方向	加工方式（横向或纵向），可选以下加工方向： X Z X Z X Z X Z X Z X Z X Z X Z
			个位：坐标系中的切削方向（横向或纵向） 1＝纵向（平行于 Z 轴）；2＝横向（平行于 X 轴）
			十位：1＝粗加工直至精加工余量；2＝精加工（▽▽▽）
			百位：0＝沿轮廓返回，无余角；1＝不沿轮廓返回
			千位：0＝拐角 2 上的倒角 / 倒圆；1＝拐角 2 上的退刀槽
			万位：0＝加工后保持静止；1＝返回起点
12	_RF1	R1/FS1	台阶起始倒圆半径 1 或倒角宽度 1（mm）（用于粗加工，不适用于轮廓车削 1）
13	_RF2	R2/FS2	台阶过渡倒圆半径 2 或倒角宽度 2（mm）（用于粗加工，不适用于轮廓车削 1）
14	_RF3	R3/FS3	台阶终了倒圆半径 3 或倒角宽度 3（mm）（用于粗加工，不适用于轮廓车削 1）
15	_SDIS	SC	安全距离（mm）

（续）

序号	内部参数	对话框参数	说　明
16	_FF1	F	粗加工 / 精加工进给率
17	_NR		切削方式标识（相当于用于选择形状的垂直软键）
			0 = 切削 1，90° 拐角，无倒圆 / 倒角
			1 = 切削 2，90° 拐角，带倒圆 / 倒角
			2 = 切削 3，任意拐角，带倒圆 / 倒角
18	_DMODE		显示模式
			个位：加工平面 G18（仅在车削循环中） 0 = 兼容性，在调用循环前有效的平面保持有效，2 = G18（车削循环中有效）
			十位：输入方式 _ZPD/_ZPL 0 = Xm/Zm；1 = Xm/α1；2 = Xm/α2；3 = α1/Zm；4 = α2/Zm；5 = α1/α2
19	_AMODE		可选模式
			个位：中间点 X 轴坐标 0 = 绝对，X 轴坐标，直径；1 = 增量，X 轴坐标，半径
			十位：中间点 Z 轴坐标。0 = 绝对；1 = 增量
			百位：终点 X 轴坐标。0 = 绝对，X 轴坐标，直径；1 = 增量，X 轴坐标，半径
			千位：终点 Z 轴坐标。0 = 绝对；1 = 增量
			万位：倒圆 1/ 倒角 1。0 = 倒圆；1 = 倒角
			十万位：倒圆 2/ 倒角 2。0 = 倒圆；1 = 倒角
			百万位：倒圆 3/ 倒角 3。0 = 倒圆；1 = 倒角

6.4.2　凹槽车削循环（CYCLE930）

（1）指令功能　使用凹槽车削循环可以在任意圆柱体、椎体轮廓上利用切槽刀具加工对称和不对称的凹槽，可以进行横向切槽或纵向切槽。用参数凹槽宽度和凹槽深度确定凹槽形状，如果凹槽比有效的刀具宽，则以多步（次）完成切削加工。刀具每次切削时移动刀具的最大距离为凹槽宽度尺寸的 80%。可以为凹槽底部和边缘指定精加工余量，粗加工时切削至该余量。在设定数据中确定了切削和回退之间的停留时间。

1）粗加工时的加工策略以及刀具逼近 / 回退方式（切削深度 $D>0$）：

① 刀具首先快进到循环内部计算得出的起点。

② 刀具切入中心，切削深度为 D。

③ 刀具快速回退，移动距离为 D+ 安全距离。

④ 刀具在第 1 个凹槽旁边再次切入，切削深度为 $2\times D$。

⑤ 刀具快速回退，移动距离为 D+ 安全距离。

⑥ 刀具在第 1 个凹槽和第 2 个凹槽之间来回切削，切削深度 $2\times D$，直至达到最终深度 T1。在每次切削之间，刀具快速回退 D+ 安全距离。最后一次切削之后，刀具快速回退到安全距离。

⑦ 所有后续切削交替进行，直至加工到最终深度 T1。在每次切削之间，刀具快速回退到安全距离。

2）精加工时的加工策略以及刀具逼近 / 回退方式：

① 刀具首先快进到循环内部计算得出的起点。

② 刀具以加工进给速度运行到下面的一个边沿，并沿着底部继续进给到中间。

③ 刀具快进移回到安全距离。

④ 刀具以加工进给速度运行到下面的另一个边沿，并沿着底部继续进给到中间。

⑤ 刀具快进移回到安全距离。

（2）凹槽车削循环编程操作界面

1）简单直壁凹槽车削（凹槽 1）循环 CYCLE930 指令编程尺寸标注符号及参数表框界面如图 6-30 所示。

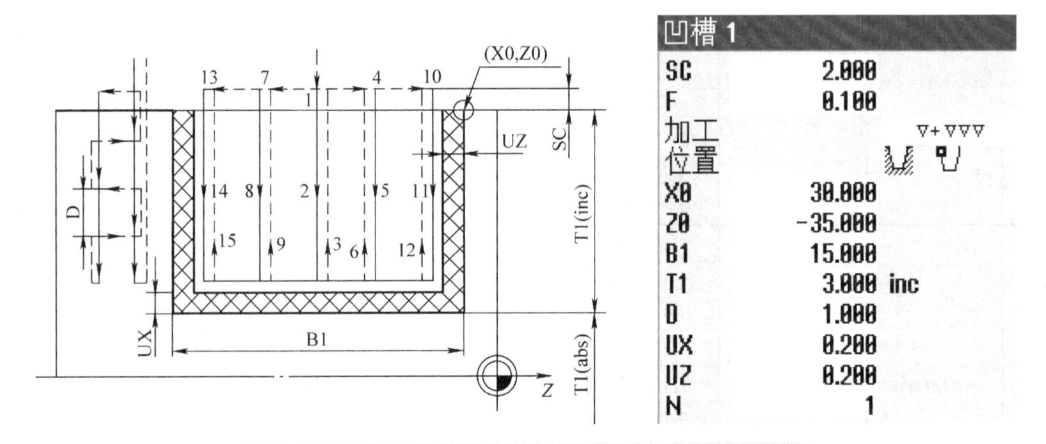

图 6-30 简单直壁凹槽循环标注尺寸符号及参数表框

2）简单直壁凹槽车削（凹槽 1）循环 CYCLE930 指令编程示例。

参数设置：SC = 2、F 粗 = 0.1、F 精 = 0.07、B1 = 15、T1 = 3（inc）、D = 1、UX = 0.2、UZ = 0.2、N = 1 。

生成简单直壁凹槽车削（凹槽 1）粗加工循环指令：

```
CYCLE930(30,-35,15,15,3,,0,0,0,2,2,2,2,0.2,1,2,10130,,1,15,0.1,0,0.2,
0.2,2,1111110)
```

3）带倒角或倒圆开口凹槽车削（凹槽 2）循环 CYCLE930 指令编程尺寸标注符号及参数表框界面如图 6-31 所示。

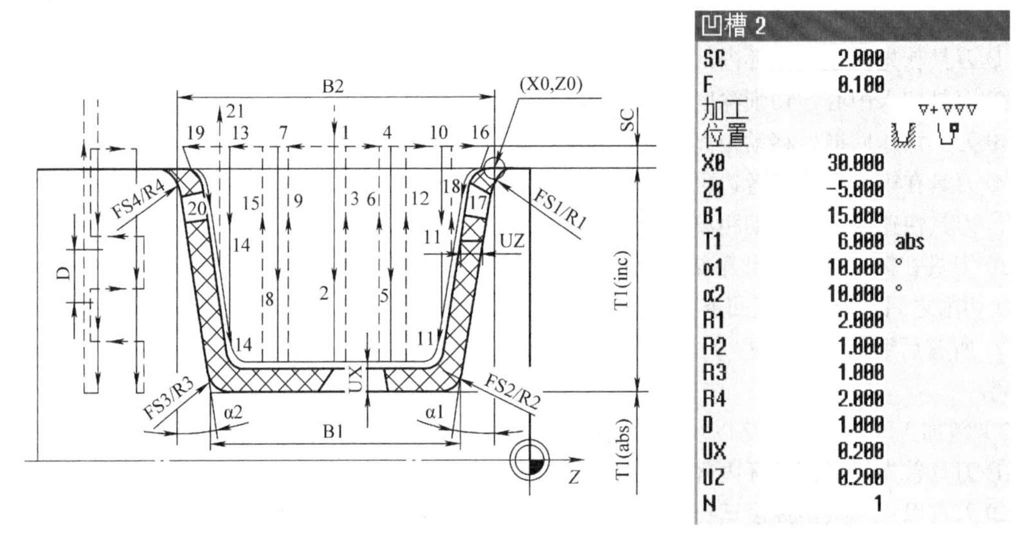

图 6-31 带倒角或倒圆开口凹槽循环标注尺寸符号及参数表框

4）带倒角或倒圆开口凹槽（凹槽 2）切削循环指令示例。

参数设置：SC = 2、F 粗 = 0.1、F 精 = 0.07、X0 = 30、Z0 = −5、B1 = 15、T1 = 6（inc）、α1 = 10、α2 = 10、R1 = 2、R2 = 1、R3 = 1、R4 = 2、D = 1、UX = 0.2、UZ = 0.2、N = 1 。

生成带倒角或倒圆开口凹槽车削（凹槽 2）粗加工循环指令：

```
CYCLE930(30,-5,15,19.231848,6,,0,10,10,2,1,1,2,0.2,1, 2,10530,,1,
-30,0.1,1,0.2,0.2,2,100)
```

5）带倒角或倒圆锥体凹槽车削（凹槽 3）循环 CYCLE930 指令编程尺寸标注符号及参数表框界面如图 6-32 所示。

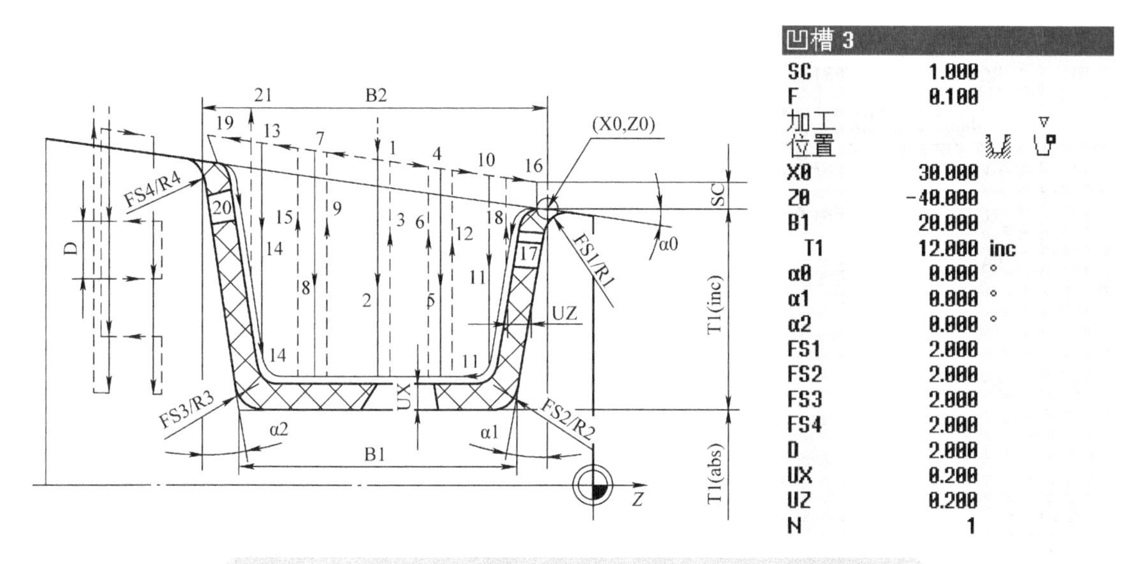

图 6-32 锥体带倒角或倒圆的凹槽循环标注尺寸符号及参数表框

6）带倒角或倒圆的锥体凹槽车削（凹槽 3）循环 CYCLE930 指令编程示例。

参数设置：SC = 1、F 粗 = 0.1、F 精 = 0.07、B1 = 20、T1 = 12（inc）、α0 = 0 、α1 = 0 、D = 2、UX = 0.2、UZ = 0.2。

生成带倒角或倒圆的锥体凹槽车削（凹槽 3）粗加工循环指令：

```
CYCLE930(30,-40,20,20,12,,0,0,0,2,2,2,2,0.2,2,1,10510,,1,30,0.1,2,0.2,
0.2,2,1111110)
```

（3）凹槽车削循环 CYCLE930 指令编译后的程序格式参数列表

CYCLE930（REAL_SPD，REAL_SPL，REAL_WIDG，REAL_WIDG2，REAL_DIAG，REAL_DIAG2，REAL_STA，REAL_ANG1，REAL_ANG2，REAL_RCO1，REAL_RCI1，REAL_RCI2，REAL_RCO2，REAL_FAL，REAL_IDEP1，REAL_SDIS，INT_VARI，INT_DN，INT_NUM，REAL_DBH，REAL_FF1，INT_NR，REAL_FALX，REAL_FALZ，INT_DMODE，INT_AMODE）

（4）凹槽车削循环 CYCLE930 指令参数简要说明　凹槽车削循环（CYCLE930）编程指令参数简要说明见表 6-17。

表 6-17　凹槽车削循环（CYCLE930）编程指令参数简要说明

序号	内部参数	对话框参数	说　明
1	_SPD	X0	基准点 *X* 向（绝对，始终为直径）
2	_SPL	Z0	基准点 *Z* 向（绝对）
3	_WIDG	B1	凹槽底部宽度
4	_WIDG2	B2	凹槽顶部宽度（仅供界面显示）
5	_DIAG	T1	基准点处的凹槽深度，在“绝对”和“纵向加工”时为直径值，其他为增量
6	_DIAG2	T2	相对于基准点的凹槽深度（仅供界面显示） 在“绝对”和“纵向加工”时为直径，其他为增量
7	_STA	α0	槽口斜面角度（−180 ≤ _STA ≤ 180）
8	_ANG1	α1	基准点上凹槽右侧槽壁与槽深方向的夹角 1（0 ≤ _ANG1 < 90）
9	_ANG2	α2	相对于基准点左侧槽壁与槽深方向的夹角 2（0 ≤ _ANG2 < 90）
10	_RCO1	R1/FS1	右侧槽口倒圆半径或倒角宽度 1，外侧，（仅限选择了凹槽 2 和凹槽 3 时）
11	_RCI1	R2/FS2	右侧槽底倒圆半径或倒角宽度 2，内侧，（仅限选择了凹槽 2 和凹槽 3 时）
12	_RCI2	R3/FS3	左侧槽底倒圆半径或倒角宽度 3，内侧，（仅限选择了凹槽 2 和凹槽 3 时）
13	_RCO2	R4/FS4	左侧槽口倒圆半径或倒角宽度 4，外侧，（仅限选择了凹槽 2 和凹槽 3 时）
14	_FAL	U	*X* 轴和 *Z* 轴的精加工余量，无符号（仅限选择了▽和▽ + ▽▽▽时）
15	_IDEP1	D	粗加工时每次车削的最大切削深度，无符号（仅在▽和▽ + ▽▽▽时） D = 0：1 刀直接加工到最终深度 T1 D > 0：第 1 刀 _IDEP1，第 2 刀 2 × _IDEP1，以此类推 为了达到更佳的排屑效果并避免损坏刀具，可以按进刀深度 D 方向交替地执行第 1 切和第 2 切，参见粗加工时的逼近或回退 如果刀具只能到达凹槽底部的一个位置，则无法进行轮流切削
16	_SDIS	SC	安全距离（无符号）
17	_VARI	加工方式、方向	个位：保留 十位：工艺加工 1 = 粗加工▽；2 = 精加工▽▽▽；3 = 粗加工和精加工▽ + ▽▽▽ 百位：横向 / 纵向；内侧 / 外侧位置 +Z/+Z 或 +X/−X 1 = 纵向 / 外侧 +Z；2 = 横向 / 内侧 –X；3 = 纵向 / 内侧 +Z；4 = 横向 / 内侧 +X；5 = 纵向 / 外侧 –Z；6 = 横向 / 外侧 −X；7 = 纵向 / 内侧 –Z；8 = 横向 / 外侧 +X 千位：基准点位置。0 = 顶部基准点；1 = 底部基准点 万位：定义同精加工余量 0 = 和轮廓平行的精加工余量 U；1 = 单独的精加工余量 UX 和 UZ
18	_DN		刀具第 2 刀沿的 D 号 > 0 = 切槽刀第 2 刀沿的刀补 D 号；0 = 不写入第 2 刀沿
19	_NUM	N	凹槽数量（0 = 1 个凹槽，N = 1...65535）
20	_DBH	DP	指凹槽的两个基准点之间的距离（只有 _NUM > 1 时，才需要用到该参数）
21	_FF1	F	进给速率
22	_NR		凹槽形状的标识（相当于用于选择形状的垂直软键） 0 = 90° 侧边，无倒角 / 倒圆；1 = 斜侧边，有倒角 / 倒圆（无 α0） 2 = 同 1，但在锥面上（有 α0）
23	_FALX	UX	*X* 轴（直径方向）的精加工余量，参见 _VARI（万位），无符号 （仅限选择了▽和▽ + ▽▽▽时提供）

（续）

序号	内部参数	对话框参数	说　明
24	_FALZ	UZ ◯	Z 轴（轴线方向）的精加工余量，参见 _VARI（万位），无符号 （仅限选择了▽和▽ + ▽▽▽时提供）
25	_DMODE		显示模式
			个位：加工平面 G18（仅在车削循环中）
			0 = 兼容性，在调用循环前有效的平面保持有效；2 = G18（车削循环中有效）
26	_AMODE		可选模式
			个位：标注深度（仅供界面显示） 0 = 在基准点上；1 = 相对于基准点
			十位：深度。0 = 绝对；1 = 增量
			百位：标注宽度（仅供界面显示） 0 = 在外径上（顶部）；1 = 在内径上（底部）
			千位：倒角 / 倒圆 1（_RCO1）。0 = 倒圆；1 = 倒角
			万位：倒角 / 倒圆 2（_RCI1）。0 = 倒圆；1 = 倒角
			十万位：倒角 / 倒圆 3（_RCI2）。0 = 倒圆；1 = 倒角
			百万位：倒角 / 倒圆 4（_RCO2）。0 = 倒圆；1 = 倒角

6.4.3 退刀槽循环（CYCLE940）

（1）指令功能　使用〖E 形退刀槽〗或〖F 形退刀槽〗功能可以在外轮廓或内轮廓柱面上车削出符合 DIN 509 的 E 形或 F 形退刀槽。

使用〖螺纹退刀槽 DIN〗或〖螺纹退刀槽〗循环可以为带有 ISO 螺纹的工件设置符合 DIN 76 的螺纹退刀槽参数，或者为自定义的螺纹退刀槽进行参数设置。

1）加工策略以及刀具逼近 / 回退方式：

① 刀具首先快进到循环内部计算得出的起点。

② 第 1 刀以加工进给速度加工退刀槽，从边沿开始一直运行到横向进给 VX。

③ 刀具快进移回到起点。

2）加工策略以及刀具逼近 / 回退方式：

① 刀具首先快进到循环内部计算得出的起点。

② 第 1 刀从边沿开始，以加工进给速度沿着螺纹退刀槽的形状进行，一直加工到安全距离。

③ 刀具快进到下一个起始位置。

④ 重复上述第②步和第③步，直到完成螺纹退刀槽。

⑤ 刀具快进移回到起点。

精加工时，刀具运行到横向进给 UX 为止。

（2）退刀槽车削循环编程操作界面

1）E 形退刀槽循环 CYCLE940 指令编程尺寸标注符号及参数表框界面如图 6-33 所示。

2）E 形退刀槽循环 CYCLE940 指令编程示例。

参数设置：SC = 2、F 粗 = 0.1、F 精 = 0.07、XO = 50、ZO = −40、X1 = 0.5（inc）、VX = 80。

生成 E 形退刀槽循环指令：

```
CYCLE940(50,-40,"E",1,2,0.1,,0.5,,,,,80,,,,,4,,,2,1)
```

3）F 形退刀槽循环 CYCLE940 指令编程尺寸标注符号及参数表框界面如图 6-34 所示。

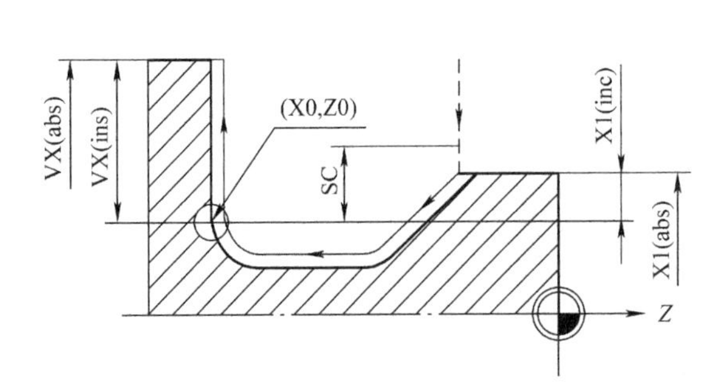

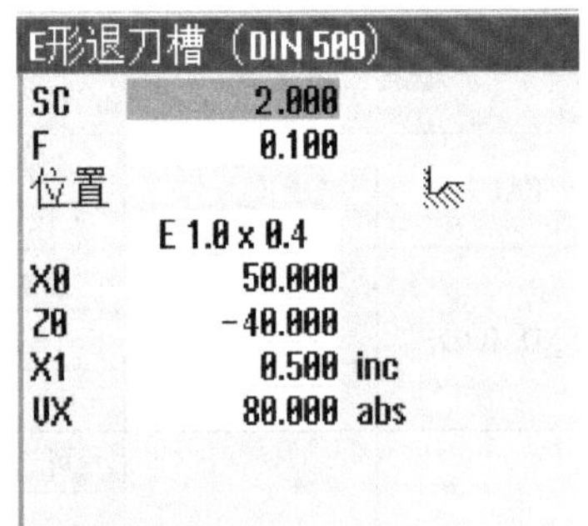

图 6-33 E 型退刀槽循环标注尺寸符号及参数表框

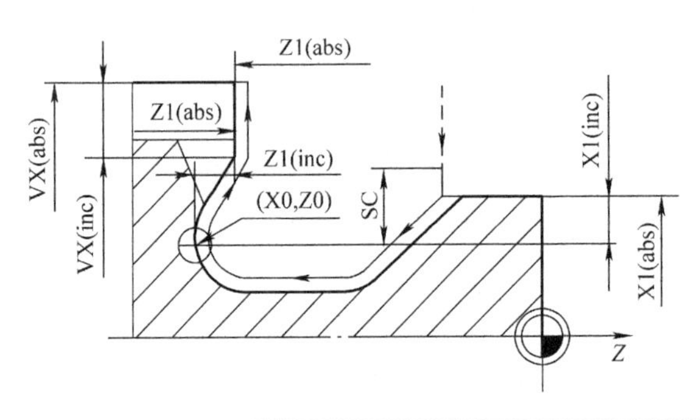

图 6-34 F 型退刀槽循环标注尺寸符号及参数表框

4）F 形退刀槽循环 CYCLE940 指令编程示例。

参数设置：SC = 2、F 粗 = 0.1、F 精 = 0.07、XO = 50、ZO = −40、X1 = 0.5（inc）、Z1 = 0.5、VX = 120。

生成 F 形退刀槽循环指令：

```
CYCLE940(50,-40,"F",1,2,0.1,,0.5,0.5,,,,120,,,,,1,,,2,11)
```

5）DIN76 螺纹退刀槽循环 CYCLE940 指令编程尺寸标注符号及参数表框界面如图 6-35 所示。

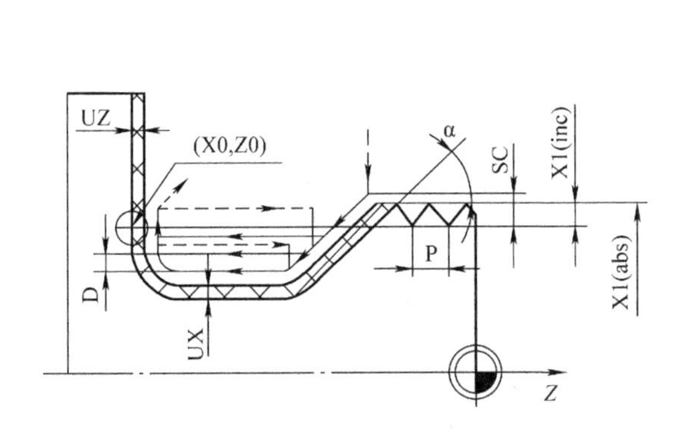

图 6-35 DIN76 螺纹退刀槽循环标注尺寸符号及参数表框

6）DIN76 螺纹退刀槽循环 CYCLE940 指令编程示例。

参数设置：SC = 2、F 粗 = 0.1、F 精 = 0.07、P = 0.2、X0 = 30、Z0 = 40、α = 30、D = 2.5、UX = 0.1、UZ = 0.1。

生成 DIN76 螺纹退刀槽循环指令如下：

```
CYCLE940(30,40,"A",1,2,0.1,11,,,,,30,70,2.5,0.1,0.1,0.1,0,,,2,1100)
```

7）螺纹退刀槽循环 CYCLE940 指令编程尺寸标注符号及参数表框界面如图 6-36 所示。

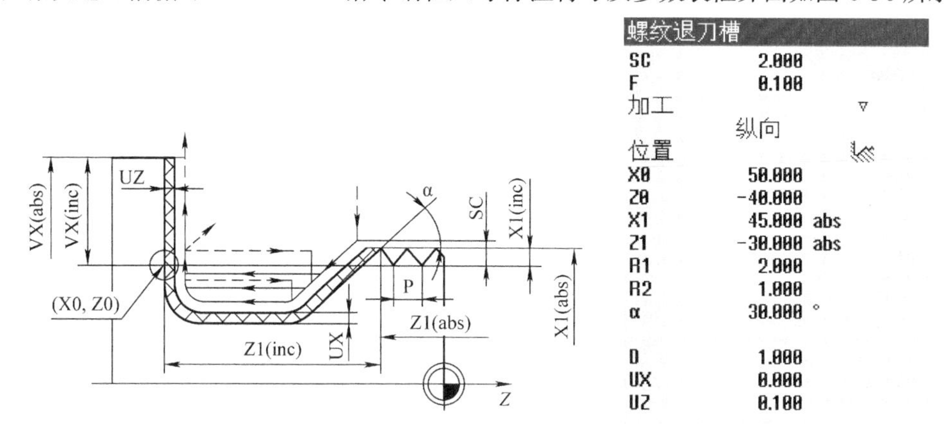

图 6-36　螺纹退刀槽循环标注尺寸符号及参数表框

8）螺纹退刀槽循环 CYCLE940 指令编程示例。

参数设置：SC = 2、F 粗 = 0.1、F 精 = 0.07、X0 = 50、Z0 = −40、X1 = 45、Z1 = −30、R1 = 2、R2 = 1、α = 30、D = 1、UX = 0、UZ = 0.1。

生成螺纹退刀槽循环指令：

```
CYCLE940(50,-40,"T",1,2,0.1,11,45,-30,2,1,30,200,1,0.1,0,0.1,,,,2,1000)
```

（3）退刀槽车削循环 CYCLE940 指令编译后的程序格式参数列表

CYCLE940（REAL_SPD，REAL_SPL，CHAR_FORM，INT_LAGE，REAL_SDIS，REAL_FFP，INT_VARI，REAL_EPD，REAL_EPL，REAL_R1，REAL_R2，REAL_STA，REAL_VRT，REAL_MID，REAL_FAL，REAL_FALX，REAL_FALZ，INT PITI，STRING[20]_PTAB，STRING[20]_PTABA，INT_DMODE，INT_AMODE）

（4）退刀槽车削循环 CYCLE940 指令参数简要说明　退刀槽车削循环（CYCLE940）编程指令参数简要说明见表 6-18。

表 6-18　退刀槽车削循环（CYCLE940）编程指令参数简要说明

序号	内部参数	对话框参数	说　明
1	_SPD	X0	基准点 *X* 轴坐标（绝对，始终为直径）
2	_SPL	Z0	基准点 *Z* 轴坐标（绝对）
3	_FORM		退刀槽形状（大写字母，例如：T） 选择采用哪个表格中的退刀槽数据
			A = 外侧，参考 DIN76，A = 标准；B = 外侧，参考 DIN76，B = 短
			C = 内侧，参考 DIN76，C = 标准；D = 内侧，参考 DIN76，D = 短
			E = 参考 DIN509；F = 参考 DIN509；T = 任意形状

（续）

<table>
<tr><th>序号</th><th>内部参数</th><th>对话框参数</th><th>说　明</th></tr>
<tr><td rowspan="3">4</td><td rowspan="3">_LAGE</td><td rowspan="3">位置</td><td>退刀槽的位置（平行 Z 轴）</td></tr>
<tr><td>0 = 外侧 +Z : ___| ; 1 = 外侧 -Z : |____/</td></tr>
<tr><td>2 = 内侧 +Z : /____| ; 3 = 内侧 -Z : |____\</td></tr>
<tr><td>5</td><td>_SDIS</td><td>SC</td><td>安全距离（无符号）</td></tr>
<tr><td>6</td><td>_FFP</td><td>F</td><td>加工进给率（mm/r）</td></tr>
<tr><td rowspan="4">7</td><td rowspan="4">_VARI</td><td rowspan="4">加工方式、方向</td><td>加工方式；</td></tr>
<tr><td>个位：加工。1 = 粗加工；2 = 精加工；3 = 粗加工 + 精加工</td></tr>
<tr><td>十位：加工方案。0 = 平行与轮廓；1 = 纵向</td></tr>
<tr><td>E 形和 F 形退刀槽的加工和精加工一样，一步完成</td></tr>
<tr><td rowspan="2">8</td><td rowspan="2">_EPD</td><td rowspan="2">X1</td><td>退刀槽深度（X 轴）（增量），参见 _AMODE</td></tr>
<tr><td>退刀槽最终深度（绝对），参见 _AMODE</td></tr>
<tr><td rowspan="2">9</td><td rowspan="2">_EPL</td><td rowspan="2">Z1</td><td>退刀槽宽度（Z 轴）（增量）</td></tr>
<tr><td>退刀槽起点（绝对），参见 _AMODE</td></tr>
<tr><td>10</td><td>_R1</td><td>R1</td><td>斜面上的倒圆半径</td></tr>
<tr><td>11</td><td>_R2</td><td>R2</td><td>拐角上的倒圆半径</td></tr>
<tr><td>12</td><td>_STA</td><td>α</td><td>退刀槽切入斜面与 Z 轴（插入）角度</td></tr>
<tr><td rowspan="2">13</td><td rowspan="2">_VRT</td><td rowspan="2">VX</td><td>X 轴方向的车削尺寸（绝对 / 增量），参见 _AMODE</td></tr>
<tr><td>精加工时 X 轴方向的车削尺寸（绝对 / 增量），参见 _AMODE</td></tr>
<tr><td>14</td><td>_MID</td><td>D</td><td>粗加工时每次车削的最大切削深度（不适用于精加工）（mm）</td></tr>
<tr><td>15</td><td>_FAL</td><td>U</td><td>平行与轮廓的精加工余量，参见 _AMODE</td></tr>
<tr><td>16</td><td>_FALX</td><td>UX</td><td>X 轴（直径方向）的精加工余量（不适用于精加工）（mm）</td></tr>
<tr><td>17</td><td>_FALZ</td><td>UZ</td><td>Z 轴（轴线方向）的精加工余量（不适用于精加工）（mm）</td></tr>
<tr><td rowspan="4">18</td><td rowspan="4">_PITI</td><td rowspan="4">P</td><td>螺距选择，A-D，对应 M1... M68</td></tr>
<tr><td>0 = 0.20　1 = 0.25　2 = 0.30　3 = 0.35　4 = 0.40　5 = 0.45　6 = 0.50
7 = 0.60　8 = 0.70　9 = 0.75　10 = 0.80　11 = 1.00　12 = 1.25　13 = 1.50
14 = 1.75　15 = 2.00　16 = 2.50　17 = 3.00　18 = 3.50　19 = 4.00　20 = 4.50
21 = 5.00　22 = 5.50　23 = 6.00</td></tr>
<tr><td>半径 / 深度的选择，E、F 形退刀槽</td></tr>
<tr><td>0 = 0.6・0.3　1 = 1.0・0.4　2 = 1.0・0.2　3 = 1.6・0.3　4 = 2.5・0.4　5 = 4.0・0.5
6 = 0.4・0.2　7 = 0.6・0.2　8 = 0.1・0.1　9 = 0.2・0.1</td></tr>
<tr><td>19</td><td>_PTAB</td><td></td><td>表示螺纹表的字符串（“ ”“ISO”“BSW”“BSP”“UNC”）
（“仅供界面显示”）</td></tr>
<tr><td>20</td><td>_PTABA</td><td></td><td>表示螺纹表中各个选项的字符串（例如：“M10”“M12”，...）
（“仅供界面显示”）</td></tr>
<tr><td rowspan="3">21</td><td rowspan="3">_DMODE</td><td rowspan="3"></td><td>显示模式</td></tr>
<tr><td>个位：加工平面 G18（仅在车削循环中）</td></tr>
<tr><td>0 = 兼容性，在调用循环前有效的平面保持有效；2 = G18（车削循环中有效）</td></tr>
<tr><td rowspan="5">22</td><td rowspan="5">_AMODE</td><td rowspan="5"></td><td>可选模式</td></tr>
<tr><td>个位：参数 _EPD : X 轴余量或退刀槽深度
0 = 绝对（始终是直径）；1 = 增量</td></tr>
<tr><td>十位：Z 轴余量或退刀槽宽度；0 = 绝对；1 = 增量</td></tr>
<tr><td>百位：X 轴横进给；0 = 绝对（始终是直径）；1 = 增量</td></tr>
<tr><td>千位：精加工余量
0 = 与轮廓平行的精加工余量（_FAL）；1 = 单独的精加工余量（_FALX/_FALZ）</td></tr>
</table>

6.4.4　直螺纹车削循环（CYCLE99）

（1）指令功能

1）使用〖直螺纹〗、〖锥形螺纹〗、〖端面螺纹〗循环可以用固定或可变螺距进行外螺纹和内螺纹的车削，可以加工单头螺纹或者多头螺纹（单独粗车 / 单独精车 / 先粗车后精车）。加工米制螺纹（螺距 *P* 单位为 mm/r）时，循环使用由螺距所计算出的值对参数螺纹深度 H1 进行预设置，也可以修改该值。可以通过设定数据 SD 55212 $SCS_FUNCTION_MASK_TECH_SET 激活预设置。

2）使用该循环的前提条件是，主轴带位置测量系统，并且处于转速控制环中。

3）在参数表框中有螺纹类型选择表格。如果加工的是米制粗牙螺纹，在这里选择“公制螺纹”（米制螺纹，数控系统中对应为“公制螺纹”），并且在下一行就会自动出现一个名为“选择”的参数。如果在这里选择“无”，然后在下一行选项“P”的后面手工填入待加工螺纹的螺距值。

4）当在“表格”选项中选择了“公制螺纹”选择项之后会出现“选择”这个选项。在这里可以直接选择螺纹的公称尺寸。同时，在下一行系统会自动显示出相应的螺距值 *P*。

5）当“表格”选项中选择“无”的时候会出现“P”这个参数。需要手工填入当前螺纹的螺距值。

6）当“表格”选项中选择“无”的时候会出现“G”这个参数。如果是恒螺距螺纹，这个数值必须为 0，如果是变螺距螺纹，就需要在这里填写螺距的每转变化量。

7）在带有螺纹加工的运行程序段中，进给倍率无效。在加工螺纹期间，不允许更改主轴倍率。

（2）加工策略以及刀具逼近或回退方式

1）刀具快进到循环内部计算得出的起点。

2）螺纹导入长度（前置量）：刀具快速运行到第一个起点位置，并从起点位置向前推移了螺纹导入长度（前置量）LW。

3）螺纹起始量：刀具快速运行到起始位置，该起始位置向前推移了螺纹起始量 LW2。

4）第 1 刀用螺距 *P* 加工到螺纹结束量 LR。

5）螺纹退刀距离：刀具快速运行到回退距离 VR，然后运行到下一个起始位置。

6）重复上述第 3）步和第 5）步，直到加工完成螺纹。

7）刀具快进返回到回退平面。

8）螺纹切削的中断：可以中断螺纹切削过程。使用功能“快速退刀”可以随时中断螺纹加工。它还确保刀具退刀时不损坏螺纹线。

9）如需加工多头螺纹还需确订螺纹加工头数 N。

例如，在刀片折断时中断加工。

1）按【CYCLE STOP】键。刀具从螺纹中退出，主轴停止。

2）更换刀片，按【CYCLE START】键。螺纹切削从上次中断的深度上继续。操作者可以二次加工螺纹。为此切换到运行方式“JOG”中，同步螺纹。

（3）螺纹车削循环编程操作界面

1）直螺纹循环 CYCLE99 指令编程尺寸标注符号及参数表框界面如图 6-37 所示。

2）直螺纹车削循环 CYCLE99 指令编程示例。

参数设置：P = 2、G = 0、X0 = 30、Z0 = 0、Z1 = −34、LW = 5、LR = 3、H1 = 1.299、α P = 30、NN = 0、VR = 2、α 0 = 0、多头 = 否。

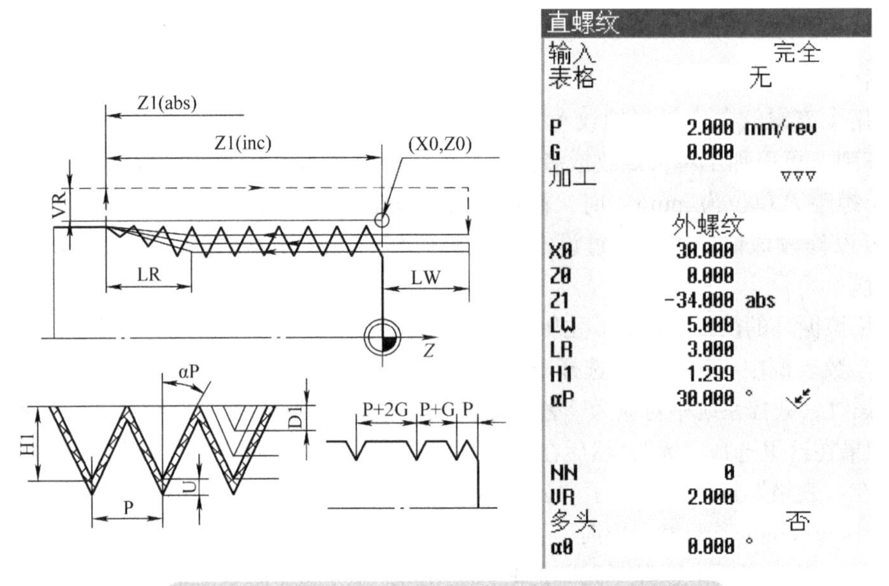

图 6-37 直螺纹车削循环标注尺寸符号及参数表框

生成直螺纹车削循环指令如下：

```
CYCLE99(0,30,-34,,5,3,1.299,0,30,0,2,0,2,1210101,4,2,1,0.5,0,0,1,0,0.749978,1,,,,2,0)
```

3）锥形螺纹车削循环 CYCLE99 指令编程尺寸标注符号及参数表框界面如图 6-38 所示。

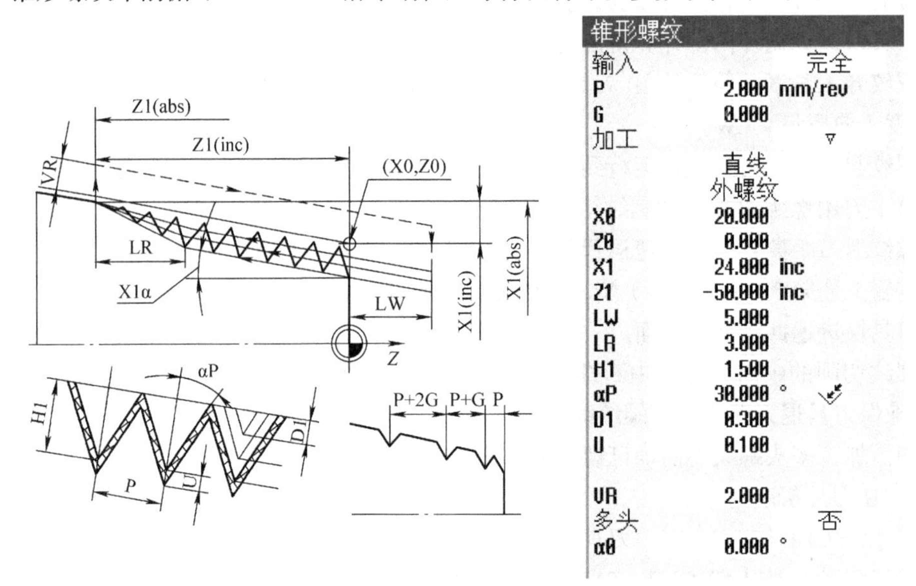

图 6-38 锥形螺纹车削循环标注尺寸符号及参数表框

4）锥形螺纹车削循环 CYCLE99 指令编程示例。

参数设置：P = 2、G = 0、X0 = 30、Z0 = 0、X1 = 24、Z1 = −50、LW = 5、LR = 3、H1 = 1.5、α P = 30、NN = 0、D1 = 0.3、U = 0.1、VR = 2、 α 0 = 0、多头 = 否。

生成锥螺纹车削循环指令如下：

```
CYCLE99(0,20,-50,24,5,3,1.5,0.1,30,0,5,0,2,1110101,4,2,0.3,0.5,0,0,1,0,0.866,1,,,,22,11)
```

5）端面螺纹车削循环 CYCLE99 指令编程尺寸标注符号及参数表框界面如图 6-39 所示。

端面螺纹		
输入		完全
P	2.000	mm/rev
G	0.000	
加工	直线	
	外螺纹	
X0	60.000	
Z0	0.000	
X1	40.000	inc
LW	5.000	
LR	3.000	
H1	1.500	
αP	30.000	°
D1	0.300	
U	0.100	
VR	2.000	
多头		否
α0	0.000	°

图 6-39　端面螺纹车削循环标注尺寸符号及参数表框

6）端面螺纹车削循环 CYCLE99 指令编程示例。

参数设置：P = 2、G = 0、X0 = 60、Z0 = 0、X1 = 40、LW = 5、LR = 3、H1 = 1.5、α P = 30、D1 = 0.3、U = 0.1、VR = 2、α 0 = 0、多头 = 否。

生成端面螺纹车削循环指令：

```
CYCLE99(0,60,0,40,5,3,1.5,0.1,30,0,5,0,2,1110101,4,2,0.3,0.5,0,0,1,0,0.866,1,,,,12,10)
```

7）多头螺纹标注符号和参数选择项。

直螺纹、锥螺纹和端面螺纹的多头螺纹标注符号示意图如图 6-40 所示。在参数表框中，若选择多头加工“是”，会出现加工方法选项“加工”，有三个选择项。选择“整个”是指依次加工所有的螺线；选择“自螺线 N1”是指从第 N 条螺线开始加工；选择“仅螺线 NX”是指只加工第 N 条螺线。

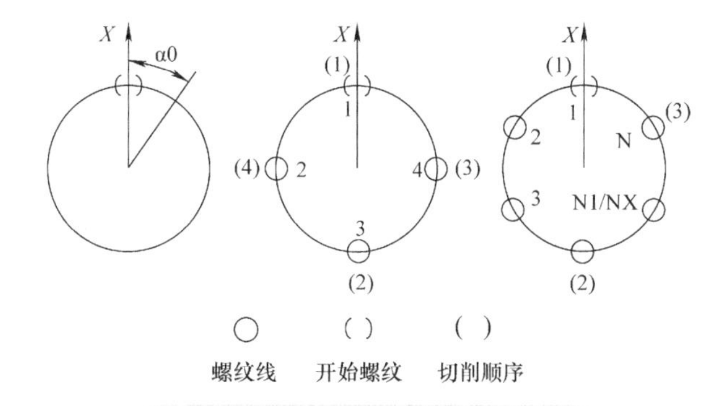

图 6-40　多头螺纹标注符号示意图

（4）直螺纹车削循环 CYCLE99 指令编译后的程序格式参数列表。

CYCLE99（REAL_SPL，REAL_SPD，REAL_FPL，REAL_FPD，REAL_APP，REAL_ROP，REAL_TDEP，REAL_FAL，REAL_IANG，REAL_NSP，INT_NRC，INT_NID，REAL_

PIT, INT_VARI, INT_NUMTH, REAL_SDIS, REAL_MID, REAL_GDEP, REAL_PIT1, REAL_FDEP, INT_GST, INT_GUD, REAL_IFLANK, INT_PITA, STRING[15]_PITM, STRING[20]_PTAB, STRING[20]_PTABA, INT_DMODE, INT_AMODE)

（5）螺纹车削循环 CYCLE99 指令参数简要说明　螺纹车削循环（CYCLE99）编程指令参数简要说明见表 6-19。

表 6-19　螺纹车削循环（CYCLE99）编程指令参数简要说明

序号	内部参数	对话框参数	说　明
1	_SPL	Z0	螺纹起点 *Z* 轴坐标（绝对）
2	_SPD	X0	螺纹起点 *X* 轴坐标（绝对，始终为直径）
3	_FPL	Z1	Z1（abs）：螺纹终点 *Z* 轴坐标 Z1（inc）：螺纹终点坐标（相对于 Z0）
4	_FPD	X1	X1（abs）：中间点 1X 坐标 Ø X1（inc）：中间点 1X 坐标（相对于 X0） X1（°）：螺纹斜度 1
5	_APP	LW/LW2	螺纹导入长度（前置量），结合 _AMODE（百位） 螺纹导入长度 = 螺纹导出长度，结合 _AMODE（百位）
6	_ROP	LR	螺纹导出长度
7	_TDEP	H1	螺纹牙型高度
8	_FAL	U	螺纹的精加工余量
9	_IANG	DP	进刀斜度，距离或角度，结合 _AMODE（千位）
		αP	螺纹牙型角的一半，通常为已知，故不需选择 后面选择：1）始终沿一个齿面进刀；2）沿两个齿面交替进刀
10	_NSP	α0	螺纹起始角（仅限“单螺纹”）
11	_NRC	ND	粗切次数（当选择等距进刀方式时），参见 _VARI（万位）
12	_NID	NN	螺纹精车时的空切次数，用于螺纹的去刺和修光
13	_PIT	P	螺纹的螺距值，参见 _PITA
14	_VARI	加工	加工方式，个位：工艺
			1 = 外螺纹采用直线进给率，等距离进刀，粗车时每次进给距离相等 2 = 内螺纹采用直线进给率，等距离进刀，粗车时每次进给距离相等 3 = 外螺纹采用递减进给率，等截面进刀，粗车时每次切削面积相等 4 = 内螺纹采用递减进给率，等截面进刀，粗车时每次切削面积相等
			十位：保留
			百位：进刀方式。1 = 单侧进刀；2 = 交替进刀
			千位：保留
			万位：切削深度选择 0 = 粗切次数（_NRC）；1 = 第 1 个进刀深度（_MID）
			十万位：加工方式 1 = 粗加工；2 = 精加工；3 = 粗加工和精加工
			百万位：多头螺纹的加工顺序 0 = 螺纹线升序加工；1 = 螺纹线反序加工
15	_NUMTH	N	螺纹线数量（多头螺纹相关参数）
16	_SDIS	VR	螺纹车削时的退刀距离，增量
17	_MID	D1	首次切削深度（当选择递减进刀方式时），参见 _VARI（万位）
18	_GDEP	DA	每条螺线每一次车削的深度（多头螺纹相关参数）
			0 = 不考虑改变深度，逐条螺纹依次加工完毕；> 0 = 考虑改变深度

（续）

序号	内部参数	对话框参数	说　明
19	_PIT1	G	每转的螺距变化量：变螺距螺纹需要填写螺距的每转变化量
			0 = 恒定螺距螺纹（G33）; > 0 = 螺距逐渐变大（G34）; < 0 = 螺距逐渐变小（G35）
20	_FDEP		车削深度（无符号）
21	_GST	N1	起始螺纹 N1 = 1...N，参见 _AMODE（十万位）
22	_GUD		保留
23	_IFLANK		切削宽度（仅供界面显示）
24	_PITA		螺距的单位（计算 PIT 和 / 或 MPIT） 0 = 螺距单位（mm），计算 MPIT/PIT；1 = 螺距（mm），计算 PIT
			2 = 螺距单位：TPI，计算 PIT（每英寸的螺纹牙数）
			3 = 螺距单位：in，计算 PIT；4 = MODUL，计算 PIT
25	_PITM		表示螺距输入方式的字符串（“仅供界面显示”）
26	_PTAB		表示螺纹表的字符串（“仅供界面显示”）
27	_PTABA		表示螺纹表选择的字符串（“仅供界面显示”）
28	_DMODE		显示模式
			个位：加工平面 G18（仅在车削循环中）
			0 = 兼容性，在调用循环前有效的平面保持有效；2 = G18（车削循环中有效）
			十位：螺纹种类
			0 = 纵向螺纹；1 = 横向螺纹；2 = 锥形螺纹
29	_AMODE		可选模式
			个位：*Z* 轴的螺纹长度。0 = 绝对；1 = 增量
			十位：*X* 轴的螺纹长度 0 = 绝对，*X* 轴坐标，直径；1 = 增量，*X* 轴坐标，半径；2 = α
			百位：导入量计算 _APP 0 = 螺纹导入 _APP；1 = 螺纹导入量 = 螺纹切出量 _APP = -_ROP 2 = 指定螺纹导入量 _APP = -_APP
			千位：选择进刀斜面：角度或宽度 0 = 进刀角度 _IANG；1 = 进刀斜面 _IFLANK
			万位：单头螺纹 / 多头螺纹 0 = 单头螺纹（带起始角偏移 _NSP）；1 = 多头螺纹
			十万位：起始螺纹线 _GST 0 = 整个（依次加工所有的螺线） 1 = 自螺线 N1（从第 N 条 螺纹线开始加工） 2 = 仅螺线 NX（只加工第 N 条螺纹线）

注：参数 _PITM、_PTAB 和 _PTABA 只用于输入对话框螺纹表中的螺纹选择。在处理循环期间，无法通过循环定义来访问螺纹表。

6.4.5　螺纹链车削循环（CYCLE98）

（1）指令功能　使用此循环可以在纵向和端面上最多加工出三段相连的不同直径、不同锥度或不同螺距的螺纹（即链式圆柱螺纹或者圆锥螺纹）。螺纹可以是单头螺纹，也可以是多头螺纹。加工多头螺纹时，各个螺纹线依次加工（单独粗车—单独精车—先粗车后精车）。右旋或左旋螺纹由主轴旋转方向和进给方向来决定。系统自动采用恒定切削深度或恒定切削截面。

1）在采用恒定切削深度时，切削截面会随每次切削不断递增。粗加工结束后，精加工余量被一步切除。在螺纹深度较小时，恒定的切削深度能创造较好的切削条件。

2）采用恒定切削截面时，切削力在所有粗切过程中保持不变，切削深度会不断递减。

（2）加工策略以及刀具逼近 / 回退方式

1）使用 G0 返回到循环内部计算的起始点，在第一个螺纹导程导入位移的开始处。

2）根据确定的进刀方式进行进刀（粗加工）。

3）根据编程的粗加工走刀步数重复螺纹切削。

4）在后面的切削中，用 G33 切削精加工余量。

5）根据空走刀步数重复切削。

6）对于每个其他的螺纹导程，重复整个运行过程。

（3）螺纹链车削循环编程操作界面

1）螺纹链车削循环 CYCLE98 指令编程尺寸标注符号及参数表框界面如图 6-41 所示。

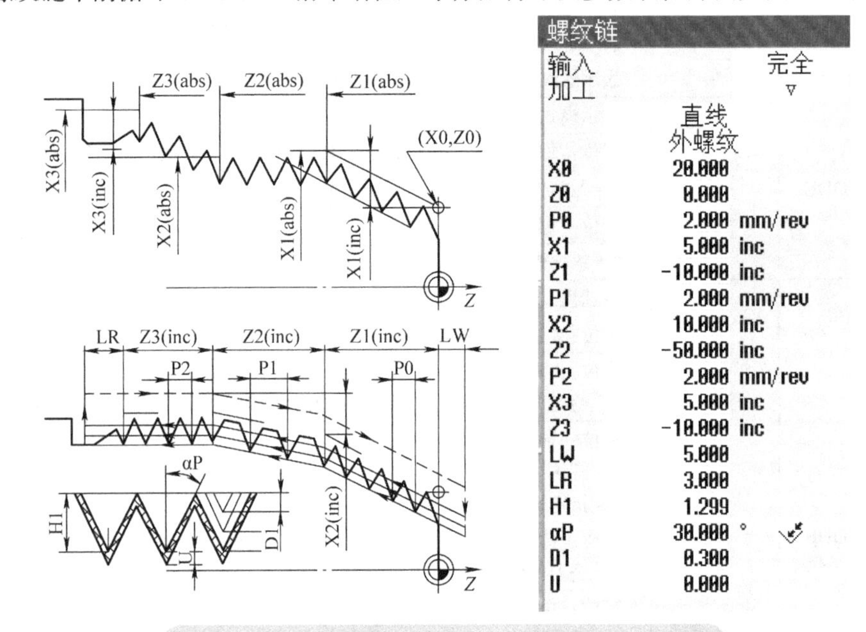

图 6-41 螺纹链车削循环标注尺寸符号及参数表框

2）螺纹链车削循环 CYCLE98 指令编程示例。

参数设置：X0 = 20、Z0 = 0、P0 = 2、X1 = 5、Z1 = −10、P0 = 2、X2 = 10、Z2 = −50、P2 = 2、X3 = 5、Z3 = −10、LW = 5、LR = 3、H1 = 1.299、αP = 30、D1 = 0.3、U = 0。

生成螺纹链车削循环指令如下：

```
CYCLE98(0,20,-10,5,-50,10,-10,5,5,3,1.299,0,30,0,5,0,2,2,2,1110101,
4,2,0.3,0.5,0.749978,1,,,,2,10111111)
```

（4）链式螺纹车削循环 CYCLE98 指令编译后的程序格式参数列表

CYCLE98（REAL_PO1，REAL_DM1，REAL_PO2，REAL_DM2，REAL_PO3，REAL_DM3，REAL_PO4，REAL_DM4，REAL APP，REAL ROP，REAL TDEP，REAL FAL，REAL_IANG，REAL_NSP，INT NRC，INT NID，REAL_PP1，REAL_PP2，REAL_PP3，INT_VARI，INT_NUMTH，REAL_VRT，REAL_MID，REAL_GDEP，REAL_IFLANK，INT_

PITA，STRING[15]_PITM1，STRING[15]_PITM2，STRING[15]_PITM3，INT_DMODE，INT_AMODE）

（5）螺纹链车削循环 CYCLE98 指令参数简要说明

螺纹链车削循环 CYCLE98 指令参数简要说明见表 6-20。

表 6-20　螺纹链车削循环（CYCLE98）编程指令参数简要说明

序号	内部参数	对话框参数	说　明
1	_PO1	Z0	第一段螺纹起点的 Z 轴坐标（绝对）
2	_DM1	X0	第一段螺纹起点的 X 轴坐标（绝对，始终为直径）
3	_PO2	Z1	第二段螺纹起点 的 Z 轴坐标（绝对 / 增量），参见 _AMODE（个位）
4	_DM2	X1	第二段螺纹起点 的 X 轴坐标（绝对 / 增量），参见 _AMODE（十位）
		X1 α	螺纹斜度 1（−90° ~ 90°） 绝对值始终是直径值，增量值始终是半径值
5	_PO3	Z2	第三段螺纹起点的 Z 轴坐标（绝对 / 增量），参见 _AMODE（百位）
6	_DM3	X2	第三段螺纹起点的 X 轴坐标（绝对 / 增量），参见 _AMODE（千位）
		X2 α	螺纹斜度 2（−90° ~ 90°） 绝对值始终是直径值，增量值始终是半径值
7	_PO4	Z3	第三段螺纹终点 Z 轴坐标（绝对 / 增量），参见 _AMODE（万位）
8	_DM4	X3	第三段螺纹终点 X 轴坐标（绝对 / 增量），参见 _AMODE（十万位）
		X3 α	螺纹斜度 3（−90° ~ 90°），绝对值始终是直径值，增量值始终是半径值
9	APP	LW	螺纹导入距离（增量，无符号）
10	ROP	LR	螺纹切出距离（增量，无符号）
11	TDEP	H1	螺纹牙型高度（增量，无符号）
12	FAL	U	螺纹的精加工余量
13	_IANG	DP	螺距值，参见 _PITA
		α P	螺纹牙型角的 1/2，通常为已知，故不需选择
			_VARI_HUNDERTER = 0 定义兼容性模式（参数 _VARI（百位）的设置生效） > > 0 = 在一个牙面上进刀；0 = 垂直于螺纹进刀；< 0 = 在交替牙面上进刀
			_VARI_HUNDERTER 定义 < > 0： > > 0 = 在正牙面上进刀；0 = 中心进刀；< 0 = 在负牙面上进刀
14	NSP	α 0	第 1 个螺纹线的起始角偏移
15	NRC		粗切次数，参见 _VARI（万位）
16	NID	NN	螺纹精车时的空切次数，用于螺纹的去刺和修光
17	_PP1	P0	第 1 个螺纹段的螺距，参见 _PITA
18	_PP2	P1	第 2 个螺纹段的螺距，参见 _PITA
19	_PP3	P2	第 3 个螺纹段的螺距，参见 _PITA
20	_VARI		加工
			个位：工艺 1 = 外螺纹采用直线进给率；2 = 内螺纹采用直线进给速度 3 = 外螺纹采用递减进给率，切削截面保持恒定 4 = 内螺纹采用递减进给率，切削截面保持恒定

（续）

序号	内部参数	对话框参数	说　明
20	_VARI		十位：保留 百位：进刀方式 0 = _IANG 兼容性模式；1 = 单侧进刀；2 = 交替进刀 千位：保留 万位：切削深度选择 0 = 兼容性，指定粗切次数（_NRC）；1 = 第 1 个进刀深度（_MID） 十万位：加工方式 0 = 兼容性（粗加工和精加工）；1 = 粗加工； 2 = 精加工；3 = 粗加工和精加工 百万：多头螺纹的加工顺序 0 = 螺纹升序加工；1 = 螺纹反序加工
21	_NUMTH	N	螺纹线数量
22	_VRT	VR	螺纹车削时的退刀距离（增量） 0 = 不管设置的单位制是米制还是英制，内部都会使用 1mm 的退刀量 > 0 = 退刀量
23	_MID	D1	首次切削深度，参见 _VARI（万位）
24	_GDEP	DA	换牙深度 [仅限“多牙（多头）”] 0 = 不考虑换牙深度；> 0 = 考虑换牙深度
25	_IFLANK		切削宽度（仅供界面显示）
26	_PITA		螺距计算：0 = 螺距兼容性模式 计算 _PP1 ~ _PP3 和之前一样，依据生效的单位制：公制或英制 1 = 螺距单位：mm；2 = 螺距单位：TPI（每英寸的螺纹牙数） 3 = 螺距单位：in；4 = MODUL
27	_PITM1		表示螺距输入方式的字符串（仅供界面显示）
28	_PITM2		表示螺距输入方式的字符串（仅供界面显示）
29	_PITM3		表示螺距输入方式的字符串（仅供界面显示）
30	_DMODE		显示模式 个位：加工平面 G18（仅在车削循环中） 0 = 兼容性，在调用循环前有效的平面保持有效；2 = G18（车削循环中有效）
31	_AMODE		可选模式 个位：中间点 1 的 Z 轴坐标（Z1）。0 = 绝对；1 = 增量 十位：中间点 1 的 X 轴坐标（X1）。0 = 绝对；1 = 增量；2 = α 百位：中间点 2 的 Z 轴坐标（Z2）。0 = 绝对；1 = 增量 千位：中间点 2 的 X 轴坐标（X2）。0 = 绝对；1 = 增量；2 = α 万位：终点 Z 轴坐标（Z3）。0 = 绝对；1 = 增量 十万位：终点 X 轴坐标（X3）。0 = 绝对；1 = 增量；2 = α 百万：选择进刀斜面：角度或宽度 0 = 进刀角度；1 = 进刀斜面 千万位：单牙 / 多牙 0 = 兼容性模式（计算起始角 _NSP） 1 = 单牙（带起始角偏移 _NSP）；2 = 多牙

6.4.6　切断循环（CYCLE92）

（1）指令功能　切断加工循环是专门为使用切断刀切断旋转对称的零件而设计的，如空心体，不需要完全切到中心，而是略超过空心体的壁厚就可以切断了。最大的特点是在切断工件的同时还可以在被加工零件的边缘上编程倒角宽度（FS）或倒圆半径（R）。可以恒定切削速度 V 或旋转速度 S 加工到深度 X1，然后再以恒定速度加工工件。也可以从深度 X1 编写降低的进给率 FR 或降低的旋转速度 SR，以便使速度适应减小的切削直径。用参数 X2 输入希望通过切断到达的最后深度。

（2）加工策略以及刀具逼近 / 回退方式

1）刀具首先快进到循环内部计算得出的起点。

2）按照编程参数设置，以加工进给速度进行倒角或倒圆。

3）以加工进给率切到深度 X1 来切断。

4）以减小的进给率 FR 和降低的速度 SR，继续切到深度 X2。

5）刀具快进移回到安全距离。

如果机床配置有可以收纳切断工件的接料箱，可以结合切断循环应用，但是必须在机床数据中启用工件接料箱功能。

（3）切断车削循环编程操作界面

1）切断车削循环 CYCLE92 指令编程尺寸标注符号及参数表框界面如图 6-42 所示。

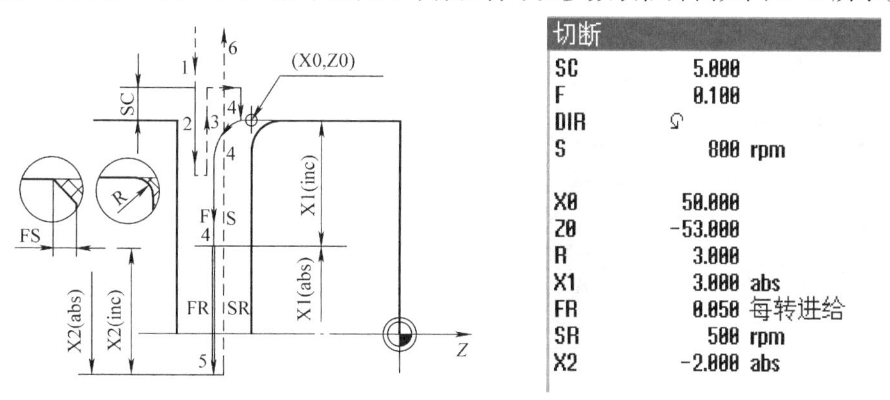

图 6-42　切断车削循环标注尺寸符号及参数表框

2）切断车削循环 CYCLE92 指令编程示例。

参数设置：SC = 5、F = 0.1、S = 800、X0 = 50、Z0 = −53、R = 3、X1 = 3、FR = 0.05、SR = 500、X2 = −2。

生成切断车削循环指令如下：

```
CYCLE92(50,-53,3,-1,3,5,800,1000,3,0.1,0.05,500,0.2,0,,2,10)
```

（4）切断车削循环 CYCLE92 指令编译后的程序格式参数列表

CYCLE92（REAL_SPD，REAL_SPL，REAL_DIAG1，REAL_DIAG2，REAL_RC，REAL_SDIS，REAL_SV1，REAL_SV2，INT_SDAC，REAL_FF1，REAL_FF2，REAL_SS2，REAL_DIAGM，INT_VARI，INT_DN，INT_DMODE，INT_AMODE）

（5）切断车削循环 CYCLE92 指令参数简要说明　切断车削循环 CYCLE92 指令参数简要说明见表 6-21。

表 6-21　切断循环（CYCLE92）编程指令参数简要说明

序号	内部参数	对话框参数	说　明
1	_SPD	X0	切断位置的起点 *X* 轴坐标（绝对，始终为直径）
2	_SPL	Z0	切断位置的起点 *Z* 轴坐标（绝对）
3	_DIAG1	X1	主轴开始减速时的加工深度，参见 _AMODE（个位）
4	_DIAG2	—	—
5	_RC	R/FS	切断位置起点的倒圆半径或倒角宽度，参见 _AMODE（千位）
6	_SDIS	SC	安全距离（mm）
7	_SV1	S	恒定主轴转速，参见 _AMODE（万位）
		V	恒定切削速度
8	_SV2	SV	恒定切削速度时的最大转速
9	_SDAC	DIR	主轴旋转方向：3 = 表示 M3；4 = 表示 M4
10	_FF1	F	切断时的进给率
11	_FF2	FR	减速后的进给率，一直加工到最终深度
12	_SS2	SR	减速后的主轴转速，一直加工到最终深度
13	_DIAGM	X2	切断位置的终点 *X* 轴坐标（绝对，始终是直径）
14	_VARI		加工方式
			个位：返回 0 = 返回到 "_SPD+_SDIS"；1 = 结束时不返回
			十位：工件接料箱 0 = 否，不执行 M 指令 1 = 是，调取　CUST_TECHCYC（101）- 驶出接料箱 CUST_TECHCYC（102）- 关闭接料箱
15	_DN		刀沿 2 的 D 号，如果没有写入 ⇒ D+1
16	_DMODE		显示模式
			个位：加工平面 G18（仅在车削循环中）
			0 = 兼容性，在调用循环前有效的平面保持有效；2 = G18（车削循环中有效）
17	_AMODE		可选模式
			个位：慢速加工的深度（_DIAG1） 0 = 绝对，*X* 轴坐标，直径；1 = 增量，*X* 轴坐标，半径
			十位：最终深度（_DIAG2） 0 = 绝对，*X* 轴坐标，直径；1 = 增量，*X* 轴坐标，半径
			百位：保留
			千位：倒圆 / 倒角（_RC）。0 = 倒圆；1 = 倒角
			万位：主轴转数 / 切削速度（_SV1） 0 = 恒定主轴转速；1 = 恒定切削速度

6.5　轮廓车削循环指令编程

轮廓车削循环功能是由若干个独立的加工循环组合而成的，每一个循环并不能够单独使用。在这个循环指令中，不仅能对零件上的单一轮廓进行处理，而且能够对零件上的多个轮廓进行综合处理。零件轮廓可以是封闭的曲线，也可以是开放的连续曲线。轮廓车削循环要配合轮廓程序一起使用。轮廓程序可以通过系统内部的"轮廓编辑器"由人机对话方式进行编写，组成轮廓轨迹的元素个数至少为两个，最多可以有 250 个，相邻的两个轨迹元素之间还可以用圆弧或者倒角进行过渡。轮廓程序也可以手工编写在单独的字程序中。

选择〖轮廓车削〗模式，程序编辑界面的右侧有两个选项，分别显示在界面右侧的软键上：〖新建轮廓〗和〖轮廓调用〗。

6.5.1 新建轮廓（CYCLE62）

（1）指令功能　对于每个要车削的轮廓，必须创建新轮廓。选择“新建轮廓”方式，按〖新建轮廓〗软键。其操作过程是：输入新建轮廓名称（如输入 A_A1）。在建立一个新的轮廓时，在轮廓“图形编辑器”中首先需要确定该轮廓的起始点，然后依次输入轮廓元素，直至轮廓的终点。按右侧〖接收〗软键，进入“图形编辑器”界面（也可以点亮〖图形视图〗软键），可以依次输入所要编程的轮廓元素，轮廓计算器自动定义轮廓元素终点、编辑轮廓图形轨迹，最后按〖接收〗软键，即完成这个新轮廓程序块的编写工作。

（2）编程操作界面　创建新轮廓编程尺寸标注符号及参数表框界面如图 6-43 所示。

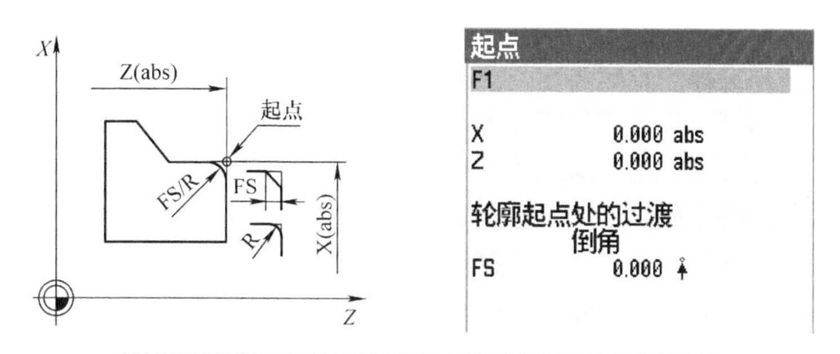

图 6-43　创建新轮廓编程尺寸标注符号及参数表框

在建立一个新的轮廓时，首先需要确定该轮廓的起始点，如果重新输入起点名称（如“F1”），则以新输入名称为准。按右侧〖接收〗软键，进入一个起点界面，输入该轮廓的起点坐标数值，新轮廓名称为“A_A1”，起点名称改为“F1”，起点坐标为（0，0），且轮廓终点也在（0，0）的新轮廓程序块编辑结果如图 6-44 所示。

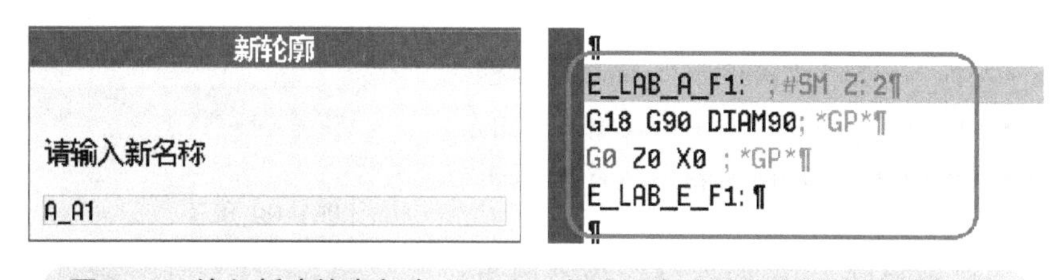

图 6-44　输入新建轮廓名称“A_A1”与最后生成的轮廓程序块编辑示例

6.5.2 轮廓调用（CYCLE62）

（1）指令功能　轮廓调用指令仅适用于 G 代码程序，是使用车削轮廓循环（CYCLE952）的前提条件。由于轮廓轨迹是轮廓车削编程中最关键的要素，而且不同的轮廓车削循环都需要用到一个或多个轮廓轨迹，因此，轮廓轨迹的调用不再由各个轮廓加工循环分别执行，而是使用专门的轮廓调用循环 CYCLE62 指令来完成。在调用轮廓循环车削 CYCLE952 前至少需要编写一个轮廓调用循环 CYCLE62 指令段。如果调用一个 CYCLE62 指令段，则表示该调用轮廓为“零件轮廓”；如果连着调用了两个 CYCLE62 指令段，则系统自动将第一个循环调用的轮廓识别为“毛坯轮廓”，第二个轮廓则是“零件轮廓”。

（2）编程操作界面　选择轮廓调用方式，有两个输入参数项：轮廓选择和轮廓名称输入（CON 或 PRG 或 LAB1，LAB2）。

1）第一个参数“轮廓选择”（使用选择键确定），是用来指示轮廓的位置，按系统面板上的选择键，“轮廓名称”下展开一个选择菜单，有四种选择轮廓的方式可以使用：轮廓名称、标签、子程序和子程序中的标签，如图 6-45 所示。

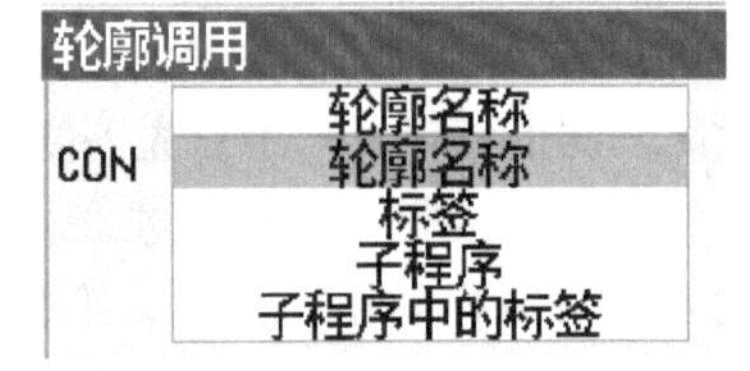

图 6-45　轮廓调用循环的调用界面

界面操作小技巧：当光标移动到轮廓选择参数项（轮廓名称）时，按【◁】键展开编辑界面内容。按【▷】键回到“轮廓调用”界面。按【END】图标，将展开轮廓选择参数项的选择项内容；按【◁】键或【▷】键，则收回参数选择项内容。

2）第二个参数一栏，需要填写对应第一个参数项的内容，第二个参数则有着一定的对应关系。下面将具体说明。

3）“轮廓选择”项选择“轮廓名称”。选择轮廓名称的方法调用轮廓是指调用一个轮廓子程序。轮廓的名字（CON 项）是不能随意填写的，如填写轮廓名称为“TTT”，就需要先在主程序的结束符 M30 指令之后的位置，用轮廓编辑器建立一个名为“TTT”的轮廓图形程序块。否则，系统在执行相关轮廓处理的循环时，将找不到这个轮廓。

4）“轮廓选择”项选择“标签”。选择标签的方法调用轮廓是指通过写出首尾两个标签的名称来调用两个标签之间的程序作为轮廓子程序。在主程序中 CYCLE62 循环指令编译后的程序格式参数列表中，LAB1（标签头）应该填写轮廓开始的标记，如“AA_BEG”，而 LAB2（标签尾）应该填写轮廓结束的标记，如“AA_END”。

填写时有两点需要注意：第一，此处填写的是标记名称而不是标记，没有冒号；第二，标记名是区分大小写字母的。使用标签的方法设置轮廓需要将轮廓描述部分的程序块（如本示例的“AA_BEG”与“AA_END”构成的程序段区间）放置在主程序后面。但是需要在轮廓程序段的开头和结束部分加入标记。标记由标记名和冒号构成，标记名可以是一个字符串。一般的命名规则是：前两个字符为字母，其后可以跟随字母、数字和下划线等符号。如在轮廓程序段的第一行用“AA_BEG：”作为轮廓开始的标记，而在轮廓程序段的最后一行用“AA_END：”作为轮廓结束的标记。标签方式下输入标记名称与轮廓程序块编辑示例如图 6-46 所示。

轮廓调用
标签
LAB1 AA_BEG
LAB2 AA_END

图 6-46　标签方式下输入标记名称与轮廓程序块编辑示例

生成的调用轮廓程序（“轮廓选择”项类型为“标签”）：

```
CYCLE62(,2,"AA_BEG","AA_END")
```

关于轮廓程序段指令的编写可以使用轮廓编辑器自动生成的轮廓程序段，也可以使用手工编写的轮廓程序段。

5）“轮廓选择”项选择“子程序”。选择子程序的方法调用轮廓是指调用一个用子程序名字命名且编写出的轮廓子程序（即在 PRG：处输入子程序名称）。使用轮廓子程序描述零件轮廓外形图形是常见的用法，子程序的使用方法参见 6.6 节。

轮廓子程序可以放在专门的子程序目录当中，但是程序名的扩展名必须是“.SPF”。轮廓子程序也可以放在零件程序目录中，虽然其后缀名为“.MPF”，但是仍然可以作为子程序被其他的主程序调用。需要注意的是，如果有两个同名的轮廓子程序，一个以“.MPF”为扩展名，存放在零件程序目录中，而另一个以“.SPF”为扩展名，存放在子程序目录中，则优先被调用的是存放在零件程序目录下的同名主程序。子程序方式下输入子程序名（如 LK11），如图 6-47 所示。

生成的调用轮廓程序（“轮廓选择”项类型为“子程序”）：

```
CYCLE62(“LK11",0,,)
```

图 6-47　子程序方式下输入子程序名示例

6）“轮廓选择”项选择“子程序中的标签”。选择子程序中的标签方式调用轮廓是指可以将一个轮廓子程序仍然放在两个标签之间，只不过这两个标签是在一个子程序内。首先，在轮廓调用时必须在参数 PRG 一栏中正确填写包含轮廓程序段的子程序名称，如 LK12。然后，在 LAB1（子程序中的标签头）和 LAB21（子程序中的标签尾）后面分别填上子程序中被调用程序段的起止标记名，如 CC_BEG、CC_END。子程序中的标签方式下的输入子程序名称和标记名称示例如图 6-48 所示。

图 6-48　子程序中的标签方式下输入子程序和标记名称示例

生成的调用轮廓程序（“轮廓选择”项类型为“子程序中的标签”）：

```
CYCLE62("LK12",3,"CC_BEG","CC_END")
```

7）轮廓调用界面编程操作说明。轮廓调用界面编程操作说明见表 6-22。

表 6-22　轮廓调用界面操作说明

编号	对话框参数	操作	说　明
1	轮廓名称	选择	轮廓名称
			标签
			子程序
			子程序中的标签
2	CON	输入	轮廓名称（选择轮廓名称）
3	PRG	输入	子程序名称（选择子程序或子程序中的标签）
4	LAB1	输入	标签 1，轮廓起始（选择标签）
5	LAB2	输入	标签 2，轮廓结束（选择标签）

（3）编译后的轮廓调用 CYCLE62 指令程序格式参数列表

```
CYCLE62(STRING[140]_NAME,INT_TYPE,STRING[31]_LAB1,STRING[31]_LAB2)
```

（4）调用轮廓车削循环 CYCLE62 指令参数简要说明　调用轮廓循环 CYCLE62 编程指令参数简要说明见表 6-23。

表 6-23　调用轮廓循环 CYCLE62 编程指令参数简要说明

序号	内部参数	对话框参数	说　明
1	_KNAME	PRG/CON	在 TYPE = 2 时，不能写入轮廓名称或子程序名称
2	_TYPE		确定轮廓输入方式： 0 = 子程序；1 = 轮廓名称；2 = 标签；3 = 子程序中的标签
3	_LAB1	LAB1	标签 1，轮廓起始
4	_LAB2	LAB2	标签 2，轮廓结束

注意：G 代码编程时需要注意，程序结束后必须能够识别轮廓；CYCLE62 指令必须在 CYCLE952 程序之前；CYCLE62 所调用的程序名必须与轮廓程序名一致。

6.5.3 轮廓车削与车削余料循环（CYCLE952）

（1）指令功能

1）使用轮廓车削循环（CYCLE952）可以加工简单或复杂的回转体零件的内外轮廓，但是必须结合轮廓程序来使用。只要是能够用轮廓程序进行描述的形状，都可以用此车削循环进行加工。在车削中，系统会自动考虑零件轮廓和毛坯轮廓，因此必须先将毛坯轮廓定义为独立的轮廓，再定义零件的车削轮廓。

2）CYCLE952 指令表达的循环加工每个形式都体现出其独特的车削加工思路，可实现 X 向、Z 向或平行于轮廓的加工。使用“车削余料”模式可以自动识别同一个加工特征由于上一把车刀副偏角干涉所造成的残留，然后识别残留特征自动完成残料加工。

3）使用“车削”模式用于加工任何形状的轮廓（含凹槽）。加工方向可以是“纵向”（加工位置又分为“外部”和“内部”），也可以是“横向”（加工位置又分为“前面”和“后面”），还可以是“平行于轮廓”；刀具返回路径选择方式有“从不沿轮廓返回”“总是沿轮廓返回”和“必要时才从沿轮廓返回”三种；切削深度选择方式有“切削深度参考边沿”和“等深切削”两种；切削深度控制选择方式有“恒定切深”和“切削深度不断变化”两种。等等。

4）在 PRG 参数项输入的是加工中自动生成的临时程序的名称。需要特别注意的是，这个程序的名称千万不要与被调用的轮廓程序或者轮廓子程序的名称相冲突。

在〖轮廓车削〗→〖切削〗中，反映出车削工艺循环工艺的丰富和精彩。简述如下：

1）数控车削系统自动考虑由圆柱体外形、距离成品（图纸尺寸）轮廓完成剩下的余量（半成品）或任何未加工（铸造、锻造等成型）的轮廓所组成的毛坯。必须先将毛坯轮廓定义为独立的封闭轮廓，再定义成品（图纸尺寸）轮廓，这里的先后顺序不能颠倒。

2）轮廓车削使用要求：第一，使用时必须先输入轮廓名称，才能生成切削编程指令；第二，在 G 代码程序中，在调用轮廓车削循环 CYCLE952 指令前至少需要编写一个轮廓调用循环 CYCLE62。

3）沿轮廓返回。为防止粗加工时有剩余拐角，可以进行“沿轮廓返回”操作。由此可以去掉由于刀沿几何形状导致的、每次切削时在轮廓末端留下的凸起。使用设置“在下一个切削点前沿轮廓返回”可以加速轮廓加工。但系统不检测是否有剩余拐角，也不处理剩余拐角。因此，加工前务必借助模拟来控制过程。当设定为“自动”时，如果刀沿和轮廓之间的角度大于某个值，将一直倒圆。角度通过机床数据设定。

4）变化的切削深度。除了恒定切削深度 D 外，还可以使用变化的切削深度，使刀沿不持续承受相同负载，从而延长刀具寿命。变化的切削深度的百分比在机床数据中定义。

5）切削分段。如果想避免在分段切削中一些边沿上的切削量过少，可以选择随边沿变化的分段切削。加工时，轮廓根据边沿划分为很多段，每一段再单独细分为多段进行切削。

6）限制加工区。通常没有必要限制车削加工的范围，除非加工部位接近主轴卡盘。如果要使用不同的刀具加工轮廓的特定区域，可以设置加工区限制（定义 1~4 条边界），以便只加工所选的轮廓部分。

7）进给中断。为防止在加工中出现切屑过长，粗车中可以编程断屑（进给中断）。参数 DI 指定了断屑之前的加工距离。

8）纵向车削即车刀沿着轴向（*Z* 轴方向）进行车削，横向车削即车刀沿着直径方向（*X* 轴方向）进行车削，轮廓平行即车削方向始终与轮廓走向保持平行。

9）加工方式。可以自由选择加工模式（粗加工、精加工或粗精加工组合模式）。在轮廓粗加工模式时，将创建最大切削深度的并行切削，直至粗加工到编程的精加工余量。也可以为精加工车削指定补偿余量 UX 和 UZ，可以精加工多次（正的补偿余量）或缩小轮廓（负的余量）。精加工方向与粗加工方向相同。

10）凹轮廓加工。如果被加工轮廓有下凹的形状，一定要选择“是”，否则会导致加工不完全。

（2）轮廓车削编程操作界面简介

1）“车削”循环中编程尺寸标注符号及参数表框如图 6-49 所示。

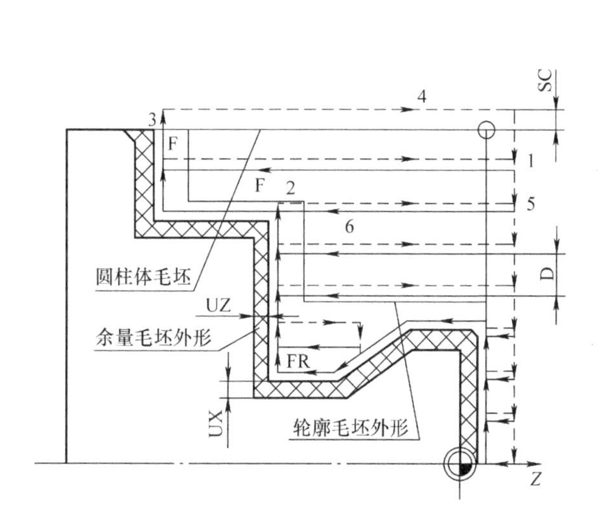

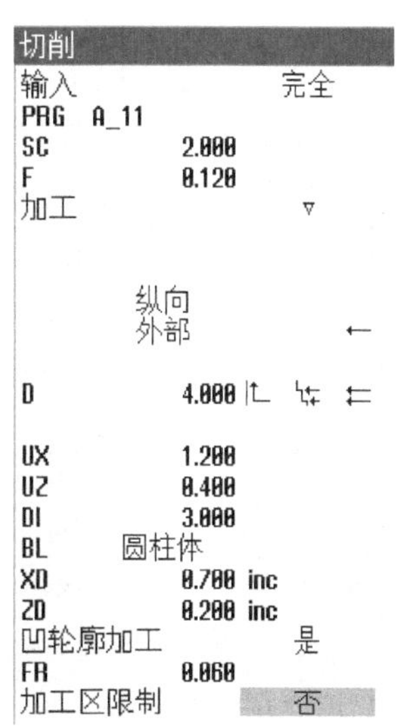

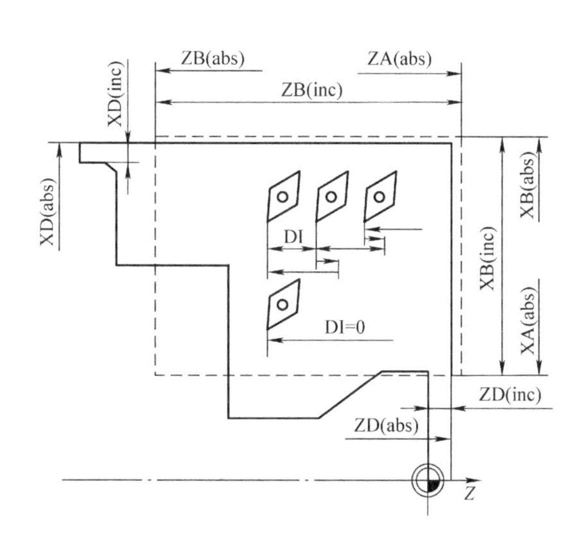

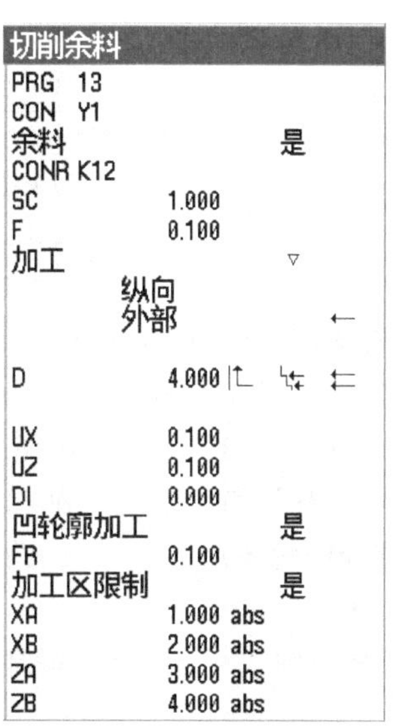

图 6-49 “车削”与“车削余料”循环中编程尺寸标注符号和参数表框

2）“车削”与“车削余料”循环界面中参数操作说明见表6-24。

表6-24 “车削”与“车削余料”循环界面中参数操作说明

编号	对话框参数	说明
1	PRG	待生成的切削程序临时名称
2	CON	用于读取更新过的毛坯轮廓的程序的名称（余料加工）
3	余料	接着进行余料加工：1）是；2）否
4	CONR	尚未输入新毛坯轮廓的名称（当“余料”项选择是时）
5	SC	安全距离
6	F	粗加工或精加工进给率
7	加工	加工方式：1）▽粗加工；2）▽▽▽精加工；3）▽+▽▽▽粗与精加工
		加工方向：1）纵向；2）横向；与车刀的切削刃方向保持一致
		加工位置：1）外部；2）内部
8	D	粗车时每一次车削的最大切削深度，必须小于车刀的切削刃长度
9	轮廓返回	1）沿轮廓返回；2）不沿轮廓返回；3）自动沿轮廓返回
10	切深选择	1）切削深度参考边沿；2）等深切削
11	切深控制	1）恒定切深；2）切削深度不断变化
12	UX	X轴方向精加工余量
13	U	X轴和Z轴的精加工余量
14	UZ	Z轴方向精加工余量
15	XD	毛坯的径向余量（inc）或直径（abs）
16	ZD	毛坯的轴向余量（inc）或端面位置（abs）
17	DI	粗车进给时的断屑距离
18	BL	毛坯形式选择：1）圆柱体；2）轮廓余量；3）毛坯轮廓
19	凹轮廓加工	加工凹轮廓选择：1）是；2）否）
20	FR	在有凹轮廓加工时的插入进给率
21	加工区限制	限制加工区域选择：1）是；2）否
22	XA	限位1 X轴坐标（绝对尺寸，始终是直径）
23	ZA	限位1 Z轴坐标（绝对尺寸）
24	XB	限位2 X轴坐标（绝对尺寸，增量尺寸）
25	ZB	限位2 Z轴坐标（绝对尺寸，增量尺寸）

3）轮廓车削“车削”切削循环CYCLE952指令编程示例。

参数设置：程序名称为A_11；采用纵向外部车削模式；圆柱体毛坯；安全距离SC = 2mm；进给率F = 0.12mm/r；粗加工；最大车削深度D = 4mm；设定“总是沿轮廓返回”“切削深度参考边沿”和“恒定切削深度”；X轴精加工余量UX = 1.2mm；Z轴精加工余量UZ = 0.4mm；选择凹轮廓加工“是”；圆柱体直径尺寸大于图样尺寸X向 = 0.7mm，Z向 = 0.2mm；不限制加工区。

生成轮廓车削“车削”切削循环CYCLE952指令程序段内容如下：

```
  CYCLE952(“A_11",,"",1101311,0.12,0.06,0,4,0.1,0.1,1.2,0.4,0.1,0,
1,0.7,0.2,,,,,2,2,,,3,2,,0,12,1100110,1,0)
```

6.5.4 轮廓槽式车削与槽式车削余料循环（CYCLE952）

（1）指令功能

1）使用“槽式车削”模式用于加工任何形状的槽。需要使用切槽刀。对于轮廓尺寸深而窄的槽用“槽式车削”加工中空刀少，效率高一些。若槽宽度尺寸比有效的刀具宽，则以多步切削完成，刀具每次切削时移动刀具最大位移为槽宽度尺寸的 80%。

2）使用“槽式车削余料”模式时，在加工需要两把以上切槽刀完成的工步时，下一把槽刀可自动识别上一把槽刀加工残余特征，可减少计算工作量，然后识别残留特征自动完成残料加工。

（2）轮廓车削编程操作界面简介

1）“槽式车削”“槽式车削余料”循环中编程尺寸标注符号及参数表框界面如图 6-50 所示。

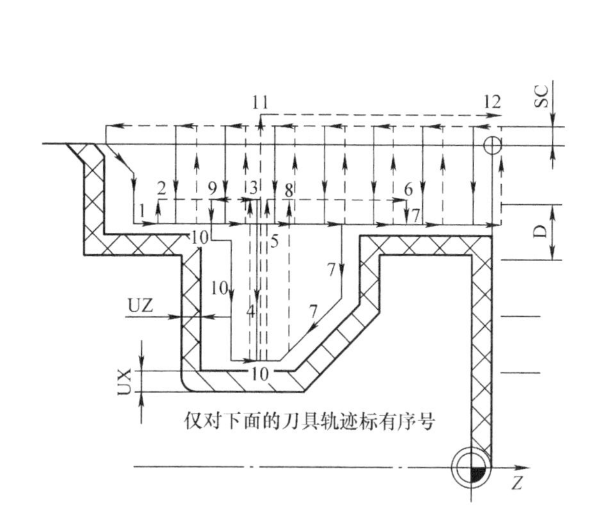

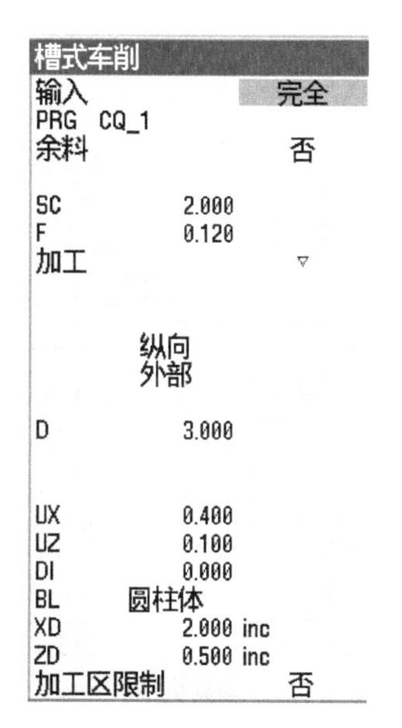

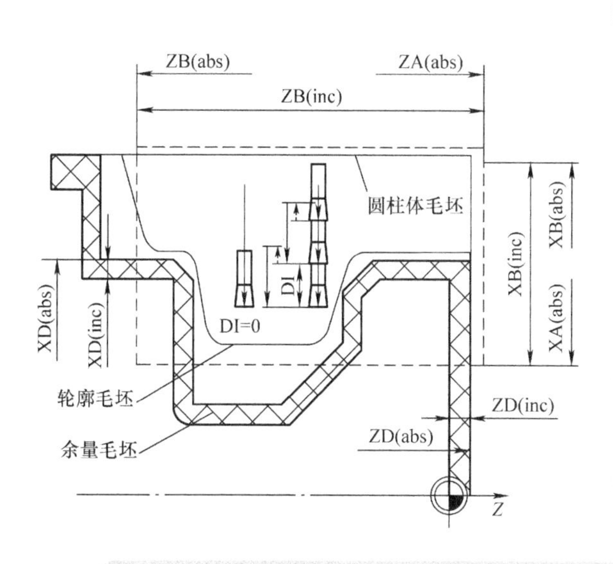

槽式车削余料

PRG CSY_1
CON LKY_1
余料 是
CONR XLK_1
SC 2.000
F 0.100
加工
纵向
外部
D 3.000
UX 1.000
UZ 0.200
DI 0.000
加工区限制 是
XA 30.000 abs
XB 80.000 abs
ZA 3.000 abs
ZB -100.000 abs
N 1

图 6-50 “槽式车削”“槽式车削余料”循环尺寸标注符号及参数表框

2）“槽式车削”与“槽式车削余料”循环界面中参数操作说明见表 6-25。

表 6-25 “槽式车削”与“槽式车削余料”循环界面中参数操作说明

编号	对话框参数	说　明
1	PRG	待生成的切削程序临时名称
2	CON	用于读取更新过的毛坯轮廓的程序的名称（余料加工）
3	余料 ◯	接着进行余料加工：1）是；2）否
4	CONR	尚未输入新毛坯轮廓的名称（当“余料”项选择是时）
5	SC	安全距离
6	F	粗加工或精加工进给率
7	加工 ◯	加工方式：1）▽粗加工；2）▽▽▽精加工；3）▽ + ▽▽▽粗与精加工
		加工方向：1）纵向；2）横向
8	D	粗车时每一次车削的最大切削深度，必须小于车刀的切削刃长度
9	UX ◯	*X* 轴方向精加工余量
10	U ◯	*X* 轴和 *Z* 轴的精加工余量
11	UZ	*Z* 轴方向精加工余量
12	DI	粗车进给时的断屑（进给中断）距离
13	BL ◯	毛坯形式选择：1）圆柱体；2）轮廓余量；3）毛坯轮廓
14	XD	径向余量或圆柱尺寸 Ø（径向毛坯定义）（绝对尺寸，增量尺寸）
15	ZD	轴向余量或圆柱尺寸（轴向毛坯定义）（绝对尺寸，增量尺寸）
16	加工区限制 ◯	限制加工区域选择：1）是；2）否
17	XA	限位 1 *X* 轴坐标（绝对尺寸，始终是直径）
18	ZA	限位 1 *Z* 轴坐标（绝对尺寸）
19	XB ◯	限位 2 *X* 轴坐标（绝对尺寸，增量尺寸）
20	ZB ◯	限位 2 *Z* 轴坐标（绝对尺寸，增量尺寸）
21	N	凹槽数量

3）轮廓车削“槽式车削”“槽式车削余料”切削循环 CYCLE952 指令编程示例。

例 1：轮廓车削“槽式车削”切削循环 CYCLE952 指令编程示例。

参数设置：圆柱体毛坯；程序名称：CQ_1；采用纵向外部车削模式；安全距离 SC = 2mm；进给率 F = 0.12mm/r；粗加工；最大车削深度 D = 3mm；*X* 轴精加工余量 UX = 0.4mm；*Z* 轴精加工余量 UZ = 0.1mm；圆柱体直径尺寸大于图样尺寸 *X* 向 = 2mm，*Z* 向 = 0.5mm；不限制加工区。

生成轮廓车削“车削”切削循环 CYCLE952 指令程序段内容如下：

```
CYCLE952(“CQ_1",,"",101311,0.12,,0,3,0.1,0.1,0.4,0.1,0.1,0,
1,2,0.5,,,,,2,2,1,30,0,2,,0,22,1100110,1,0)
```

例 2：轮廓车削“槽式车削余料”切削循环 CYCLE952 指令编程示例。

参数设置：圆柱体毛坯；程序名称为 CSY_1，用于余料加工更新过的毛坯轮廓的名称为 LKY_1，新毛坯轮廓的名称为 XLK_1；采用纵向外部车削模式；安全距离 SC = 2mm；进给率 F = 0.1mm/r；粗加工；最大车削深度 D = 3mm；*X* 轴精加工余量 UX = 1mm；*Z* 轴精加工余量 UZ = 0.2mm。加工区限制范围：*X* 向为直径 X30~X80mm，*Z* 向为 Z3~Z-100mm。

生成轮廓车削“车削”切削循环 CYCLE952 指令程序段内容如下：

```
CYCLE952(“CSY_1","L:KY_1","XLK_1",101311,0.1,,0,3,0.1,0.1,1,0.2,
0.1,0,1,0,0,30,3,80,-100,2,2,1,30,0,2,,11111000,122,1110110,1,0)
```

6.5.5　轮廓往复车削与往复车削余料循环（CYCLE952）

（1）指令功能

1）使用“往复车削”模式可以加工任意形状的凹槽。与“切削”功能不同的是，往复车削加工刀具必须垂直进入的轮廓。与“槽式车削”功能相比，往复车削功能在每次加工槽后还可以切削两侧的材料，从而缩短加工时间。对于轮廓尺寸宽而浅的槽来说，用这种能往复横着走刀的轨迹，没有退刀，切削终点即下次进刀点，空刀少，加工效率高。但“往复车削”模式需要专用的刀具（只适用于切槽刀），而且要求机床具有横向车削功能，机床刚性要高。在编写“往复车削”循环之前，必须先输入需要的轮廓。

2）使用“往复车削余料”模式与“槽式车削余料”基本相似，自动识别同一个加工特征由于上一把刀具刀宽干涉所造成的残留，然后识别残留特征自动完成残料加工。

（2）轮廓车削编程操作界面简介

1）轮廓车削“往复车削”循环中编程尺寸标注符号及参数表框界面如图 6-51 所示。

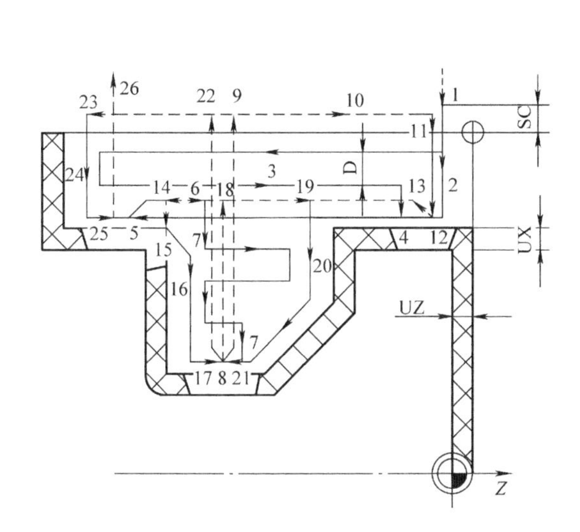

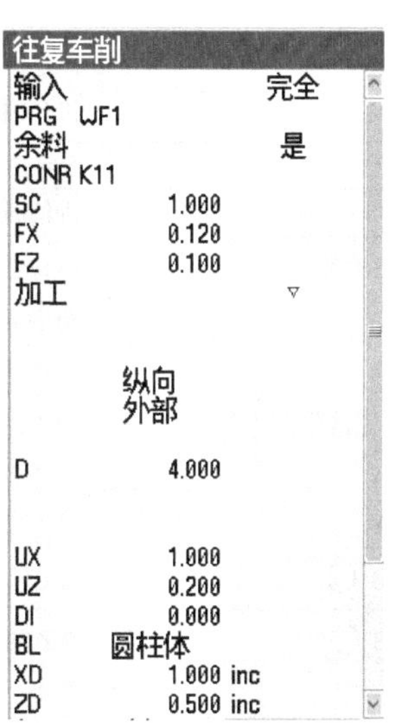

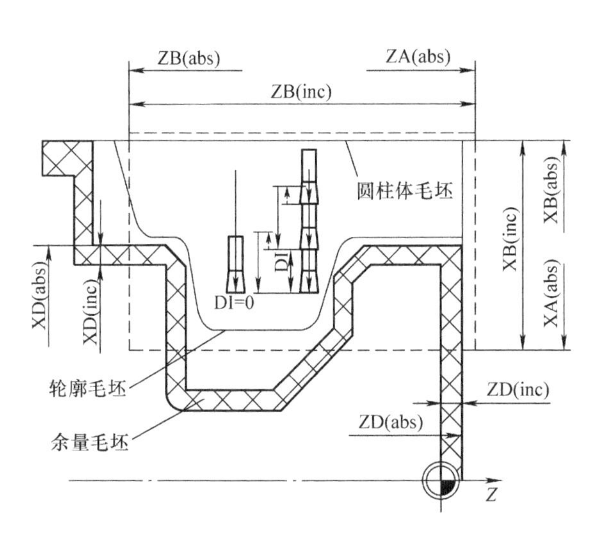

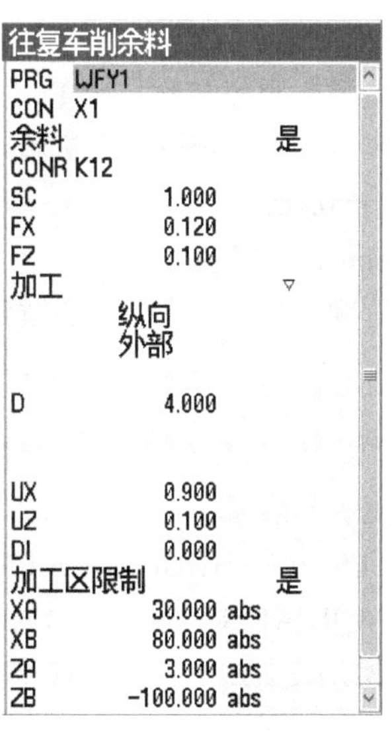

图 6-51 “往复车削”与“往复车削余料”循环中编程尺寸标注符号及参数表框

2）“往复车削”与“往复车削余料”循环界面中参数操作说明见表 6-26。

表 6-26 “往复车削”与“往复车削余料”循环界面中参数操作说明

编号	对话框参数	说　明
1	PRG	待生成的切削程序临时名称
2	CON	用于读取更新过的毛坯轮廓的程序的名称（余料加工）
3	余料 ◯	接着进行余料加工：1）是；2）否
4	CONR	尚未输入新毛坯轮廓的名称（当“余料”项选择是时）
5	SC	安全距离
6	F	粗加工或精加工进给率
7	FX	往复车削的横向（X 轴）进给率
8	FZ	往复车削的纵向（Z 轴）进给率
9	加工 ◯	加工方式：1）▽粗加工；2）▽▽▽精加工；3）▽ + ▽▽▽粗与精加工
		加工方向：1）纵向；2）横向；3）与轮廓平行
10	D	粗车时每一次车削的最大切削深度，必须小于车刀的切削刃长度
11	UX ◯	X 轴方向精加工余量
12	U ◯	X 轴和 Z 轴的精加工余量
13	UZ	Z 轴方向精加工余量
14	DI	粗车进给时的断屑（进给中断）距离
15	BL ◯	毛坯形式选择：1）圆柱体；2）轮廓余量；3）毛坯轮廓
16	XD	径向余量或圆柱尺寸 Ø（径向毛坯定义）（绝对尺寸，增量尺寸）
17	ZD	轴向余量或圆柱尺寸（轴向毛坯定义）（绝对尺寸，增量尺寸）
18	加工区限制 ◯	限制加工区域选择：1）是；2）否
19	XA	限位 1 X 轴坐标（绝对尺寸，始终是直径）
20	ZA	限位 1 Z 轴坐标（绝对尺寸）
21	XB ◯	限位 2 X 轴坐标（绝对尺寸，增量尺寸）
22	ZB ◯	限位 2 Z 轴坐标（绝对尺寸，增量尺寸）
23	N	凹槽数量

3）轮廓车削“往复车削”循环 CYCLE952 指令编程示例。

参数设置：程序名称：WF1；采用纵向外部车削模式；圆柱体毛坯；安全距离 SC = 2mm；X 轴进给率 F = 0.1mm/r；Z 轴进给率 F = 0.1mm/r；粗加工；最大车削深度 D = 4mm；X 轴精加工余量 UX = 0.1mm；Z 轴精加工余量 UZ = 0.1mm；圆柱体直径尺寸大于图样尺寸 X 向 = 0.4mm，Z 向 = 0.4mm；不限制加工区。

生成轮廓车削“车削”切削循环 CYCLE952 指令程序段内容如下：

```
CYCLE952("WF1",,"",101311,0.1,0.1,0,4,0.1,0.1,0.1,0.1,0.1,0,1,0.4,0.4,,,,,2,2,1,30,0,2,,0,32,1100110,1,0)
```

（3）轮廓车削循环 CYCLE952 指令编译后的程序格式参数列表

CYCLE952(STRING[100]_PRG,STRING[100]_CON,STRING[100]_CONR,INT_VARI,REAL_F,REAL_FR,REAL_RP,REAL_D,REAL_DX,REAL_DZ,REAL_UX,REAL_UZ,REAL_U,REAL_U1,INT_BL,REAL_XD,REAL_ZD,REAL_XA,REAL_ZA,REAL_XB,REAL_ZB,REAL_XDA,REAL_XDB,INT_N,REAL_DP,REAL_DI,REAL_SC,INT_DN,INT_GMODE,INT_DMODE,INT_AMODE,INT_PK,REAL_DCH,REAL_FS)

（4）轮廓车削循环 CYCLE952 指令参数简要说明　轮廓车削循环 CYCLE952 编程指令参数简要说明见表 6-27。

表 6-27　轮廓车削循环 CYCLE952 编程指令参数简要说明

编号	内部参数	对话框参数	说　明
1	_PRG	PRG	待生成的切削程序临时名称
2	_CON	CON	用于读取更新过的毛坯轮廓的程序的名称（余料加工）
3	_CONR	CONR	用于写入更新过的毛坯轮廓（参见 _AMODE 万位）程序的名称
4	VARI	○	加工方式
			个位：切削类型。1 = 纵向；2 = 横向；3 = 与轮廓平行
			十位：工艺加工（参见 _GMODE 百位） 1 = 粗加工▽；2 = 精加工▽▽▽；3 = ▽ + ▽▽▽粗与精加工
			百位：加工方向 1 = 加工方向 X-；2 = 加工方向 X+；3 = 加工方向 Z-；4 = 加工方向 Z+
			千位：进刀方向。1 = 外侧 X-；2 = 内侧 X+；3 = 端面 Z-；4 = 后侧 Z+
			万位：定义同精加工余量 0 = 单独的精加工余量 UX 和 UZ；1 = 和轮廓平行的精加工余量 U
			十万位：沿轮廓返回。0 = 兼容性，自动沿轮廓返回 1 = 沿轮廓返回；2 = 不沿轮廓返回；3 = 自动沿轮廓返回
			百万位：退刀槽 0 = 在“槽式车削”“槽式车削余料”“往复车削”和“往复车削余料”中不计算该位置 1 = 加工退刀槽；2 = 不加工退刀槽
			千万位：旋转中心前 / 后。0 = 旋转中心前加工；1 = 保留
5	_F	F	粗加工 / 精加工进给率
		FZ	往复车削的横向进给率
6	_FR	FR	在粗切退刀槽时的插入进给率
		FX	往复车削的纵向进给率
7	_RP	RP	内部加工时的退回平面（绝对，始终是直径）
8	_D	D	粗车时每一次车削的最大切削深度（参见 _AMODE 个位）
9	_DX	DX	X 轴切削深度（参见 _AMODE 个位）
10	_DZ	DZ	Z 轴切削深度（参见 _AMODE 个位）（仅用于“平行于轮廓”方式）
11	_UX	UX	X 轴精加工余量（参见 _VARI 万位）
12	_UZ	UZ	Z 轴精加工余量（参见 _VARI 万位）
13	_U	U	与轮廓平行的精加工余量（参见 _VARI 万位）
14	_U1	U1	其他精加工余量（参见 _AMODE 千位）
15	_BL	BL ○	毛坯定义（用于粗加工）： 1 = 圆柱体，有余量；2 = 成品轮廓余量；3 = 指定了毛坯轮廓
16	_XD	XD	X 轴毛坯定义（参见 _AMODE 十万位）
17	_ZD	ZD	Z 轴毛坯定义（参见 _AMODE 百万位）
18	_XA	XA	限位 1 X 轴坐标（绝对，始终是直径）
19	_ZA	ZA	限位 1 Z 轴坐标（绝对）
20	_XB	XB	限位 2 X 轴坐标（绝对尺寸，增量尺寸）（参见 _AMODE 千万位）
21	_ZB	ZB	限位 2 Z 轴坐标（绝对尺寸，增量尺寸）（参见 _AMODE 亿位）
22	_XDA	XDA	端面上第 1 切槽位置的切槽限值 1（绝对，始终是直径）

（续）

编号	内部参数	对话框参数	说明
23	_XDB	XDB	端面上第1切槽位置的切槽限值2（绝对，始终是直径）
24	_N	N	凹槽数量
25	_DP	DP	凹槽间距。纵向凹槽：平行于Z轴。横向凹槽：平行于X轴
26	_DI	DI	粗车进给时的断屑（进给中断）距离。0＝无中断停止；>0＝带中断停止
27	_SC	SC	（绕行障碍时的）安全距离，增量
28	_DN	D2	刀沿2的D号，如果没有写入⇒D+1
29	_GMODE		几何值计算模式（所编写的几何值）
			个位：保留
			十位：保留
			百位：加工/仅计算起点 0＝正常加工（不要求兼容性模式）；1＝正常加工； 2＝计算起点位置-不加工（仅用于从ShopMill/ShopTurn调用命令）
			千位：限位。0＝否；1＝是
			万位：限位1的X轴坐标。0＝否；1＝是
			十万位：限位2的X轴坐标。0＝否；1＝是
			百万位：限位1的Z轴坐标。0＝否；1＝是
			千万位：限位2的Z轴坐标。0＝否；1＝是
30	_DMODE		显示模式
			个位：加工平面G18 0＝兼容性，在调用循环前有效的平面保持有效；2＝G18（仅在循环中有效）
			十位：工艺模式。1＝轮廓车削；2＝槽式车削；3＝往复车削
			百位：加工剩余材料；0＝否；1＝是
31	_AMODE		替代模式
			个位：选择切削深度 0＝和切削类型“和轮廓平行”中的切削深度DX和DZ；1＝切削深度D
			十位：进刀方法。0＝可变切削深度（90…100%）；1＝恒定切削深度
			百位：切削分段。0＝均匀；1＝边沿对齐
			千位：选择“轮廓余量U1，双精加工”。0＝否；1＝是
			万位：选择“更新毛坯”。0＝否；1＝是
			十万位：选择“毛坯余量XD” 0＝绝对，X轴坐标，直径；1＝增量，X轴坐标，半径
			百万位：选择“毛坯余量ZD”。0＝绝对；1＝增量
			千万位：选择“限位2 XB” 0＝绝对，X轴坐标，直径；1＝增量，X轴坐标，半径
			亿位：选择“限位2 ZB”。0＝绝对；1＝增量
			十亿位。0＝引导通道；1＝跟随通道
32	_PK		机床配置有两个以上的通道时，配对通道的编号
33	_DCH	DCH	通道偏移

6.6 创建与调用轮廓子程序

使用子程序可以减少程序文本的长度。特别是能够使用已经编写好且调试过的子程序，还可以提高编程速度，节约程序编写和调试时间（有关子程序知识详见第4章）。

在轮廓车削编程方式下创建轮廓子程序，是在子程序里编写轮廓程序段。选择“子程序”方式编程，也是一种描述零件轮廓最常见的用法。

（1）创建子程序的方法

1）首先要确定零件主程序的保存路径下，创建或打开待编写的主程序编辑界面，将光标移动到需要调用轮廓子程序的编辑位置。

2）在“程序”模式下，按屏幕下方水平软键中的〖其他〗软键，出现“子程序选择”界面，如图 6-52 所示。

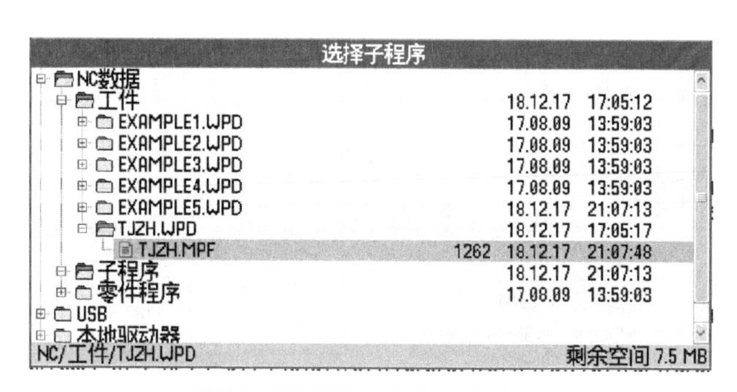

图 6-52 “子程序选择”界面

3）按屏幕右侧的〖新建〗软键，弹出“新建 G 代码程序”界面，按照子程序命的命名规则，输入一个新子程序名称，如“ZC_1”，如图 6-53 所示。

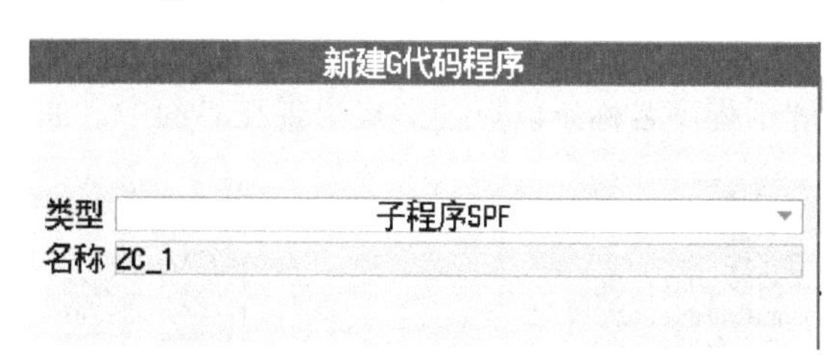

图 6-53 输入新建子程序名称

4）按右侧下方〖确认〗软键，可以在主程序编辑界面中出现调用子程序程序段：CALL “ZC_1.SPF”，如图 6-54 所示。

图 6-54 系统编写的调用子程序“ZC_1.SPF”程序段

5）点亮调用轮廓子程序命令行，按该程序段末尾端的箭头图标，在编辑界面的右侧弹出名为“ZC_1”的新建轮廓子程序编辑界面，如图 6-55 所示。操作者可以在这里编写轮廓子程序。

6）当操作者完成该轮廓子程序的编写后，该轮廓子程序自动保存在指定路径下。

（2）调用轮廓子程序的方法

1）当计划调用数控系统中已有的轮廓子程序时，可以在保存加工程序的路径下查找。

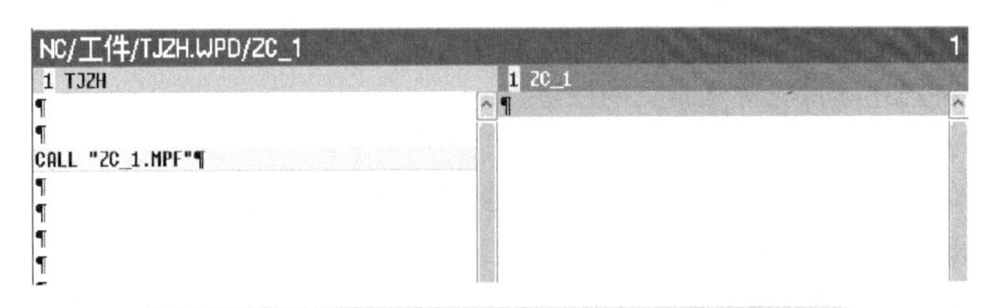

图 6-55　轮廓子程序名为“ZC_1”的轮廓编辑界面

2）当不知道轮廓子程序保存路径时，也可以使用“搜索方式”查找子程序。按右侧〖搜索〗软键，弹出搜索文件输入框界面，输入待查找的轮廓子程序名（如 ZC_1.SPF），如图 6-56 所示。

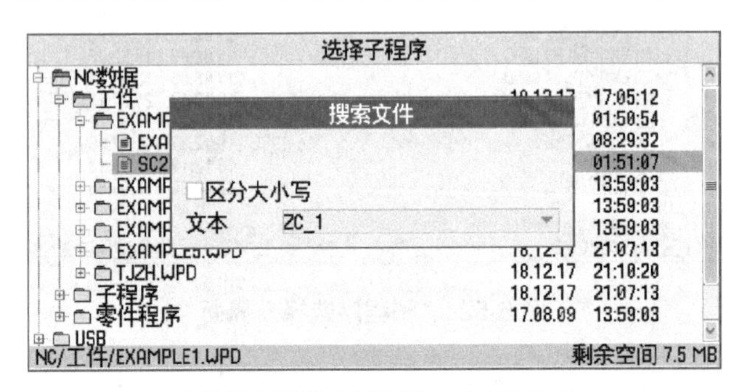

图 6-56　输入搜索子程序名称

3）按右侧下方〖确认〗软键，若系统未查到，界面出现“未找到匹配项”的提示信息，若该轮廓子程序存在，则轮廓子程序名称条以点亮形式出现在界面中，如图 6-57 所示。

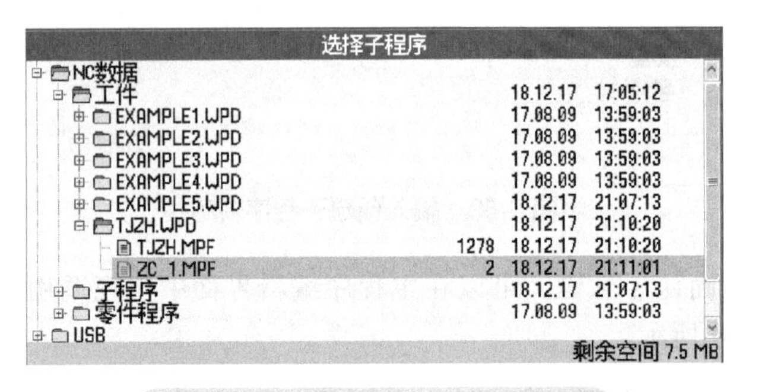

图 6-57　搜索到的轮廓子程序文件

4）可以打开该轮廓子程序，进行查看或编辑工作。

因此，在轮廓车削加工编程中掌握子程序使用的方法是十分必要的。

轮廓车削加工循环编程非常灵活，需要在实践中不断揣摩、总结和提高。

第7章

车削工艺循环编程实例

编写出一个能够较好地应用于实际加工中的零件程序，需要编程者不断地实践与总结。本章所举出的零件加工程序的编写过程，旨在说明对零件图样的不同解读，对系统编程指令的不同理解，采取标准工艺循环指令，在人机界面上编辑和创建出不同形式的加工程序。

使用 SINUMERIK 系列数控系统的标准循环指令编写加工程序，依据的是对图样尺寸标注形式的严格要求。但是，面对复杂的加工图要的编程，如果图样的尺寸标注不能或者局部不能满足系统的人机对话界面信息录入条件，也需要编程者使用基本指令编写出必要的程序段，灵活运用 G 代码指令配合标准循环指令完成加工程序的编制。

7.1　轮廓车削循环编程中的两个小工具

在工业产品的轮廓图形中，除了典型的圆形、方形、正多边形的轮廓图素外，还有许多非典型（或非规则）的轮廓图素组合的轮廓外形。对这种轮廓进行车削加工前，需要对这种轮廓（刀具路径）进行准确的描述。实际编程中，准确描述较为复杂的轮廓形状需要花费很多时间和精力。SINUMERIK 828D 系统中提供了两个很好的编辑工具：

1）“图形轮廓编辑器”（系统的标配功能）。

2）“DXF 轮廓导入器”（系统的选购功能）。

7.1.1　“图形轮廓编辑器”的使用方法

轮廓车削循环指令是非常有用的循环指令，也是 SINUMERIK 828D 数控车削系统的一个特色。即使是部分定义的轮廓元素，系统也可以根据前后元素的几何关系自动计算定义元素。使用轮廓车削循环指令时，经常需要将零件轮廓图形编辑成“系统图形指令”，以便于数控系统对其进行计算与分析。这种编辑方法与过程称为“图形轮廓编辑器”，其基本使用有一定的规则要求，简单说明如下：

（1）平面功能区划分　屏幕自左至右分为四个功能区，分别为图素编辑“进程树”显示区、轮廓图形显示区、图素几何尺寸数值输入区、操作软键区，如图 7-1 所示。

1）图素编辑“进程树”显示区：自上而下，按照编辑顺序排列编辑符号，每个符号对应着一个图素或编辑操作动作。

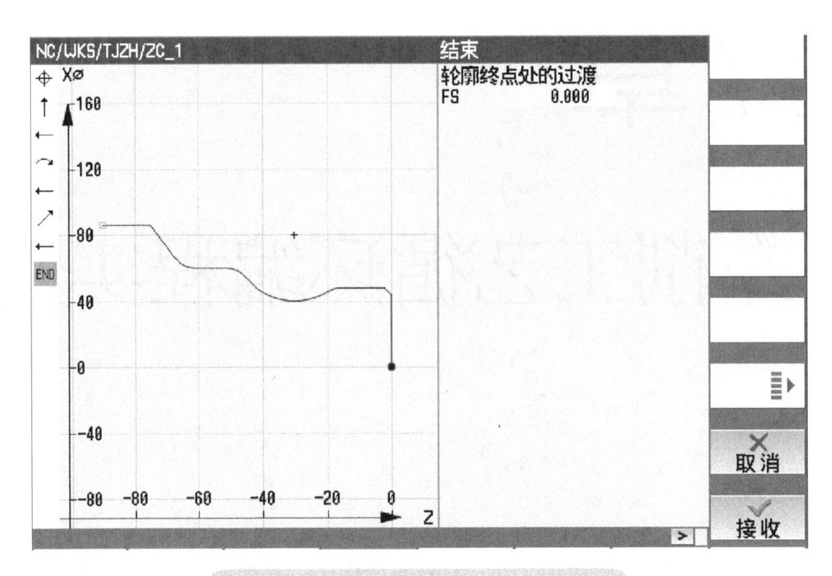

图 7-1 “图形轮廓编辑器”绘图界面

2）轮廓图形显示区：在彩色界面下，显示对应图形及标注尺寸的对应关系。标注尺寸与图素几何尺寸输入区中不同的数值形式同步变化，且该尺寸颜色变成橙色。线段行进方向的端点为橙色方点。

3）图素几何尺寸数值输入区：用于在系统屏幕上输入图素尺寸数据、线段行进方向及相关刀具路径参数等。尺寸数据为非绝对方式、绝对方式或相对方式。与轮廓图形显示区相对应，变为橙色的栏目为输入栏，不变色的栏目为关联尺寸栏，关联尺寸栏目不能输入数值。

4）操作软键区：竖直排列的功能软键，根据标注字符含义或图形含义选择操作。

（2）非垂直直线角度规定　以加工平面第一轴的正方向为 0°，顺时针转角为负值，逆时针转角为正值。

1）按光标键◀，接受输入数值，并在屏幕上画出轮廓线条（当前轮廓图素为深黄色），再次按，则进入程序编辑器界面。

2）按光标键▶，调出图素几何尺寸显示和数值输入界面，激活数值输入框。光标键◀和▶为界面互逆操作功能形式。

3）按光标键▲和▼，在激活的功能区，选择相应的项目（图素符或输入栏目）。

（3）“图形轮廓编辑器”的使用

1）在编辑界面内，每个生成的循环指令行的最后都有一个符号，表示光标右键，按光标键，屏幕将进入循环参数输入界面。而在循环参数输入界面，按光标键可直接退出当前界面，返回程序编辑界面。

2）第一次使用“图形轮廓编辑器”时，在屏幕最左侧的“图素符与编辑操作符显示区”的最上边存在两个功能符号：第一个符号“⌖”为图形起点符号，下面有一个“END”为图形结束符号。这两个符号是不能删除的。编辑图形轮廓时，首先需要确定图形起点坐标位置，其后的轮廓图素按照规划好的方向分别插入上述两个符号之间。若有问题，可以回退修改。

3）当输入坐标值数据有明显错误时，如忽视了坐标值的正负号，屏幕上将弹出提示框“输入被拒绝。几何值相矛盾”，且拒绝输入这一个数值，如图 7-2 所示。此时，应检查前面所输入数据的正确性。

4）在输入坐标值数据后（如输入圆弧图样数据后），右侧可能会出现新软键〖对话选择〗和〖接收对话〗。根据图形区显示图形与参数输入区中各非输入参数项显示的几何数据，对其进行合理性判断，先反复按软键〖对话选择〗，最后按软键〖对话接收〗，认可所输入的图形几何数据。如果仍不正确，则应检查图样的尺寸关系或标注尺寸的方法。

图 7-2　出现几何数据输入错误信息

5）当编辑圆弧与直线连接或圆弧与圆弧连接时，若为相切的约束关系，需要按右侧的软键〖与前面元素相切〗。系统在编辑两个图素时，才会判断与处理此关系。

（4）“图形轮廓编辑器”使用实例　使用“图形轮廓编辑器”完成如图 7-3 所示的复杂外轮廓的轴零件的外轮廓程序块的编写。

1）图形分析　图 7-3 所示复杂外轮廓轴零件毛坯为 ϕ90mm × 120mm 圆柱体。对于车削加工图形可以只绘制出零件图形的对称一半即可。外轮廓由右端面、ϕ48mm 外圆、*R*23mm 圆弧、ϕ60mm 外圆、ϕ60 ~ ϕ86mm 圆锥和 ϕ86mm 外圆等主要图素组成。另外，还有过渡倒角 *C*2 以及 *R*4mm、*R*6mm 和 *R*8mm 过渡圆弧。该轴 ϕ86mm 外圆切削至距右端面 90mm 处。

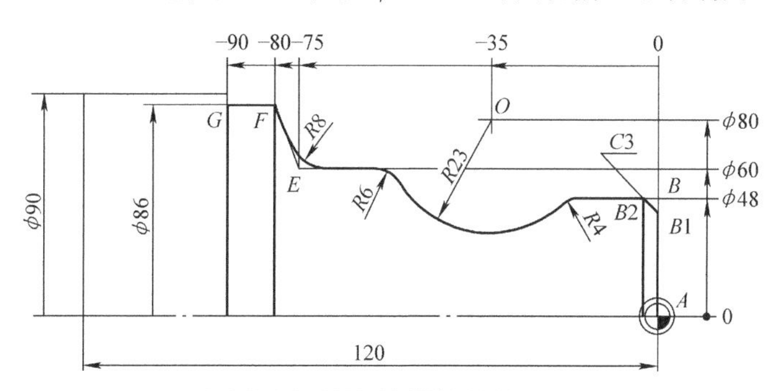

图 7-3　复杂外轮廓的轴零件图

在图 7-3 中，右端面与 *Z* 轴相交的点的具体位置是已知的，适合作为外轮廓的起点（*A* 点），其坐标值为（Z0, X0）。Z 向 −90mm 处的 ϕ86mm 圆柱表面为终点（*G* 点），其坐标值为（Z-90，X86）。各个图素基点都是首尾顺序连接，构成一个完整轮廓（由 *A* 点 ~ *G* 点）。除了 *A* 点和 *G* 点外，*F* 点坐标（Z-80，X86）、*E* 点坐标（Z-75，X86）和 *R*23mm 圆弧圆心（O 点）坐标（Z-35，X80）是已知的，而过渡圆弧 *R*4mm、*R*6mm 和 *R*8mm 各端点的基点坐标及过渡倒角 *C*3mm 的基点坐标数值图样没有给出。本次绘制外轮廓图形的难点是 *R*23mm 圆弧及相邻两个过渡圆弧（*R*4mm 和 *R*6mm）的绘制。

2）CAD 作图与“轮廓编辑器”作图方法比较　这个图形用 CAD 绘制很方便，零件外形轮廓是由若干个图素顺序构成的，第一个轮廓图素的起点坐标和最后一个轮廓图素的终点坐标必须是已知的，其他的基点可以暂时不知道具体的坐标值，但是必须明确知道各个轮廓图素与其前后轮廓图素之间的相对位置关系。用 CAD 作图时一般可以先把所有主要的图素都画出来，最后再集中进行裁剪，对过渡图素等内容进行处理。

使用 SINUMERIK 数控系统内部的“轮廓编辑器”绘制零件轮廓图形与用 CAD 作图在方法（也可以说在作图规则）上有一些不同。其中，最主要的区别有三点：第一，目前只可以处理水平直线、垂直直线、斜直线和圆或圆弧等四种基本图素；第二，用“轮廓编辑器”绘图的全部图素基点应当具有确定的坐标数据，而且，在绘图中一定要一个图素接着一个图素地描述，中间不允许交叉作业；第三，直接使用图样中给出的主要图素数据，同时借助于基本图素特点得到相关图素几何数据，但需要操作者具有对图素数据较深的理解能力。

3）用“轮廓编辑器”生成零件外轮廓（*A* 点 ~ *G* 点）轮廓图形程序块　可以看出图 7-3 所示的零件尺寸标注是一个典型的图标柱尺寸形式，*R*23mm 圆弧及 *R*4mm、*R*6mm 和 *C*3mm 过渡倒角或过渡圆弧的基点坐标没有给出，故在此次绘制外轮廓图形中需要“借助于基本图素特点得到相关图素几何数据”的方法。

用 SINUMERIK “轮廓编辑器”生成 *A* 点 ~ *G* 点外轮廓程序块的具体过程如下：

第一步，输入轮廓的起点坐标（*A* 点）。

轮廓的起点坐标（*A* 点）也设定为零件编程坐标原点。在对话框中输入起点 *A* 的 *X* 轴（绝对 abs）坐标值 0，*Z* 轴（绝对 abs）坐标值 0，然后按右侧〖接收〗软键。如图 7-4 所示，橙色方形点表示的轮廓起点出现在界面坐标系的（0，0）点位置。继续绘图。

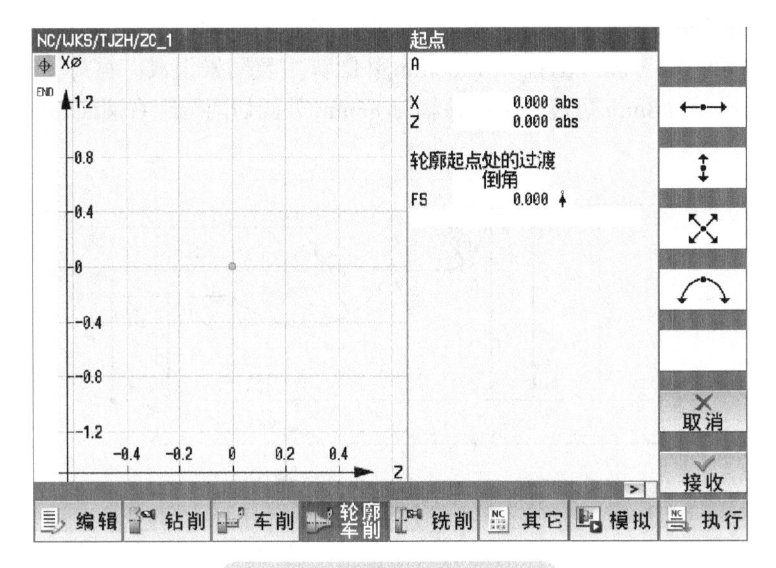

图 7-4　绘制外轮廓图形起点

第二步，绘制垂直直线 *AB*（含 *C*3mm 过渡倒角）。

在右侧选择 ↕ 软键，输入终点 X 坐标 48(abs);选择“到下一元素的过渡元素”为“倒角”（绘制下一个图素过渡倒角 *C*3mm），在倒角宽度 FS 项中输入“3.000”。虽然可以判断出 *C*3mm 的端点（B1、B2）坐标数值，但这时暂不考虑使用垂直直线 *AB*2 与斜直线 *B*2*B*1 的绘图方法。按右侧〖接收〗软键，出现图 7-5 所示界面，在左侧可以看到一条垂直的橙色直线（起点为黑色方点，终点为空心方框）。

第三步，绘制水平直线（含 *R*4mm 过渡倒圆）。

在右侧选择 ↔ 软键，由于不知道水平直线的 Z 向终点坐标数值，Z 数据项先空缺。α1 项也空缺。选择“到下一元素的过渡元素”为“倒圆”（绘制下一个图素过渡倒圆 *R*4mm），在倒圆半径 R 项中输入“4.000”。确认输入数据后按右侧〖接收〗软键，出现图 7-6 所示界面，可以看到左侧图中除上步绘出的竖直黑色线（*AB*）外，存在一条黑色的水平虚直线，表示待绘制的水平轮廓直线。

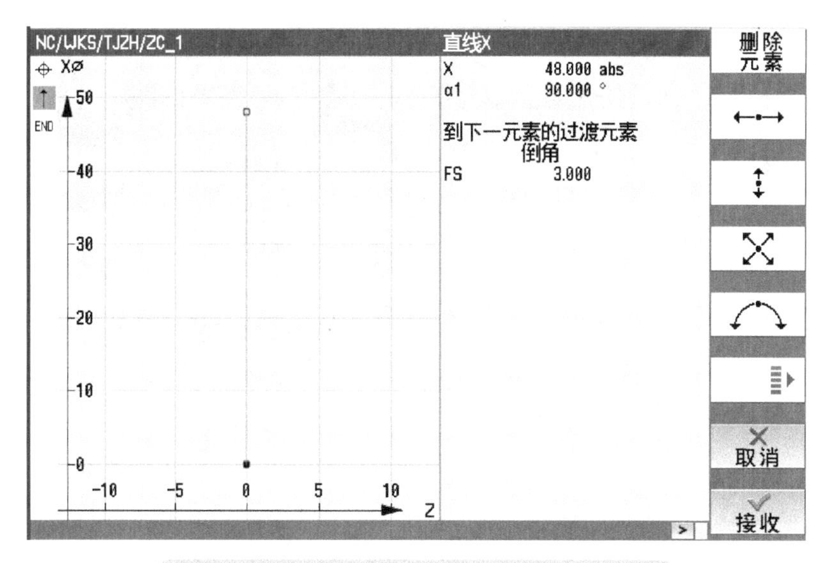

图 7-5　绘制零件外轮廓右端面垂直直线（*AB*）

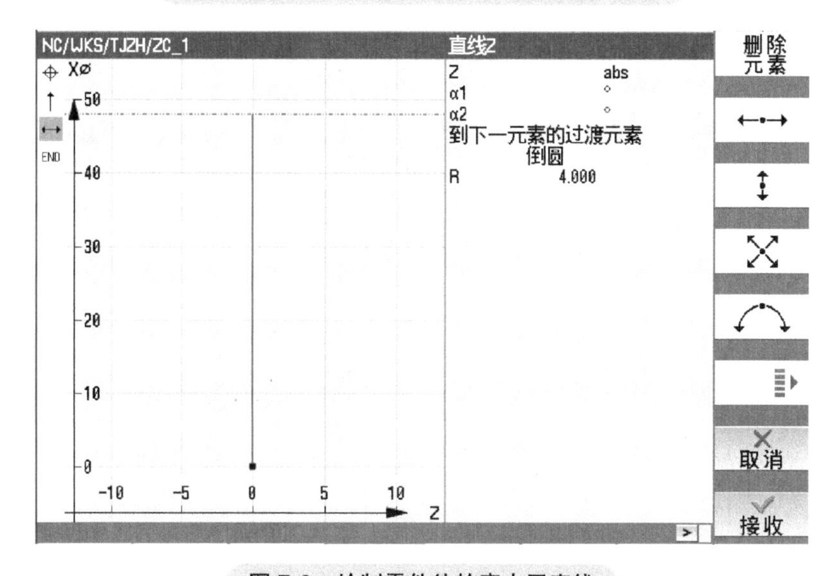

图 7-6　绘制零件外轮廓水平直线

第四步，绘制 *R*23mm 圆弧（含 *R*6mm 过渡倒圆）。

由于 *R*23mm 圆弧起点与终点的基点坐标数值均不知道，但可以判断其图形延长线分别与前及后面的水平直线相交，需要进行图形数据判断，这步是此次绘图最为复杂的一步。

在右侧选择 ⌒ 软键，首先选择圆弧方向为“顺时针”；输入圆弧半径“23.000”；圆弧终点 *X* 坐标“60.000”（abs）；由于不知道 *R*23mm 圆弧起点的 *Z* 向终点坐标数值，此数据项先空缺；输入圆弧圆心 *X* 坐标数据 I“80.000”（abs）；左侧界面自动跳转到如图 7-7 所示界面，左侧图形区出现两个圆弧（一个黑色虚线圆弧，一个橙色实线圆弧），此时反复按右侧〖对话选择〗软键，两个圆弧的颜色也依此发生转换。规定橙色圆弧是所需要的，经判断，当左侧圆弧为橙色时与图样上圆弧的位置一致。按右侧〖接收对话〗软键，出现如图 7-8 所示界面，此时发现出现的橙色圆弧不是所需要的图形。按右侧〖对话选择〗软键发现存在两个颜色的圆弧图形。再反复按右侧〖对话选择〗软键，上下两个大小圆弧的颜色依此发生转化。

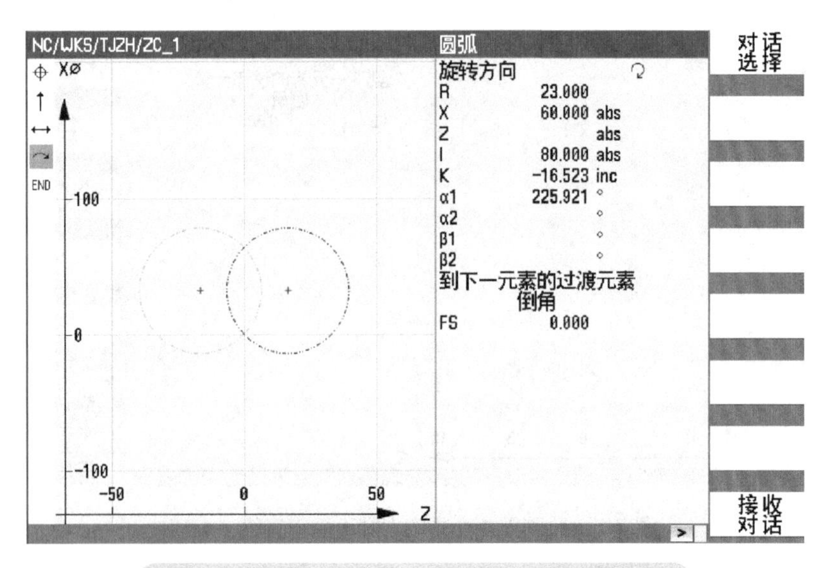

图 7-7　判断与 *R*23mm 圆弧位置一致的橙色圆弧

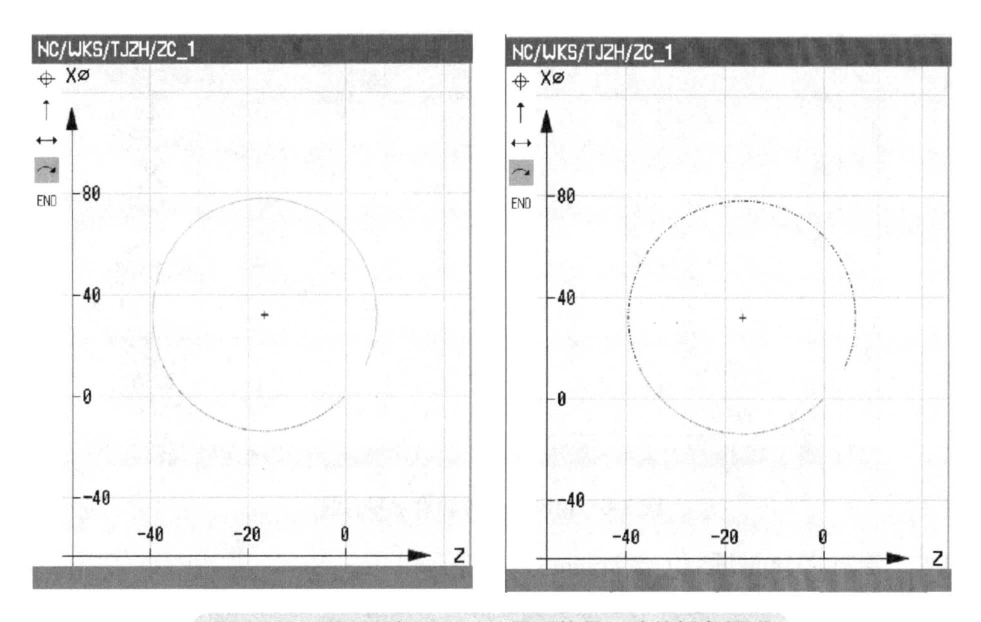

图 7-8　继续判断与 *R*23mm 圆弧位置一致的橙色圆弧

经判断，当下方短圆弧为橙色时与图样上圆弧位置一致，按右侧〖接收对话〗软键，出现如图 7-9 所示界面。需要在此界面中补充输入圆弧尺寸参数。

此界面中圆心 *Z* 轴坐标显示项 K“−16.523”（inc），而图样标注的圆弧圆心坐标（abs）为 −35，故双击该项右侧“inc”图标显示为“abs”，该项变为“空”，在此项输入“−35.000”；选择“到下一元素的过渡元素”为“倒圆”（绘制下一个图素过渡倒圆 *R*6mm），在倒圆半径 R 项中输入“6.000”；按右下方的〖接收〗软键，出现如图 7-10 所示界面，可以看到橙色圆弧线的起点与水平直线终点之间存在一个黑色过渡圆弧线。

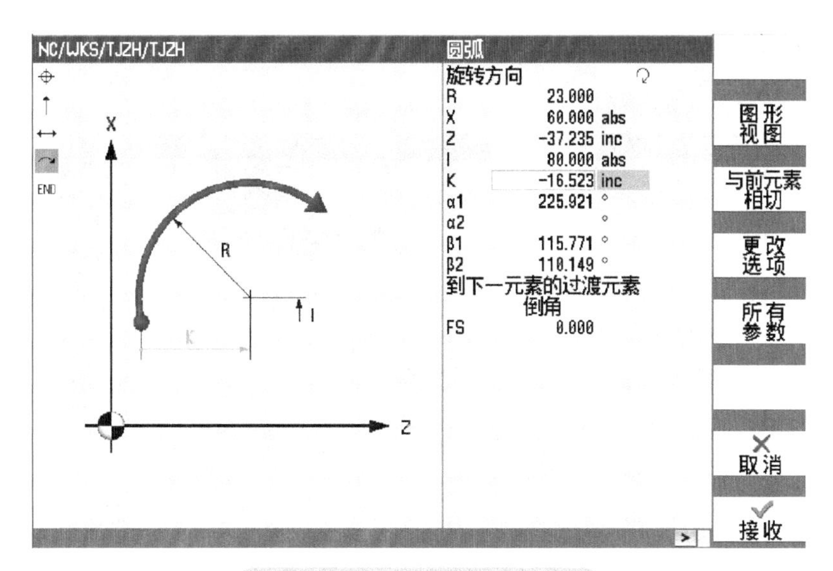

图 7-9　补充输入圆弧尺寸参数

完成此步的同时，此前第四步绘制的水平直线及过渡圆弧 R4mm，已由系统内部计算出数据后自动绘出。可以按左侧“进程树”中水平直线图标，打开该进程界面查看。

> **提示**：图样中没有标注的尺寸，对应右侧参数项不要输入数据。数据框中随之出现的不带白色背景色的数值是数控系统内部根据操作者所输入的图形数据自行计算出的数值，反映出当前几何图素在确定原点情况下的基点位置数据，仅供操作者判断选择图形时参考。

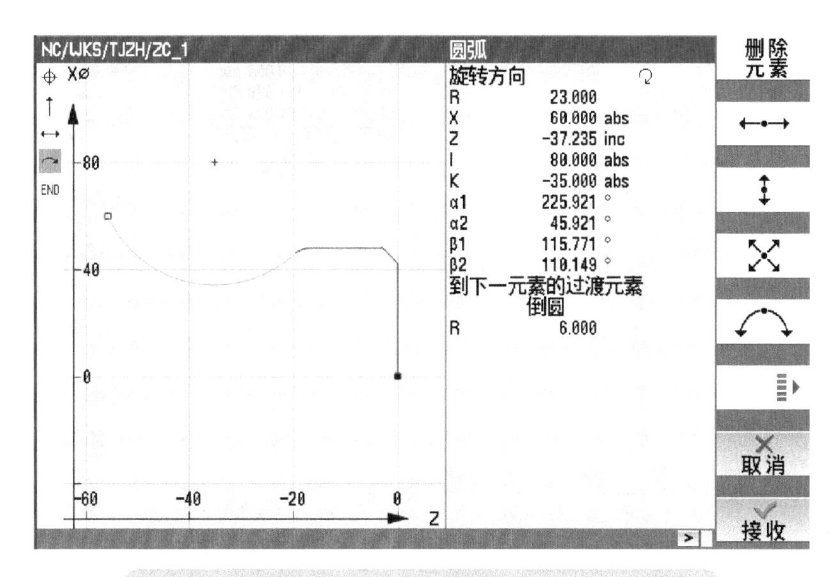

图 7-10　绘制完成的 R23mm 圆弧及 R6mm 过渡圆弧

第五步，绘制水平直线（含 R8mm 过渡倒圆）。

在右侧选择 ⟷ 软键，输入终点 Z 坐标“−75.000”（abs）；选择“到下一元素的过渡元素”为“倒圆”（绘制下一个图素过渡倒圆 R8mm），在倒圆半径 R 项中输入“8.000”；按右侧〖接收〗

软键，出现如图 7-11 所示界面，可以看到橙色水平直线起点与 R23mm 圆弧终点之间存在一个黑色过渡圆弧线。

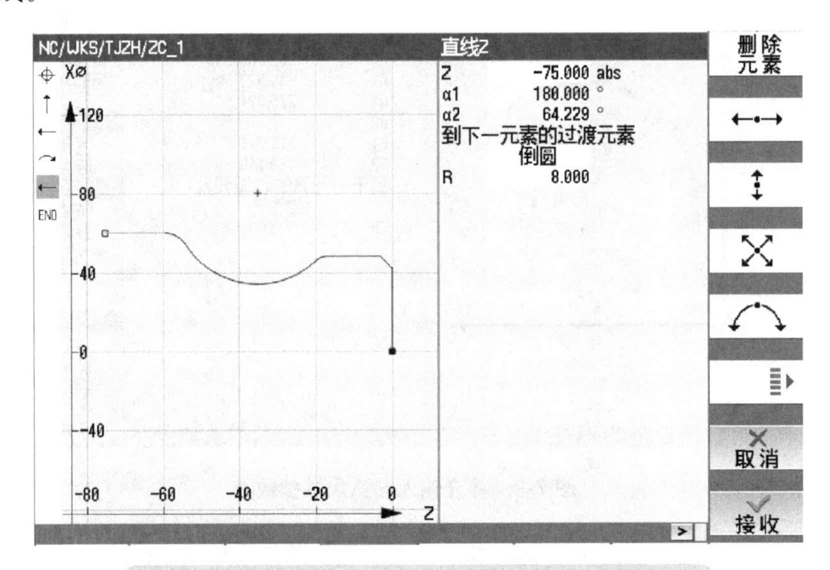

图 7-11 绘制完成外轮廓水平直线及 R8mm 过渡圆弧

第六步，绘制斜直线（EF）。

在右侧选择 软键，输入终点 X 坐标“86.000”（abs），终点 Z 坐标“−80.000”（abs），按右侧〖接收〗软键，出现如图 7-12 所示界面，可以看到橙色斜线及斜线起点与上步绘制的水平线终点存在一条黑色过渡圆弧线。

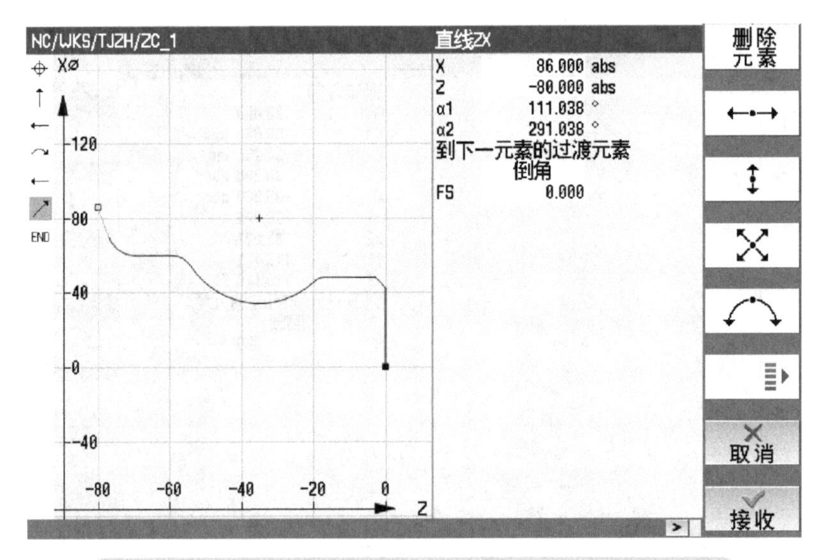

图 7-12 绘制完成外轮廓斜直线（EF）及 R8mm 过渡圆弧

第七步，绘制水平直线（FG）。

在右侧选择 ↔ 软键，输入终点 Z 坐标“−90.000”（abs），按右侧〖接收〗软键，如图 7-13 所示，在界面左侧，可以看到橙色水平直线。

第八步，核对绘制的外轮廓图形正确性。

操作者可以在左侧的“进程树”的图标中自上而下按（或选择其中一项）图标，重新回顾一遍绘图过程，查看图形及参数数据与图样是否一致。如发现有小出入，可以重新输入数值并按〖接收〗软键，再次确认。当发现较大出入时，则可按右侧最上方〖删除元素〗软键，将此步绘图删除，重新绘制。按右侧删除元素软键，出现提示信息，确定比放弃这个已经完成绘制的图素，则按右下方〖接收〗软键删除。此时，会看到左侧“进程树”中对应的图素符号已经消失了。

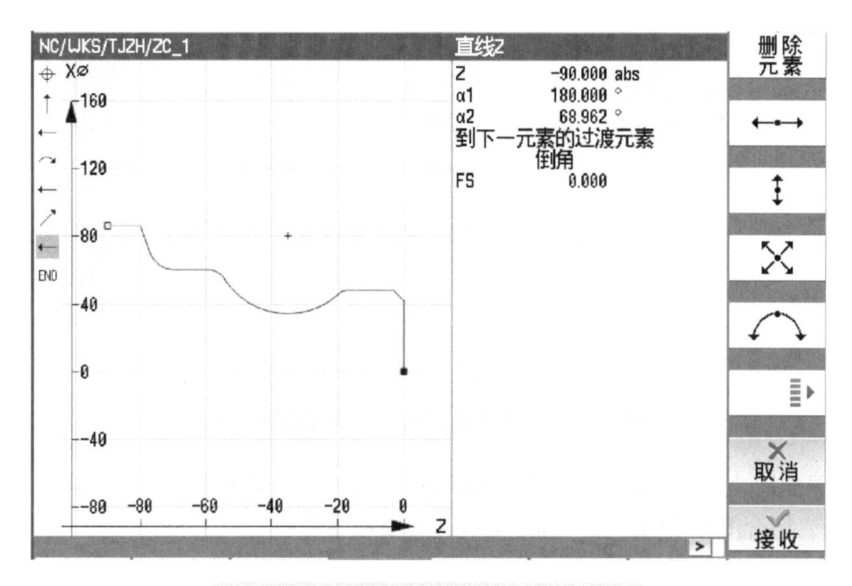

图 7-13　绘制完成外轮廓斜直线（FG）

按左侧“进程树”最后的图标“END”出现图 7-14 所示界面。显示此次外轮廓图形绘制结束。

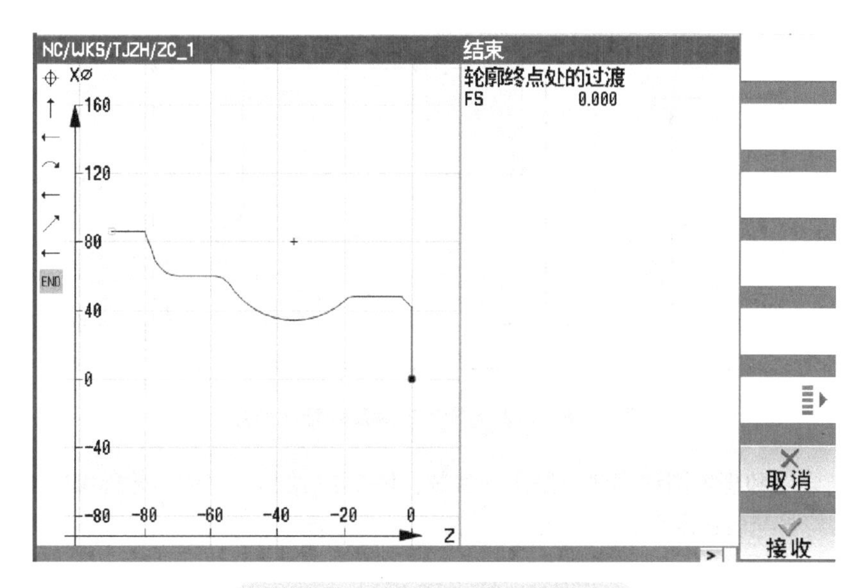

图 7-14　绘制完成全部外轮廓图形

第九步，生成零件外轮廓图形程序块。

经核对所绘制图形无误后，按右侧〖接收〗软键，完成零件外轮廓图形绘制，并生成外轮廓图形程序块，如图 7-15 所示。

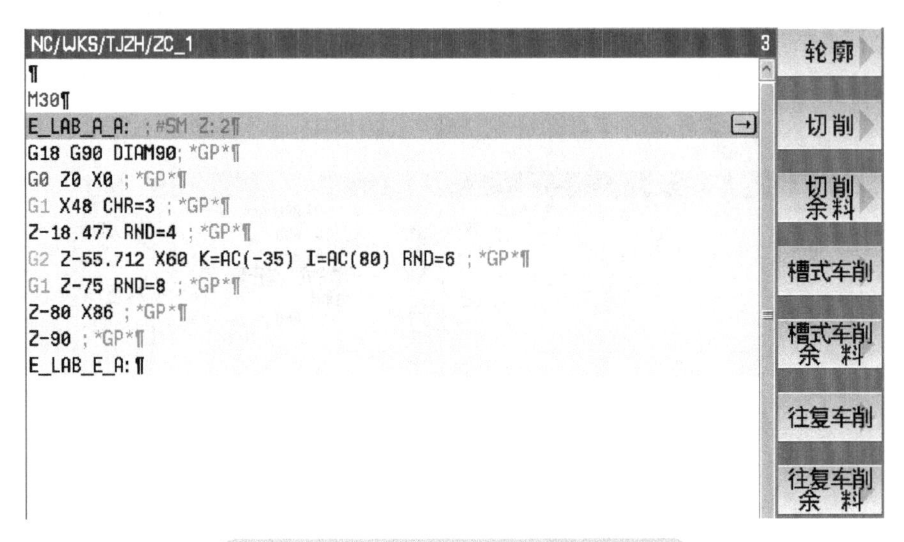

图 7-15　生成外轮廓图形程序块程序清单

4）改变图样尺寸标注形式完成零件轮廓绘制　“图形轮廓编辑器”使用中应注意各种图素绘制的操作技巧，结合图样不同的尺寸标注形式，不断积累经验。

如果将图 7-3 所示的零件尺寸标注改为如图 7-16 所示的尺寸标注形式，给出 *R*23mm 圆弧与两条水平直线的交点坐标数值，该零件的外型轮廓可以由基点 *A*、*B*、*C*、*D*、*E*、*F* 和 *G* 顺序连接的主要图素组成，图中的 *R*23mm 圆弧、*R*4mm 和 *R*6mm 过渡圆弧及 *C*3mm 过渡倒角图素仍没有给出其基点坐标数值。以图 7-16 中给出的主要图素数据绘制零件外轮廓则相对比较容易一些。

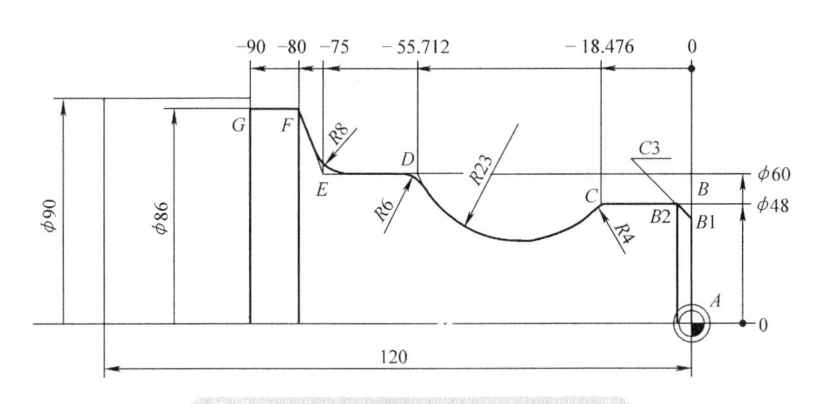

图 7-16　修改的零件轮廓尺寸标注形式

为了方便学习和理解圆或圆弧绘制图形参数，图 7-17 给出了“图形轮廓编辑器”圆弧绘图中常用参数的符号与表达定义。

在绘图中，右侧操作软键列表中还有〖所有参数〗、〖更改选项〗、〖与前元素相切〗等操作选项。也可以选择〖图形视图〗界面进行轮廓绘制工作。

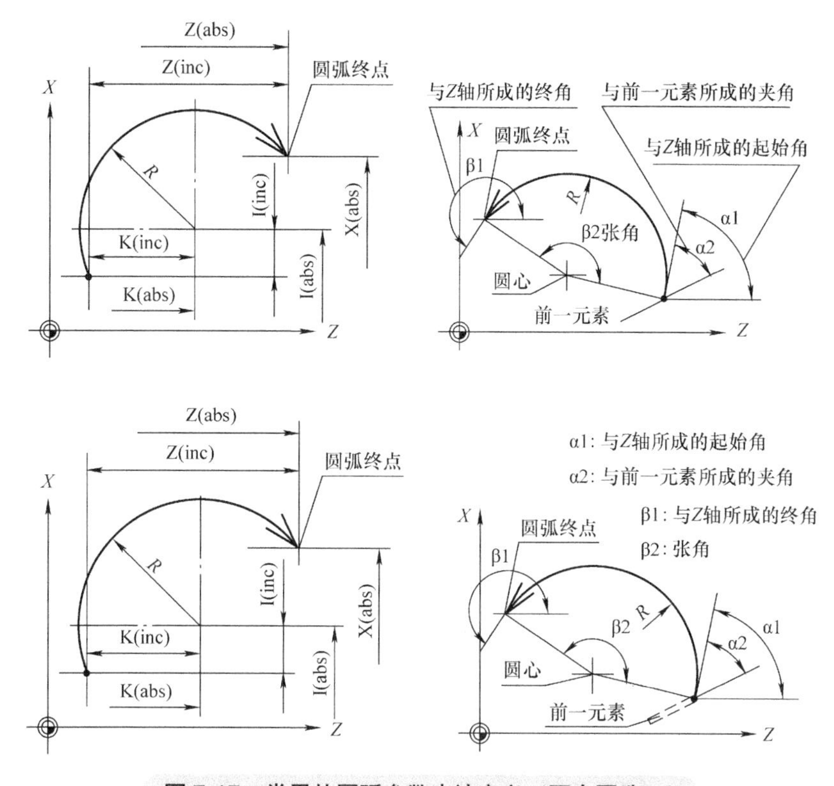

图 7-17　常用的圆弧参数表达定义（两个图选一）

7.1.2 “DXF 图形导入器”的使用方法

当零件加工图样的外形轮廓是由不规则的图素构成时，描述图素及标注基点坐标的工作非常繁重，也是经常发生差错的环节。7.1.1 节介绍的“图形轮廓编辑器”工具已经方便编程者按照图样标注尺寸，实现了零件轮廓参数输入与加工程序生成的对接。但是，如果零件轮廓图形比较复杂，或者存在多个轮廓图素，使用“图形轮廓编辑器”来形成加工轮廓程序块依旧感到比较烦琐，编辑时间较长。

SINUMERIK 828D（V04.07）数控系统含有的 DXF_Reader 选项功能（DXF_Reader 的产品序列号为 6FC5800-0AP56-0YB0）可实现工件图样到加工程序的快捷转换，将 DXF 格式图形文件导入直接生成加工程序，在两轴、两轴半的加工过程中实现了使 CAD/CAM 与数控加工无缝集成。本节以车削循环指令为例说明“DXF 图形导入器”的使用方法。

如果使用 SinuTrain 软件，进入主界面，按屏幕下方的〖调试〗软键，按界面右下方的〖➤〗软键；再按下方的〖授权〗软键，按右侧〖全部选件〗软键，按〖搜索〗软键，输入“P56”，找到“DXF_Reader”项目选项，如图 7-18 所示。最后，关闭 SinuTrain 软件并重新启动，该功能生效。

（1）前期准备工作

1）加工零件的图样分析。如图 7-19 所示台阶轴零件的总长为 55mm，主要是由 5 段圆柱体轮廓构成。台阶轴圆柱形毛坯轮廓为 ϕ 50mm。加工此零件，设毛坯伸出长度为 65mm。

授权：全部选件

选件	已设置	已授权
Run MyHMI/PRO 6FC5800-0AP47-0YB0	☐	☑
Tool Ident Connection 6FC5800-0AP52-0YB0	☐	☑
电子钥匙系统（EKS） 6FC5800-0AP53-0YB0	☐	☑
Lock MyCycles 6FC5800-0AP54-0YB0	☐	☑
S监测器 6FC5800-0AP55-0YB0	☐	☑
DXF-Reader 6FC5800-0AP56-0YB0	☑	☑
Run MyHMI /3GL 6FC5800-0AP60-0YB0	☐	☑
Run MyHMI /WinCC 6FC5800-0AP61-0YB0	☐	☑
Run MyScreens 6FC5800-0AP64-0YB0	☐	☑
Run MyHMI /3GL solution partner 6FC5800-0AP65-0YB0	☐	☑
Run MyHMI /3GL (.NET)	☐	☑

搜索

取消

继续搜索

图 7-18　查找授权的 DXF_Reader 项目

2）使用CAD软件将零件图样转换为DXF格式的图形文件（turn_1.dxf）。这个DXF格式图形文件基本要求是：只包括以1：1比例绘制的加工零件轮廓一半的主视图（正视图），不要保留中心线等辅助线段及尺寸标注线，并需要明确加工编程原点的坐标位置。也就是说，保留的轮廓图形原则上是独立的、连续的。如果制作的独立的、连续的图形轮廓线质量不好，出现不连续的或多余的线段未剪切干净的情况，会造成图形转换失败。

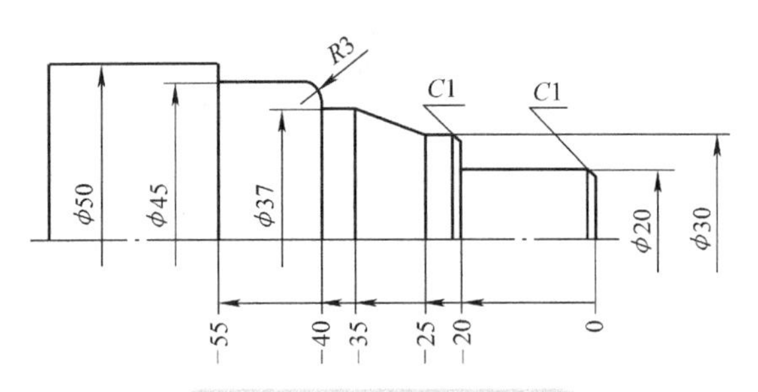

图 7-19　台阶轴零件图样

提示：如果台阶轴毛坯外形为其他非典型轮廓，则需要绘制这个非典型的毛坯轮廓。

3）将CAD软件生成的DXF格式的零件外轮廓图形文件（如turn_1.dxf）复制到U盘中，然后插入到数控系统面板上对应USB插口，可以直接从U盘中打开或查看此文件（此时暂不能进行编辑），如图7-20所示。也可以再将这个文件保存至数控系统指定的“NC”数据文件路径下。

（2）构建台阶轴零件（DXF图形）的轮廓程序块过程

1）按系统面板上【程序管理】键，进入数控系统程序管理器界面，按下方的〖NC〗软键，按右侧的〖新建〗软键，在“工件”路径下，新建一个类型为“工件WPD”的目录文件“TJZH”并新建“主程序MPF”文件，在点亮“新建G代码程序”的界面中，键入新程序文件名，如为“113”。按右下方的〖确认〗软键后，进入新建主程序的编辑界面。

2）在编辑界面下编写程序准备指令部分和编写加工程序的基本结构内容。首先，创建毛坯程序段：

```
WORKPIECE(,,,"CYLINER",0,0,-100,-70,50)?
```

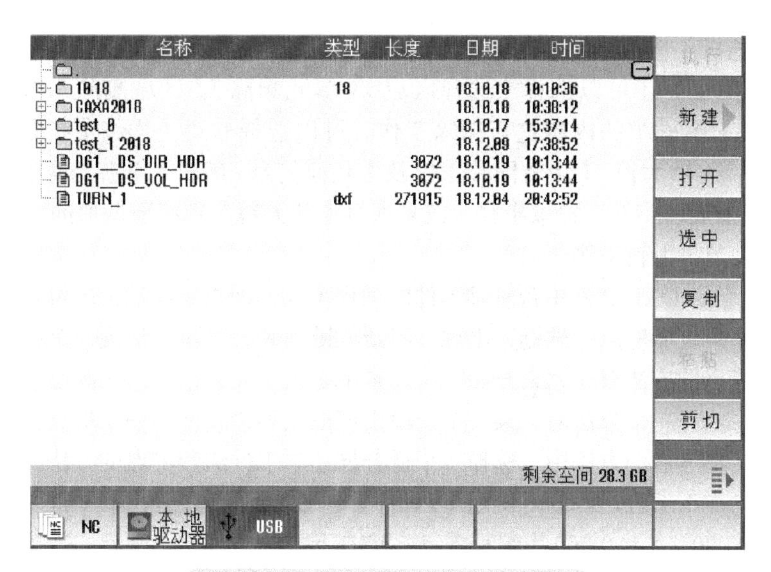

图 7-20　查找需要编辑的 DXF 文件

其次，编写完成工艺状态程序指令后，留出一段空间准备编写加工指令，最后编写程序结束指令 M30。

3）选择“轮廓车削”方式编写台阶轴外轮廓程序块。

① 将光标移至 M30 程序指令段的下方。

② 导入 DXF 格式图形。按屏幕下方的软键〖轮廓车削〗进入其界面，在屏幕的右侧上方按软键〖轮廓〗，出现新软键列表，按软键〖新建轮廓〗，在“新轮廓”界面下输入新建轮廓的名称，如“TJLK1”，再按软键〖从 DXF 导入〗，继续在右下方按〖接收〗软键后，在“NC”数据下或 U 盘中找到并点亮“TRUN_1.DXF”文件，再按右下方的〖确认〗软键，弹出如图 7-21 所示的图形后，即完成 DXF 图形格式文件的导入工作。

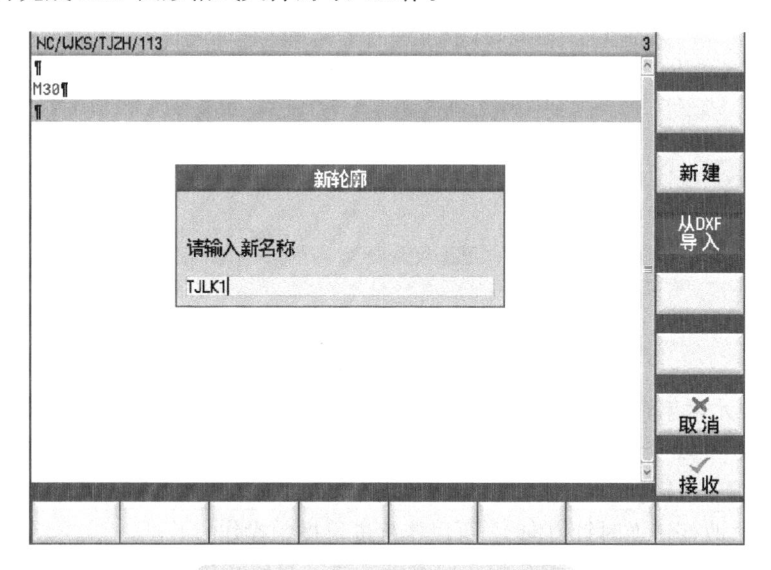

图 7-21　导入的台阶轴 DXF 图形

4）编辑 DXF 图形。打开 DXF 文件后会显示其中的所有图层，选择〖清除〗软键后扩展出新软键列表。可以选择〖选择层面〗显示或隐藏不包含轮廓或位置数据的图层，或是〖自动清除〗隐藏所有无关的图层。还可以选择〖选择区域〗〖单元删除〗〖区域删除〗〖保存 DXF〗等软键的操作，对 DXF 图样中的内容进行删除工作。可以选择软键〖详细〗扩展出〖自动缩放〗〖缩放 +〗〖缩放 -〗、放大镜、〖旋转图片〗以及〖几何信息 / 编辑〗和抓取半径等软键的操作，对 DXF 图样进行缩放、旋转、抓取半径，或是通过〖放大镜〗选择要截取的图形部分并进行放大或缩小、查看细节等编辑工作。

5）在屏幕上确定 DXF 文件中台阶轴工件的编程零点，即指定在加工中可以使用的工件坐标系原点。按右侧〖指定参考点〗软键，出现一组新软键列表，屏幕上出现一个移动的、橙色的原点符号。选择参考点的方法有〖元素开始〗、〖元素中心〗、〖元素结束〗、〖圆心〗、〖光标〗和〖自由输入〗六种。每选择一个方法时，某一个线段出现橙色和该线段的一个端点会出现橙色的原点符号。在这些指定参考点的方法中，选择一个适合描述本工件编程零点的方法，确定编程零点位置。本例台阶轴的加工编程选择的是使用〖自由输入〗的方法，在弹出的"输入参考点"界面中输入并确认 Z = 0.000、X = 0.000 为编程零点；按右下方的〖确定〗软键，数控系统由此位置点开始计算其他各基点坐标位置和线段元素坐标数据。

6）按右侧〖选择元素〗软键，选择最接近台阶轴圆柱体毛坯外径尺寸的线段作为选择元素，这个线段呈现浅橙色，且其中一个端点呈现蓝色。需要先确定哪个端点为整个轮廓线的起点。按照轮廓线的顺序性，确定最接近台阶轴圆柱体毛坯外径尺寸的蓝色端点作为这个轮廓的起点（可以分别点亮〖元素起点〗和〖元素终点〗软键）后，按〖确认〗软键，如图 7-22 所示。

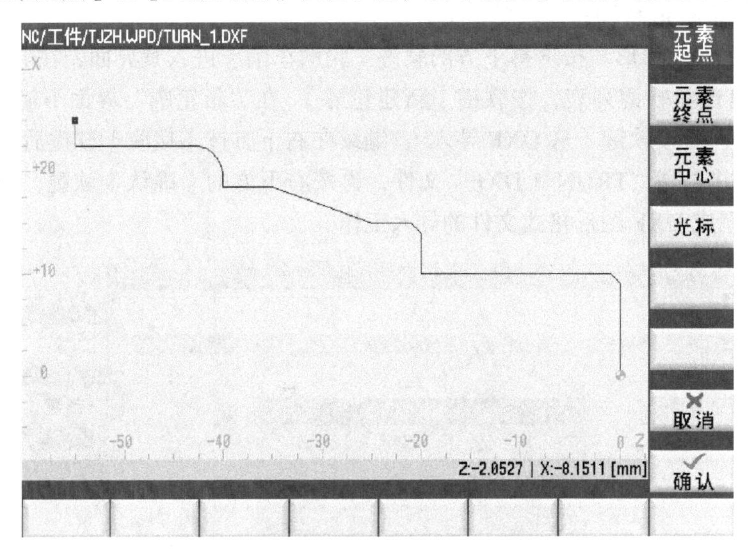

图 7-22　确定台阶轴轮廓线的起点

7）按〖接收元素〗软键，第一个浅橙色线段变成蓝色细线段，顺序的下一个元素线段变为橙色粗实线。查看线段变色的行进方向是否符合设想（如顺时针方向），当行进的线段出现错误时，则要按〖撤销〗软键，取消刚才进行的"接收元素"工作。重新按〖元素终点〗软键，则线段的行进方向发生改变（逆时针方向）。可以连续进行撤销操作。

继续按〖接收元素〗软键，橙色粗线段继续行进，最终行进到台阶轴轮廓的最后一个线段，按〖接收元素〗软键后，该软键变为失效状态，表示接收了全部轮廓。如图 7-23 所示，右侧软键列表出现〖传输轮廓〗软键。

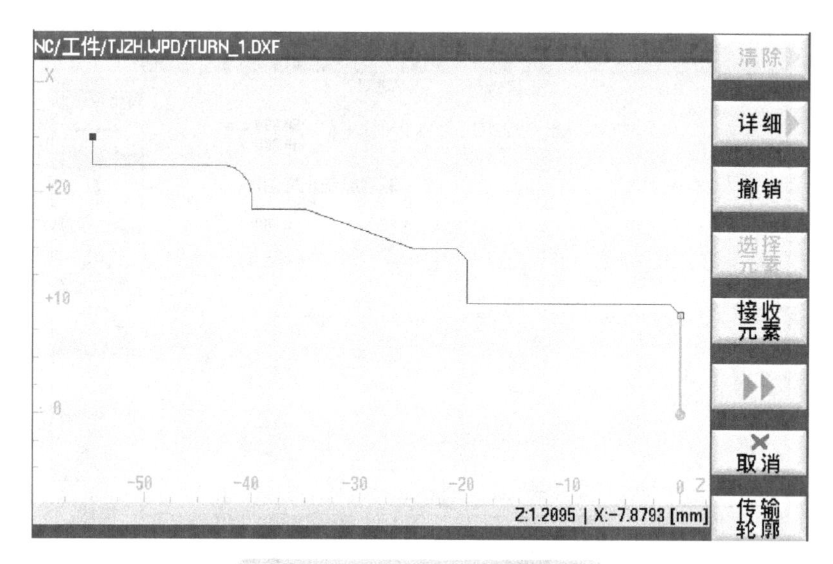

图 7-23　台阶轴轮廓线接收完成

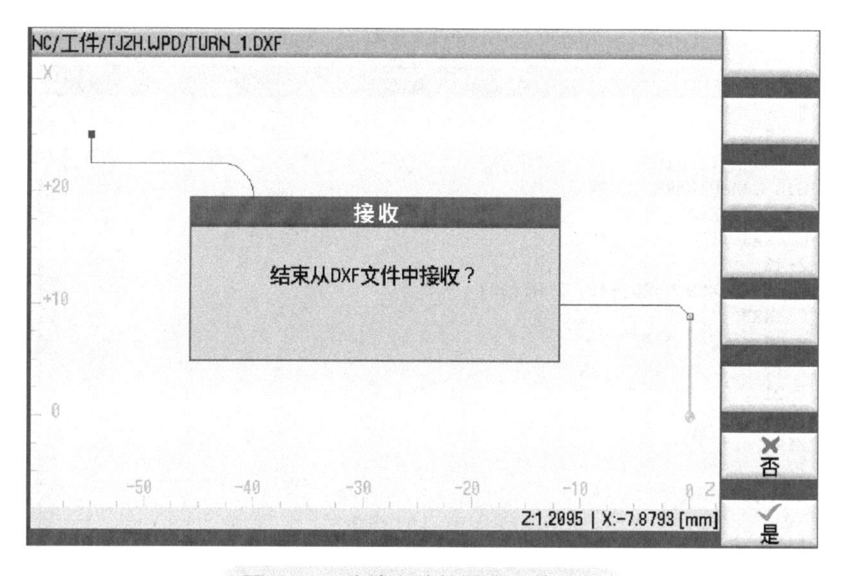

图 7-24　传输台阶轴轮廓工作结束

8）按〖传输轮廓〗软键，屏幕上弹出一个“结束从 DXF 文件中接收？”提示对话框，如图 7-24 所示。按软键〖是〗，传输台阶轴轮廓线工作结束。屏幕弹出“图形轮廓编辑器”界面。

9）检查台阶轴轮廓生成情况。在“图形轮廓编辑器”界面中，左侧的图形编辑“进程树”中可以看到每一轮廓图素行进中新创建的图素符号。中间图形区显示二维坐标标示的轮廓图形。将进程树中图标与轮廓图素（顺序）进行对照检查有无差错，按进程树中的任意一个进程，图形区中对应的线段变橙色，屏幕右侧参数区则显示该线段元素的各项参数，如图 7-25 所示。如有问题，可以对已经接收的轮廓线段元素进行删除、修改等操作，直到正确为止。

10）经检查无误后，按右侧〖接收〗软键，编辑界面 M30 指令的下面看到生成了一个名为“TJLK1”的加工轮廓程序块（即待加工的工件轮廓），如图 7-26 所示。

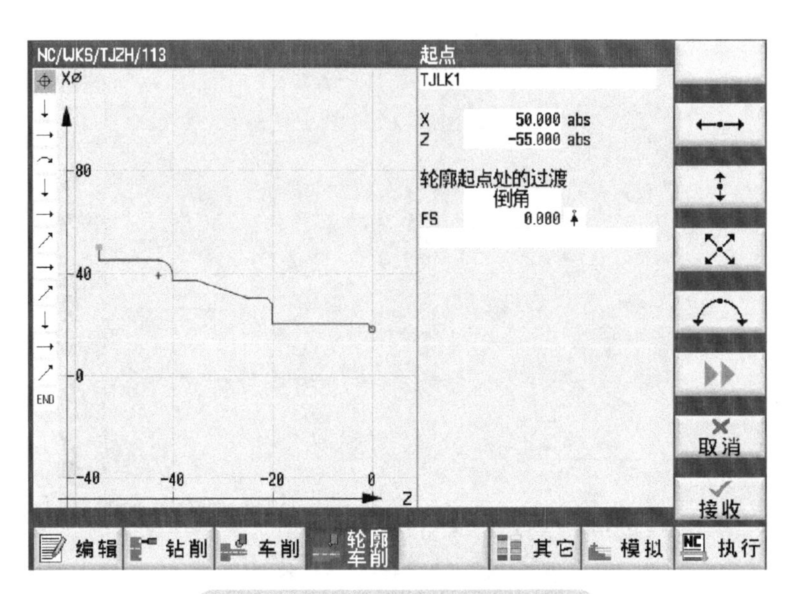

图 7-25　传输台阶轴轮廓情况检查

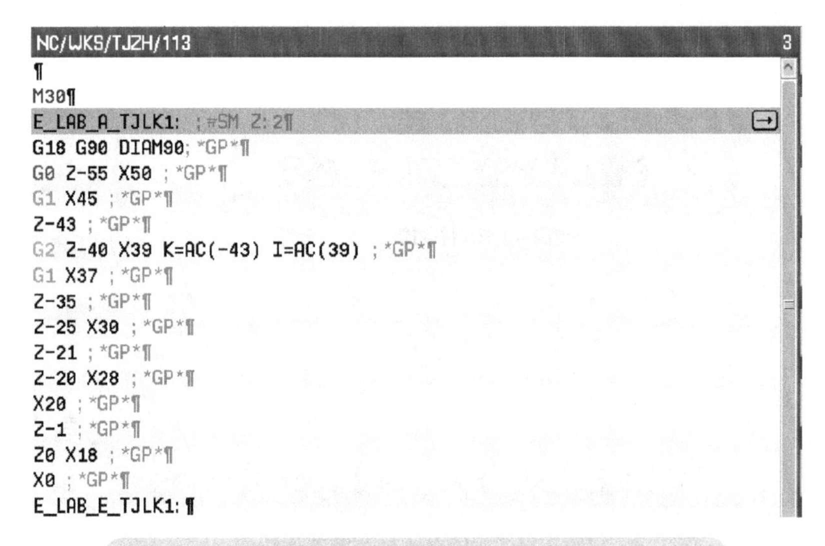

```
NC/WKS/TJZH/113                                    3
¶
M30¶
E_LAB_A_TJLK1: ;#SM Z:2¶
G18 G90 DIAM90; *GP*¶
G0 Z-55 X50 ; *GP*¶
G1 X45 ; *GP*¶
Z-43 ; *GP*¶
G2 Z-40 X39 K=AC(-43) I=AC(39) ; *GP*¶
G1 X37 ; *GP*¶
Z-35 ; *GP*¶
Z-25 X30 ; *GP*¶
Z-21 ; *GP*¶
Z-20 X28 ; *GP*¶
X20 ; *GP*¶
Z-1 ; *GP*¶
Z0 X18 ; *GP*¶
X0 ; *GP*¶
E_LAB_E_TJLK1:¶
```

图 7-26　轮廓编辑器中生成的加工轮廓程序块“TJLK1”

（3）台阶轴轮廓程序的编写　将屏幕中的光标移动到编辑程序中的空白地方，使用循环指令 CYCLE62 调用轮廓“TJLK1”，然后使用循环指令 CYCLE952 进行台阶轴轮廓的车削编程。

DXF_Reader 模块的功能很多，其扩展界面中还有很多软键的使用方法，限于篇幅的关系无法详细介绍，读者可继续自学和实践。

7.2　外形轮廓精加工的刀具补偿和可编程加工余量实例

7.2.1　外形轮廓精加工的刀具补偿编程

完成图 7-27 所示尺寸的多线段圆柱体外形精加工编程。

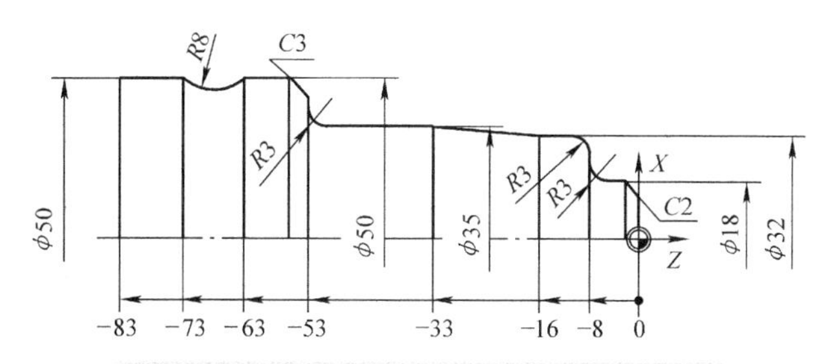

图 7-27　刀具右补偿加工多线段圆柱体外形

选择偏刀加工，刀号为T1。设工件坐标系原点设在工件右端面轴线处。精加工参考程序如下。

```
程序代码                               注释
;DYJC_01.MPF                           程序名：多线段外圆精车程序 01
;2018-12-01 BEIJING_A                  编程时间及编程人
N10 LIMS=4000                          ；转速限制（G96）
N20 G90 G54 G96 S750 M4                ；设置工件坐标系，选择恒定的进给率及主轴状态
N30 T1 D1 M8                           ；选择外圆刀具和刀沿（补偿），打开切削液
N40 G0 G42 X-0.8 Z1                    ；右补偿，接近工件右端并超越工件轴线 0.8mm
N50 G1 Z0 F0.08                        ；Z 向工进至圆弧顶点位置坐标
N60 X18 CHR=2                          ；车削圆柱体直径 18mm 和肩部倒角 C2mm
N70 Z-8 RND=3                          ；车削半径 3mm 的根部圆弧
/N70 Z-5                               ；车削圆柱体直径 18mm 至 5mm 位置
/N75 G2 X24 Z-8 CR=3                   ；车削半径 3mm 的根部圆弧
N80 G1 X32 RND=3                       ；车削端面直径至 32mm 和半径 3mm 的肩部圆弧
N90 Z-16                               ；车削圆柱体直径 32mm 至 16mm 位置
N100 X35 Z-33                          ；车削圆锥体直径 35mm 至 33mm 位置
N110 Z-53 RND=3                        ；车削圆柱体直径 35mm 和半径 3mm 的根部圆弧
N120 X50 CHR=3                         ；车削圆柱体直径 50mm 的倒边长度 3mm
N130 Z-63                              ；车削圆柱体直径 50mm 上 R8mm 圆弧起点位置
N140 G2 X50 Z-73 CR=8                  ；车削圆柱体上半径 R8mm 圆弧
N150 G1 Z-83                           ；车削圆柱体直径 50mm 至 −83mm 位置
N160 G0 G40 X100 Z150 M9               ；退刀，取消刀具补偿，关闭切削液
N170 M30                               ；程序结束
```

编程说明：

1）根据图样尺寸标注，图形中的过渡圆角和倒角只标注尺寸值，其基点位置数值没有给出，故采用了简化编程语句的方法。编写的程序段中包含了完成这些图素的加工。如果推算出其基点坐标数据，可以按照基本指令形式编程，如标记跳跃符号的/N70和/N75语句可以替换N70语句，并实现加工出第一个 *R*3mm 过渡圆弧的功能。

2）在选择刀尖圆弧偏置方向和刀沿位置时，要特别注意前置刀架和后置刀架的区别。

3）在刀具补偿模式下，一般不允许存在连续两段以上的补偿平面内非移动指令，否则刀具也会出现过切等危险动作。补偿平面非移动指令通常指仅有 G、M、S、F、T 指令的程序段（如 G90、M5）及程序暂停程序段（G4）。

4）一般将 G41/G40 或 G42/G40 指令称为成对指令（设立 / 取消），即它们一定要成对地出现在一个程序中，或成对地多次出现在程序中，以保证加工程序的可靠运行。

5）车刀刀尖的加工方向（G41/G42）控制系统由此判别出刀具轨迹应该运行的方向。在实际编程中，若需要进行刀尖补偿方向切换（G41 ↔ G42），省略中间的取消补偿（G40）指令，一样可以完成补偿方向（G41 ↔ G42）切换任务。

6）当补偿值为负值时，相当于切换补偿方向（G41 ↔ G42）。由此控制系统判别出工作平面，从而确定出补偿的轴方向。

7.2.2 可编程加工余量（OFFN）

可编程加工余量（OFFN）是指在刀具半径补偿下的轮廓加工的一种编程方式。

在零件轮廓的粗加工、半精加工或精加工中，通过改变不同的刀具半径补偿值，无须改动零件程序即可完成零件的粗加工、精加工。但在零件轮廓加工余量大或加工工序划分较多时，修改系统中刀具半径地址中的刀具半径值就显得特别烦琐，而且修改的数值并不能直观地反映出零件的加工余量。

利用可编程的刀具偏移功能指令，在不改变刀具偏移存储器中的数据下，也可以修整因对刀不正确或刀具磨损等原因造成的工件加工误差。当 G41、G42 刀尖圆弧半径补偿（TRC）指令激活时，改变编程轮廓的毛坯加工余量，即在加工程序中更改 OFFN 的地址中数值来修改刀尖圆弧中心的位置（刀尖圆弧半径补偿值 + 编程加工余量），确定刀尖圆弧中心与零件轮廓的实际距离，以生成等距的偏移轨迹，例如用于半精加工的编程。

（1）编程格式

```
G1 X...Z... G41/G42 OFFN=< 值 >;
…
G40 X... Z...;
```

（2）指令参数说明

OFFN = < 值 >：以 mm 为单位的编程轮廓的加工余量（车刀刀尖圆弧切削刃与编程零件轮廓的距离），系统自动为不同刀具计算等距的刀具偏移。OFFN 为模态指令。

OFFN 指令使用的条件是：选中的刀尖圆弧半径补偿必须有效。

（3）编程示例　在零件外形轮廓加工中，可利用对 OFFN 地址赋值将零件轮廓精加工的刀尖圆弧中心运动轨迹偏移设定来实现刀具切削刃相对外形轮廓表面距离的调整。OFFN 值很直观地反映出加工余量，通过修改 OFFN 赋值的方法加工工件到图样尺寸，无须改变刀尖圆弧中心偏移值。

编写加工图 7-27 所示圆柱体的外形轮廓的程序，单边精加工余量为 0.5mm，如图 7-28 所示。

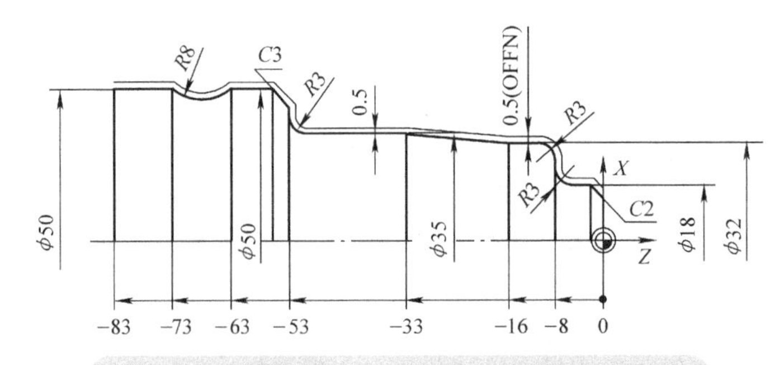

图 7-28　保留单边 0.5mm 精加工余量的刀具轨迹

程序代码	注释
;DYJC_02.MPF	程序名：多线段外圆精车程序 02
;2018-12-01 BEIJING_A	编程时间及编程人
N10 LIMS=4000	；转速限制（G96）
N20 G90 G54 G96 S750 M4	；设置工件坐标系，选择恒定的进给率及主轴状态
N30 T1 D1 M8	；选择外圆车刀和刀沿（补偿），打开切削液
N40 G0 G42 X-0.8 Z1	；使用右补偿，接近工件右端并超越工件轴线 0.8mm
N45 OFFN=0.5	；定义精加工圆柱体轮廓单边余量为 0.5mm
N50 G1 Z0 F0.08	；*Z* 向工进至圆弧顶点位置坐标
…	

从上述程序中可以看出，OFFN 指令所赋的值与零件的加工余量是一一对应的，使用 OFFN 指令后，加工程序修改会很方便，且每次去除的轮廓尺寸数值也很直观。

说明：上述程序完成加工后的实际轮廓尺寸为图样尺寸加上（单边）0.5mm。在进行精加工时，只需将上述程序中 N45 程序段 OFFN 的地址所赋的值改为“0”，便可完成零件外形轮廓的精加工。

提示：每修改一次 OFFN 地址中的数据后，都要再一次激活刀具半径补偿功能，否则修改的数据无效。

7.3　斜置双椭圆零件车削编程实例

编写包含斜置双椭圆弧外形图素的零件（尺寸见图 7-29）加工程序，准备好毛坯 ϕ75mm × 162mm，材料为 45 钢。

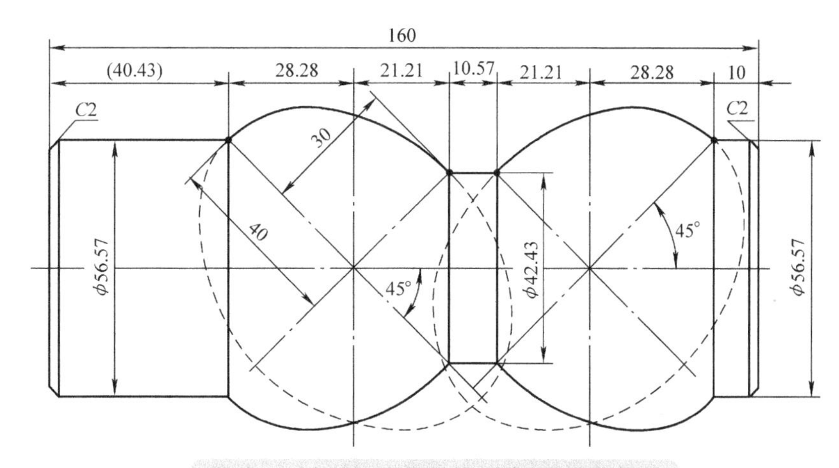

图 7-29　包含双椭圆弧外形图素的零件尺寸

（1）工件图样分析　该零件的两个斜置椭圆外形尺寸一致，但其长轴分别与轴线存在 45° 和 −45° 的夹角。系统规定：当椭圆长轴逆时针旋转时，夹角角度取正值；当椭圆长轴顺时针旋转时，夹角角度取负值。

手工编写这个零件加工程序的思路一般是选择参数编程（宏程序）方式。精加工选择使用参数编程方法是肯定的，而粗加工选用参数编程方法则需要考虑车削路径的节点坐标计算，每一次刀具路径始终点安排，如何减少空行程以提高生产效率。因此，一个好的粗加工参数编程往往比精加工参数编程耗费更多的时间。SINUMERIK 数控系统可以依据图形特点和尺寸标注特点选择相应编程指令，这里选择工艺循环指令来实现该零件的粗加工编程。

（2）零件加工工艺安排　本章所编写的零件加工均使用后置刀架的车床。

设粗加工留下的加工余量单边为 2mm。双椭圆弧零件加工路线见表 7-1。加工双椭圆弧零件刀具配置见表 7-2。

表 7-1　双椭圆弧零件加工路线

工序	定位装夹	加工工步	刀具选择	切削参数
工序一 车工件右侧外圆、平右端面（做出定位基准）	毛坯长 162mm，两端各留 1mm 余量。装夹毛坯外圆，装夹长度 40mm 零点设在零件右端面外圆轴线上	1）平右端面去余量 0.5mm 2）车右侧外圆至 ϕ74mm	80° 外圆车刀，刀尖 R0.8mm	a_p = 2mm S = 1000r/min F = 0.2mm/r
工序二 车工件外圆、平左端面到位	调头加工，夹持左端找正外圆 0.02mm 以内 零点设在零件右端面外圆轴线上	1）车左端面到位 2）粗车外圆（形状）	80° 外圆车刀，刀尖 R0.8mm	a_p = 2mm S = 900r/min F = 0.2mm/r
		精车外圆至 ϕ56.57mm，长度 40mm	35° 外圆车刀，刀尖 R0.4mm	a_p = 0.2mm S = 1000r/min F = 0.1mm/r
工序三 平右端面到位，车右侧函数曲线	夹持工件左侧找正外圆跳动小于 0.02mm 一夹一顶方式，夹持工件左侧 ϕ56.54mm，外圆装夹长度 25mm，找正外圆跳动小于 0.02mm 零点设在零件右端面外圆轴线上	车右侧端面到位	80° 外圆车刀，刀尖 R0.8mm	a_p = 2mm S = 1000r/min F = 0.1mm/r
		钻中心孔	A 型中心钻	
		粗车椭圆外形留量 2mm	35° 外圆车刀 刀尖 R0.4mm	a_p = 2mm S = 1000r/min F = 0.3mm/r
			3mm 切槽刀	a_p = 3mm S = 800r/min F = 0.2mm/r
		精车椭圆外形	35° 外圆车刀，刀尖 R0.4mm	a_p = 0.5mm S = 1000r/min F = 0.1mm/r

表 7-2　加工双椭圆弧零件刀具配置表

序号	刀具名称	刀体型号	所配刀片型号及材质	备注
1	80° 外圆车刀	DCLNR2525M12-M	CNMG120408-MF5，TP2501	ROUGHING_T80 A
2	3mm 切槽刀	CFMR2525M03	LCMF160304-0300-FT，CP500	PLUNGE_CUTTER_3
3	35° 外圆车刀	SVLBR2525M16	VBMT160404-F1，TP1020	FINISHING_T35A

提示：SINUMERIK 828D 换刀分为使用 T 指令可以直接进行换刀和使用刀具管理（选件）进行换刀的两种方法。在配置有刀具管理功能系统编程时，刀具可以进行自定义命名，否则只能以刀塔号码定义。

7.3.1　工序一加工程序（C_01.MPF）编程

一般情况下，首先在加工程序编辑界面完成编写加工程序的开始部分和加工程序的结束部分。零件轮廓的加工程序在加工起始部分和结束部分之间。定义的加工轮廓程序块一般放在程序结束部分之后。

（1）工件右侧（加工基准部分）的加工程序编制过程　使用数控系统 SINUMERIK 828D OPERATER 操作界面，工件右侧（加工基准部分）的加工程序编制过程参考如下：

1）在加工程序编辑界面完成编写加工程序的开始部分和加工程序的结束部分。

2）编制准备毛坯的程序段。在参数表格对话框输入如下参数，如图 7-30 所示。

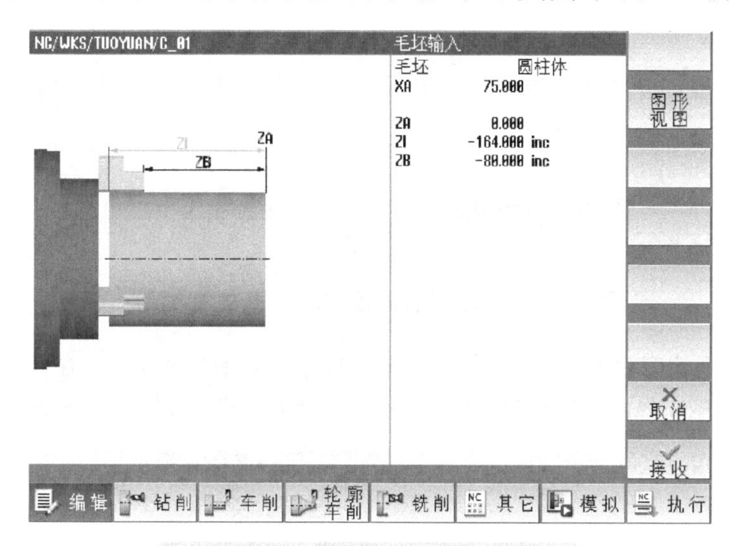

图 7-30　工件毛坯 WORKPIECE 建立

工件坐标系设定为 G54，柱塞轴毛坯设置为棒料（圆柱体），外直径为 ϕ75mm。

ZA 毛坯上表面位置 1（设毛坯余量）。ZI 毛坯高度：输入“−164.000”（inc 增量值）。ZB 伸出长度：输入“−80.000”（inc 增量值）。

3）从系统刀具表中选取 80° 外圆车刀，本例中该刀具的名称为“ROUGHING_T80A”，刀沿号在刀库定义刀具一般默认为 1 号刀沿，刀沿位置 3，程序编制时直接调取刀具名称即可。定义切削参数 S1000r/min。编程零点设置在工件右端面中心轴线处。

4）编制工件右端平端面程序。选用车削循环指令中直角台阶轴车削循环。选择屏幕下方〖车削〗软键进入车削循环界面，在界面右侧按车削 1 图标软键，在车削 1 界面的参数对话框内进行如下参数设置，如图 7-31 所示。

在车削 1 界面的参数对话框内进行如下参数设置：

① 参数安全距离 SC = 1mm；进给率 F = 0.2mm/r。

② 加工：选择▽（粗加工）。

③ 位置：选取 加工位置，端面加工为横向走刀，由大径处向中心方向车削。

④ 参数 X0、Z0 为循环加工起始点（一般大于毛坯）：X0 = 75mm；Z0 = 1mm。

⑤ 参数 X1、Z1 为循环加工终点尺寸：X1 = 0（abs 绝对值）；Z1 = 0（abs 绝对值）。

⑥ 参数输入最大（单边）切削深度（背吃刀量）D：D = 2mm。

⑦ 参数 UX、UZ 输入单边留量：UX = 0；UZ = 0.5mm。

核对所输入的参数无误后，按右侧下方的〖接收〗软键，在编辑界面的程序中出现N70 CYCLE951（）这一行程序段。

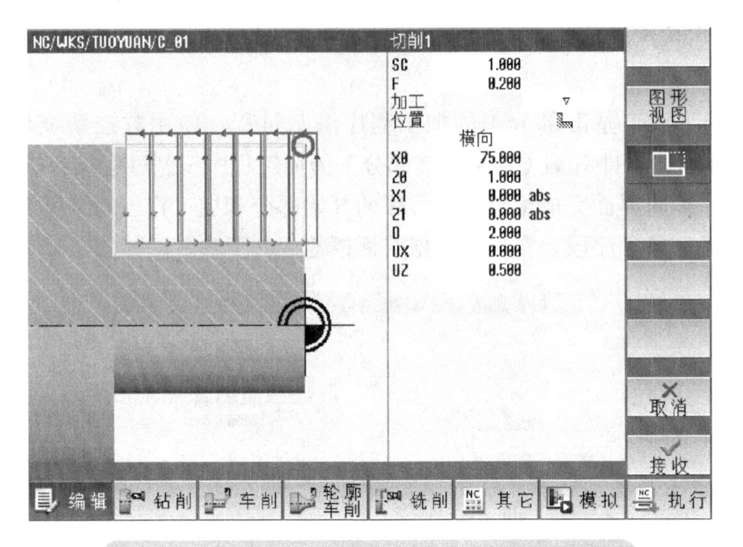

图 7-31 加工工件右端面（车削 1）的参数设置

5）编制车外圆轮廓程序。在车削循环界面中选用台阶轴车削循环。在界面右侧按“车削 1 图标”软键，在车削 1 界面的参数对话框内进行如下参数设置，如图 7-32 所示。

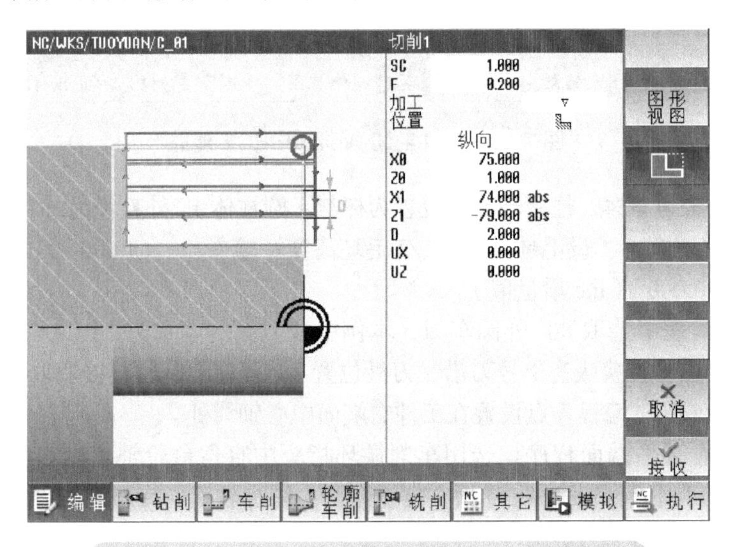

图 7-32 加工工件右侧外圆（车削 1）的参数设置

在车削 1 界面的参数对话框内进行如下参数设置：

① 参数安全距离 SC = 1mm；进给 F = 0.2mm/r。

② 加工：选择▽（粗加工）。

③ 位置：车外圆轮廓选取 ；外圆加工为纵向走刀。

④ 起点参数：X0 = 75mm；Z0 = 1mm。

⑤ 终点参数：X1 = 74mm（abs）；Z1 = −79mm（abs）。

⑥ 参数输入最大（单边）切削深度：D = 2mm。

⑦ 参数 UX、UZ 输入单边留量：UX = 0mm；UZ = 0mm。

核对所输入的参数无误后，按右侧下方的〖接收〗软键，在编辑界面的程序中出现 N80 CYCLE951（ ）这一行程序段。

（2）工序一（工件右侧加工基准部分）的加工程序　工序一车工件右侧平右端面、粗车外圆参考程序（C_01.MPF）清单如下：

```
程序代码                                                    注释
;C_01.MPF                                                   程序名：粗车程序 01
;2018-12-01 BEIJING_A                                       编程时间及编程人
N10 G18 G40 G54 G90 G95 G97                                 ；车削系统 G 代码初始化
N20 DAIAMON                                                 ；设定直径编程
N30 WORKPIECE(,,,"CYLINDER",0,0,-164,-80,75)                ；设立毛坯
N40 T="ROUGHING_T80A"                                       ；调用粗加工车刀
N50 M4S1000                                                 ；起动主轴，设定转速
N60 G0X75Z3                                                 ；快速接近工件
N70 CYCLE951(75,1,0,0,0,0,1,2,0,0.5,12,0,0,0,1,0.2,0,2,1110000)
                                                            ；右端平端面
N80 CYCLE951(75,1,74,-79,74,-79,1,2,0,0,11,0,0,0,1,0.2,0,2,1110000)
                                                            ；右端车外圆 φ74mm
N90 G0 X200 Z200                                            ；快速退刀至换刀点
N100 M5                                                     ；主轴停止
N110 M30                                                    ；程序结束
```

7.3.2 工序二加工程序（C_02.MPF）编程

粗加工零件图样的左侧，粗加工尺寸如图 7-33 所示。

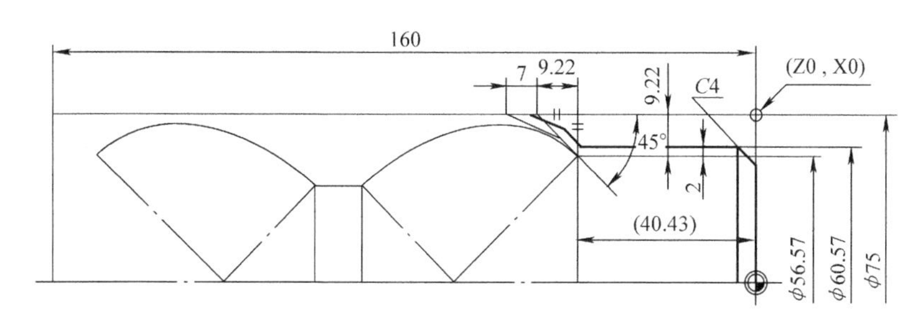

图 7-33　零件左侧粗加工编程尺寸图

（1）零件左侧的粗加工尺寸分析　零件左侧粗加工部分包含带倒角 C4mm 的圆柱 ϕ60.57mm 和椭圆部分圆弧留量外形。

使用台阶轴工艺循环指令编程的左端带倒角斜壁台阶轴的粗加工尺寸，除倒角长度参数（FS）外均可以从图 7-29 中的标注尺寸（间接）获得。尺寸分析：由毛坯尺寸与左端轴径尺寸可以得到单边余料尺寸为（75−56.57）mm /2 = 9.22mm。由图 7-33 中可以看到，由于椭圆轴线与 Z 轴成 45° 夹角，椭圆起点引出一条与轴线成 135° 的直线至毛坯外径处，依据 45° 直角三角形两直边相等的性质（直线上标记两条短横线的直线段相等）可以得到该点至毛坯端面的尺寸为

40.43mm+9.22mm = 49.65mm。可看到这是一个左壁倾斜 45° 的台阶轴形状。为了逼近椭圆形状，在此处设置一个第 3 倒角尺寸，该倒角尺寸大致可以推算出，较为准确的数值则需要试验得到（如通过模拟加工观察后修改），这里取 FS3 = 7mm。此外，还需要设置轴沿第 1 倒角尺寸，这里取 FS1 = 4mm。粗加工余量 2mm。

提示：以上尺寸数值计算可以使用数控系统中自带的计算器完成。当光标移到需要输入数值的参数框中时，直接按【=】键，屏幕即弹出计算器界面。完成数值和运算符输入后，按〖计算〗软键，或者按【INPUT】键。计算器会计算数值，结果显示在输入栏中，非常方便。

（2）零件左侧的粗加工编程过程

1）在加工程序编辑界面完成编写加工程序的开始部分和加工程序的结束部分。

2）编制准备零件毛坯的程序段。在毛坯输入参数表格对话框输入如下参数：工件坐标系 G54，柱塞轴毛坯设置为棒料（圆柱体），外直径 ϕ75mm。

ZA 毛坯上表面位置 1（毛坯余量），ZI 毛坯高度：输入 −164mm（inc）; ZB 伸出长度：输入 −80mm（inc）。

3）从系统刀具表中选取 80° 外圆车刀，本例中该刀具的名称为“ROUGHING_T80A ”，刀沿号在刀库定义，一般默认为 1 号刀沿，刀沿位置 3，程序编制时直接调取刀具名称即可。定义切削参数 S 为 900r/min。编程零点设置在柱塞轴工件左端面中心轴线处。

4）编制平端面程序。选用车削循环指令中的直角台阶轴车削循环。选择屏幕下方〖车削〗软键进入车削循环界面，在界面右侧按“车削 1 图标”软键，在车削 1 界面的参数对话框内进行如下参数设置，如图 7-34 所示。

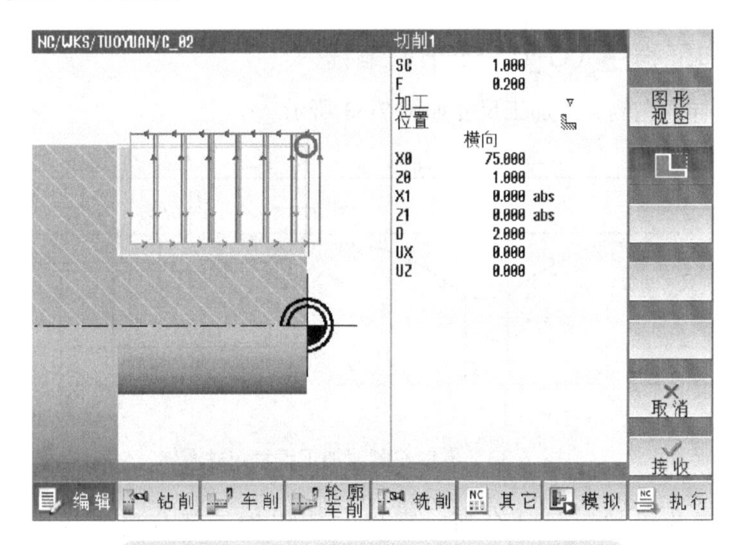

图 7-34 零件左侧平端面（车削 1）参数设置

零件左侧平端面（车削 1）参数设置如下：

① 参数安全距离 SC = 1mm；进给率 F = 0.2mm/r。

② 加工：选择▽（粗加工）。

③ 位置：选取 加工位置，端面加工为横向走刀，由大径处向中心方向车削。

④ 参数：X0、Z0 为循环加工起始点：X0 = 75mm；Z0 = 1mm。

⑤ 参数：X1、Z1 为循环加工终点尺寸。X1 = 0mm（abs）；Z1 = 0mm（abs）。

⑥ 参数 D 输入最大（单边）切削深度：D = 2mm。

⑦ 参数 UX、UZ 输入单边留量：UX = 0；UZ = 0mm。

核对所输入的参数无误后，按右侧下方的〖接收〗软键，在编辑界面的程序中出现 N70 CYCLE951（ ）这一行程序段。

5）编制车外圆轮廓程序。在车削循环界面中选用带角度台阶轴车削循环。在界面右侧按“车削 3 图标”软键，在车削 3 界面的参数对话框内进行如下参数设置，如图 7-35 所示。

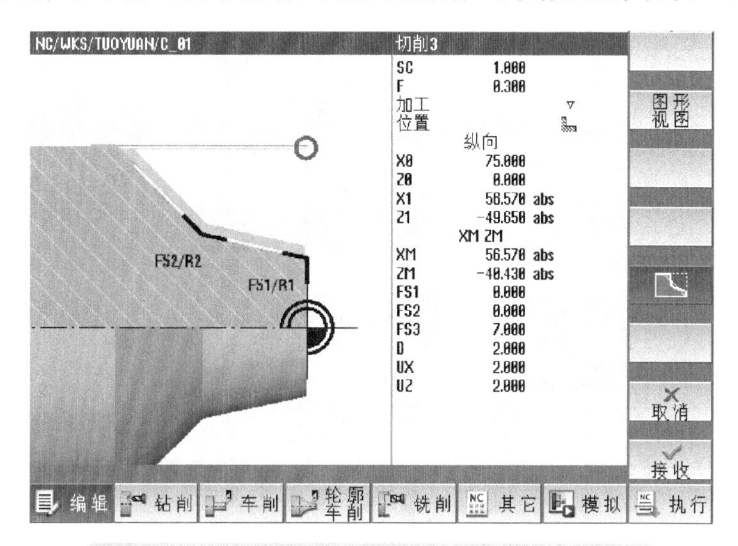

图 7-35 零件左侧粗车外圆形状（车削 3）参数设置

零件左侧粗车外圆形状（车削 3）参数设置如下：

① 参数安全距离 SC = 1mm；进给率 F = 0.3mm/r。

② 加工：选择▽（粗加工）。

③ 位置：车外圆轮廓选取▙；外圆加工为纵向走刀。

④ 起点参数：X0 = 75mm；Z0 = 0mm。

⑤ 终点参数：X1 = 56.57mm（abs）；Z1 = −49.65mm（abs）。

⑥ 中间点的参数选择，选择 XM、ZM 加工方式。XM = 56.57mm（abs）；ZM = −49.65mm（abs）。

⑦ 倒角宽度：FS3 = 7mm。

⑧ 参数 D 输入最大（单边）切削深度：D = 2mm。

⑨ 参数 UX、UZ 输入单边留量：UX = 2mm；UZ = 2mm。

核对所输入的参数无误后，按右侧下方的〖接收〗软键，在编辑界面的程序中出现 N80 CYCLE951（ ）这一行程序段。

6）编制半精车外圆轮廓程序。在车削循环界面中选用带倒角台阶轴车削循环。在界面右侧按“车削 2 图标”软键，在车削 2 界面的参数对话框内进行如下参数设置，如图 7-36 所示。

工件左侧半精车外圆（车削 2）参数设置如下：

① 参数安全距离 SC = 1mm；进给率 F = 0.2mm/r。

② 加工：选择▽（粗加工）。

③ 位置：车外圆轮廓选取 ；外圆加工为纵向走刀。

④ 起点参数：X0 = 61mm；Z0 = 0mm。

⑤ 终点参数：X1 = 56.57mm（abs）；Z1 = −30mm（abs）。

⑥ 倒角宽度：FS1 = 2mm。

⑦ 参数输入最大（单边）切削深度 D：D = 2mm。

⑧ 参数 UX、UZ 输入单边留量：UX = 0.2mm；UZ = 0.1mm。

核对所输入的参数无误后，按右侧下方的〖接收〗软键，在编辑界面的程序中出现 N90 CYCLE951（ ）这一行程序段。

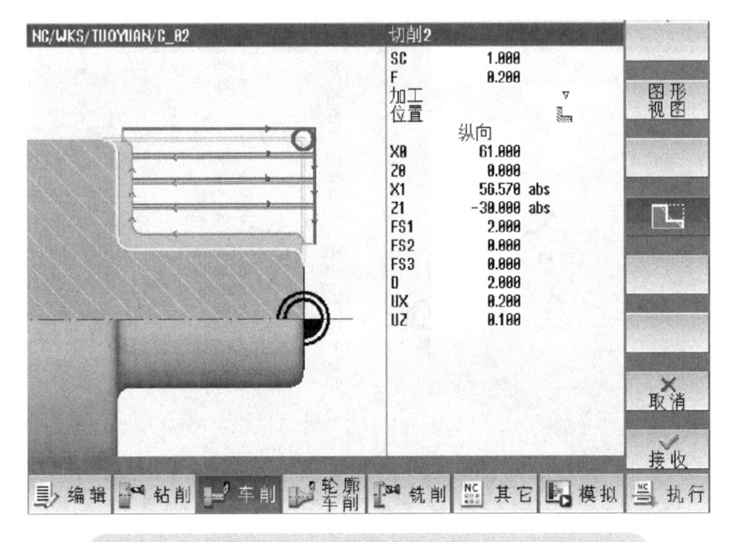

图 7-36　工件左侧半精车外圆（车削 2）参数设置

7）80° 外圆车刀退刀。从系统刀具表中选取 35° 外圆车刀，1 号刀沿，刀沿位置 3，本例中该刀具的名称为“FINISHING_T35A”，定义切削参数 S 为 1000r/min。编制精车外圆轮廓程序。在车削循环界面中选用带倒角台阶轴车削循环。在界面右侧按“车削 2 图标”软键，在车削 2 界面的参数对话框内进行如下参数设置，如图 7-37 所示。

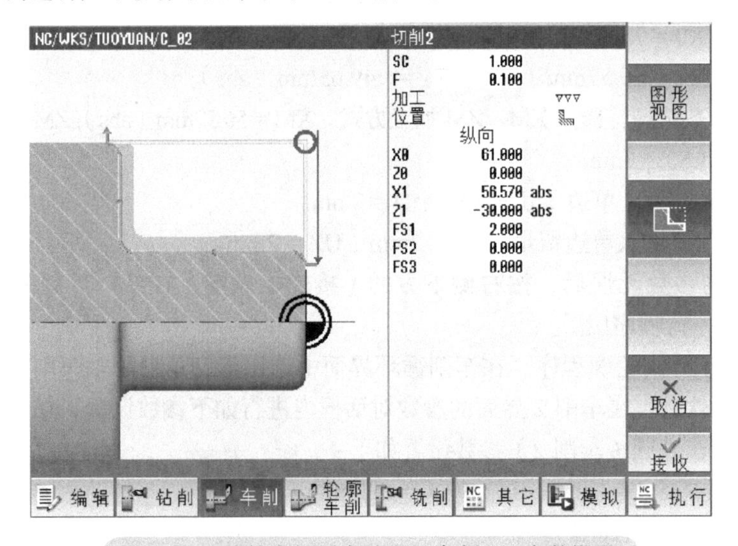

图 7-37　工件左侧精车外圆（车削 2）参数设置

工件左侧精车外圆（车削 2）参数设置

① 参数安全距离 SC = 1mm；进给率 F = 0.1mm/r

② 加工：选择▽▽▽（精加工）。

③ 位置：车外圆轮廓选取；外圆加工为纵向走刀。

④ 起点参数：X0 = 61mm；Z0 = 0mm

⑤ 终点参数：X1 = 56.57mm（abs）；Z1 = −30mm（abs）

⑥ 倒角宽度：FS1 = 2mm

核对所输入的参数无误后，按右侧下方的〖接收〗软键，在编辑界面的程序中出现 N110 CYCLE951（）这一行程序段。

（3）工序二参考加工程序（C_02.MPF）清单　工序二加工参考程序（C_02.MPF）清单如下：

```
程序代码                                               注释
;C_02.MPF                                             程序名：左侧粗加工程序 _02
;2018-12-01 BEIJING_A                                 编程时间及编程人
N10 G18 G40 G55 G90 G95 G97                           ；车削系统 G 代码初始化
N20 DAIAMON                                           ；设定直径编程
N30 WORKPIECE(,,,"CYLINDER",0,0,-164,-80,75)          ；创建毛坯
N40 T="ROUGHING_T80A"                                 ；调用 80° 外圆粗车刀具
N50 M4S900                                            ；主轴反转
N60 G0X75Z3                                           ；快速接近工件
N70 CYCLE951(75,1,0,0,0,0,1,2,0,0,12,0,0,0,1,0.2,0,2,1110000)
                                                      ；左侧平端面
N80 CYCLE951(75,0,56.57,-49.65,56.57,-40.43,1,2, 2,2,11,0,0,7,1,0.2,2,2,
1110000)                                              ；零件左侧粗车外圆形状
N90 CYCLE951(61,0,56.57,-40,56.57,-40,1,2,0.2,0.1,11,2,0,0,1,0.2,
1,2,1110000)                                          ；半精车外圆圆柱
N80 G0 X200 Z200                                      ；快速返回换刀点
N90 T="FINISHING_T35A"                                ；调用 35° 外圆车刀
N100 M4 S1000                                         ；主轴反转
N110 CYCLE951(61,0,56.57,-40,56.57,-40,1,2,0.2,0.1,21,2,0,0,1,0.1,1,2,
1110000)                                              ；精车外圆圆柱
N90 G0 X200 Z200 M5                                   ；快速退刀至换刀点，主轴停止
N100 M30                                              ；程序结束
```

（4）工序二参考加工程序（C_02.MPF）仿真　工序二参考加工程序（C_02.MPF）加工仿真效果如图 7-38 所示。

加工仿真可以在每个循环指令编制完成后进行，也可以在本工序的全部加工程序编制完成后进行。

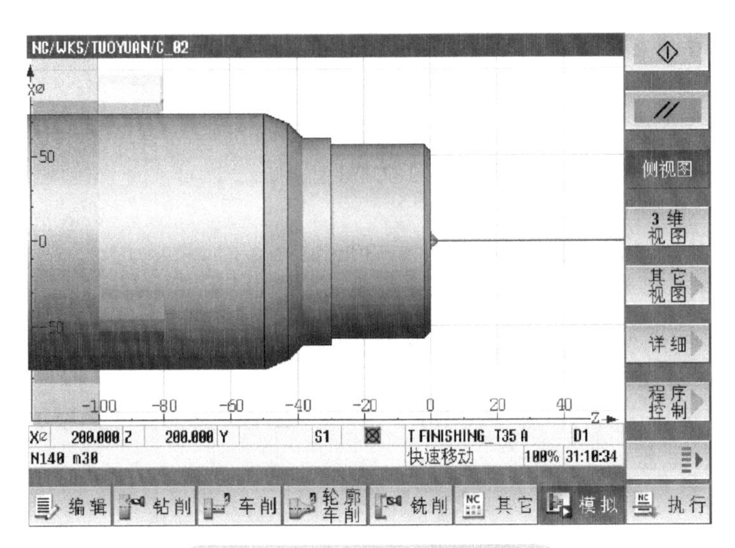

图 7-38　工序二的加工仿真效果

7.3.3　工序三加工程序（C_03.MPF）编程

调头加工图样右侧，粗加工尺寸如图 7-39 所示。该图由右端的带倒角斜壁台阶轴和中间的带倒角斜壁凹槽两个部分组成。

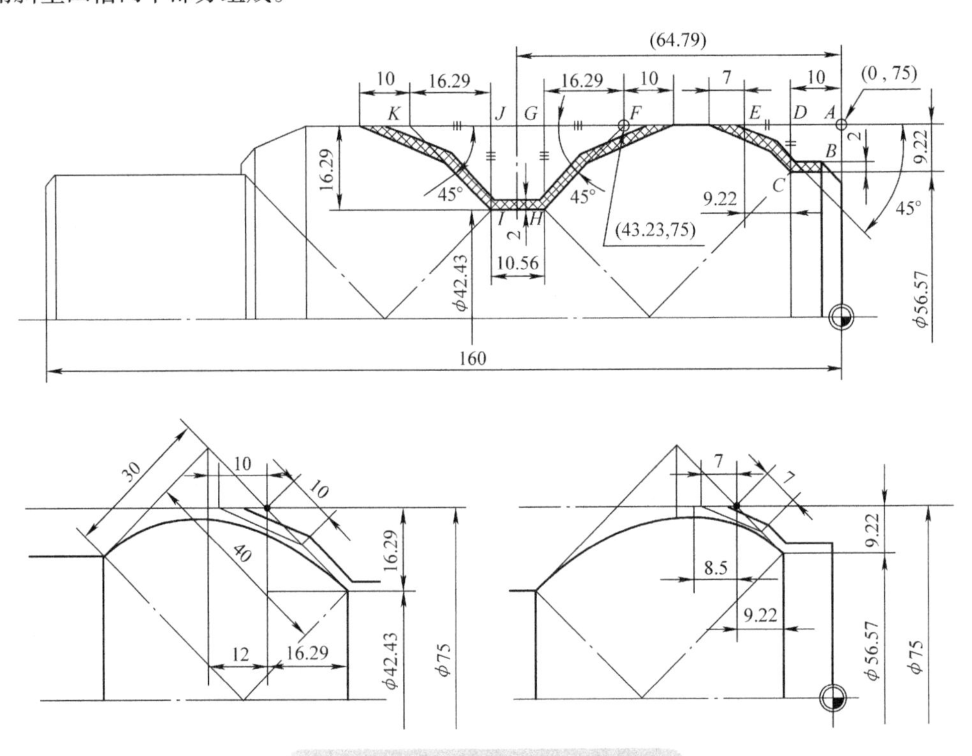

图 7-39　零件右侧粗加工编程尺寸

（1）零件右侧的粗加工尺寸分析　零件右侧的粗加工尺寸，除倒角长度参数（FS）外均可以从图 7-29 中的标注尺寸（间接）获得。

1）图样右侧带倒角斜壁台阶轴尺寸分析。带有倒角的圆柱体 ϕ56.57mm，轴颈长度 10mm。由毛坯尺寸与右端轴径尺寸可以得到单边切削尺寸为（75−56.57）mm/2 = 9.22mm。在图 7-39 中可以看到，椭圆起点引出一条与轴线成 135° 的直线至毛坯外径处，依据 45° 直角三角形两直边相等的性质（直线上标记两条短横线的直线段相等）可以得到 E 点至毛坯端面的尺寸为 10mm+9.22mm = 19.22mm。可以看到这是一个左壁倾斜 45° 的台阶轴形状。为了逼近椭圆形状，在此处设置一个倒角（FS3），在图 7-39 中可以看到此值不应大于 8.5mm。这里取上面的实验值 FS3 = 7mm。此外，还需要设置轴沿倒角 FS1 = 4mm。粗加工余量 2mm。

2）图样中部对称开口凹槽尺寸分析。开口凹槽可以看成由两个对称的带倒角斜壁台阶轴图形组成，故可只需要分析其中一个带倒角斜壁台阶轴尺寸即可。根据图 7-29 可以计算出：中部凹槽深度尺寸为（75−42.43）mm/2 = 16.29mm；以 ϕ42.43mm 圆柱形成的半个台阶轴的圆柱长度为 10.57mm/2 = 5.29mm；对称台阶轴的中位面至左端面的长度为 5.29mm+21.21mm+28.28mm+10mm = 64.78mm。由于右侧的椭圆轴线与 Z 轴成 45° 夹角，椭圆起点引出一条与轴线成 45° 的直线至毛坯外径处，依据 45° 直角三角形两直边相等的性质（直线上标记三条短横线的直线段相等）可以得到 $FG = GH$ = 16.29mm，且 F 点至毛坯端面的尺寸为 64.78mm−5.29mm−16.29mm = 43.23mm。可看到这是一个右壁倾斜 45° 的斜壁台阶轴形状，为了逼近椭圆形状，在 F 点设置一个第 1 倒角尺寸 FS1，该倒角尺寸大致可以推算出，在图 7-39 下图中可以看到此值不应大于 12mm。较为准确的数值则需要试验得到（如通过模拟加工观察后修改），这里取 FS1 = 10mm。

（2）零件右侧的粗加工编程过程

1）在加工程序编辑界面完成编写加工程序的开始部分和加工程序的结束部分。

2）建立毛坯（过程同工序一、二）。

工件坐标系 G55，毛坯设置为棒料（圆柱体）。外直径为 ϕ75mm。

ZA 毛坯上表面位置 1mm（设毛坯余量）。ZI 毛坯高度：输入 −164mm（inc）。ZB 伸出长度：输入 −124mm（inc）。

3）从系统刀具表中选取 80° 外圆车刀，1 号刀沿，刀沿位置 3，本例中该刀具的名称为 “ROUGHING_T80A”，定义切削参数 S 为 1000r/min。编程零点设置在工件右端面中心轴线处。

4）编制右侧平端面加工程序（过程同工序一、二），保证尺寸 160mm。

5）80° 外圆车刀退刀。从系统刀具表中选取 35° 外圆车刀，1 号刀沿，刀沿位置 3，本例中该刀具的名称为 “FINISHING_T35A”，定义切削参数 S 为 1000r/min。编程零点设置在工件右端面中心轴线处。在端面上钻 A3 中心孔，然后采用一夹一顶的装夹方式，以提高工件加工中的刚性。

6）编制车外圆轮廓程序。在车削循环界面中选用带角度台阶轴车削循环。在界面右侧按 “车削 3 图标” 软键，在车削 3 界面的参数对话框内进行如下参数设置，如图 7-40 所示。

工件右侧端面至第一个椭圆右侧间形状的粗加工参数设置如下：

① 参数安全距离 SC = 1mm；进给率 F = 0.3mm/r。

② 加工：选择▽（粗加工）。

③ 位置：车外圆轮廓选取加工位置；外圆加工为纵向走刀。

④ 起点参数：X0 = 75mm；Z0 = 0mm。

⑤ 终点参数：X1 = 56.57mm（abs）；Z1 = −19.22mm（abs）。

⑥ 中间点的参数选择，选择 XM、ZM 加工方式。XM = 56.57mm（abs）；ZM = −10mm（abs）。

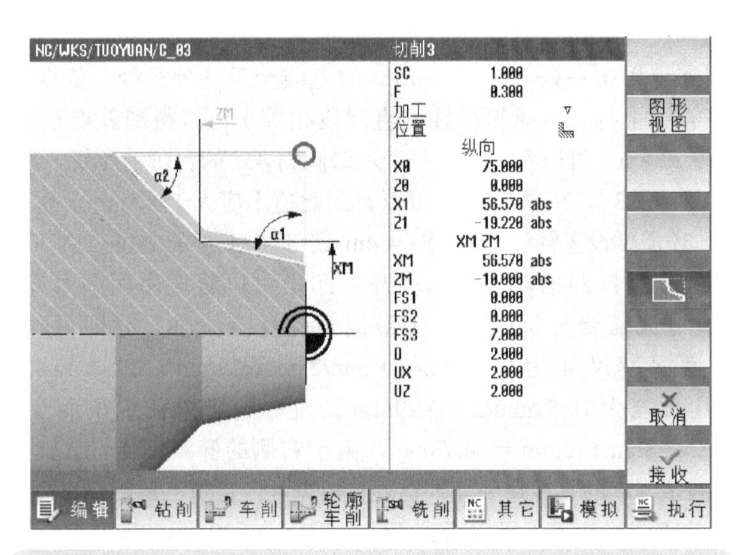

图 7-40　工件右侧端面至第一个椭圆右侧间形状的粗加工参数设置

⑦ 倒角宽度 FS3 = 7mm。

⑧ 参数 D 输入最大（单边）切削深度：D = 2mm。

⑨ 参数 UX、UZ 输入单边留量：UX = 2mm；UZ = 2mm。

核对所输入的参数无误后，按右侧下方的〖接收〗软键，在编辑界面的程序中出现 N110 CYCLE951（ ）这一行程序段。

7）35° 外圆车刀退刀。从系统刀具表中选取 3mm 切槽刀，1 号刀沿，刀沿位置 3。本例中该刀具的名称为“PLUNGE_CUTTER_3”，定义切削参数 S 为 800r/min。编程零点设置在工件右端面中心轴线处。

8）编制车削双椭圆间的凹槽形状粗加工程序。在车削循环界面中选用直壁凹槽车削循环。在界面右侧按车削凹槽 2 图标软键，在凹槽 2 界面的参数对话框内进行如下参数设置，如图 7-41 所示。

双椭圆间的凹槽形状粗加工参数设置如下：

① 参数安全距离 SC = 1mm；参数进给率 F = 0.2mm/r。

② 加工：选择▽（粗加工）。

③ 位置：选取加工位置外径方向，凹槽左侧上部起始点。

④ 参数循环起始点 X0 = 75mm；Z0（abs）= −86.36mm。

⑤ 参数凹槽底部宽度 B1 = 10.56mm（取底部宽度公差尺寸中间值）。

⑥ 参数凹槽深度直径 T1 = 42.43mm（abs）；

⑦ 参数侧面角度 α1 = 45°；α2 = 45°；倒角宽度 FS1 = 10mm；FS4 = 10mm。

⑧ 参数单边切深 D = 3mm；

⑨ 参数 UX、UZ 输入单边留量：UX = 2mm；UZ = 2mm。

⑩ 参数凹槽个数 N = 1。

核对所输入的参数无误后，按右侧下方的〖接收〗软键，在编辑界面的程序中出现 N150 CYCLE951（ ）这一行程序段。

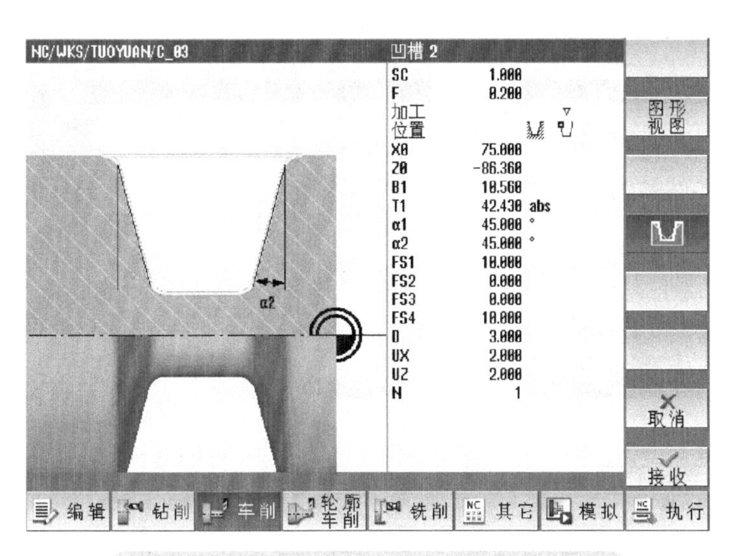

图 7-41　双椭圆间的凹槽形状粗加工参数设置

（3）工序三参考加工程序（C_03.MPF）清单　工序三工件右侧粗加工参考程序（C_03.MPF）清单如下。

```
程序代码                                              注释
;C_03.MPF                                             程序名：右侧粗加工程序 C_03
;2018-12-01 BEIJING_A                                 编程时间及编程人
N10 G18 G40 G55 G90 G95 G97                           ；车削系统 G 代码初始化
N20 DAIAMON                                           ；设定直径编程
N30 WORKPIECE(,,,"CYLINDER",0,0,-164,-124,75)         ；创建毛坯
N40 T="ROUGHING_T80A"                                 ；调用 80° 外圆粗车刀
N50 M4S1000                                           ；主轴反转
N60 G0X75Z2                                           ；快速接近工件
N70 CYCLE951(75,1,0,0,0,0,1,2,0,0,12,0,0,0,1,0.1,0,2,1110000)
                                                      ；平右侧端面
N80 G0X200Z200                                        ；快速退刀至换刀点
N90 T="FINISHING_T35A"                                ；调用 35° 外圆车刀
N100 M4S1000                                          ；主轴反转
N110 CYCLE951(75,0,56.57,-19.22,56.57,-10,1,2,2,2,11,0,0,7,1,0.3,2,2,
1110000)                                              ；粗车右侧
N120 G0X200Z200                                       ；快速退刀至换刀点
N130 T="PLUNGE_CUTTER_3A"                             ；调用 3mm 切槽刀
N140 M4S800                                           ；主轴反转
N150 CYCLE930(75,-86.36,10.56,43.13,42.43,,0,45,45,10,0,0,10,0.2,5,1,
10110,,1,30,0.2,1,2,2,2,1111100)                      ；粗车双椭圆弧中间带倒角的凹槽
N160 G0X200Z200M5                                     ；快速退刀至换刀点，主轴停止
N170 M30                                              ；程序结束
```

（4）工序三参考加工程序（C_03.MPF）仿真　工序三参考加工程序（C_03.MPF）加工仿真效果如图 7-42 所示。

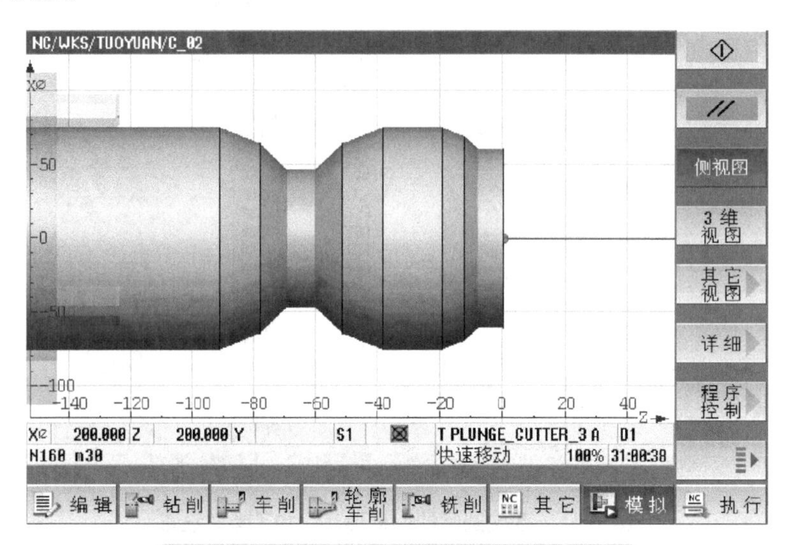

图 7-42　工序三：工件右侧粗加工仿真效果

加工仿真可以在每个循环指令编制完成后进行，也可以在本工序的全部加工程序编制完成后进行。

7.3.4　斜置双椭圆弧外形精加工编程

椭圆的外形加工编程多采用坐标值变量和角度变量两种基本方法。

选择椭圆半长轴坐标值为切削节点计算自变量。以椭圆长轴为自变量（*R*3）的椭圆圆弧部分编程的 R 参数设置如图 7-43 所示。*P*1 表示右侧椭圆弧（*AB*）中的任意切削节点，*R*3 取值范围为 0 ~ 40mm，*R*5 和 *R*6 为以椭圆圆弧中心为计算基点的（在编程坐标系下）*P*1 切削节点的 *X*、*Z* 轴方向坐标值。右侧椭圆弧的长轴逆时针旋转了 45°，角度值取正值。*P*2 表示左侧椭圆弧（CD）中的任意切削节点，*R*3 取值范围为 −40 ~ 0mm，*R*7 和 *R*8 为以椭圆圆弧中心为计算基点的（在编程坐标系下）*P*1 切削节点的 *X* 轴、*Z* 轴方向坐标值。左侧椭圆弧的长轴顺时针旋转了 45°，角度值取负值。*R*4 为计算中间变量，用来表达节点坐标计算公式中共用内容，以减少程序编辑中计算公式的输入工作量。双椭圆圆弧精加工编程坐标系设定在工件右端面轴线中心处。

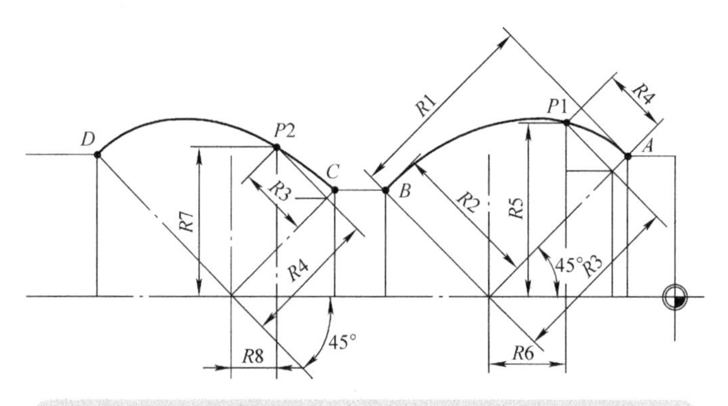

图 7-43　以椭圆长轴坐标值为自变量的编程参数设置示意

双椭圆弧精加工编程参考程序清单如下：

```
程序代码                                  注释
;TYJ_01.MPF                               程序名：双椭圆弧精加工程序 TYJ_01
;2018-12-01 BEIJING_A                     程序编程时间及编程人
N10 G18 G54 G95                           ；系统状态设置
N20 DIAMON                                ；设置直径编程方式
N50 T="FINISHING_T35A"                    ；调用 35° 的精加工车刀
N40 M4 S1000                              ；主轴反转
N50 G0 X100 Z200                          ；快速至换刀点位置
N60 X56.57 Z2                             ；快速接近工件
N70 R1=40                                 ；椭圆半长轴赋值
N80 R2=30                                 ；椭圆半短轴赋值
N90 R3=40                                 ；自变量赋初值（右椭圆弧使用）
N100 G1 Z1 F0.2                           ；较快速度靠近右端面
N110 Z-10 F0.1                            ；切削轴颈 φ56.57mm 至右椭圆弧起点
N120 AA：                                 ；右椭圆弧切削循环标志
N130 R4=R2/R1*SQRT(R1*R1-R3*R3)           ；计算中间变量
N140 R5=R4*COS(45)+R3*SIN(45)             ；计算右椭圆弧切削节点的 X 值
N150 R6=R3*COS(45)-R4*SIN(45)             ；计算右椭圆弧切削节点的 Z 值
N160 G1 X=2*R5 Z=-10-R1*COS(45)+R6        ；切削右椭圆弧（椭圆弧上微直线段插补）
N170 R3=R3-0.5                            ；自变量计算，椭圆半长轴每次缩短 0.5mm
N180 IF R3>=0 GOTOB AA                    ；右椭圆半长轴未缩短至“0”前继续切削
N190 G1Z-70.05                            ；切削中间轴颈至左椭圆弧起点
N200 R3=0                                 ；自变量重新赋初值（左椭圆弧使用）
N210 BB：                                 ；左椭圆弧切削标志
N220 R4=R2/R1*SQRT(R1*R1-R3*R3)           ；计算中间变量
N230 R7=R3*COS(-45)+R4*SIN(-45)           ；计算左椭圆弧切削节点的 X 值
N240 R8=R4*COS(-45)-R3*SIN(-45)           ；计算左椭圆弧切削节点的 Z 值
N250 G1 X=2*R7 Z=-70.5-R2*COS(-45)+R8     ；切削左椭圆弧（椭圆弧上微直线段插补）
N260 R3=R3-0.5                            ；自变量计算，椭圆半长轴每次缩短 0.5mm
N270 IF R3>=-40 GOTOB BB                  ；左椭圆半长轴至“-40”mm 前继续切削
N280 G1Z-131                              ；切削到 Z-131，加工完成
N290 X75                                  ；工进速度退刀
N300 G0 X200 Z200 M05                     ；快速退至换刀点位置，主轴停转
N310 M30                                  ；程序结束
```

椭圆圆弧外形精加工编程还可以选择以正置标准椭圆来编写参数方程的节点插补程序，再配合坐标系旋转、坐标系平移指令完成，这样也许会更加简便。

双椭圆弧外形精加工程序仿真如图 7-44 所示。

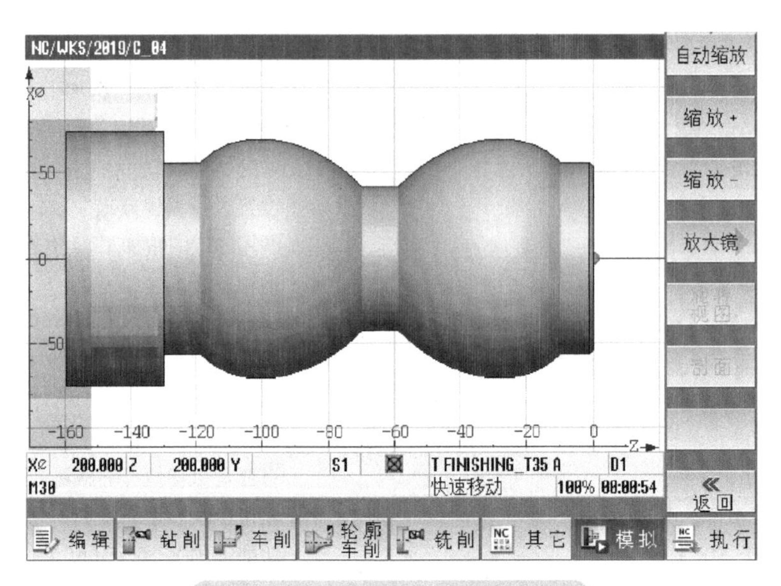

图7-44　双椭圆弧外形精加工仿真

7.4　柱塞轴零件车削编程实例

编制柱塞轴零件（见图7-45）的加工程序。已经准备好的毛坯为 ϕ55mm×102mm，材料为45钢调质。

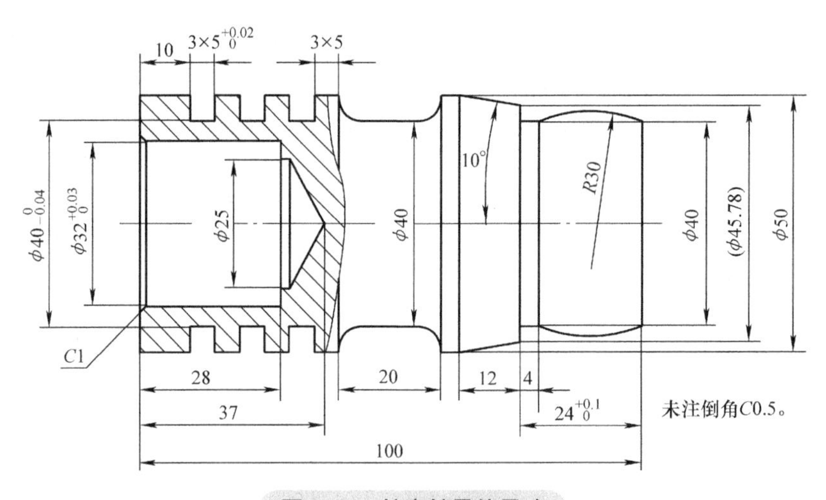

图7-45　柱塞轴零件尺寸

（1）零件加工工艺安排　柱塞轴零件加工工艺安排见表7-3。

（2）刀具选择　柱塞轴零件加工刀具选择见表7-4。

表 7-3　柱塞轴零件加工工艺安排

工序	定位装夹	加工工步	刀具选择	切削参数
工序一 加工左侧凹槽及内孔	1）毛坯长 102mm，直径 ϕ55mm。两端各留 1mm 余量，夹工件右端伸出长度 72mm 2）调取外圆车刀平左端面 1mm，后依次对好切槽刀、麻花钻、内孔车刀轴向长度补偿以及径向补偿 零点设在工件轴线上，零件左端面（图样方向）	1）平端面去量 1mm 2）车外圆至 ϕ50mm	80° 外圆车刀，刀尖 R0.8mm	a_p = 2mm S = 1200r/min f = 0.2mm/r
		3）切 5mm 凹槽及底部圆弧槽轴向余量 0.1mm，直径方向余量 0.3mm	3mm 切槽刀	a_p = 2mm S = 1200r/min f = 0.2mm/r
		4）精车凹槽至图样要求	3mm 切槽刀	a_p = 0.2mm S = 1200r/min f = 0.2mm/r
		5）钻底孔	ϕ25mm 钻头	a_p = 2mm S = 800r/min f = 0.2mm/r
		6）粗车 ϕ32mm 内孔轴向余量 0.1mm，直径方向余量 0.2mm	55° 内孔车刀	a_p = 2mm S = 1300r/min f = 0.2mm/r
		7）精车内孔至图样要求	55° 内孔车刀	a_p = 0.2mm S = 1300r/min f = 0.1mm/r
工序二 加工右侧外形	调头加工，夹持 ϕ50mm 外圆，装夹长度 40mm 零点设在工件轴线上，零件右端面	1）平端面去量 1mm	80° 外圆车刀，刀尖 R0.8mm	a_p = 1mm S = 1200r/min f = 0.2mm/r
		2）粗车外形，R30mm 圆弧，ϕ40mm 外圆，锥面，ϕ50mm 外圆，轴向留量 0.1mm，直径方向留量 0.3mm	35° 外圆车刀，刀尖 R0.4mm	a_p = 2mm S = 1200r/min f = 0.2mm/r
		3）精车右端外形到位	35° 外圆车刀，刀尖 R0.4mm	a_p = 0.2mm S = 1200r/min f = 0.1mm/r

表 7-4　柱塞轴零件加工刀具选择

序号	刀具名称	刀体型号	所配刀片型号及材质	备注
1	80° 外圆车刀	DCLNR2525M12-M	CNMG120408-MF5，TP2501	ROUGHING_T80A
2	3mm 切槽刀	CFMR2525M03	LCMF160304-0300-FT，CP500	PLUNGE_CUTTER_3
3	ϕ25mm 钻头	SD523-25-60-25R7	SPGX0602-C1，T400D	DRILL_25
4	55° 内孔车刀	A55Q-SCLCR09	CCMT09T304-F1，TP3501	FINISHING_T55I
5	35° 外圆车刀	SVLBR2525M16	VBMT160404-F1，TP1020	FINISHING_T35A

7.4.1　工序一加工程序（A_01.MPF）编程

数控系统 SINUMERIK 828D OPERATER 操作界面，加工程序编制过程参考如下：

1）在加工程序编辑界面完成编写加工程序的开始部分和加工程序的结束部分。

2）编制准备柱塞轴毛坯的程序段。在参数表格对话框输入如下参数：

工件坐标系 G54，柱塞轴毛坯设置为棒料（圆柱体）。

外直径 X0 = 55mm。ZA 毛坯上表面位置 1（设毛坯余量）。ZI 毛坯高度：输入 -100mm（inc）。ZB 伸出长度：输入 -80mm（inc）。

3）从系统刀具表中选取 80° 外圆车刀，本例中该刀具的名称为“ROUGHING_T80A”，刀沿号在刀库定义，一般默认为 1 号刀沿，刀沿位置 3，程序编制时直接调取刀具名称即可。定义切削参数 S1200r/min。编程原点设置在柱塞轴工件左端面中心轴线处。

4）编制平端面程序。选用车削循环指令中直角台阶轴车削循环。选择屏幕下方软键〖车削〗进入车削循环界面，在界面右侧按“车削 1 图标”软键，在车削 1 界面的参数对话框内进行如下参数设置，如图 7-46 所示。

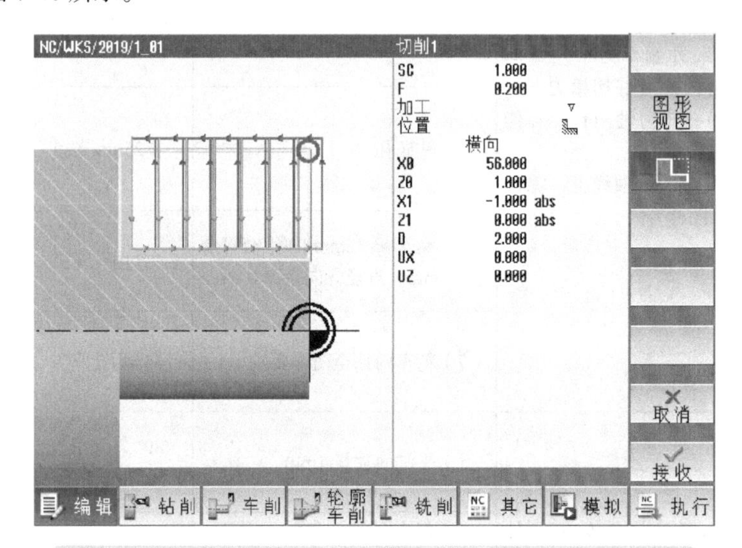

图 7-46　柱塞轴零件工序一：左侧平端面循环指令参数设置

左侧平端面循环指令参数设置如下：

① 参数安全距离 SC = 1mm，进给率 F = 0.2mm/r。

② 加工：选择▽（粗加工）。

③ 位置：选取 加工位置，端面加工为横向走刀，由大径处向中心方向车削。

④ 参数 X0、Z0 为循环加工起始点，一般大于毛坯。X0 = 56mm；Z0 = 1mm。

⑤ 参数 X1、Z1 为循环加工终点尺寸。X1 = -1mm（abs 绝对值）；Z1 = 0mm（abs 绝对值）。

⑥ 参数 D 输入最大（单边）切削深度（背吃刀量）。D = 2mm。

⑦ 参数 UX、UZ 输入单边留量。UX = 0mm；UZ = 0mm。

核对所输入的参数无误后，按右侧下方的〖接收〗软键，在编辑界面的程序中出现 N70 CYCLE951（）这一行程序段。

5）编制车外圆轮廓程序。在车削循环界面中选用带倒角台阶轴车削循环。在界面右侧按车削 2 图标软键，在车削 2 界面的参数对话框内进行如下参数设置，如图 7-47 所示。

左侧带倒角台阶轴车削循环指令（车削 2）参数设置如下：

① 参数安全距离 SC = 1mm；进给率 F = 0.2mm/r。

② 加工：选择▽（粗加工）。

③ 位置：车外圆轮廓选取 加工位置，外圆加工为纵向走刀。

④ 起点参数 X0 = 55mm；Z0 = 0mm。

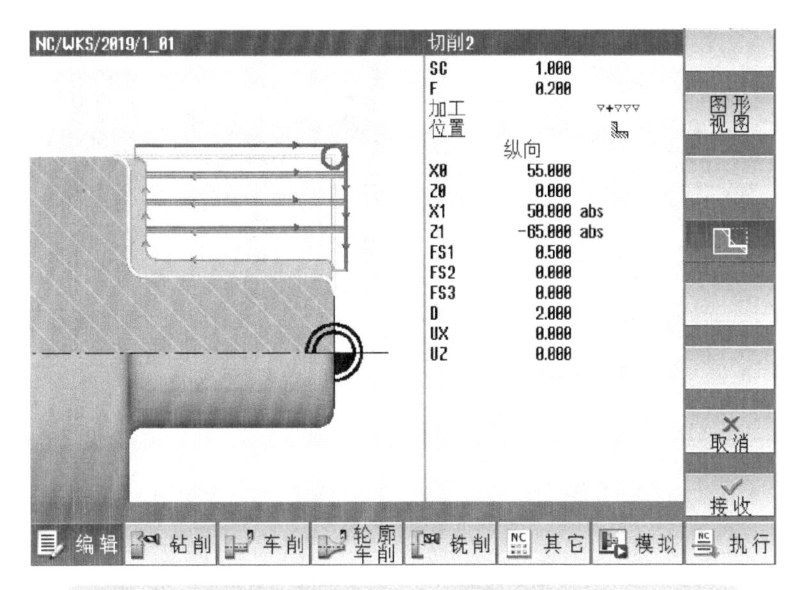

图 7-47　柱塞轴零件工序一：车左侧台阶轴循环指令参数设置

⑤ 终点参数 X1 = 50mm（abs）; Z1 = −65mm（abs）。

⑥ 参数 D 输入最大（单边）切削深度（背吃刀量）D = 2mm。

⑦ 参数 UX、UZ 输入单边留量。UX = 0mm；UZ = 0mm。

⑧ 参数倒角宽度 FS1 = 0.5mm。

核对所输入的参数无误后，按右侧下方的〖接收〗软键，在编辑界面的程序中出现 N80 CYCLE951（）这一行程序段。

6）80° 外圆车刀退刀。从系统刀具表中选取 3mm 切槽刀，1 号刀沿，刀沿位置 3。本例中该刀具的名称为“PLUNGE_CUTTER_3”，定义切削参数 S 为 1200r/min。编程零点设置在工件左端面中心轴线处。

7）编制车削零件左侧的三个直壁凹槽程序。在车削循环界面中选用直壁凹槽车削循环。在界面按“凹槽 1 图标”软键，在凹槽 1 界面的参数对话框内进行如下参数设置，如图 7-48 所示。

直壁凹槽车削循环指令（凹槽 1）参数设置如下：

① 参数安全距离 SC = 1mm；进给率 F = 0.1mm/r。

② 加工：选择▽ + ▽▽▽（粗、精加工合并）。

③ 位置：选取加工位置外径方向，凹槽右侧上部起始点。

④ 参数循环起始点 X0 = 50mm；Z0 = −10mm（abs）。

⑤ 参数凹槽底部宽度 B1 = 5.01mm（取底部宽度公差尺寸中间值）。

⑥ 参数凹槽深度直径 T1 = 39.98mm（abs），取尺寸中间值。

⑦ 参数单边切深 D = 2mm。

⑧ 参数 UX、UZ 输入单边留量：UX = 0.2mm；UZ = 0.1mm。

⑨ 参数凹槽间距离 DP = −10mm；

⑩ 参数凹槽个数 N = 3。

核对所输入的参数无误后，按右侧下方的〖接收〗软键，在编辑界面的程序中出现 N130 CYCLE930（）这一行程序段。

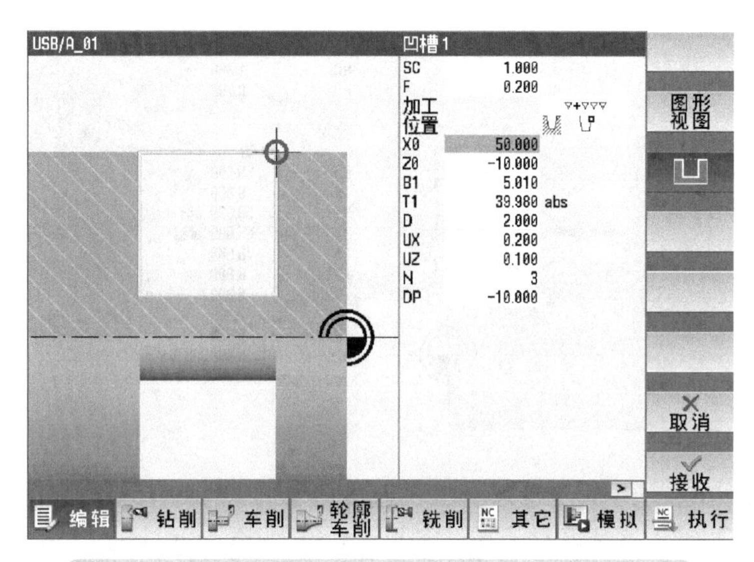

图 7-48　柱塞轴零件工序一：直壁凹槽车削循环参数设置

8）编制车削中间底部圆弧凹槽程序。在车削循环界面中选用带倒角斜壁凹槽车削循环。在界面右侧按“凹槽 2 图标”软键，在凹槽 2 界面的参数对话框内进行如下参数设置，如图 7-49 所示。

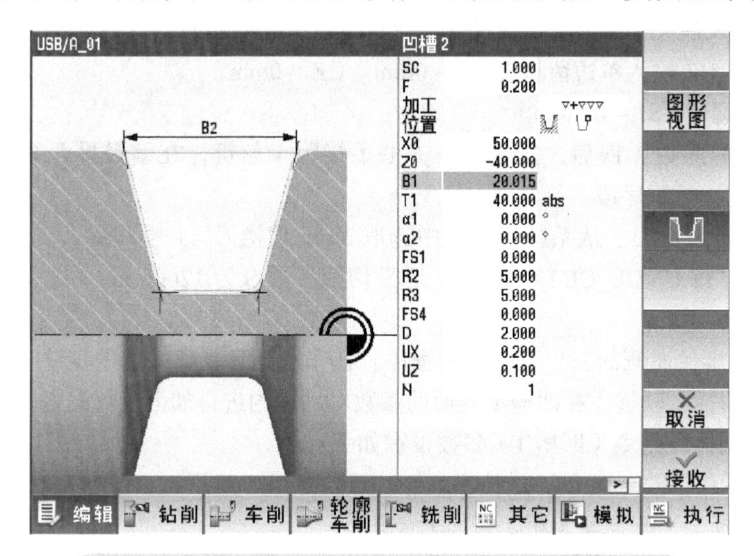

图 7-49　柱塞轴零件工序一：斜壁槽车削循环参数设置

斜壁凹槽车削循环指令（凹槽 2）参数设置如下：

① 参数安全距离 SC = 1mm；参数进给率 F = 0.2mm/r。

② 加工：选择▽ + ▽▽▽（粗、精加工合并）。

③ 位置：选取加工位置外径方向，凹槽右侧上部起始点。

④ 参数循环起始点 X0 = 50mm；Z0（abs）= −40mm。

⑤ 参数凹槽底部宽度 B1 = 20.015mm（取底部宽度尺寸中间值）。

⑥ 参数凹槽深度直径 T1 = 39.95mm（abs）（取槽底尺寸中间值）。

⑦ 参数单边切深 D = 2mm。

⑧ 参数 UX、UZ 输入单边留量：UX = 0.2mm；UZ = 0.1mm。

⑨ 参数倒圆半径 R2 = 5mm；R3 = 5mm。

⑩ 参数凹槽个数 N = 1。

核对所输入的参数无误后，按右侧下方的〖接收〗软键，在编辑界面的程序中出现 N140 CYCLE930（ ）这一行程序段。

9）3mm 切槽刀退刀。从系统刀具表中选取 ϕ25mm 麻花钻。本例中该刀具的名称为“DRILL_25”，定义切削参数 S 为 800r/min；F = 0.2mm/r。编程零点设置在工件左端面中心轴线处。编写孔加工位置坐标。

10）编制钻中心孔程序。在钻削循环指令中选用“钻中心孔”加工循环，在界面右侧按〖钻中心孔〗软键，在钻中心孔界面的参数对话框内进行如下参数设置，如图 7-50 所示。

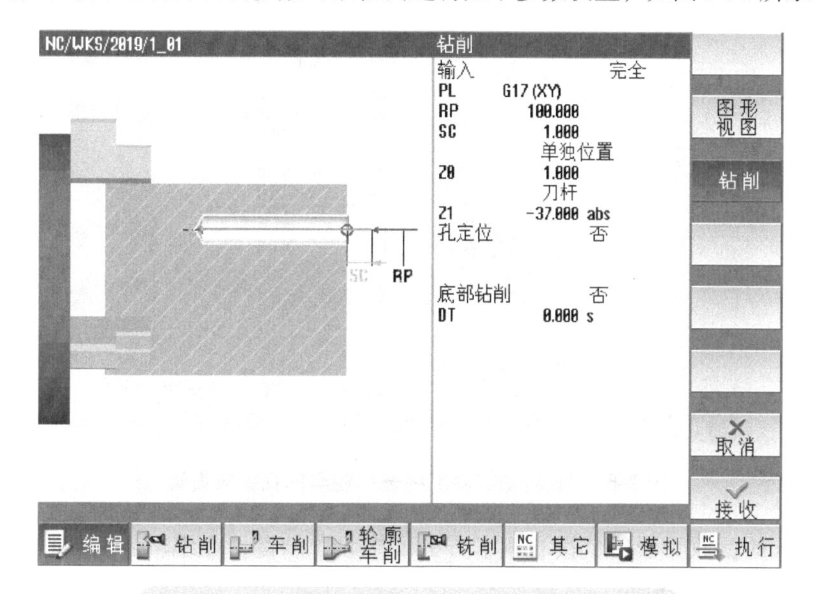

图 7-50　柱塞轴零件工序一：钻孔循环参数设置

钻中心孔循环参数设置如下：

① 选择 G17 切削平面。

② 参数返回平面 RP = 100mm，安全距离 SC = 1mm。

③ 选择单独位置。

④ 参数钻孔初始平面 Z0 = 1mm；钻削深度（刀尖方式）Z1 = −37mm（abs）。

⑤ 最终深处的停留时间 DT = 0（S）。

核对所输入的参数无误后，按右侧下方的〖接收〗软键，在编辑界面的程序中出现 N190 CYCLE82（ ）这一行程序段。

11）ϕ25mm 麻花钻退刀。从系统刀具表中选取内孔车刀（粗车与精车合用）。本例中该刀具的名称为“FINISHING_T55I”，1 号刀沿，刀沿位置 2，定义切削参数 S 为 1300r/min。编程零点设置在工件左端面中心轴线处。

12）编制车削内孔粗程序。在车削循环指令中选用带倒角台阶轴车削循环。在界面右侧按“车削 2 图标”软键，在车削 2 界面的参数对话框内进行如下参数设置，如图 7-51 所示。

柱塞轴零件粗车内孔（车削 2）参数设置如下：

① 参数安全距离 SC = 1mm；参数进给率 F = 0.2mm/r。

② 加工：选择▽（粗加工）。

③ 位置：选择加工位置，内孔加工为纵向走刀。

④ 参数 X0 = 25mm；Z0 = 0mm。

⑤ 参数 X1 = 32.015mm（abs）取内孔尺寸中间值；Z1 = −28mm（abs）。

⑥ 参数最大（单边）切削深度：D = 2mm。

⑦ 参数 UX、UZ 输入单边留量：UX = 0.2mm；UZ = 0.1mm。

⑧ 参数倒角宽度 FS1 = 1mm。

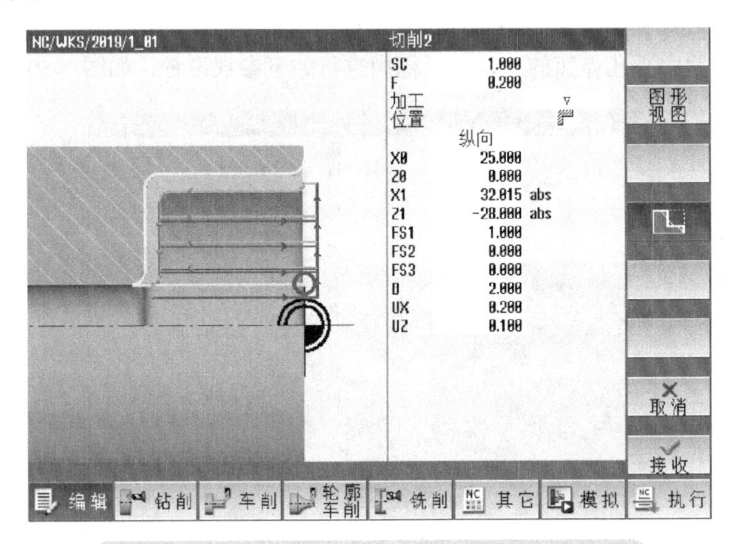

图 7-51　柱塞轴零件工序一：粗车内孔参数设置

核对所输入的参数无误后，按右侧下方的〖接收〗软键，在编辑界面的程序中出现 N250 CYCLE951（）这一行程序段。

13）编制车削内孔精车程序。在车削循环指令中选用带倒角台阶轴车削循环。在屏幕右侧按“车削 2 图标”软键，在车削 2 界面的参数对话框内进行如下参数设置，如图 7-52 所示。

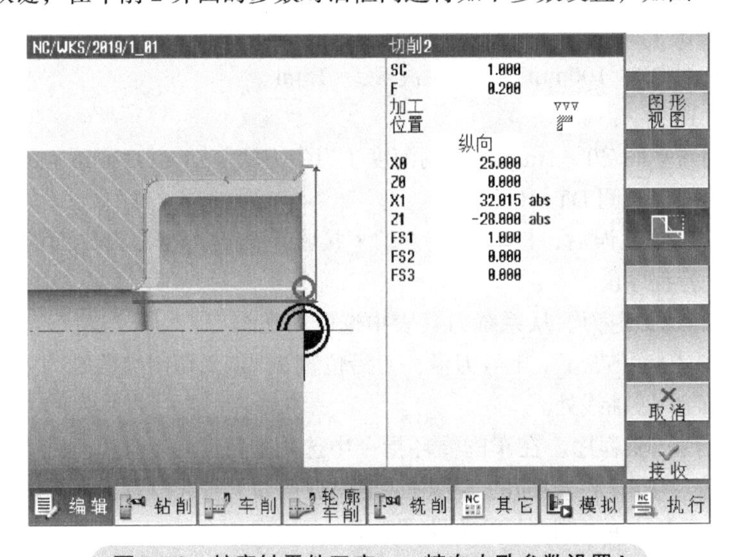

图 7-52　柱塞轴零件工序一：精车内孔参数设置

柱塞轴零件精车内孔（车削 2）参数设置如下：

① 参数安全距离 SC = 1mm；精加工进给率 F = 0.1mm/r。

② 加工：选择▽▽▽（精加工）。

③ 位置：选择加工位置；内孔加工为纵向走刀。

④ 参数 X0 = 25mm；Z0 = 0mm。

⑤ 参数 X1 = 32.015mm（abs）取内孔尺寸中间值；Z1 = −28mm（abs）。

⑥ 参数倒角宽度 FS1 = 1mm。

核对所输入的参数无误后，按右侧下方的〖接收〗软键，在编辑界面的程序中出现 N260 CYCLE951（）这一行程序段。

14）工序一加工参考程序（A_01.MPF）清单如下：

```
程序代码                                                 注释
;A_01.MPF                                                程序名：工序一加工程序 _01
;2018-12-01 BEIJING_A                                    编程时间及编程人
N10 G18 G40 G54 G90 G95 G97                              ；工艺状态设定
N20 DAIAMON                                              ；直径编程
N30 WORKPIECE(,,,"CYLINDER",0, 1,-100,-80,55)           ；设置工件毛坯圆柱体
N40 T="ROUGHING_T80A"                                    ；调用 80° 外圆车刀
N50 G0X56Z2                                              ；快速移动距工件毛坯外沿 2mm 处
N60 M4S1200                                              ；主轴反转
N70 CYCLE951(56,1,-1,0,-1,0,1,2,0,0,12,0,0,0,1,0.1,0,2,1110000)
                                                         ；平轴左侧端面
N80 CYCLE951(55,0,50,-65,50,-65,1,2,0,0,11,0.5,0,0,1,0.2,1,2,1110000)
                                                         ；粗车外圆
N90 G0X200Z200                                           ；快速退回至换刀点
N100 T="PLUNGE_CUTTER_3 A"                               ；调用 3mm 切槽刀
N110 G0X55Z2                                             ；快速移动至距工件毛坯外沿 2mm 处
N120 M4S1200                                             ；主轴反转
N130 CYCLE930(50,-10,5.01,5.01,39.98,,0,0,0,2,2,2,2,0.2,2,1,10530,,3,-10,0.2,0,
0.2,0.1,2,1111100)                                       ；车削左侧三个直槽
N140 CYCLE930(50,-40,20.015, 20.015, 40,,0,0,0,0,5,5,0,0.2,2,1,10530,,1,
30,0.2,1,0.2,0.1,2,1001100)                              ；车削底部圆弧槽
N150 G0X200Z200                                          ；快速至换刀点
N160 T="DRILL25"                                         ；调用钻头刀具
N170 G0X0Z2                                              ；快速移动距工件的端面轴心 2mm 处
N180 M4S800                                              ；主轴反转
N190 CYCLE82(100,1,1,-37,,0,10,1,12)                     ；调用钻孔循环
N200 G0Z300                                              ；快速轴向退出
N210 X200                                                ；快速横向退出
N220 T="FINISHING_T55I"                                  ；调用内孔车刀
N230 G0X25Z2                                             ；快速移动至内孔径沿外 2mm 处
N240 M4S1300                                             ；主轴反转
```

```
N250 CYCLE951(25,0,32.015,-28,32.015,-28,3,2,0.2,0.1,11,1,0,0,1,0.2,1,2,
1110000)                                        ；调用车削循环，粗车内孔
N260 CYCLE951(25, 0, 32.015, -28, 32.015,-28,3,2,0.2,0.1,21,1,0,0,1,0.1,1,2,
1110000)                                        ；调用车削循环，精车内孔
N270 G0X200Z200M5                               ；快速返回换刀点
N280 M30                                        ；程序结束
```

工序一参考加工程序（A_01.MPF）仿真　工序一参考加工程序（A_01.MPF）加工仿真效果如图 7-53 所示。

加工仿真可以在每个循环指令编制完成后进行，也可以在本工序的全部加工程序编制完成后进行。

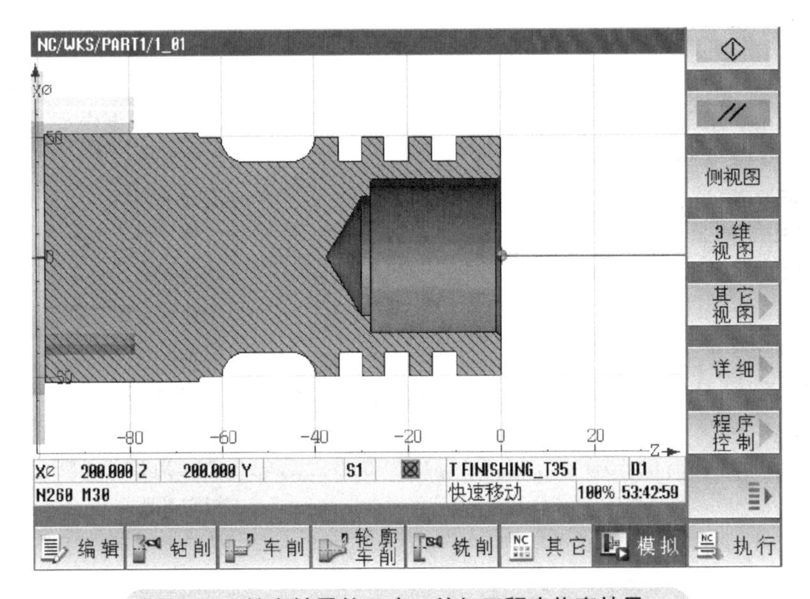

图 7-53　柱塞轴零件工序一的加工程序仿真效果

7.4.2　工序二加工程序（A_02.MPF）编程

1）在加工程序编辑界面完成编写加工程序的开始部分和加工程序的结束部分。

2）建立柱塞轴毛坯（过程同工序一）。工件坐标系 G55，毛坯设置为棒料（圆柱体）。外直径 X0 = 55mm。

ZA 毛坯上表面位置 1mm（设毛坯余量）；ZI 毛坯高度：输入 −100mm（inc 增量值）；ZB 伸出长度：输入 −80mm（inc 增量值）。

3）从系统刀具表中选取 80° 外圆车刀，1 号刀沿，刀沿位置 3，本例中该刀具的名称为“ROUGHING_T80A”，定义切削参数 S 为 1200r/min。编程原点设置在工件右端面中心轴线处。

4）编制柱塞轴右侧平端面加工程序（过程同工序一）。

5）从系统刀具表中选取 35° 外圆车刀，1 号刀沿，刀沿位置 3，本例中该刀具的名称为“FINISHING_T35A”，定义切削参数 S 为 1200r/min。编程零点设置在工件右端面中心轴线处。

6）编制工件右侧外形轮廓有直线段、锥面、圆弧加工调用轮廓指令。

按屏幕下方轮廓车削软键［轮廓车削］进入轮廓车削循环界面，在界面右侧按轮廓软键［轮廓］，会弹

出带有软键新建轮廓、轮廓调用界面。按轮廓调用进入“轮廓调用”表格，选取子程序模式。在 PRG 栏写入调入子程序名称，确定后进入程序界面。

核对所输入的参数无误后，按右侧下方的〖接收〗软键，在编辑界面的程序中出现 N120 CYCLE62（）这一行程序段。

提示：外圆循环调用子程序之前，首先创建轮廓子程序。

7）编制柱塞轴右侧外形轮廓（圆柱、圆锥、圆弧部分）加工循环程序。在轮廓车削界面中按右侧轮廓软键〖轮廓〗，会弹出有〖切削〗、〖槽式车削〗和〖往复车削〗等切削方式的界面，选择〖切削〗方式如图 7-54 所示。

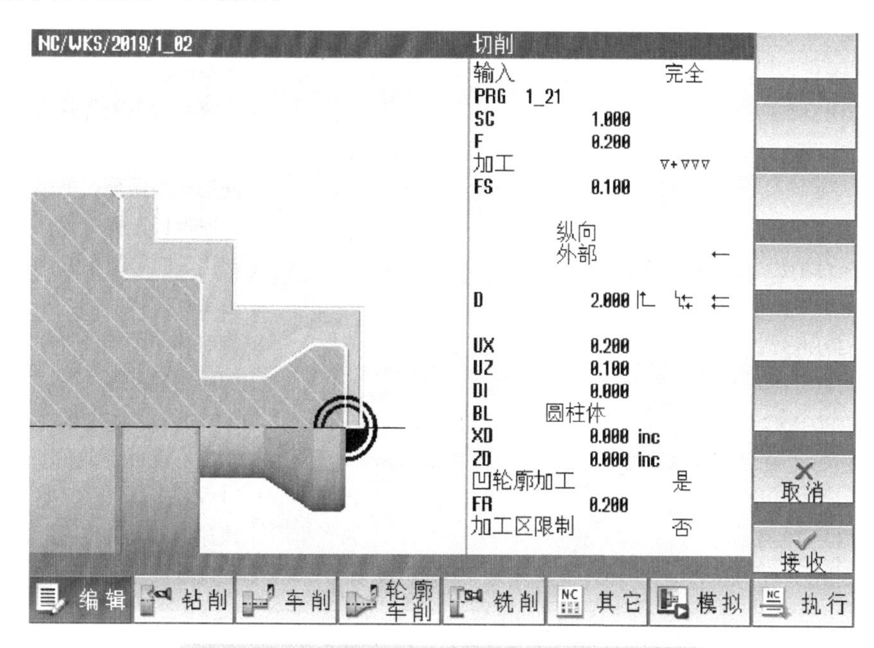

图 7-54　柱塞轴右侧外形轮廓切削循环参数设置

柱塞轴右侧外形轮廓切削循环参数设置如下：

① 输入方式：选择“完全”。

② 填写调入子程序名称 PRG：“1_21”。

③ 参数安全距离 SC = 1mm；切削进给率 F = 0.2mm/r；精加工进给率 FS = 0.1mm/r。

④ 加工：选择▽ + ▽▽▽（粗、精加工合并方式）。

⑤ 位置：选择纵向，外部，⟵方向走刀路线。

⑥ D = 2mm；选择：⫍　⫎　⇇。

⑦ UX = 0.2mm；UZ = 0.1mm；BL = 圆柱体；XD = 0mm；ZD = 0mm。

⑧ 凹轮廓加工：选择“是”。切入凹轮廓时的进给率 FR = 0.20.1mm/r；加工区域限制：选择“否”。

核对所输入的参数无误后，按右侧下方的〖接收〗软键，在编辑界面的程序中出现 N130 CYCLE952（）这一行程序段。

8）编制柱塞轴右侧外形轮廓（圆柱、圆锥、圆弧部分）子程序（1_021.SPF）。

在完成编制工序二（柱塞轴右侧）加工主程序后，还需要单独编制柱塞轴右侧外形轮廓（圆柱、圆锥、圆弧部分）子程序，该外形轮廓子程序可按照精车轮廓程序编制。可放置在与主程序相同的文件路径下。

9）工序二参考加工程序（A_02.MPF）清单。工序二加工参考程序（A_02.MPF）清单如下：

程序代码	注释
;A_02.MPF	程序名：工序二加工程序 A_02
;2018-12-01 BEIJING_A	编程时间及编程人
N10 G18 G40 G54 G90 G95 G97	; 工艺状态设定
N20 DAIAMON	; 直径编程
N30 WORKPIECE(,,,"CYLINDER",0,1,-100,-80,55)	; 设置工件毛坯圆柱体
N40 T="ROUGHING_T80A"	; 调用 80° 外圆车刀
N50 M4S1200	; 主轴反转
N60 G0X55Z3	; 快速移动距工件外沿 3mm 处
N70 CYCLE951(52,1,-1,0,-1,0,1,1,0,0,12,0,0,0,1,0.1,0, 2,1110000)	; 调用车削循环，平端面
N80 G0X200Z200	; 快速返回至换刀点
N90 T="FINISHING_T35A"	; 调用 35° 外圆车刀
N100 M4S1200	; 主轴反转
N110 G0X55Z2	; 快速移动距工件外沿 2mm 处
N120 CYCLE62("1_21",0,,)	; 调用轮廓程序
N130 CYCLE952("1_21",,"",1101331,0.2,0.2,0, 2,0.1,0.1,0.2,0.1,0.1,0,1,0,0,,,,,2,2,,,0,1,,0,12,1100110,1,0,0.1)	; 车削右侧外形轮廓，调用子程序 “1_21”
N140 G0X200Z200	; 快速返回换刀点
N150 M30	; 程序结束

工序二加工参考外形轮廓子程序（1_21.SPF）清单如下：

程序代码	注释
;1_21.SPF	程序名：工序二子程序 1_21
;2018-12-01 BEIJING_A	编程时间及编程人
N10 G0X40	; 快速移动到右端圆弧起点直径
N20 Z3	; 快速移动距右端圆弧起点 3mm 处
N30 G1Z0	; 工进速度切削至右端圆弧起点
N40 G3X40Z-20CR = 30	; 圆弧插补 R30mm 圆弧
N50 G1Z-24.05	; 直线插补，取轴向尺寸中间值编程
N60 X45.78	; 直线插补至圆锥小端直径处
N70 X50Z-36	; 直线插补至圆锥大端直径处
N80 Z-41	; 直线插补至底部圆弧凹槽槽沿处
N90 X55	; 退刀至工件轮廓尺寸外
N100 M17	; 子程序结束，返回调用处

10）工序二参考加工程序（A_02.MPF）仿真。工序二参考加工程序（A_02.MPF）加工仿真效果如图 7-55 所示。

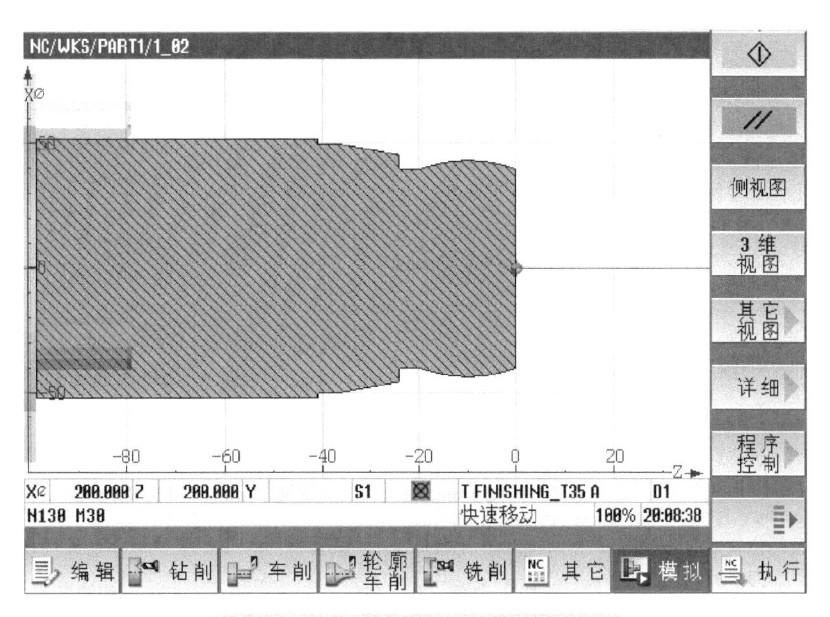

图 7-55　工序二的加工程序仿真效果

7.5　旋合球柱锥轴零件车削编程实例

旋合球柱锥轴零件尺寸如图 7-56 所示。已经准备好的毛坯为 ϕ59mm × 103mm，材料为 45 钢调质。

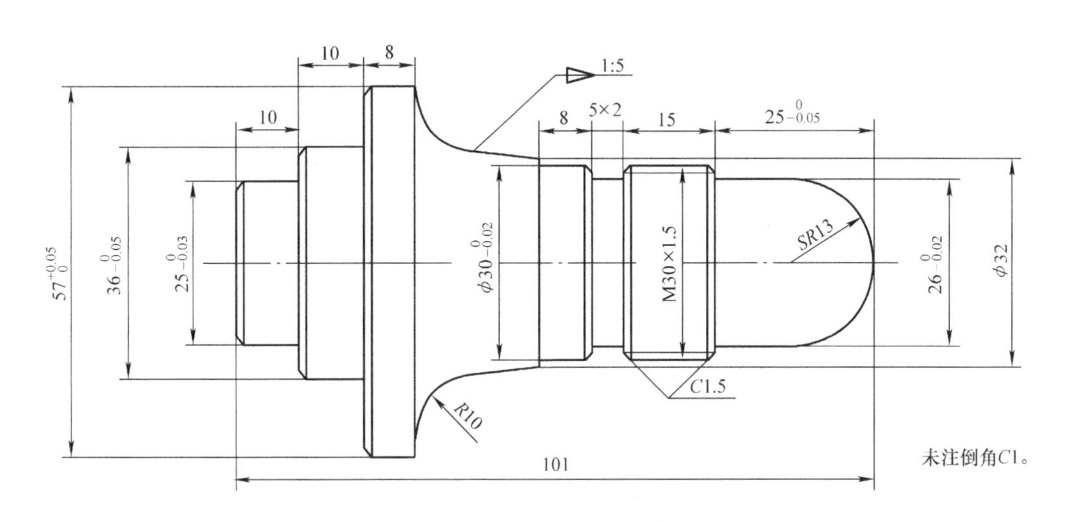

图 7-56　旋合球柱锥轴加工尺寸

（1）零件加工工艺安排　旋合球柱锥轴零件加工工艺安排见表 7-5。

（2）刀具选择　旋合球柱锥轴零件加工中刀具选择见表 7-6。

表 7-5　旋合球柱锥轴零件加工工艺安排

	定位装夹	加工工步	刀具选择	切削参数
工序一 加工台阶轴侧	夹毛坯长度 60mm。 零点设在左端台阶轴中心点，零件左端面	1）平端面去除量 1mm	80° 外圆车刀，刀尖 R0.8mm	a_p = 1mm S = 1200r/min f = 0.12mm/r
		2）粗车 ϕ57mm，ϕ36mm，ϕ25mm，台阶轴，C1 倒角，轴向留量 0.1mm，直径方向留量 0.2mm	80° 外圆车刀，刀尖 R0.8mm	a_p = 2mm S = 1200r/min f = 0.3mm/r
		3）精车左端外形到位	35° 外圆车刀，刀尖 R0.4mm	a_p = 0.3mm S = 1600r/min f = 0.1mm/r
工序二 加工圆弧轴侧	调头加工 1）夹持 ϕ36mm 外圆 2）调取外圆车刀平右端面后依次对好切槽刀、螺纹车刀、35° 外圆精车刀轴向长度补偿以及径向补偿 3）零点设在 SR13mm 顶点，零件右端面	1）平端面去量 1mm	80° 外圆车刀，刀尖 R0.8mm	a_p = 2mm S = 1200r/min f = 0.12mm/r
		2）粗车外形，圆弧 R13，ϕ26mm，M30 螺纹大径 ϕ29.8mm，小锥度，R10mm 过渡圆弧，ϕ57mm 轴肩，轴向留量 0.1mm，直径方向留量 0.3mm	35° 外圆车刀，刀尖 R0.4mm	a_p = 2mm S = 1400r/min f = 0.3mm/r
		3）切 5×2 槽，加工到位	3mm 切槽刀	a_p = 2mm S = 1200r/min f = 0.2mm/r
		4）精车右端外形到位	35° 外圆车刀，刀尖 R0.4mm	a_p = 0.2mm S = 1400r/min f = 0.1mm/r
		5）车 M30×1.5 外螺纹	60° 螺纹车刀	a_p = 0.2mm S = 1200r/min f = 1.5mm/r

表 7-6　旋合球柱锥轴零件加工中刀具选择

序号	刀具名称	刀体型号	所配刀片型号及材质	备注
1	80° 外圆车刀	DCLNR2525M12-M	CNMG120408-MF5，TP2501	ROUGHING_T80A
2	35° 外圆车刀	SVLBR2525M16	VBMT160404-F1，TP1020	FINISHING_T35A
3	螺纹车刀	CER2525M16HD	16ERA60，CP500	THREADING_1.5
4	3mm 切槽刀	CFMR2525M03	LCMF160304-0300-FT，CP500	PLUNGE_CUTTER_3

7.5.1　工序一加工程序（B_01.MPF）编程

在加工程序编辑界面完成编写加工程序的开始部分和加工程序的结束部分。零件轮廓的加工程序将编写在加工起始部分和结束部分之间。定义的加工轮廓程序块一般放在程序结束部分之后。

（1）工序一：旋合球柱锥轴零件台阶轴侧粗加工、精加工编程过程

1）在加工程序编辑界面完成编写加工程序的开始部分和加工程序的结束部分。

2）编制准备毛坯的程序段。在参数表格对话框输入如下参数：

工件坐标系 G54，毛坯设置为棒料（圆柱体）。

外直径 X0 = 60mm；ZA 毛坯上表面位置 1mm（设毛坯余量）；ZI 毛坯高度：输入 −100mm（inc）；

ZB 伸出长度：输入 80mm（inc）。

3）从系统刀具表中选取 80° 外圆车刀，本例中该刀具的名称为“ROUGHING_T80A”，刀沿号在刀库定义，一般默认为 1 号刀沿，刀沿位置 3，程序编制时直接调取刀具名称即可。定义切削参数 S1200r/min。编程零点设置在旋合球柱锥轴工件左端面中心轴线处。

4）编制平端面程序。选用车削循环指令中直角台阶轴车削循环。选择屏幕下方〖车削〗软键进入车削循环界面，在界面右侧按“车削 1 图标”软键，在车削 1 界面的参数对话框内进行如下参数设置，如图 7-57 所示。

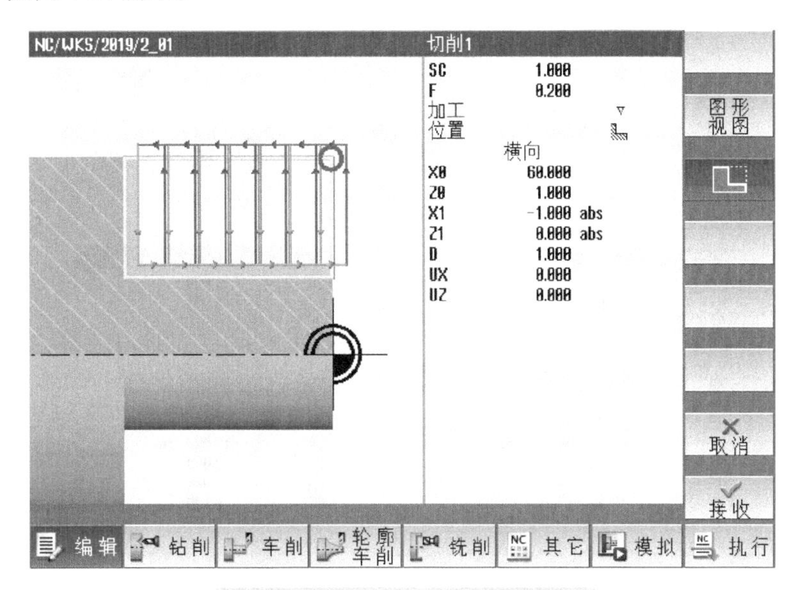

图 7-57　平端面切削循环参数设置

旋合球柱锥轴零件台阶轴侧平端面切削循环参数设置如下：

① 参数安全距离 SC = 1mm；进给率 F = 0.2mm/r。

② 加工：选择▽（粗加工）。

③ 位置：选取加工位置，端面加工为横向走刀，由大径处向中心方向车削。

④ 参数 X0、Z0 为循环加工起始点：X0 = 60mm；Z0 = 1mm。

⑤ 参数 X1、Z1 为循环加工终点尺寸。X1 = −1mm（abs）; Z1 = 0mm（abs）。

⑥ 参数 D 输入最大（单边）切削深度（背吃刀量）D = 1mm。

⑦ 参数 UX、UZ 输入单边留量：UX = 0；UZ = 0mm。

核对所输入的参数无误后，按右侧下方的〖接收〗软键，在编辑界面的程序中出现 N70 CYCLE951（ ）这一行程序段。

5）编制车外圆轮廓程序。在车削循环界面中选用带倒角台阶轴车削循环。在界面右侧按“车削 2 图标”软键，在车削 2 界面的参数对话框内进行如下参数设置，如图 7-58 所示。

旋合球柱锥轴零件台阶轴侧粗车削外圆 ϕ57mm 切削循环参数设置如下：

① 参数安全距离 SC = 1mm；进给率 F = 0.3mm/r。

② 加工：选择▽（粗加工）。

③ 位置：选取加工位置，选择纵向走刀方式。

④ 参数 X0、Z0 为循环加工起始点：X0 = 60mm；Z0 = 0mm。

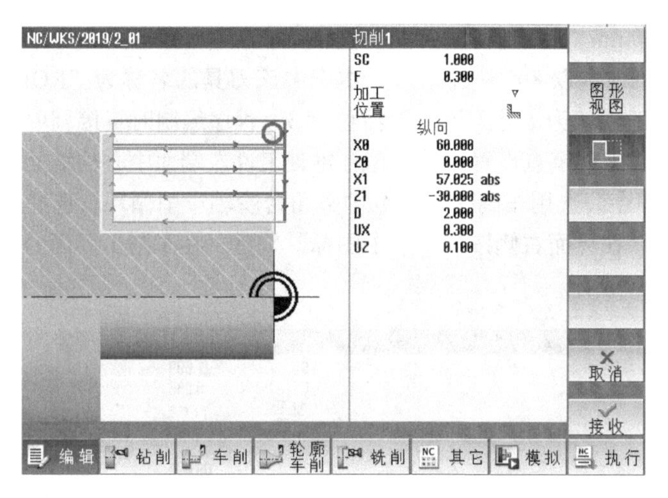

a) ϕ57mm外圆粗加工

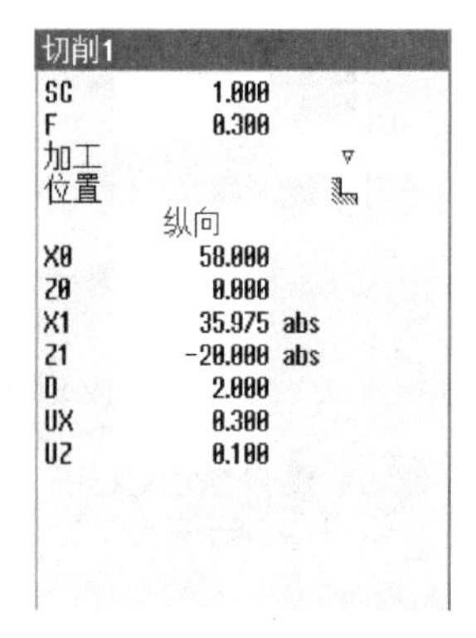

b) ϕ36mm外圆粗加工

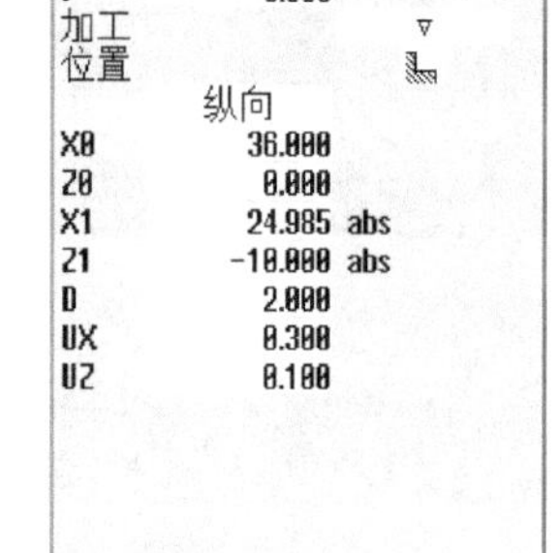

c) ϕ25mm外圆粗加工

图 7-58　工件台阶轴侧外圆轮廓粗车削循环参数设置

⑤ 参数 X1、Z1 为循环加工终点尺寸：X1 = 57.025mm（abs）取尺寸中间值；Z1 = −30mm（abs）。

⑥ 参数 D 输入最大（单边）切削深度：D = 2mm。

⑦ 参数 UX、UZ 输入单边留量：UX = 0.3mm；UZ = 0.1mm。

核对所输入的参数无误后，按右侧下方的〖接收〗软键，在编辑界面的程序中出现 N80 CYCLE951（）这一行程序段。

旋合球柱锥轴零件台阶轴侧粗车削外圆 ϕ36mm 切削循环参数设置如下：

① 参数安全距离 SC = 1mm；进给率 F = 0.3mm/r。

② 加工：选择▽（粗加工）。

③ 位置：选取 加工位置，选择纵向走刀方式。

④ 参数 X0、Z0 为循环加工起始点：X0 = 58mm；Z0 = 0mm。

⑤ 参数 X1、Z1 为循环加工终点尺寸：X1 = 35.975mm（abs）取尺寸中间值；Z1 = −20mm（abs）。

⑥ 参数 D 输入最大（单边）切削深度：D = 2mm。

⑦ 参数 UX、UZ 输入单边留量：UX = 0.3mm；UZ = 0.1mm。

核对所输入的参数无误后，按右侧下方的〖接收〗软键，在编辑界面的程序中出现 N90 CYCLE951（）这一行程序段。

旋合球柱锥轴零件台阶轴侧粗车削外圆 ϕ25mm 切削循环参数设置如下：

① 参数安全距离 SC = 1mm；进给率 F = 0.3mm/r。

② 加工：选择▽（粗加工）。

③ 位置：选取加工位置，选择纵向走刀方式。

④ 参数 X0、Z0 为循环加工起始点：X0 = 36mm，Z0 = 0mm。

⑤ 参数 X1、Z1 为循环加工终点尺寸：X1 = 24.985mm（abs）取尺寸中间值；Z1 = −10mm（abs）。

⑥ 参数 D 输入最大（单边）切削深度：D = 2mm。

⑦ 参数 UX、UZ 输入单边留量：UX = 0.3mm；UZ = 0.1mm。

核对所输入的参数无误后，按右侧下方的〖接收〗软键，在编辑界面的程序中出现 N100 CYCLE951（）这一行程序段。

6）车外圆精加工轮廓程序；80° 外圆车刀退刀，从系统刀具表中选取 35° 外圆车刀。本例中该刀具的名称为“FINISHING_T35A”，定义切削参数 S 为 1600r/min。

7）编制车外圆轮廓程序。在车削循环界面中选用带倒角台阶轴车削循环。在界面右侧按“车削 2 图标”软键，在车削 2 界面的参数对话框内进行如下参数设置，如图 7-59 所示。

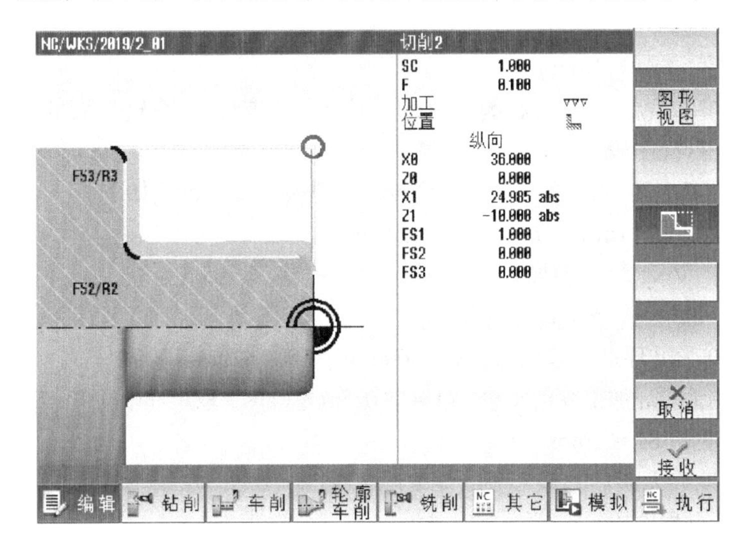

a) ϕ25mm外圆精加工

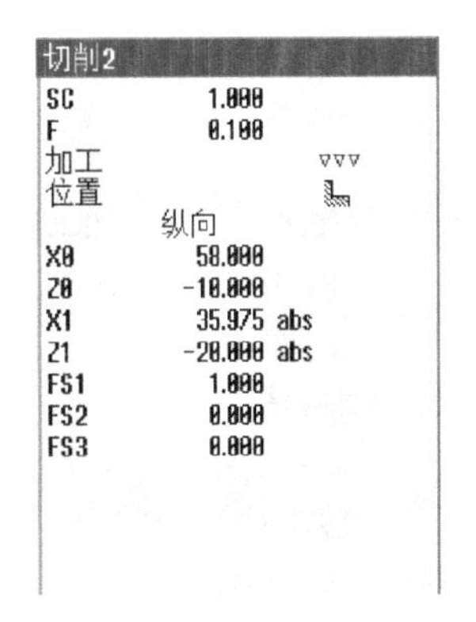

b) ϕ36mm外圆精加工

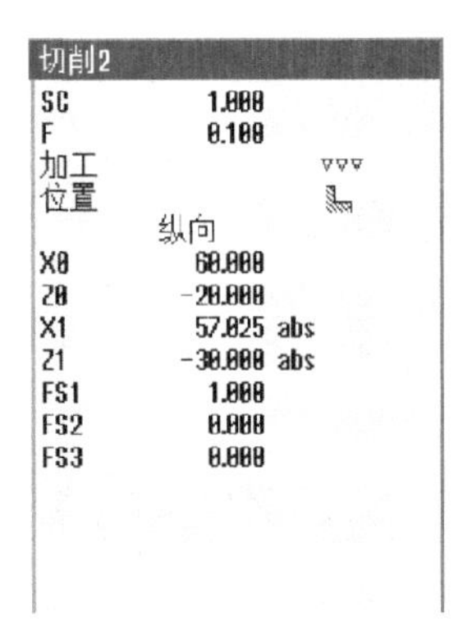

c) ϕ57mm外圆精加工

图 7-59　工件台阶轴侧外圆轮廓精车削循环参数设置

旋合球柱锥轴零件台阶轴侧精车外圆 ϕ25mm 切削循环参数设置如下：

① 参数安全距离 SC = 1mm；进给率 F = 0.1mm/r。

② 加工：选择“▽▽▽”（精加工）。

③ 位置：选择 ；选择纵向走刀方式。

④ 参数 X0、Z0 为循环加工起始点：X0 = 36mm；Z0 = 0mm。

⑤ 参数 X1、Z1 为循环加工终点尺寸：X1 = 24.985mm（abs）取尺寸中间值；Z1 = −10mm（abs）。

⑥ 参数倒角宽度：FS1 = 1mm。

核对所输入的参数无误后，按右侧下方的〖接收〗软键，在编辑界面的程序中出现 N150 CYCLE951（）这一行程序段。

旋合球柱锥轴零件台阶轴侧精车外圆 ϕ36mm 切削循环参数设置如下：

① 参数安全距离 SC = 1mm；进给率 F = 0.1mm/r。

② 加工：选择“▽▽▽”（精加工）

③ 位置：选择 ；选择纵向走刀方式。

④ 参数 X0、Z0 为循环加工起始点：X0 = 58mm；Z0 = −10mm。

⑤ 参数 X1、Z1 为循环加工终点尺寸：X1 = 35.975mm（abs）取尺寸中间值；Z1 = −20mm（abs）。

⑥ 参数倒角宽度：FS1 = 1mm。

核对所输入的参数无误后，按右侧下方的〖接收〗软键，在编辑界面的程序中出现 N160 CYCLE951（）这一行程序段。

旋合球柱锥轴零件台阶轴侧精车外圆 ϕ57mm 切削循环参数设置如下：

① 参数安全距离 SC = 1mm；进给率 F = 0.1mm/r。

② 加工：选择“▽▽▽”（精加工）。

③ 位置：选择 ；选择纵向走刀方式。

④ 参数 X0、Z0 为循环加工起始点：X0 = 60mm；Z0 = −20mm。

⑤ 参数 X1、Z1 为循环加工终点尺寸：X1 = 57.025mm（abs）取尺寸中间值；Z1 = −30mm（abs）。

⑥ 参数倒角宽度：FS1 = 1mm。

核对所输入的参数无误后，按右侧下方的〖接收〗软键，在编辑界面的程序中出现 N170 CYCLE951（）这一行程序段。

（2）工序一：旋合球柱锥轴零件台阶轴侧粗、精加工参考加工程序　工序一加工参考程序（B_01.MPF）清单如下：

```
程序代码                                              注释
;B_01.MPF                                             程序名：工序一加工程序 B_01
;2018-12-01 BEIJING_A                                 编程时间及编程人
N10 G18 G40 G54 G90 G95 G97                           ；工艺状态设定
N20 DAIAMON                                           ；直径编程
N30 WORKPIECE(,,,"CYLINDER",0,1,-100,-80,60)          ；设置工件毛坯圆柱体
N40 T="ROUGHING_T80A"                                 ；调用 80° 外圆车刀
N50 M4 S1200                                          ；主轴反转
N60 G0 X65 Z5                                         ；快速移动距工件毛坯外沿 5mm 处
N70 CYCLE951(60,1,-1,0,-1,0,1,1,0,0,12,0,0,0,1,0.2,0,2,1110000)
                                                      ；台阶轴侧平端面
```

```
N80 CYCLE951(60,0,57.025,-30,57.025,-30,1,2,0.3,0.1,11,0,0,0,1,0.3,0,2,1110000)
                                                   ；粗车削外圆 φ57mm 切削循环
N90 CYCLE951(58,0,35.975,-20,35.975,-20,1,2,0.3,0.1,11,0,0,0,1,0.3,0,2,1110000)
N100 CYCLE951(36,0,24.985,-10,24.985,-10,1,2,0.3,0.1,11,0,0,0,1,0.3,0,2,1110000)
N110 G0X200Z200                                    ；精车外圆 φ25mm 切削循环
N120 T="FINISHING_T35A"                            ；调用 35° 外圆车刀
N130 M4S1600                                       ；主轴反转
N140 G0X62Z2                                       ；快速移动至距工件外沿 2mm 处
N150 CYCLE951(36,0,24.985,-10,24.985,-10,1, 2,0.2,0.1,21,1,0,0,1,0.1,1,2,1110000)
                                                   ；精车外圆 φ25mm 切削循环
N160 CYCLE951(58,-10,35.975,-20,35.975,-20,1,2,0.2,0.1,21,1,0,0,1,0.1,1,2,1110000)
N170 CYCLE951(60,-20,57.025,-30,57.025,-30,1,2,0.2,0.1,21,1,0,0,1,0.1,1,2,1110000)
N180 G0X200Z200 M5                                 ；快速返回退刀点，主轴停止
N190 M30                                           ；程序结束
```

提示： 选择填写参数设置对话框操作前，须要先调取刀具，设置转速，刀具快速起始点。

（3）工序一：旋合球柱锥轴零件台阶轴侧粗加工、精加工参考加工程序仿真　工序一程序及仿真结果如图 7-60 所示。

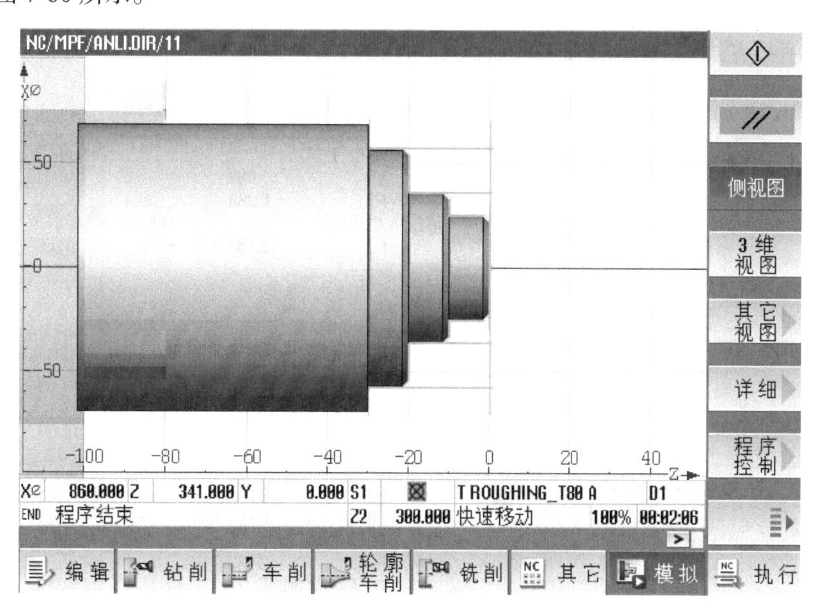

图 7-60　工序一：旋合球柱锥轴零件台阶轴侧粗加工、精加工仿真

7.5.2　工序二加工程序（B_02.MPF）编程

（1）工序二：旋合球柱锥轴零件圆弧侧加工编程过程

1）在加工程序编辑界面完成编写加工程序的开始部分和加工程序的结束部分。

2）建立毛坯（过程同工序一）。工件坐标系G55，毛坯设置为棒料（圆柱体），外直径ϕ60mm。

3）从系统刀具表中选取80°外圆车刀，本例中该刀具的名称为“ROUGHING_T80A”，定义切削参数S为1200r/min。编程零点设置在工件右端面中心轴线处。

4）编制工件右端（圆球侧）平端面加工程序（过程同工序一）。

5）80°外圆车刀退刀，从系统刀具表中选取35°外圆车刀，本例中该刀具的名称为“FINISHING_T35A”，定义切削参数S为1200r/min。编程零点设置在工件右端面（圆弧侧）中心轴线处。

6）编制工件右端外形轮廓加工调用轮廓指令。按屏幕下方轮廓车削软键〖轮廓车削〗进入轮廓车削循环界面，在界面右侧按轮廓软键〖轮廓〗，会弹出带有软键〖新建轮廓〗、〖轮廓调用〗界面。按〖轮廓调用〗进入“轮廓调用”表格，选取子程序模式；在PRG栏写入子程序名称“B_02”，确定后进入程序界面。

核对所输入的参数无误后，按右侧下方的〖接收〗软键，在编辑界面的程序中出现N120 CYCLE62（）这一行程序段。

提示：外圆循环调用子程序之前，首先创建轮廓子程序。

7）编制工件右端（圆弧侧）外形轮廓有直线段、锥面、圆弧部分加工程序。在轮廓车削界面中按右侧轮廓软键〖轮廓〗，会弹出有〖切削〗、〖槽式车削〗和〖往复车削〗等切削方式的界面，选择〖切削〗方式 如图7-61所示。

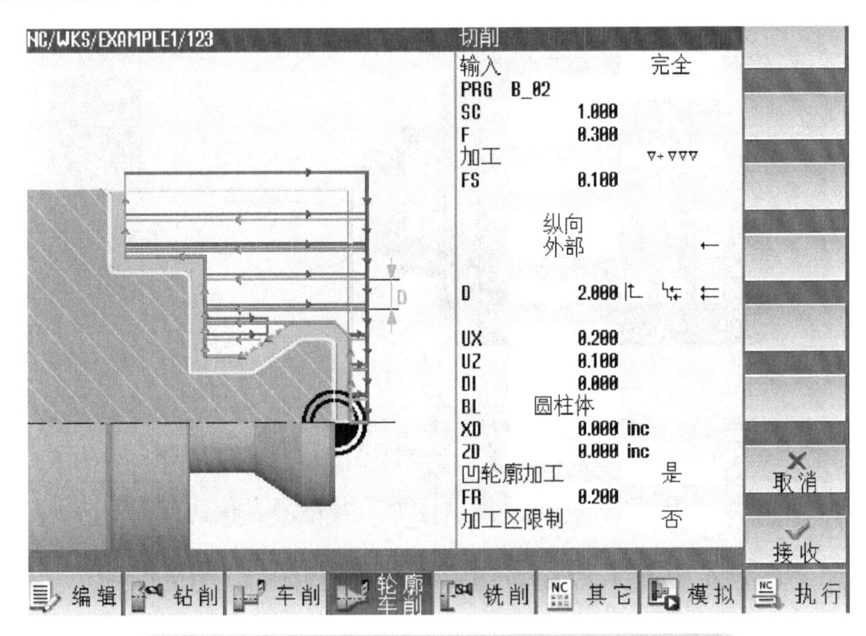

图7-61 工件右端（圆弧侧）外形轮切削循环参数设置

工件右端（圆弧侧）外形轮切削循环参数设置如下：

①输入方式：选择“完全”。

② 填写调入子程序名称 PRG：“B_02”。

③ 参数安全距离 SC = 1mm；切削进给率 F = 0.3mm/r；精加工进给率 FS = 0.1mm/r。

④ 加工：选择“▽ + ▽▽▽”（粗加工、精加工合并方式）。

⑤ 选择纵向，外部，⟵方向走刀路线。

⑥ 参数切削深度 D = 2mm；选择：⮤ ⮷ ⇇。

⑦ 参数留余量 UX = 0.2mm；UZ = 0.1mm；BL = 圆柱体；XD = 0mm；ZD = 0mm。

⑧ 凹轮廓加工：选择“是”；切入凹轮廓时的进给率 FR = 0.2mm/r。

⑨ 加工区域限制：选择“否”。

核对所输入的参数无误后，按右侧下方的〖接收〗软键，在编辑界面的程序中出现 N130 CYCLE952（ ）这一行程序段。

8）35° 外圆车刀退刀。从系统刀具表中选取 3mm 切槽刀，1 号刀沿，刀沿位置 3。本例中该刀具的名称为“PLUNGE_CUTTER_3”，定义切削参数 S 为 1200r/min。编程零点设置在工件右端面中心轴线处。

9）编制螺纹退刀凹槽程序。选择凹槽加工循环，在表格对话框填表格内进行如下参数设置，如图 7-62 所示。

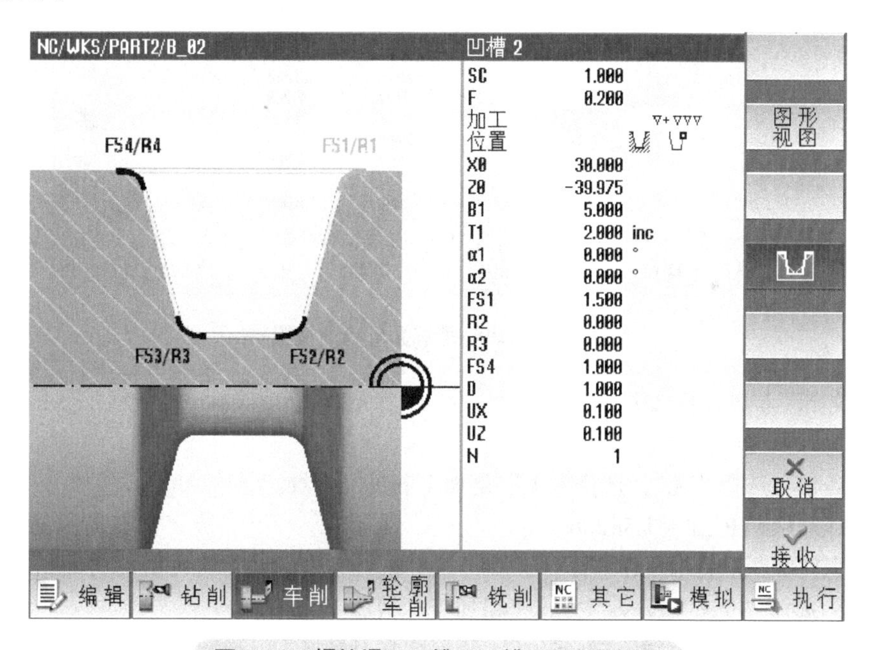

图 7-62　螺纹退刀凹槽（凹槽 2）参数设置

螺纹退刀凹槽（凹槽 2）参数设置如下：

① 参数安全距离 SC = 1mm；切削进给率 F = 0.2mm/r。

② 加工：选择“▽ + ▽▽▽”（粗加工、精加工合并）。

③ 位置：选取加工位置外径方向，凹槽右侧上部起始点。

④ 参数循环起始点：X0 = 30mm；Z0（abs）= -39.975mm。

⑤ 参数凹槽底部宽度：B1 = 5.01mm（底部宽度尺寸中间值）。

⑥ 参数凹槽深度直径 T1 = 2mm（inc）。

⑦ 参数凹槽槽壁与槽深方向的夹角：α 1 = 0；α 2 = 0。

⑧ 参数倒角宽度：FS1 = 1.5mm；FS4 = 1mm。

⑨ 参数单边切深 D = 1mm。参数 UX、UZ 输入单边留量：UX = 0.1mm；UZ = 0.1mm。

⑩ 参数凹槽个数 N = 1。

核对所输入的参数无误后，按右侧下方的〖接收〗软键，在编辑界面的程序中出现 N180 CYCLE930（）这一行程序段。

10）3mm 切槽刀退刀。从系统刀具表中选取外螺纹车刀，1 号刀沿，刀沿位置 3。本例中该刀具的名称为“THREADING_1.5”，定义切削参数 S 为 1200r/min。编制车螺纹程序。选择车螺纹加工循环，在表格对话框内进行如下参数设置，如图 7-63 所示。

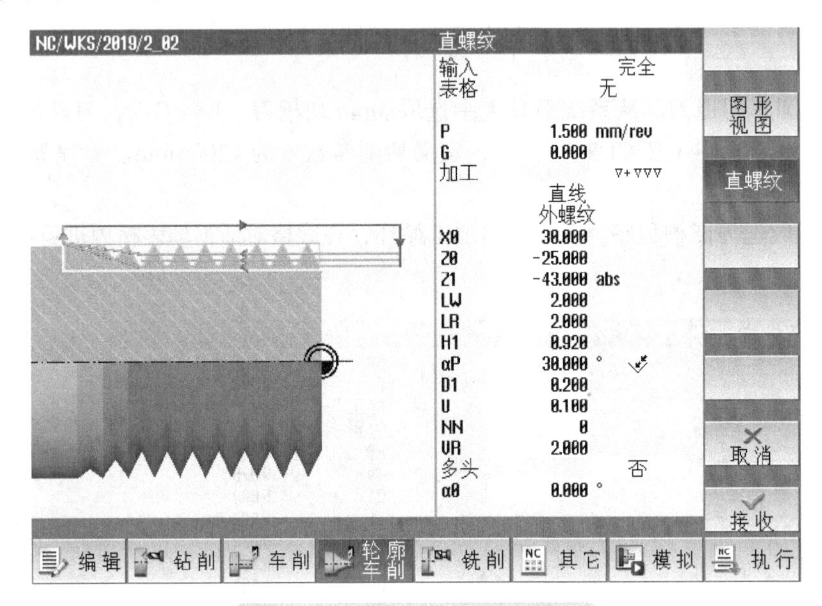

图 7-63 车削螺纹循环参数设置

车削螺纹循环参数设置如下：

① 参数输入：选择“完全”。

② 参数表格：选择“无”，选择“无”是加工非标准螺纹。

③ 参数螺纹螺距 P：P = 1.5mm/r。

④ 参数每转螺距变化 G：G = 0。

⑤ 加工：选择“▽ + ▽▽▽”方式（粗加工、精加工合并）。

⑥ 切削方式：选择“直线”“外螺纹”，等深度吃刀量加工，递减：等面积切削。

⑦ 参数 X0 Z0 起始点：X = 30mm；Z0 = −25mm。

⑧ 参数 Z1 螺纹终点：Z1 = −43mm（abs）。

⑨ 参数 LW 为螺纹起始引入点：LW = 2mm。参数 LR 为螺纹导出点：LR = 2mm。

⑩ 参数 H1 螺纹深度（单边牙深）：H1 = 0.92mm。参数 α p 为螺纹牙型角：α p = 30°。

⑪ 参数 D1 首个切深：D1 = 0.2mm。参数 U 精加工余量：U = 0.1mm。

⑫ 参数 VR 回退距离：VR = 2mm。

⑬ 参数 NN 空切数：NN = 0；多头：选择“否”。参数 α 0 为螺纹起始相位角：α 0 = 0°。

核对所输入的参数无误后，按右侧下方的〖接收〗软键，在编辑界面的程序中出现 N230 CYCLE99（）这一行程序段。

（2）工序二：旋合球柱锥轴零件圆弧侧加工参考加工程序　工序二加工参考程序（B_02.MPF）清单如下：

```
程序代码                                                  注释
;B_02.MPF                                                程序名：工序一加工程序 B_02
;2018-12-01 BEIJING_A                                    编程时间及编程人
N10 G18 G40 G55 G90 G95 G97                              ；工艺状态设定
N20 DAIAMON                                              ；直径编程
N30 WORKPIECE(,,,"CYLINDER",0,1,-100,-80,60)             ；设置工件毛坯圆柱体
N40 T="ROUGHING_T80A"                                    ；调用 80° 外圆车刀
N50 M4 S1200                                             ；主轴反转
N60 G0 X60 Z5                                            ；快速移动至距工件毛坯外沿 5mm 处
N70 CYCLE951(60,1,-1,0,-1,0,1,1,0,0,12,0,0,0,1,0.1,0,2,1110000);
N80 G0X200Z200                                           ；快速返回至换刀点
N90 T="FINISHING_T35A"                                   ；调用 35° 外圆车刀
N100 M4S1400                                             ；主轴反转
N110 G0X60Z5                                             ；快速移动至距工件毛坯外沿 5mm 处
N120 CYCLE62("B_021",0,,)                                ；设置调用轮廓子程序 B_021
N130 CYCLE952("B_021",,"",1101331,0.3,0.2,0,2,0.1,0.1,0.2,0.1,0.1,0,1,0,0,,,,,
2,2,,,0,1,,0,12,1100110,1,0,0.2)                         ；车削圆弧侧外形轮廓
N140 G0X200Z200                                          ；快速返回至换刀点
N150 T="PLUNGE_CUTTER_3"                                 ；调用 3mm 切槽刀
N160 M4S1200                                             ；主轴反转
N170 G0X30Z5                                             ；快速移动至螺纹外径，距球顶 5mm 处
N180 CYCLE930(30,-39.975,5,5,2,,0,0,0,1.50,0,1,0.2,1,1,10530,,1,30,0.2,
1,0.1,0.1,2,1001110)                                     ；切削螺纹退刀凹槽
N190 G0X200Z200                                          ；快速返回至换刀点
N200 T="THREADING_1.5"                                   ；调用外螺纹车刀
N210 M4S1200                                             ；主轴反转
N220 G0X30Z5                                             ；快速移动至螺纹外径，距球顶 5mm 处
N230 CYCLE99(-25,30,-43,,2,2,0.92016,0.1,30,0,5,0,1.5,1310101,4,2,0.2,
0.5,0,0,1,0,0.531255,1,,,,102,0)                         ；车削螺纹 M30×1.5
N240 G0X200Z200 M5                                       ；快速返回退刀点，主轴停止
N250 M30                                                 ；程序结束
```

工序二加工参考外形轮廓子程序（B_021.SPF）清单如下：

```
程序代码                                          注释
;B_021.SPF                                       程序名：工序二子程序 B_021
;2018-12-01 BEIJING_A                            编程时间及编程人
N10 G0X0                                         ；快速移动至轴线位置
N20 Z3                                           ；快速移动至距球顶位置 3mm 处
N30 G1Z0                                         ；工进车削至球顶位置
```

```
N40 X25.99RND=13                ; 圆弧插补，车削 SR13mm
N50 Z-24.975                    ; 直线插补至螺纹跟部，轴线位置取尺寸中间值
N60 X29.85CHR=1.5               ; 车削倒角 C1.5mm，至螺纹大径尺寸
N70 Z-44.975                    ; 直线插补至退刀槽左侧端面（计算尺寸）
N80 X29.99CHR=1                 ; 车削倒角 C1mm，至圆柱外径（取直径尺寸中间值）
N90 Z-52.975                    ; 直线插补至圆锥小径端面
N100 X32                        ; 直线插补至圆锥小径外沿
N110 X34Z-62.97                 ; 直线插补至圆锥大径处（计算尺寸）
N120 Z-73RND=10                 ; 车削过渡圆弧 R10mm
N130 X60                        ; 直线插补，退出零件轮廓外径
N140 M17                        ; 子程序结束，返回调用处
```

也许读者会提出，在 B_02.MPF 主程序的 N180 语句中，编制这个螺纹退刀槽使用了凹槽循环指令（凹槽 2），为何不使用退刀槽循环指令（CYCLE940）呢？如其中的螺纹退刀槽循环指令，不是更直接，也贴切加工部位吗？

通过分析零件图样（图 7-56）看到，在这个退刀槽的左侧壁沿上有一个倒角 C1。目前的螺纹退刀槽循环指令尚不包括能够同时完成左右两个槽壁沿上倒角加工的功能。如果使用 CYCLE940 循环指令加工这个退刀槽，还需要编写一段加工左侧槽壁沿 C1mm 倒角的程序段，而 CYCLE930 循环则具有这一功能。当产品的螺纹退刀槽是一个工艺图素，也没有其他特殊尺寸标注时（如本例情况），使用 CYCLE930 循环指令是否更方便一些呢？因此，标准工艺循环指令在使用中可以考虑具体情况下的灵活应用。

（3）工序二：旋合球柱锥轴零件圆弧侧加工仿真　工序二：旋合球柱锥轴零件圆弧侧加工仿真结果如图 7-64 所示。

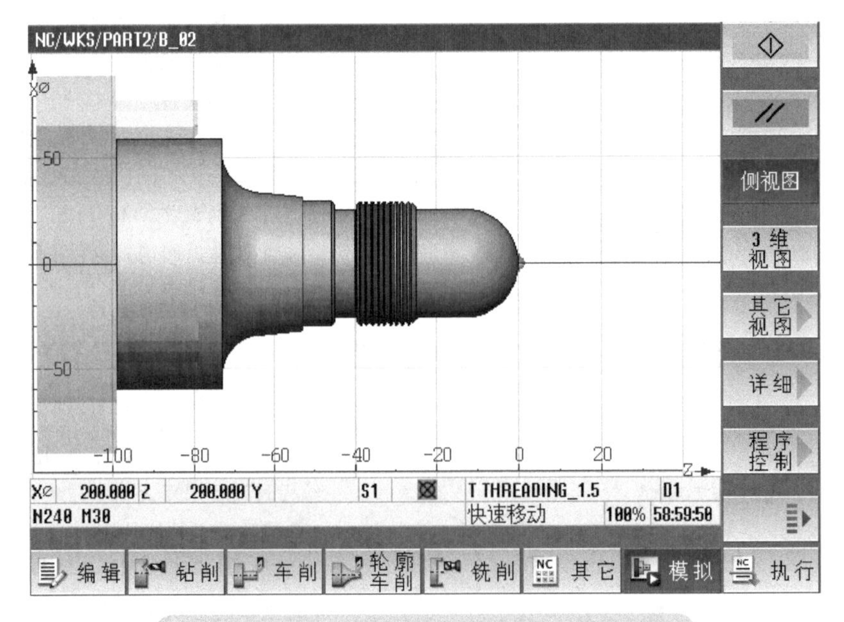

图 7-64　旋合球柱锥轴零件圆弧侧加工仿真结果

在编制旋合球柱锥轴零件圆弧侧轮廓子程序中，可以发现一些编程基点尺寸需要通过计算后才可以得到。编制工序二的加工程序也可以采用“图形轮廓编辑器”这个系统自带的工具，将旋合球柱锥轴零件圆弧侧轮廓加工子程序“B_021.SPF”转变为旋合球柱锥轴零件圆弧侧的“B_021”轮廓程序块，放在主程序“B_02”后面供轮廓车削循环 CYCLE952 调用。限于篇幅，不再给出其编写过程，请有兴趣的读者一试，并比较这两种方法的异同点。

参 考 文 献

[1] 昝处，陈伟华 . SINUMERIK 828D 铣削操作与编程轻松进阶 [M]. 北京：机械工业出版社，2019.
[2] 西门子（中国）有限公司 . SINUMERIK 828D 操作与编程用户手册 [Z]. 2015.